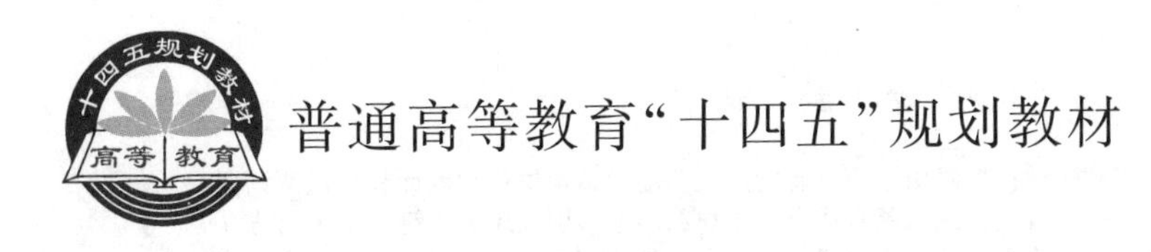

普通高等教育"十四五"规划教材

功能纳米材料设计与合成

李振兴　主编

中国石化出版社

内 容 提 要

纳米材料因其新颖的物理和化学特性吸引了研究者的广泛关注，纳米材料的设计和合成逐渐成为纳米材料研究的主导方向，形貌可控的纳米晶合成是纳米材料能够得到应用的关键。本书首先从包覆作用、液相合成、固相合成、物理方法等方面对纳米材料形貌调控的方法进行介绍，结合纳米材料的物化特性、反应条件、应用需求等因素，对零维纳米材料、一维纳米材料、二维纳米材料、微孔材料、介孔材料、大孔材料、碳纳米材料的结构、合成方法逐一进行了深入的探讨，并且介绍了每种材料相应的应用范围以及应用前景。

本书可作为高等院校新能源科学与工程、应用化学、化学工程与工艺、材料科学与工程等专业的教材，也可供纳米领域相关从业人员参阅。

图书在版编目(CIP)数据

功能纳米材料设计与合成／李振兴主编．—北京：中国石化出版社，2021.10
普通高等教育“十四五”规划教材
ISBN 978-7-5114-6467-5

Ⅰ．①功… Ⅱ．①李… Ⅲ．①纳米材料-高等学校-教材 Ⅳ．①TB383

中国版本图书馆 CIP 数据核字(2021)第 196356 号

中国石化出版社出版发行
地址：北京市东城区安定门外大街 58 号
邮编：100011　电话：(010)57512500
发行部电话：(010)57512575
http://www.sinopec-press.com
E-mail：press@sinopec.com
北京柏力行彩印有限公司印刷
全国各地新华书店经销
*
787×1092 毫米 16 开本 17.5 印张 435 千字
2021 年 11 月第 1 版　2021 年 11 月第 1 次印刷
定价：58.00 元

前言

INTRODUCTION

20世纪80年代末，我国开始展开对纳米材料的研究，在“八五”期间“纳米材料科学”被列入国家攀登项目，推动了纳米材料基础研究的稳定发展。进入21世纪后，纳米材料及其相应的设计、制取技术成为世界科学技术领域研究的重要内容，我国纳米材料的研究也由此开启了新局面。研究人员不断参与开发和利用纳米材料来生产制造令人兴奋的新产品，促进了传统产业改造和升级。我国在2012年印发了《纳米研究国家重大科学研究“十二五”规划》，要求对先进功能纳米材料、纳米检测与加工方法和能源纳米材料与技术等方面进行研究。近年来，纳米材料新的物理特性和化学特性吸引了研究者的大量关注，在信息、生物、能源、医学等领域也得到了成功应用，使得纳米材料及其合成技术成为目前科学研究的热点之一。2020年以来，科技部将“纳米前沿”等重点专项作为“十四五”国家重点研发计划，提升纳米科技对经济社会发展重要领域的支撑作用。因此，纳米材料的研究对当今社会发展具有重要意义。

随着人们对纳米材料不断的研究和探索，新的材料、新的设计方案和新的合成方法不断产生。本书重点介绍了纳米材料的设计与合成，以及迄今为止各种纳米材料的合成方法。本书共9章，主要对零维纳米材料、一维纳米材料、二维纳米材料、多孔材料、微孔材料、介孔材料、碳纳米材料的多种合成方法进行了描述，反映了纳米材料制备领域发展以来的前沿技术。不同材料具有适合其合成的方法，在考虑材料特性、应用需求、反应条件的前提下，本书对7种材料的合成方法逐一进行了探讨，与实际相结合，增强了实用性。

本书可作为纳米材料领域相关从业者的科普资料，也可作为高等院校相关专业本科、研究生课程的教材。

全书由中国石油大学(北京)李振兴主编，李晨宇、孙晖、李江、孙晓华、胡明亮、周斌、王伟伟、李艳杰、李欢、刘家昊、么甲赛、王萍、原希林、何淼、方照、张欣也参与了此次编写工作。

在编写过程中，编者参阅了国内外大量文献，由于编者水平有限，书中难免存在一些不妥之处，敬请读者批评指正，恳切希望广大读者能够提出宝贵的意见与建议，在此致以最诚挚的感谢。

编者

目录

CONTENTS

第1章 绪 论

1.1 纳米与纳米材料

一些具有低尺寸的不同材料和结构显示出优异的性能。这有助于这些材料和结构在科学技术领域的快速发展中发挥决定性作用。由于这些显著的特性，纳米材料已经成为科学技术领域研究的重点。人们之所以对纳米材料研究产生兴趣，是因为当纳米材料在原子尺度上被操纵时，它们具有独特的机械和化学性能，与具有相同成分的微米级材料相比有很大不同，可以提供无限的可能性。科学和工程的所有分支都被用来解释许多基于尺寸效应的现象，即这些材料表现出的尺寸效应。在过去几年中研究人员已经学会了使用合成结构制造器件，在合成结构中，他们一层一层地沉积原子，然后按照重新设计的架构和单独操纵的分子创造性地构建原子，这使得系统具有新颖和不同的特性。

纳米材料因其新的物理特性和新技术吸引了研究者的大量关注，这些特性和技术使得新一代科技方法、研究和装置得以发展[1]。这些技术的本质是在原子、分子和超分子结构水平上制造和利用材料和器件，并在纳米尺度(1~100nm)上利用物质的独特性质和现象，事实上，在这一尺度上，材料的行为与它们在整体形式下的行为非常不同[1-4]。20世纪80年代初，埃里克·德雷克斯勒(Eric Drexler)在谈到几纳米宽时提出了“在分子尺度上制造机器”的说法，随后这一技术得到了推广。这项技术虽然非常迅速地抓住了公众的想象力，但他们仍然难以确定这项技术的可实现性。在21世纪的最初几十年里，科学家们集中努力将纳米技术和基于认知科学的新技术结合在一起[5,6]。已知纳米材料有数百年历史，随着纳米技术的出现，实现这些材料的重复生产成为可能。自古以来，纳米材料由于非凡的性能而被人们所使用，但他们并不了解其背后的科学事实。例子之一是Lycurgus杯，目前位于大英博物馆，它距今1600年左右，在自然光下看起来是玉绿色的。这个杯子是一种极其罕见的玻璃的唯一完整样本，这种玻璃被称为二色性玻璃，被光线照射时会发生阴影切换。当光线穿过朦胧的绿色杯子时，它会变成闪亮的半透明红色。这种玻璃含有少量的胶体金和银，它们提供了这些不同寻常的光学特性。由于玻璃中含有纳米粒子，所以这种玻璃才会改变颜色。由此可见，大自然才是这项技术真正的领导者[7-9]。再例如蜥蜴由于脚趾上有纳米级的“毛发”，所以能够很轻松地倒挂在屋顶上。脚趾上的每根“头发”都有一种很微小的力量，当每根脚趾上有数量庞大的“头发”时，当它颠倒时，它就有能力支撑自己特定的重量[8-10]。

在中世纪历史时期，就有使用纳米材料的例子。许多物品，如波斯汗扎尔和大马士革钢，都是通过无意识地应用纳米材料技术制成的，在检查这些古代产品时，我们发现其中存在碳纳米管。印度也通过无意识地应用纳米材料生产了许多产品。古老的捷克玻璃上呈现迷人的颜色同样被发现玻璃中含有纳米粒子，这表明纳米材料能够被用于喷涂，使产品看起来有吸引力和更加美丽。

许多化学物质和化学过程都具有纳米尺度的特征。研究人员不断参与开发和利用纳米材料来生产制造令人兴奋的新产品。由纳米尺寸组分组成的不同类型的聚合物和大分子已经被有效地用于合成纳米尺度系统。在过去的 30 年里，计算机芯片变得越来越小，单位面积的存储容量也越来越高。一只生活在纳米比亚沙漠中的甲虫利用纳米结构来满足其对水的需求[11-14]，它的背面是憎水的表面，但是同时它的背面有纳米结构的突起，大气中的水分凝结在这些突起上，形成水滴，顺着它的防水背流下来，然后直接到达它的嘴里。这种防水纳米材料正被用于纺织工业，以生产防水布材料。蝴蝶翅膀和珍珠贝壳上令人兴奋的颜色是由于纳米光子结构，这些结构反射一些特定波长的光，这是它们具有吸引人的颜色的原因[15-17]。

很难估计仅基于纳米材料的产品成为现实的时间，但是这个目标有很大的实现可能性，因为生活中没有一个方面不受纳米材料的影响。一些专家预测，纳米材料将成为未来人类的福音，然而同样有其他人预测，过度使用纳米材料可能为未来人类社会带来破坏。目前我们正在进入一个新的时代，在这个时代，由于已知材料在纳米尺度上的特殊性质，它们将被更有效和广泛地利用。基于纳米材料的更复杂的结构和系统可能在未来被开发出来，它们可以像自然系统一样有效地工作。这项技术将给全世界带来人类肉眼至今未见的革命性变化。

1.1.1 纳米材料：21 世纪的革命

近年来，纳米材料已成为研究的热点之一，并有潜力成为世界的关键技术之一。纳米技术涉及原子和分子水平的材料或装置的研究和设计。一纳米，相当于十亿分之一米的尺寸，跨越大约 10 个原子，人们可以以原子精度将物质重新排列成中等大小。然而，采用上述定义之一可能会有不适当的限制。在一项广泛的调查中，任何被描述为纳米技术的东西都是有利可图的。然后，人们可能会形成一个对不同类型的纳米材料进行分类和理解的框架。

纳米材料的非凡性质是基于尺寸效应的。尺寸的减小会导致各种不同寻常的性质和现象，这在整体水平(即微米级及以上)是看不到的。尺寸效应的起源是量子限制，它改变了材料的电子性质，如态密度、离散能带、导带和价带边缘的变化。材料的这些电子性质的变化导致材料性质的剧烈变化，与它们在体积尺度上显示的不同。比如不透明的物质变成透明的(铜)，惰性材料成为催化剂(铂)，稳定的材料变得易燃(铝)，固体在室温下变成液体(金)，绝缘体变成导体(硅)。材料特性变化的重要例子如下。

1.1.1.1 材料的熔点

纳米级材料的熔化温度低于散装材料，这是一种被称为“熔点降低”的现象。自 20 世纪 50 年代以来，人们就开始研究纳米尺度下熔点降低的影响，当时人们首次注意到，具有小晶粒尺寸的材料显示出比大块材料更低的熔点[12-16]。通常，散装材料的熔化温度不取决于其尺寸。但是纳米尺度下材料的熔化温度随着晶粒尺寸的减小而降低。对于纳米尺寸的金属，熔化温度的降低可以达到几十到几百摄氏度。熔点的变化可归因于大的表面积与体积比，这影响了材料的热力学性质。在纳米线、纳米管和纳米粒子中可以看到熔点降低，它们都在比它们的本体对应物更低的温度下熔化。

1.1.1.2 光学研究

众所周知，纳米结构的光学特性对其尺寸很敏感。例如，块状硫化铅(PbS)是一种光学带隙为0.41eV的半导体，在较短的波长下具有连续的光学吸收。然而，当微晶尺寸从20nm减小到2nm时，观察到硫化铅的带隙从0.41eV增加到5.4eV，由于尺寸效应导致的电子和光学特性的变化极大地改变了宏观特性，如光学带隙、导电类型、载流子浓度、电阻率和器件特性[1-6]。

1.1.1.3 巨磁电阻效应

巨磁电阻效应(GMR)是一种量子力学效应。在由交替的铁磁和非磁金属层组成的薄膜结构中可以观察到这种现象。巨磁电阻效应取决于交替层的厚度和数量。GMR可以被认为是纳米技术这一领域的首批应用之一。感应线圈主要用于读出磁头，因为变化的磁场通过电线圈感应出电流。基于巨磁电阻效应的读出磁头可以将非常小的变化转换成电阻的差异，从而引起读出磁头发出电流的变化。

尽管发展迅速，这项技术还不能满足日益缩小的硬盘的需求，我们仍然使用感应线圈进行数据存储。发现巨磁电阻效应的一个先决条件是，从20世纪70年代开始产生纳米尺度的精细金属层。纳米技术是对仅由单个原子组成的几层的研究。在这个尺度下，物质的行为将会不同，纳米尺寸的结构显示出不同寻常的性质，这将不同于它们的大块对应物。尺寸效应不仅改变了磁性和电学性质，还改变了材料的强度、化学和光学性质。因此，在纳米尺度上，GRM是纳米技术的主要应用之一，并可能应用于未来的数据存储设备。硬盘的大小每天都在不断地快速缩小[9-15]。

GMR材料的使用成功地将硬盘的存储容量从1千兆位提高到20千兆位。1997年，IBM推出了基于GMR的读取头，价值约10亿美元。自旋电子学是一个相对较新的领域。有几种新的材料和技术，如磁性半导体和外来氧化物，正处于发展阶段，预计将展示出许多有趣的现象，如巨大的磁阻[8]。

1.1.2 纳米计量

纳米计量的最终目标是提供纳米物体、纳米结构材料或纳米器件中每个组成原子的坐标和身份。这个目标带来了许多问题，尤其是在数据的实际表示和存储方面。由于X射线衍射(XRD)等技术，人们可以很容易地确定0.1nm量级的原子间距，只要制造物体的物质是大的、单片的和规则的，这些信息以及物体的外部尺寸就可以有效地用于实现我们的目标。然而，这一成就只能被视为一个开端，因为纳米材料(以及被视为复杂纳米材料的纳米器件)可以由多种物质制成，每种物质都呈现出独特且不规则的形状。XRD等技术要求物质在相当大的体积上均匀分布，以获得最佳分辨率的足够信噪比——因此规定被检查的物体必须大且规则。举例来说，考虑在“芯片”上逆向工程超大规模集成电路的挑战——这本质上是一个二维结构。芯片的XRD不能产生有用的信息来制作电路的精确复制品。纳米计量的挑战是为这种任意结构实现原子级分辨率(芯片当然不是真正任意的——结构形成功能电路，但功能知识本身不足以帮助人们重建细节，尤其是可能有几种硬件途径来实现给定的功能)。

任何成功的制造技术都需要适当的计量，纳米技术中隐含的原子级精度对测量仪器提出了新的要求。反过来，典型的纳米计量工具，即扫描探针显微镜(SPM，或称为超微显微镜或纳米显微镜)的发展有力地推动了纳米技术本身，因为这些仪器已经成为发展自下而上制造程序的支柱。

形态学和化学在纳米尺度上不是独立的，而是取决于如何切割，例如二元化合物 MX 晶体的平面可以从纯 M 到纯 X 发生显著变化。粗糙度或纳米级的纹理实际上可以由不同晶体刻面的复杂阵列构成。这种形态的化学效应取决于被研究现象的特征长度、尺度。例如，已知活细胞对基质的晶体取向高度敏感。单晶上的细胞生长实验已经证明了这一点：在最初接触后的几十分钟内，上皮细胞自身附着并只在四水合碳酸钙的(011)面上扩散，而不在(101)面上扩散，但在 72h 后，(011)面上的所有细胞都死亡，而在(101)面上上皮细胞生活并扩散良好[17]。

动态测量变得越来越重要，因此需要原位技术。由于表面的不同部分不会同时成像，所以优选避免光栅化，这是整个扫描纳米显微镜系列的缺点。除此之外，纳米/生物界面的计量也提出了极其复杂的挑战，通常需要与完全无生命系统完全不同的方法。

1.1.3 纳米工程

可以说，技术进步的历史就是加工金属和其他材料时公差越来越小的历史。蒸汽机就是一个经典的例子：詹姆斯·瓦特的高压机器为这项技术从笨重而低效的矿井抽水方式转变为工业上有用的甚至是自动推进的技术铺平了道路，只有当加工公差得到改善，使活塞能够在气缸内滑动而不泄漏时，这项技术才成为可能。

纳米尺度的方法似乎与海因莱茵-费曼-明斯基-德雷克斯勒的装配工理念大相径庭，从精密工程的微观世界开始，逐步缩小到纳米工程(图 1-1)。

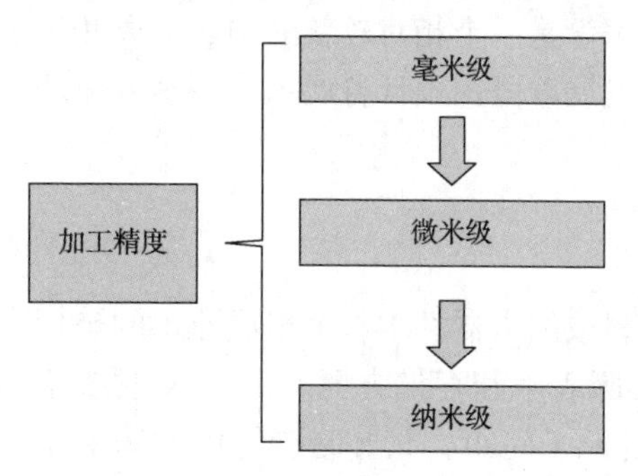

图 1-1 加工精度的演变

一个很好的例子就是半导体加工行业，其不断小型化反映了工程纳米化的趋势。集成电路的历史可以追溯到 1904 年，当时 Bose 获得了接收电磁波的方铅矿晶体的专利，随后 Picard 在 1906 年获得了硅晶体的专利。热离子阀和三极管分别由弗莱明(1904 年)和德·福雷斯特(1906 年)发明，成为逻辑门的基础。接下来 ENIAC 达到顶点，ENIAC 包含大约 20000 个阀门。1947 年，贝尔实验室发明了点接触晶体管，基本上使热离子阀过时了，但晶体管的第一次商业应用发生在 1953 年，一年后出现了第一台晶体管收音机。与此同时，1952 年，杜默在皇家信号研究机构(RSRE)提出了集成电路的想法，但据推测他不被允许在当时的政府机构中从事这方面的工作。第一个实际的例子是 1958 年由基尔比在得克萨斯仪器公司实现的。有趣的是，1969 年首次登月使用的阿波罗飞行计算机(Block Ⅱ)是在 1964 年(摩尔定律首次提出的前一年)设计的，使用了电阻-晶体管逻辑(RTL)，时钟速度为 2MHz。1971 年，英特尔推出了第一款微处理器，约有 2000 个晶体管，同年，日本推出了开创性的“LE-120A 手持式”袖珍计算器。又过了十年，IBM 个人电脑才出现(1981 年)；Apple Ⅱ(苹果公司的第一种普及微电脑)已经在 1977 年推出。到 2000 年，我们已经有了 Pentium 4(Intel 公司生产的第七代 X86 处理器)芯片，大约有 120000 个晶体管，均为 180 纳米工艺技术制造。

相比之下，最近的双核英特尔安腾芯片约有 1.7×10^9 个晶体管(占地约100mm)，栅极长度为90nm。一个45nm的晶体管每秒可以转换 3×10^{11} 次——这大约是100GHz。基于石墨烯的实验装置实现了超过1THz，尽管这种器件要求极高的制造精度，但现代集成电路对于航天器来说足够可靠，可以使用商用现成器件。制造工厂并不便宜——英特尔2008年在中国的工厂被认为花费了 2.5×10^9 美元，用180纳米工艺技术制造的芯片就花费了大约10万美元，而45纳米技术的成本则高达100万美元。尽管工厂成本巨大，但每个芯片的成本持续下降：例如，一个手机芯片在1997年的成本约为20美元，但在2007年的时候仅为2美元。

结构尺寸的不断缩小，随之而来的可以在单个芯片上并行制造的晶体管数量的增加，这早已成为成熟的工艺。早在1960年，人们就报道了具有几十纳米大小特征的结构，能够在电子显微镜下进行检查，尺寸小于100nm的器件结构在1972年已经有报道，1979年达到25nm。因此，我们看到，自从纳米技术出现以来，纳米技术已经与信息科学和技术紧密联系在一起。

1.1.4 纳米与生物界面

纳米技术的倡导者之一埃里克·德雷克斯勒强烈反驳了人们的怀疑，即费曼提出制造更小机器的概念，通过列举许多在纳米尺度上运行的生物机制的例子而延续到原子水平。这种生物学原理的证明已经通过对这些生物机器的装配、结构和机制的越来越详细的了解而得到了极大的加强。除了这个相当抽象的意义之外，纳米与生物界面显然必须表示纳米结构非生物域和生物域之间的物理界面。关注的焦点通常是活细胞如何与纳米结构基质相互作用，或者生物大分子如何吸附到这样的表面。这些都是重要的实际问题，但纳米与生物界面具有更广泛的意义。它构成了非生物与生物界面的一种特殊情况，在这种情况下，非生物一侧的显著特征的比例被限制在一定范围内。然而，关于界面的规模，没有具体说明。整个生态系统或人类社会的规模可能是最大的规模。在此之下，考虑(多细胞)生物、器官、组织、细胞和生物分子可能是有用的。很明显，在每个尺度上都有非常不同的现象。

纳米-生物和生物-纳米界面之间的区别可以根据信息从纳米域流向生物域(纳米-生物)以及从生物域流向纳米域(生物-纳米)来区分。这两种情况分别被称为纳米生物界面和生物纳米界面。这两者的含义可能有很大不同。考虑到纳米技术和社会之间的关系，纳米-生物界面表示纳米技术对社会的影响，例如，分子制造的出现如何彻底改变它。相反，生物纳米界面意味着纳米技术监管框架的引入。考虑到我们的一般环境，纳米-生物界面包括土壤微生物对为修复目的添加的纳米颗粒的反应；相反，生物-纳米界面意味着土壤微生物对工程纳米颗粒(可能是为修复目的添加的)的破坏。在生物体(如人类)的尺度上，纳米-生物界面意味着放大或缩小原子尺度装配以提供人类尺寸的人工制品的技术；相反，生物纳米界面相当于人类用来控制纳米组装过程的人机界面。就使用数字编码控制而言，原则上，用于控制宏观尺度过程的接口和用于控制纳米尺度过程的接口应该没有区别。

费曼提到阿尔伯特·R. 希布斯提出的微型"机械外科医生"(现在被称为纳米级机器人或纳米机器人)的建议，该机器人能够在血液中循环并在原位进行修复。霍格设想这样一个装置大约有一个细菌大小，即直径几百纳米。在这里，纳米/生物界面是由设备的外表面和它的纳米级附件描绘的，也就是说，设备和它的活动主机之间的区域。更一般地说，纳米/生物界面的含义是指纳米材料或纳米器件与生物接触的任何情况。如果界面"生物"侧的半径小于“纳米”侧的半径(图 1-2)，我们称之为生物-纳米；相反，如果界面“纳米”面的半径小于“生物”面的半径，我们称之为纳米-生物。

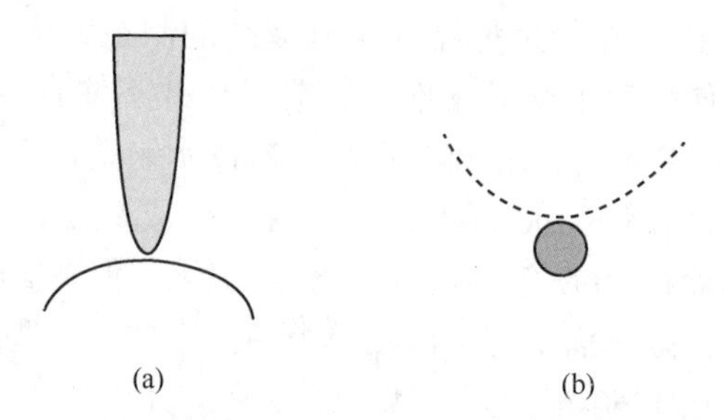

图 1-2 (a)蛋白质的一个急剧弯曲的“手指”紧靠无机表面；
(b)一个急剧弯曲的无机纳米粒子紧靠着活细胞的细胞膜

“纳米与生物界面”的另一个含义是人类与纳米设备相互作用的方式。虽然纳米机器人的主角通常被设想为一个完全自主的设备，评估其周围环境，内部处理信息并相应地执行适当的任务，但 Hibbs 假设，关于其周围环境的信息将被传输给人类外科医生，外科医生在分析数据后将指导修复工作，就像今天已经通过远程控制安装在内窥镜末端的工具进行的某些操作一样。在这种情况下，必要的纳米/生物界面将与通过数字信息处理技术变得熟悉的人机界面相同：自信息技术诞生以来，人机界面一直是计算机科学家关注的焦点。目前，纳米技术几乎不存在这个问题，因为我们还没有需要连接的复杂纳米系统。以原子精度工作的装配目前最接近的实现是数字控制的尖端扫描探针设备；因此，它们的纳米/生物界面确实是一个标准的信息技术人机界面。然而，这种控制对于纳米尺寸的组装商来说太麻烦了——监管的滞后往往会产生混乱——因此组装商需要高度自治。虽然目前这一代基于屏幕的图形用户界面可能比穿孔纸带或卡片稍微方便一些，但是通过键盘一个字母一个字母地输入指令或数据仍然是缓慢、令人沮丧和容易出错的。虽然硬件继续呈指数增长(摩尔定律)，但软件和人机界面继续落后，限制了人类对信息技术的利用。

纳米/生物界面的含义还包括纳米机器如何在人类规模上生产。例如，一个单一的纳米结构微系统可能只可合成有价值的药物的图谱，甚至对于给患者服用的单一剂量来说都太少了。设想的解决方案是横向扩展，即大规模并行化——相当于并行计算的化学反应器。这已经实现了，尽管规模不大，涉及的微反应器不到十几个。许多现代基因工程也应该包括在内。本质上，大量的分子生物学实际上属于纳米生物技术。

1.2 纳米材料的发展

纳米材料的历史开始于大爆炸后，纳米结构在早期陨石中形成。大自然后来进化出许多其他纳米结构，如贝壳、骨骼等。纳米尺度的颗粒是在早期人类使用火的过程中形成的。然而，纳米材料的科学故事开始得很晚。最早的科学报告之一是迈克尔·法拉第早在 1857 年合成的胶体金颗粒。纳米结构催化剂也已经研究了 70 多年。到 20 世纪 40 年代早期，沉淀和煅制二氧化硅纳米颗粒在美国和德国生产和销售，作为橡胶增强材料超细炭黑的替代品。

纳米无定形二氧化硅颗粒在许多日常消费产品中得到了大规模应用，从非乳制品咖啡奶精到汽车轮胎、光纤和催化剂载体。在 20 世纪 60 年代和 70 年代，开发了用于磁记录带的金属纳米粉末。1976 年，由现在流行的惰性气体蒸发技术生产的纳米晶体首次由格兰奎斯特和布赫曼发现。最近发现玛雅蓝涂料是一种纳米结构的混合材料。其颜色的来源及其对酸和生物腐蚀的抗性仍不清楚，但对吉安娜岛真实样品的研究表明，该材料由针状坡缕石(黏土)晶体组成，形成 1.4nm 的超晶格，嵌入含有金属(镁)纳米颗粒内含物的无定形硅酸盐基底。只有当这些纳米粒子和超晶格都存在时，才能获得蓝色的美丽色调，合成样品的制作就证明了这一点。

今天，纳米工程在数量迅速增长的无机、有机结构和功能材料中得到扩展，允许操纵机械、催化、电、磁、光学和电子功能。纳米相或团簇组装材料的生产通常基于分离的小团簇的产生，然后这些小团簇融合成块状材料，或者基于它们嵌入到致密的液体或固体基质材料中。例如在物理和电子性质上不同于普通硅的纳米硅，可以应用于宏观半导体工艺以产生新的器件。例如，当普通玻璃掺杂量子化半导体“胶体”时，它就成为一种高性能光学介质，在光学计算中有潜在的应用。

在未来，由于纳米材料具有排他的、有利的物理、化学和机械性能，因此它们发展前景广阔，可以用于以下所列的许多应用中。

1.2.1 下一代计算机芯片

微电子领域特别关注微型化，这涉及减小晶体管、电容器和电阻器等电路的尺寸。尺寸的显著减小使使用这些部件开发的微处理器可以更快地运行，从而可以以更高的速度进行计算。

但是，实现这些进步存在许多技术障碍，例如缺少制造这些零件的超细前驱物，由于速度较快，平均故障时间短而导致这些微处理器产生的大量热量散失不足(可靠性差)等。

纳米材料通过为制造商提供具有更好导热性的材料——纳米晶起始材料、超高纯材料以及持久耐用的互连线(微处理器中不同部分之间的连接)，来帮助行业克服这些障碍。

1.2.2 致命性提高的动能穿透器

目前，世界上多数国家的部队一直在使用贫铀(DU)弹(穿透器)与敌人的装甲车作战。但是 DU 有残留的放射性，因此，它对使用人员具有危害性(致癌)和致死性。但是，持续使用 DU 渗透剂的一些关键原因是，它们具有对目标影响专有的自我增强机制，并且缺少 DU 的合适的非爆炸性、无毒替代品。

纳米晶钨重合金由于其独特的变形特性(例如晶界滑动)可以用于这种自锐化机制。因此，正在评估纳米晶钨重合金和复合材料是否可以替代 DU 渗透剂。

1.2.3 更好的绝缘材料

通过溶胶-凝胶法制造的纳米晶体材料会产生被称为“气凝胶”的泡沫状结构。尽管非常轻巧且多孔，但这些气凝胶仍可承受等于其重量 100 倍的载荷。气凝胶由颗粒的连续 3D 网络组成，其中夹杂着空气(或任何其他流体，如气体)。

由于气凝胶是多孔的，并且包含滞留在空隙中的空气，因此它们可用于家庭、办公室等的隔热。这大大减少了制冷和取暖的费用，从而节省了电力并减少了相关的环境污染。

它们也被用作“智能”窗户的材料，当太阳非常明亮时，它会变暗(与太阳镜和处方眼镜的可更换镜片中的情况相同)，而当太阳不是非常明亮时，它们会变亮。

1.2.4 高清晰度电视的荧光粉

监视器或电视的分辨率取决于像素的大小。这些像素基本上由被称为“磷光体”的材料组成，当被阴极射线管(CRT)中的电子束撞击时会发光。分辨率随着像素尺寸或磷光体的减少而提高。

通过溶胶-凝胶法制备的纳米晶硒化锌、硫化镉、硫化锌和碲化铅是增强显示器分辨率的潜在材料。纳米磷光体的使用旨在降低这些显示器的成本，以使普通家庭可以买得起个人计算机和高清电视(HDTV)。

1.2.5 低成本平板显示器

在膝上型(便携式)计算机行业中，对平板显示器的需求很高。日本在该领域处于领先地位，这主要归功于其在这些显示器材料方面的研发努力。

这些显示装置的分辨率可通过合成纳米晶体磷光体而显著提高，同时大大降低了制造成本。此外，由于使用纳米材料制成的平板显示器具有改善的磁性能和电性能，因此与传统显示器相比，对比度和亮度要高得多。

1.2.6 越来越硬的切削刀具

由纳米晶体材料(如钽、钨和钛的碳化物)制成的切削刀具比传统的(大晶粒)同类产品更硬，更耐腐蚀和耐磨，并且使用寿命更长。它们还使制造商可以更快地加工多种材料，从而提高了生产率并极大地降低了制造成本。

而且，微型电子电路的小型化需要具有改善的边缘保持性和更好耐磨性的微型钻头[直径小于平均人发厚度(100μm)的钻头]。这些微钻中使用了纳米晶碳化物，因为它们更硬，更坚固且耐磨。

1.2.7 消除污染物

纳米晶体材料具有与其晶粒尺寸相对应的非常大的晶界。因此，它们在物理、化学和机械性能方面非常活跃。由于其较高的化学活性，在发电设备和汽车催化转化器中，纳米材料可用作催化剂与有毒和有害气体如氮氧化物和一氧化碳反应，以避免汽油和煤炭燃烧时对环境的污染。

1.2.8 高能量密度电池

传统和可充电电池几乎用于所有需要电力的应用中。这些应用包括可减少环境污染的笔记本电脑、汽车、玩具、电动汽车、个人立体声音响、无绳电话、蜂窝电话、手表和下一代电动汽车(NGEV)。这些电池的能量密度(存储容量)非常低，需要经常充电。传统和可充电电池的寿命也很短。

使用溶胶-凝胶法生产的纳米晶体材料具有类似泡沫的结构(气凝胶)，与传统的同类材料相比，它可以存储更多的能量。因此，它们非常适合用作电池中的隔板。此外，由于纳米晶镍和金属氢化物制成的镍金属氢化物(Ni-MH)电池具有较大的晶界(表面积)并改善了化学、物理和机械性能，因此据预测其充电量要少得多，并且使用寿命要长得多。

1.2.9 大功率磁铁

根据饱和磁化强度和矫顽力值来测量磁体的强度。当晶粒尺寸减小而晶粒的比表面积(晶粒的每单位体积的表面积)增加时，这些值将增加。已经证明，有些纳米晶的晶粒制成的磁体由于其极大的表面积而具有极不常见的磁性。

这些大功率稀土磁体的常见应用包括超灵敏分析仪器、安静的潜艇、陆上发电机、汽车交流发电机、船舶电动机以及医学诊断中的磁共振成像(MRI)。

1.2.10 高灵敏度传感器

传感器利用其灵敏度来检测要测量的不同参数的变化。参数包括化学活性、热导率、电阻率、磁导率和电容。所有这些参数在很大程度上取决于传感器中使用的材料的微观结构(晶粒尺寸)。

传感器环境的变化通过传感器材料的物理、化学或机械特性来揭示，这些特性可用于检测。例如，由氧化锆制成的一氧化碳传感器采用其化学稳定性来识别是否存在一氧化碳。当存在一氧化碳时，氧化锆中的氧原子与一氧化碳中的碳反应以部分还原氧化锆。该反应激活了传感器特性的修改，例如电容和电导率(或电阻率)。

通过减小晶粒尺寸，该反应的速率和程度显著增加。因此，由纳米晶体材料制成的传感器对环境的变化高度敏感。使用纳米晶体材料制成的传感器的常见应用是飞机机翼上的结冰探测器、烟雾探测器、汽车发动机性能传感器等。

1.2.11 燃油效率更高的汽车

现有的汽车发动机浪费大量的汽油，因此通过不完全燃烧燃料而增加了环境污染。传统的火花塞不能完全有效地燃烧汽油。故障或磨损的火花塞电极会加剧该问题。

由于纳米材料更坚硬、更坚固，并且具有更强的抗腐蚀和耐磨性，因此目前正提议将它们用作火花塞。这些电极延长了火花塞的使用寿命，并帮助更有效、更充分地燃烧燃料。实验阶段还采用了一种称为“railplug”的全新火花塞设计。

相比之下，由纳米材料制成的导轨插头比传统的火花塞具有更长的使用寿命。此外，汽车由于损失了发动机产生的热能而浪费了大量的能量。柴油发动机尤其如此。因此，已经提出了用纳米晶陶瓷例如氧化铝和氧化锆涂覆发动机汽缸(衬里)的计划，从而使它们以更有效的方式保存热量，从而确保了燃料的充分有效燃烧。

1.2.12 具有增强性能特征的航空航天部件

由于涉及飞行中的危险，飞机制造商的目标是使航空航天组件更坚固，使用寿命更长。飞机部件主要性能指标之一是疲劳强度，疲劳强度会随着部件寿命的增加而降低。通过使用更坚固的材料制造组件，可以大大提高飞机的使用寿命。

疲劳强度随着材料晶粒尺寸的减小而增加。与传统材料相比，纳米材料可显著减小晶粒尺寸，从而使疲劳寿命平均提高200%~300%。此外，使用纳米材料制成的组件更坚固，可以在更高的温度下工作，从而使飞机能够更快、更高效地飞行(使用相同数量的航空燃料)。

在航天器中，材料的高温强度至关重要，因为这些组件(例如推进器、火箭发动机和矢量喷嘴)在比飞机更高温度和更快的速度下工作。纳米材料也是航天器应用的理想材料。

1.2.13 更好和未来的武器平台

传统的机枪，例如155mm 榴弹炮、大炮和多管火箭系统(MLRS)，都使用燃烧一定数量的化学物质(枪粉)而产生化学能，可以以约1.5~2.0km/s 的最大速度推进穿透器。

相反，电磁发射器(EML 炮)或轨道炮利用电能以及伴随的磁场(能量)，以高达10km/s 的速度推动穿透器弹丸。对于相同的穿透质量，这样的速度产生更大的动能。能量的大小与施加到目标的伤害成正比。因此，美国国防部(尤其是美国陆军)已对电磁炮进行了广泛的研究。

由于轨道炮使用电能工作，因此轨道必须是出色的电导体。此外，它们必须坚固而又不易弯曲，以使弹枪在发射时不会因其自身重量而下垂并塌陷。铜是高导电率的优先选择。

但是，由于超高速弹丸对铁轨的腐蚀，铜制的轨道炮的磨损速度要快得多。而且，它们缺乏高温强度。因为铜轨的腐蚀和磨损所以要经常更换枪管。

为了满足这些需要，正在评估由铜、钨和二硼化钛制成的纳米晶复合材料作为潜在的候选材料。该纳米复合材料表现出优良的电导率、令人满意的导热率、高强度、硬度、高刚度和耐磨耗性。

这样就产生了耐腐蚀和耐磨的电磁炮，使用寿命比传统电磁炮更长，发射频率更高。

1.2.14 寿命更长的卫星

卫星被用于民用和国防领域。由于各种因素，例如地球施加的重力的影响，这些卫星利用推进器使火箭停留或改变其轨道。因此，需要推力器来重新定位卫星。

这些卫星的寿命在很大程度上取决于它们可以携带的燃料量。实际上，重新定位推进器会浪费卫星携带的三分之一以上的燃料，这是由于燃料(例如肼)部分效率低下的燃烧所致。车载点火器的快速磨损引起部分有效燃烧，从而导致部分燃烧效率低下。

诸如纳米晶钨-二硼化钛-铜复合材料之类的纳米材料是改善这些点火器的性能和寿命有前途的选择。

1.2.15 超塑性陶瓷

陶瓷非常坚硬，易碎并且很难加工。陶瓷的这些性能已阻止了其潜在的利用。氧化锆是一种坚硬、易碎的陶瓷，但可以制成超塑性陶瓷，也就是说，它可以变形为更大的长度(最大为其初始长度的300%)。但是，这些陶瓷必须具有纳米晶粒才能超塑。

实际上，诸如碳化硅(SiC)和氮化硅(Si_3N_4)之类的纳米晶陶瓷已用于汽车应用中，例如滚珠轴承、高强度弹簧和气门挺杆。这是因为它们具有良好的可加工性和可成型性，以及优异的物理、机械和化学性能。它们还用作高温炉的组件。

可以在相当低的温度下将纳米晶陶瓷压制和烧结成不同的形状。相反，即使不可行，在高温下也很难对传统陶瓷进行压制和烧结。

1.2.16 大型电致变色显示设备

电致变色器件包括可以添加光吸收带或可以通过使电流通过材料或通过施加电场来改变电流带的材料。

纳米晶体材料，如氧化钨凝胶($WO_3 \cdot xH_2O$)在巨大的电致变色显示装置中使用。控制电致变色的反应(受电场影响的可逆着色过程)是离子(或质子)和电子的两次注入，通过与纳米晶钨酸结合形成钨青铜。这些设备主要用于股票行情板和公共广告牌中以传递信息。

电致变色设备类似于通常在手表和计算器中使用的液晶显示器(LCD)。但是电致变色设备通过响应于施加的电压而改变颜色来显示信息。极性相反时，颜色会变色。这些设备的分辨率、对比度和亮度在很大程度上取决于钨酸凝胶的粒径。因此，为此目的正在研究纳米材料。

1.2.17 纳米材料的分类

纳米材料的分类是基于尺寸的数量，其不局限于纳米级范围(<100nm)。纳米结构证明了量子力学的一个基本性质，即量子限制[18-21]。量子限制是指电子被捕获在一个很小的区域内。当电子和空穴被1D(量子阱)、2D(量子线)或3D(量子点)中的势阱限制时，就会发生这种情况。换句话说，纳米晶体的尺寸变得非常小，以至于它接近一个叫作玻尔激子半径的激子(电子-空穴对的束缚态)的尺寸。为了有效限制，尺寸应小于30nm。

量子点是零维结构，其中电子被限制在所有三维空间中，因此具有3D限制。换句话说，这里所有的维度都在玻尔激子半径附近，构成一个小球体。量子点可以被描述为“人造原子”。原子因为小，很难被隔离，但是量子点很容易被操纵。

纳米线表现出二维约束，也是一种结构，长度长，高度和宽度小，也是一种导电线，其中量子效应影响传输特性。这里，传导电子被限制在导线的横向，能量被量化为一系列离散值。其他一维结构包括：纳米棒、纳米管和量子线。

一维约束只局限在一维，产生量子阱或平面。与高度相比，量子阱的长度和宽度可以很大，高度约为玻尔激子半径。由于量子限制效应，载流子(通常是电子和空穴)具有离散的能量值，当量子阱的厚度与载流子的德布罗意波长相当时，电子态被量子化。量子阱由于其准二维结构而具有更高的态密度，因此被广泛应用于激光器中。

与整体结构相比，纳米材料表现出非常不同的性质[22-31]。有大量的纳米材料，但我们将只讨论重要的纳米材料的类型。

1.2.17.1 碳纳米材料

碳基纳米材料的合成影响了全世界许多研究人员和科学家对其潜在应用的理解。富勒烯、碳纳米管(CNT)、碳纳米洋葱、碳纳米锥、碳纳米角和碳纳米线都是这个家族的成员。在这些成员中，碳纳米管是真正纳米技术的一个例子：直径只有一纳米，但分子可以用化学和物理方法操纵。它们被称为21世纪的真正材料。

1.2.17.1.1 富洛伦尼斯

众所周知，碳的凝聚相具有六方基态，以sp^2键的石墨为代表，它是高度各向异性的三维半金属。金刚石也是一种三维材料，靠近石墨，但是各向同性的。富勒烯(碳的零维形式)的发现激发了人们对碳材料的极大兴趣。克罗托等[32]将C_{60}确定为具有正截二十面体形

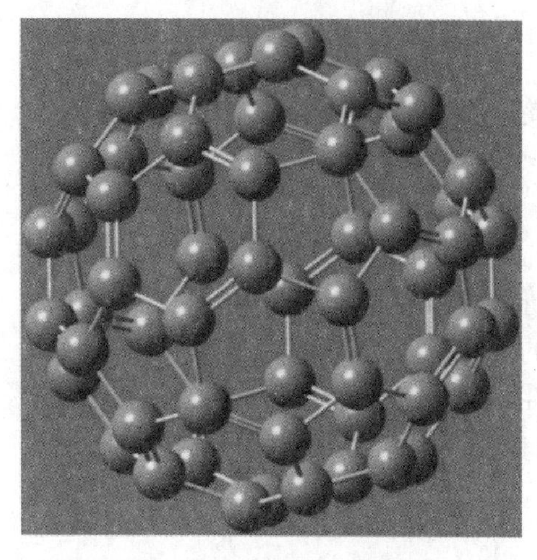
图 1-3　碳-60 富勒烯的图像表示[33]

状的分子，这是对碳材料最有影响的发现。有了这些发现，许多理论和实验工作已经被报道。富勒烯化学是在 20 世纪 80 年代中期发展起来的。富勒烯是一种笼状中空、球形或椭球形超分子，由 sp^2杂化碳原子（每个碳原子连接三个碳原子）组成，有 12 个五边形和 20 个六边形。这种结构类似于建筑师里查德·巴克明斯行·福勒设计的短程线穹顶，所以以他的名字命名为富勒烯，通常被称为“巴克球”[24]。富勒烯是碳的三种同素异形体之一，其他两种形式为结晶形式（金刚石、石墨）、无定形形式（焦炭、木炭）。1996 年，科尔、克罗托和斯马利因发现富勒烯而获得诺贝尔化学奖。图 1-3 给出了含 60 个碳原子的碳 60 富勒烯的示意图。C_{60}分子有两个键长，其中 6∶6 的环键可视为“双键”，比 6∶5 的键短。C_{60}不是“超芳族的”，因为它倾向于避免五角环中的双键，这导致差的电子离域。结果，C_{60}表现得像一个缺电子的烯烃，并且很容易与富电子的物质反应。还报道了大量富勒烯的合成及其性质的测定[34]，为研究人员开辟了新的领域。这种材料也用于生产碱金属（M）掺杂的 M_3C_{60}化合物（在早期 $T_c = 33K$ 时观察到的最高值）和相对高的 T_c 超导性。许多关于掺杂富勒烯的研究正在进行中。

1.2.17.1.2　碳纳米管

碳纳米管是纳米级直径的管状碳结构，长度可达几微米至几厘米。碳纳米管是 1991 年由苏尼约伊吉马发现的。从那以后，它一直是纳米材料研究者的研究热点。由于其独特的结构，碳纳米管有着广泛的应用。碳纳米管比钢强 100 倍，轻 5 倍，电导率比铜高 6 个数量级，热导率比铜高 5 倍。由于这些独特的性质，来自世界各地的研究人员正在参与与碳纳米管和基于碳纳米管器件相关的研究[35-39]。

根据碳纳米管的高长径比，碳纳米管被认为是接近一维的结构。碳纳米管有三种类型（图 1-4）：单壁碳纳米管（SWCNTs）、双壁碳纳米管（DWCNTs）、多壁碳纳米管（MWCNTs）。

1991 年，当 Iigima 试图用电弧放电法制备富勒烯时，他意外地发现了多壁碳纳米管。多壁碳纳米管是几种内壁间距几乎等于石墨内层间距（0.34nm）的同心圆柱体。它们的内径从 0.4nm 到几纳米不等，外径通常从 2nm 到 20~30nm 不等，具体取决于层数。多壁碳纳米管通常通过在石墨网络中插入五边形缺陷而具有封闭的尖端。多壁碳纳米管的长度从几微米到几厘米不等。单壁碳纳米管具有由卷起的石墨烯片组成的无缝圆柱结构，1993 年首次报道。它们的直径范围从 0.4nm 到 2~3nm，长度通常在微米量级。单壁碳纳米管通常以束的形式存在。它们成束以六边形排列，形成晶体结构。

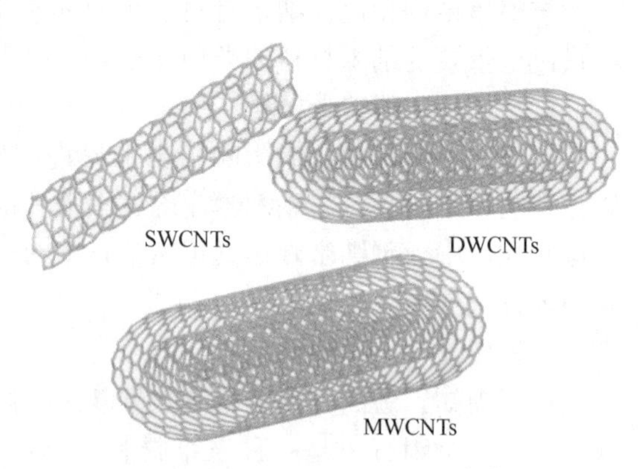

图 1-4　不同类型的碳纳米管[34]

合成碳纳米管的方法有很多，包括电弧放

电法、激光烧蚀法和化学气相沉积法。在电弧放电法中，电弧在两个碳电极之间产生。碳蒸气是由于电弧的高温而产生的，这些蒸气自组装形成碳纳米管。激光烧蚀法使用高功率激光，照射在一定体积的含碳原料气体上。这种方法产生少量干净的纳米管，而电弧放电方法产生大量不纯的纳米管。在这些方法中，化学气相沉积法是最受欢迎和广泛使用的碳纳米管合成方法。在该方法中，含碳气体在金属催化剂的存在下在高温下分解，该高温通过电阻加热来维持。碳原子扩散到基底上，在基底上形成薄膜，在衬底上形成碳纳米管。

库马尔等[40,41]通过等离子体增强化学气相沉积（PECVD）系统和低压化学气相沉积（LPCVD）系统合成了单壁碳纳米管和多壁碳纳米管。他们使用热蒸发在硅衬底上沉积不同的催化剂，流速为50/50nL/min（标）的 C_2H_2/H_2 气体混合物用作反应气体。在整个实验过程中，腔室压力保持在10Torr（1Torr = 133.3224Pa），温度设定在800℃，生长时间从5min到1h不等。电子回旋共振化学气相沉积法是在低温低压下生长碳纳米管的另一种方法。Khan等[42,43]合成了碳纳米管，并研究了碳纳米管的电学性质。他们[44,45]还将碳纳米管用于气体传感应用。

碳纳米管由于其特殊的机械、化学、电学性质，在不同领域有着广泛的应用。其优异的吸附性能使其成为化学传感器的有用材料。碳纳米管将在微电子/半导体、药物控释、燃料电池催化剂载体和传感器等不同领域得到广泛应用。碳纳米管的其他潜在应用包括其在太阳能电池、纳米多孔纤维、催化剂载体和涂层中的应用。碳纳米管为医学提供了很大的希望，为磁共振成像提供了更好的造影剂，并提供了可以导致目标肿瘤细胞死亡的局部加热器。它们还提供了一种新的基因治疗方法。

1.2.17.1.3 纳米金刚石

近几百年来，碳被称为木炭或肥皂材料。长期以来，它一直用于还原金属氧化物。石墨烯是席尔在1979年发现的，并被发现含有纯形式的碳。拉瓦锡意识到碳也是一种化学元素，并将钻石确定为同素异形碳之一。旧形式的碳要么存在于自然界，要么使用不同的热力学条件人工制备。六方石墨被发现是在环境压力下碳的最大同素异形体之一。由于金刚石的密度高于石墨，石墨向金刚石的转化是在高压下进行的[46]。最初，金刚石是在亚稳定状态下形成的，为了避免它分解成石墨，需要在释放压力之前降低温度。石墨（sp^2键）和金刚石（立方，sp^2键）是1969年由一位科学家发现的两种纯净的晶体形式的碳。在这些使用高能物质进行沉积的工作之后，他们研究了通过在氩等离子体中溅射硅来外延沉积硅。使用相同的设备溅射碳电极，以产生碳离子，用于沉积透明、坚硬、绝缘的碳膜。他们发现这些沉积的碳膜显示出与天然金刚石不同的性质，但其结构是无定形的。由于这种非晶结构，这些薄膜不应该是纯金刚石，他们给这些薄膜起了一个新的名字，像碳一样的金刚石。在这项开创性的工作之后，阿申伯格和切博特使用了许多方法来沉积类金刚石碳（DLC）薄膜[44,45]。使用碳氢化合物等离子体以较低的沉积速率沉积的薄膜是坚硬、透明的，并且含有20%～50%的氢。它们不同于不含氢的类金刚石碳，但在没有监测氢含量的情况下被降级为类金刚石碳，更恰当和谨慎的名称是α-C：H（无定形碳氢）、DLHC（类金刚石碳氢化合物）。在过去的几年中，含氢类金刚石薄膜的研究比无氢类金刚石薄膜的差示扫描量热法更不完善。由于所使用的不同沉积系统的多样性[44-49]，并借助于强大的表征技术，在非晶金刚石（α-D）中，被认为是代名词中使用的最重要的术语，在逻辑上与非晶晶体相同。由于用于这些膜的合成方法和表征技术的多样性，关于膜结构的可用表达数据、产生 sp^3 富膜的最佳能量、衬底温度的影响和沉积膜的性质有时相互冲突并成为有争议的问题。最近几年已经有许多关于类金刚石薄膜沉积的报道[50-53]，在这些报道中，沉积参数被优化以获得完美的类金刚石薄膜。这些研究为沉积过程、生长模式[53-55]和薄膜生长的计算机模拟提供了更好的理解。在过去几年中，关于无氢类金刚石碳的研究工作取得了进展，因为在目前的情况下，类金刚石碳主要是指其中含有一些 sp^3 的无氢无定形碳。具有四面体局部碳构型(图 1-5)的主要为 sp^3 膜($sp^3 \geqslant 70\%$)，将被降级为无定形碳或纳米金刚石。

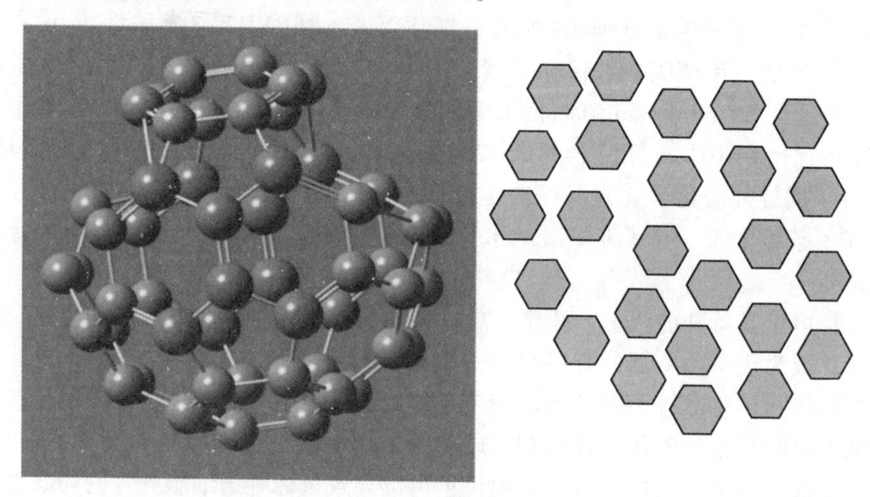

图 1-5 纳米金刚石的图像表示[34]

金刚石和相关材料的潜在应用是巨大的，包括硬涂层、光学窗口、表面声波(SAW)器件、用于微机械系统的电化学电极和用于平板显示器的电子发射表面。到目前为止，金刚石的应用是基于金刚石的物理强度和硬度的，如切削工具、保护涂层和复合添加剂，以及这些材料在发展阶段的许多其他应用[56,57]。尽管有许多技术可用于金刚石薄膜的生长，但是生长光滑和无缺陷的薄膜仍然是困难的。由于大多数应用，如光学保护涂层，需要光滑和无缺陷的薄膜，因此，我们要克服这个难题。这个难题可以通过使用纳米晶或非晶金刚石、四面体非晶碳和类金刚石碳膜来解决，类金刚石碳膜比常规金刚石光滑、坚硬，并且可以在较低的温度下生长[58,59]。

由于这些独特的性质，纳米尺寸的微晶金刚石薄膜已经引起了广泛的关注。纳米金刚石膜可用于机械工具上的保护涂层、红外光学的减反射涂层，这些涂层在红外区需要低的光吸收。纳米金刚石的应用范围为从半导体磨料到硬盘润滑材料。这些薄膜也可应用于与微电子工业相关的半导体器件。

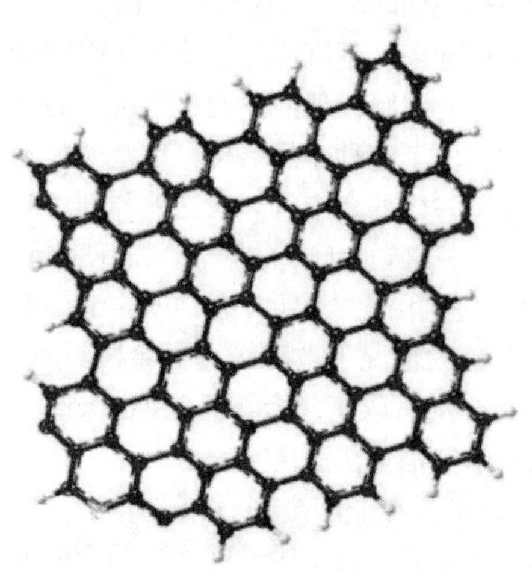

图 1-6 石墨烯的示意图[34]

1.2.17.1.4 *石墨烯*

石墨烯是材料科学和凝聚态物理中研究最严格的材料之一。它是由 sp^2 杂化碳原子组成的准二维材料，具有高质量的晶体结构(图 1-6)。它不寻常的电子性质为量子电动力学带来了新的曙光，揭示了高能物理中无法观察到的各种量子相对论现象。这些现象现在可以在简单的实验中被模仿和测试。从其电子性质来看，石墨烯是一种二维零带隙半导体，其低能准粒子是无质量的，由类狄拉克哈密顿量描述，而不是通常的薛定谔哈密顿量。石墨烯中的电子波在单原子层中传播，这使得它们可以与各种扫描探针相互作用[60]。石墨烯中的电子波对各种材料也有响应，如高介电常数材料、超导体等。它的电子可以传播很远的距离而不会散射。由于无质量载流子和很少散射，石墨烯的量子力学方面可以在常温下实现。这些非常普通的性质导致了对半整数 QHE 的解释和对一些现象的预测，如克莱因隧道效应、齐特贝韦根、施温格产生[61]、超临界原子坍缩[62]和类卡西米尔相互作用[63]。

石墨烯的电荷载体显示出零有效质量，具有大的迁移率，并且在行进时较少散射。通过石墨烯的电流密度可以达到大约是铜的 6 倍的电流密度，具有导热性、硬度、耐气体性，以及调和脆性和延展性等相互冲突的品质。石墨烯是一种令人兴奋的材料，它具有大的理论比表面积($2630m^2/g$)、高的本征迁移率[$200000cm^2/(V \cdot s)$]和电导率[$5000W/(m \cdot K)$]、高的透光率(97.7%)和良好的导电性，这使得它在许多其他潜在应用中可以用作透明导电电极[63,64]。

最初，石墨烯是由石墨薄片通过微机械剥离合成的。从那时起，各种方法被用来制备石墨烯。单层石墨烯可以通过 HOPG 的微机械裂解、金属表面的化学气相沉积、碳化硅上的外延生长和石墨在水中的分散来合成，而很少一层石墨烯可以通过剥离的氧化石墨烯的化学还原(2~6 层)、氧化石墨的热剥离(2~7 层)、石墨气溶胶热解的嵌入(2~40 层)和 H_2气氛中的电弧放电来生产[64]。

1.2.17.2 氧化锌纳米结构

近年来，人们对氧化锌(宽带隙半导体之一)的研究兴趣日益增加。在过去的十年中，氧化锌的相关研究得到了越来越多的推动。在 2007~2008 年间，发表的关于氧化锌的文章数量不断增长，氧化锌成为第二大最受欢迎的半导体材料(仅次于硅)。这种流行在很大程度上是由于单晶氧化锌(外延层和块状)生长相关技术的改进。另一个原因是出现了新的电学、机械、化学和光学性质，尺寸减小。它们在很大程度上被认为是表面现象和量子限制效应的结果。

氧化锌是Ⅱ-Ⅵ化合物半导体。它有多种晶体结构，包括纤锌矿、闪锌矿和岩盐，但在环境温度和压力下稳定的结构是六方纤锌矿结构。纤锌矿氧化锌具有六方结构，两个晶格参数 $a=0.3296nm$，$c=0.52065nm$。Zn^{2+}离子和 O^{2-}离子沿 c 轴的距离为 0.1992nm，这两个离子沿其他三个轴的距离为 0.1973nm。氧化锌通过自组织过程自然形成各种各样具有优异晶体质量的纳米结构(在某些情况下优于薄膜甚至大块晶体)。最近，一项重要的研究是《纳米材料导论》，致力于探索氧化锌材料的不同方面，作为基于这种材料的纳米技术和自组织过程研究总体趋势的一部分。这种广泛的高晶体质量纳米形貌为更多潜在的应用开辟了可能性[65-72]。氧化锌纳米结构的合成和分析由于其有趣的材料性质而受到广泛关注。材料特性和自组织纳米结构合成的结合为这些材料在光电子学、纳米电子学、纳米力学、纳米电化学系统和传感器中的应用开辟了新的可能性[76]。氧化锌使用一系列生长技术形成各种纳米结构(图 1-7)，包括纳米棒[69]、纳米线[70]、纳米带[71-73]、纳米棒/纳米壁[74]、纳米管[75]、四脚体[76]和纳米带[77]，它们是研究光学性质、电输运和机械性质对维度和尺寸的依赖性的理想系统。在纳米电子和光电器件的发明中，它们可能作为互连和功能部件发挥重要作用。

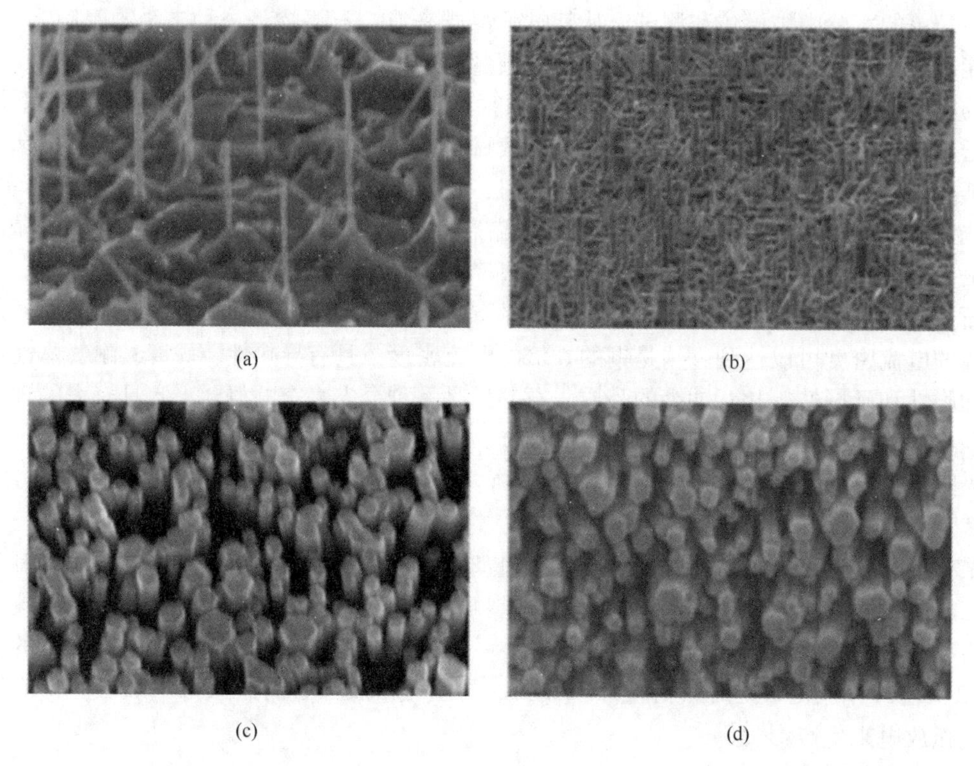

图 1-7　不同衬底上生长的氧化锌纳米线扫描电镜图像：(a，b)高温气液固(VLS)法在碳化硅和硅衬底上生长的氧化锌纳米线；(c，d)低温水化学生长法(ACG)在碳化硅和硅衬底上生长的氧化锌纳米线[78]

已经有多种方法用于合成氧化锌纳米结构。这些方法分为物理气相沉积法(PVD)、化学气相沉积法(化学气相沉积法)或溶液基化学法(化学气相沉积法)，PVD 法和化学气相沉积法属于气相法，通常需要高真空或高温。氧化锌纳米线、树枝状侧支/梳状结构和纳米片可以在相同的条件下合成，只是氧含量增加[79]。三种最常见和最重要的氧化锌沉积 PVD 技术是热蒸发、脉冲激光沉积和溅射。

氧化锌通常用于油漆、纸张、橡胶、食品和药品行业。它是生物安全和生物相容的，可以直接用于生物医学应用，无需涂层[80,81]。它也是纳米电子学和纳米机器人技术中的一种潜在材料。氧化锌由于其宽带隙、高激子结合能和高击穿强度，可用于电子和光子器件以及高频应用。通过控制电子性质，很容易生产出各种基于氧化锌的光电器件。氧化锌的其他应用包括用于检测各种气体的氧化锌基传感器(如 H_2、氮氧化合物、氮、H_3 等)、发光二极管、悬臂、太阳能电池场发射显示器[82-85]。王等已经开发了基于氧化锌纳米棒的 H_2 传感器。李等[89]也已经提出使用排列良好的单晶纳米线作为尖锐的原子力显微镜(AFM)尖端。氧化锌因其直接的宽带隙和较大的光电导性而适用于紫外光电探测器。梁等和刘等[88,89]已经演示了基于氧化锌外延膜的光电导和肖特基型紫外光电探测器。Lee 等[90]是 2002 年第一个研究氧化锌纳米线场发射特性的小组。基于单个氧化锌纳米带的场效应晶体管也有报道[91]。作为宽带隙半导体，氧化锌也被研究作为储氢材料[92,93]。在 5MPa 的压力下，掺铝氧化锌纳米带的最大储氢容量约为 2. 94%(质)。光泵氧化锌纳米线激光器阵列以及单个氧化锌纳米线激光器已经得到证实[95-97]。

鲍等[98]制作了单根纳米线发光二极管。他们使用聚焦离子束系统来定义图案。他们通过在单根纳米线的顶面沉积金属来测量单根纳米线的电流-电压特性、光致发光和电致发光。氧化锌最近被用作染料敏化太阳能电池的电极材料[99-102]。对纳米多孔染料敏化氧化锌薄膜的研究表明，超快电子从染料注入氧化锌颗粒的导带[103-106]，这相当于电子注入二氧化钛层的时间尺度[107]。高效染料敏化和光收集的主要要求是材料应具有宽带隙和高电荷载流子迁移率。高的表面体积比也是通过生产纳米材料可以获得的有趣特性之一。因此，氧化锌纳米结构是一种很有前途的太阳能电池应用材料。

1.3 纳米材料的性质

由于纳米材料是由相当于分子尺寸甚至是原子尺寸的微小单元组成的，也正因为这样，纳米材料具有了一些区别于相同化学元素形成的其他物质材料特殊的物理或是化学特性。例如，力学特性、电学特性、磁学特性、热学特性等，这些特性在当前飞速发展的各个科技领域内得到了应用。

1.3.1 小尺寸效应

当超细微粒的尺寸与光波波长、德布罗意波长以及超导态长度或透射深度等物理特征尺寸相当或更小时，晶体周期性的边界条件将被破坏；非晶态纳米微粒的颗粒表面层附近原子密度减小，导致声、光、电磁、热力学等待性呈现新的小尺寸效应。例如，光吸收显著增加并产生吸收峰的等离子共振频移，磁有序态向磁无序态的转变，超导相向正常相的转变，声子谱发生改变等。

由于颗粒尺寸变小所引起的宏观物理性质的变化称为小尺寸效应。对超微颗粒而言，尺寸变小，比表面积增加，从而产生一系列新奇的性质。

1.3.1.1 力学性质

由于纳米尺寸的存在，纳米材料的许多力学性能都发生了变化，包括硬度、弹性模量、断裂韧性、抗划伤性和疲劳强度等，与块体材料不同。纳米材料机械性能的提高可能是由于这种改性，这种改性通常是材料结构完善的结果。小尺寸要么使它们没有内部结构缺陷，如位错、微孪晶和杂质沉淀，要么存在的少量缺陷或杂质不能充分繁殖而导致机械故障。纳米尺度内的缺陷能量很高，会迁移到表面，在退火过程中自我放松，净化材料，在纳米材料内部留下完美的材料结构。此外，与块体材料相比，纳米材料的外表面缺陷更少或没有缺陷，有助于增强纳米材料的机械性能。纳米材料增强的机械性能在纳米尺度上有许多潜在的应用，如机械纳米谐振器、质量传感器、用于纳米尺度物体操纵的显微镜探针尖端和纳米镊了，以及在宏观尺度上应用于聚合物材料的结构增强、轻质高强度材料、柔性导电涂层、耐磨涂层、更坚韧和更硬的切削工具等[108]。

1.3.1.2 热学性质

纳米材料的比热和热膨胀系数都大于同类粗晶材料和非晶体材料的值，这是由于界面原子排列较为混乱、原子密度低、界面原子耦合作用变弱的结果。因此在储热材料、纳米复合材料的机械耦合性能应用方面有其广泛的应用前景。

1.3.1.3 电学性质

由于晶界面上原子体积分数增大，纳米材料的电阻高于同类粗晶材料，甚至产生尺寸诱导金属——绝缘体转变(SIMIT)。利用纳米粒子的隧道量子效应和库仑堵塞效应制成的纳米电子器件具有超高速、超容量、超微型低能耗的特点，有可能在不久的将来全面取代目前的常规半导体器件。

1.3.1.4 磁学性质

小尺寸的超微颗粒磁性与大块材料显著不同，呈现出超顺磁性。利用磁性超微颗粒具有高矫顽力的特性，已制成高贮存密度的磁记录磁粉，大量应用于磁带、磁盘、磁卡等。利用超顺磁性，人们已将磁性超微颗粒制成用途广泛的磁性液体。

1.3.2 量子限域效应

1961 年，日本的久保(Kubo)及其合作者在研究金属纳米粒子时提出了著名的久保理论，纳米粒子具有独特的量子限域效应。

当能级间距大于热能、磁能、静电能、静磁能、光子能或超导态的凝聚能时，会出现纳米材料的量子效应，从而使其磁、光、声、热、电、超导电性能变化。1986 年 Halperin 对久保(Kubo)理论进行了较全面的归纳，并用这一理论对金属超微粒子的量子尺寸效应进行了深入的分析。研究表明随粒径的减小，能级间隔增大。能带理论表明，金属费米能级附近电子能级一般是连续的，这一点只有在高温或宏观尺寸情况下才成立。对于只有有限个导电电子的超微粒子来说，低温下能级是离散的，对于宏观物体包含无限个原子(即导电电子数 $N\to\infty$)，能级间距 $\delta\to 0$，即对大粒子或宏观物体能级间距几乎为零；而对纳米粒子，包含的原子数有限，N 值很小，这就导致 δ 有一定的值，能级间距发生分裂。

当粒子尺寸下降到某一值时，金属费米能级附近的电子能级由准连续变为离散能级的现象以及纳米半导体微粒存在不连续的最高被占据分子轨道和最低轨道能级而使能隙变宽的现象均称为量子尺寸效应。

量子尺寸效应直接解释了纳米粒子特别的热能、磁能、静磁能、静电能、光子能量以及超导态的凝聚能等一系列的与宏观特性有着显著不同的特性。

1.3.3 表面效应

纳米微粒尺寸小，表面能高，位于表面的原子占相当大的比例。随着粒径减小，表面原子数迅速增加。这是由于粒径小，表面积急剧变大所致。由于表面原子数增多，原子配位不足及高的表面能，使这些表面原子具有高的活性，极不稳定，很容易与其他原子结合。

纳米材料的表面效应是指纳米粒子的表面原子数与总原子数之比随粒径的变小而急剧增大后所引起的性质上的变化。随着粒径变小，表面原子所占百分数将会显著增加。当粒径降到 1nm 时，表面原子数比例达到约 90%以上，原子几乎全部集中到纳米粒子表面。由于纳米粒子表面原子数增多，表面原子配位数不足和高的表面能，使这些原子易与其他原子相结合而稳定下来，故具有很高的化学活性。

1.4 纳米材料的毒性

1.4.1 纳米粒子与生物体的相互作用

生命等级的有组织范围是从大小约为 1nm 的单个分子到大型动植物(约 10m)以及一个物种非常大的有组织种群(约 100m)。纳米粒子的尺寸可以与某些生物分子(例如蛋白质和核酸)相同。这些生物分子中有许多由长的大分子链组成，它们通过侧基、H 桥和盐桥之间的协作和弱相互作用而折叠和成形。在这里，功能化的纳米粒子，例如胶体金，可能会进入复杂的折叠结构。从免疫标记和相关的表面功能化技术(将纳米粒子靶向生物分子作为高分辨率透射电子显微镜和光学成像系统的标志物)的经验中可以看到这种相互作用的证据。

所有的纳米粒子，在暴露于组织和身体的体液时，会直接在入口表面遇到一些大分子，并附着在其表面上。这种吸附过程的具体特征将取决于颗粒的表面特征，包括表面化学和表面能，并且可以通过表面的有意修饰或功能化来调节。通过使用锚定在纳米颗粒表面或囊泡和脂质体中的特定生物分子连接物，可以很好地证明这一点。被动表面层和表面活性剂的存在都损害了仅通过化学组成对纳米颗粒的风险评估。与本体表面化学一致，金属纳米粒子具有相当大的化学反应性，而已观察到离子晶体纳米粒子在暴露于细胞质或淋巴液中时会积聚蛋白质层，该蛋白质层可能与纳米颗粒之间相互作用。

纳米粒子与生物系统的相互作用也受到特征尺寸的影响。如上所述，几纳米大小的纳米颗粒可以很好地到达生物分子内部，这对于较大的颗粒是不可能的。据报道，吸入的纳米颗粒可以到达血液，并可能到达其他目标部位，例如肝脏、心脏或血细胞[109,110]。

纳米颗粒可以穿过膜移位。没有完整的细胞或亚细胞保护机制的证据，对于人类而言，吸入是最常见的进入途径，因此必须考虑纳米颗粒在吸入空气中的聚集过程。

为了理解和分类纳米粒子毒性的机制，需要有关生物系统对大小、形状、表面和本体化学组成不同的纳米粒子的存在以及其受命运影响的信息的信息。易位和退化过程，器官和或细胞内的典型路径(可能是扩散或活跃的细胞内运输的结果)也很重要。

由于纳米粒子与生物分子结构的主动功能化和可能的相互作用，主要考虑颗粒剂的剂量和剂量率在人体内和生态系统中扩散的能力，数量浓度的衰减和单个颗粒的侵蚀。许多纳米粒子将具有相当大的溶解度。对于这些材料，与生物系统的相互作用仍然与大宗化学试剂保持足够接近，以证明使用公认的毒理学测试程序和方法是合理的。对于可生物降解的颗粒，颗粒组成和降解产物将影响其生物效应。具有非常低的溶解度或降解性的材料可能会在生物系统中积聚并在其中长期保留。具有这种性质的纳米颗粒必须引起最大的关注，并且必须注意颗粒的持久性以及靶宿主内代谢和细胞活性的时间常数的比较。

在纳米颗粒的生物相互作用的背景下将要讨论的主要新出现的问题与那些溶解度很小或没有溶解度，或在观察到积累的地方不可降解的颗粒有关。关于纳米粒子和生物系统之间的相互作用，仍有许多未知的细节。

1.4.2 与健康影响相关的纳米粒子特性

根据相关专门研究纳米颗粒毒性的研究所报道的现状：有关颗粒行为和毒性的数据主要

来自对吸入纳米颗粒的研究[111-113]。还可从药物研究中获得有关颗粒行为的数据，在该研究中，涉及纳米级成分的制剂用于解决药物制剂的不溶性和药物递送问题[114,115]。

迄今为止，并不是所有的毒理学研究都针对最近定义的纳米颗粒(尺寸<100nm)或根据最新知识对纳米颗粒进行了表征。但是，这不一定会干扰这些研究中得出的结论。

1.4.2.1 尺寸

尺寸减小至纳米级会导致表面积与体积之比的极大增加，因此表面上存在相对更多的化学分子，从而增强了内在的毒性。当以质量剂量为基础进行比较时，这可能是纳米粒子通常比相同的不溶性材料的较大粒子毒性更大的原因之一。在低毒性颗粒的研究中，当以质量负荷(mg)给药时，与$BaSO_4$相比，TiO_2引起更严重的肺部炎症和颗粒淋巴结负荷。因此，表面积是这些物质发炎的驱动力。当剂量表示为表面积时，反应的严重性差异消失。这些例子强调了颗粒大小的重要性，并暗示了生物系统呈现出的颗粒毒性表面积的数量。

1.4.2.2 化学成分

化学成分和该化学物质的内在毒理学性质对于颗粒的毒性很重要。炭黑的作用比二氧化钛更大，而对于这两种化合物，纳米颗粒在大鼠中引起的肺部炎症和上皮损伤的程度要大于其较大的同类物。另外，吸附在表面上的化学物质可能会影响纳米颗粒的反应性。从微粒空气污染物(柴油机废气颗粒)中分离出的馏分被证明会对体外细胞产生毒性作用。纳米颗粒在环境空气中的成分非常复杂，这些成分(例如有机物和金属)可能会相互作用。金属铁能够增强炭黑纳米颗粒的作用，从而提高其反应性，包括氧化应激。相反，纳米颗粒的表面修饰也可以导致细胞毒性的降低。

对于几种不同的纳米级颗粒(聚氯乙烯、TiO_2、SiO_2、Co、Ni)，只有Co诱导内皮细胞毒性，并伴有促炎性细胞因子IL8的产生。对于其他颗粒，仅TiO_2和SiO_2分别引起较小和较深的IL8释放。没有给出细胞毒性差异的解释，但可能是由于纳米级上的材料差异和/或尺寸差异所致。

对于微米大小的生物材料颗粒，体内分布取决于材料的组成。使用两种聚合物，腹膜内给药后可从脾脏中回收聚甲基丙烯酸甲酯(PMMA)颗粒，但不能回收聚苯乙烯(PS)颗粒。大小不一的PS颗粒主要聚集在腹膜腔的脂肪组织中，而脾脏中的颗粒很少。

尽管可以将空气中的纳米颗粒用作颗粒毒性的信息源，但必须意识到，作为燃烧源污染的一部分，环境空气中的颗粒被各种反应性化学物质所覆盖，包括生物化合物。因此，从环境空气颗粒获得的有关纳米颗粒毒性的信息应考虑颗粒组成和污染的可能影响。

1.4.3 风险评估方法

各种化学物质(金属、碳、其他无机和有机化学物质)的纳米颗粒形式正在被开发，以生产具有与其物理形式在质量或数量上不同性质的新产品。因此，如果它们与生物系统的相互作用也发生了改变，这并不奇怪。本节介绍了可用于评估纳米技术产品的正常制造、使用和处置对人类和环境造成的风险的方法。人们认识到，纳米颗粒的释放可能与异常事件有关，如爆炸、泄漏或设备故障。

在评估纳米颗粒对人或环境的风险所需的方法论的任何讨论中，要考虑的第一个问题是纳米颗粒的尺寸范围、化学成分。原则上，纳米粒子几乎可由任何化学物质制成。但是，目前有关生物系统行为的有限证据大部分都仅限于过渡金属、硅、碳(纳米管、富勒烯)、金属氧化物以及一些已被选作药物制剂潜在输送系统的试剂。在解决纳米粒子可能对人类和环境造成的风险之前，有必要总结一下它们的生物学特性与其他物理形式的化学和生物物质的生物学特性在质或量上有何不同。该危害可以区分为三种情况：①仅由于该物质为纳米颗粒形式；②主要由于该颗粒的化学组成；③由前两种情况组合所引起的。应注意的是，由于纳米颗粒类型的生物学范围迄今为止有限，尚不确定该发现是否总体上代表了纳米颗粒。

1.4.3.1 一般暴露考虑

接触途径是制定所用方法的首要考虑因素。许多已发表的人类毒理学和流行病学数据都与空气传播接触有关。然而，可能需要考虑人类接触纳米粒子的多种其他途径，包括：摄入(食物、食品添加剂和污染物、各种药物)；局部接触(表面处理产品、污染物、化妆品)；注射或植入(某些药物)。

颗粒大小可能以多种不同的方式影响物质的生物特性。关于暴露，有证据表明纳米粒子可能能够穿透细胞膜，从而进入各种细胞类型，而较大的粒子可能被排除在外。如果纳米颗粒可以穿透细胞膜，则假定纳米颗粒除了可以进入作为门的器官外，还具有到达其他器官的潜力。关于这个主题的大部分工作是由制药工业进行的，因为它有可能改善药物向目标组织的输送。有证据表明，与较大的颗粒相比，空气中的纳米颗粒能够通过鼻子沿着嗅觉神经进入大脑[116]。

到目前为止，还没有好的证据表明细胞膜发生渗透改变的具体颗粒大小、形状和表面电荷。从风险评估的角度来看，理解颗粒大小和效果之间的关系非常重要，还发现，对于某些纳米颗粒，清除机制可能不如对于较大颗粒的清除机制有效。例如，在含有纳米颗粒的巨噬细胞细胞系中观察到吞噬作用受损[117]。如果这一发现反映了一个更普遍的现象，那么就需要考虑纳米粒子在人类以及可能在其他物种和环境中的生物累积潜力。

对纳米粒子在环境中的行为的研究更少。环境空气中的纳米粒子很可能会广泛分散，除非它们与空气中的其他成分发生反应。需要确定的是，与其他物理和化学形式相比，一种化学物质的纳米颗粒，由于其尺寸和表面性质，在环境中的分配和分布是否不同。确定纳米颗粒形式的物质在环境中的持久性是否比大尺寸的同类物质更强或更弱也很重要。

从已发表的关于人类毒理学的文献中可以清楚地看出，在研究纳米颗粒的毒性时，以单位质量表示暴露剂量(这是毒理学的既定做法)往往是不合适的。相反，应该使用总表面积或颗粒数，或者表面积和颗粒数的组合。

1.4.3.2 纳米粒子风险评估的范围

如果人类、其他物种或环境有可能接触到产品或工艺(包括处置工艺)中的游离纳米粒子，则需要进行某种形式的风险评估。无论构成纳米颗粒的化学物质的毒理学是否已经确立，这都是必要的。

根据制造、配方、使用和最终处置的条件，纳米粒子的风险评估可能需要解决以下问题：

纳米粒子制造过程中的工人安全，值得注意的是，与普通人群相比，工人通常暴露在高水平的化学物质中的时间更长，纳米颗粒的生产可能就是这种情况；消费者使用含纳米颗粒产品的安全性；由于制造或加工设施中纳米粒子的慢性或急性释放，当地人群的安全性；生产、配制和使用对环境本身的影响，以及人类通过环境再次接触的可能性，需要特别注意在环境中有意以纳米颗粒形式使用的产品，例如生物杀灭剂、环境改良剂；纳米颗粒相关产品的处置或回收所涉及的环境和人类健康风险。这包括纳米粒子从“封闭的”废物处置场所逃逸的可能性，以及它们对污水处理厂的影响。如果有合理的理由得出不会发生接触的结论，可以省略一项或多项风险评估。原则上，传统的风险评估程序是评估在特定暴露条件下暴露于纳米粒子的风险的合适工具。然而，必须认识到，公众对新技术或新兴技术的期望是，对安全性的要求比经过试验和测试的技术更高。未能达到预期可能会导致公众对基于纳米技术的产品的恐惧甚至拒绝。传统的风险评估方法包括以下阶段：暴露评估、危害识别、危害表和风险表征。

由于一些相关的原因，无论是从对人类还是环境的潜在影响来看，这一框架还没有普遍应用于纳米粒子。风险评估的监管要求不明确。因此，对于什么是合适的检测方法，没有官方的指导方针。纳米粒子的商业化生产相对较新，可用的相关流行病学或环境监测数据非常有限。重点是以质量表示的产量，而不是粒度，这可能严重低估了纳米粒子对该物质造成的整体风险的潜在影响。

从前面的讨论中可以明显看出，已经有足够的数据可以得出结论，从风险评估的角度来看，至少对某些类型的纳米粒子来说，完全依赖毒理学研究结果来测试另一种物理形式的目标纳米粒子的成分是不合理的。

1.4.3.3 暴露评估方法

风险评估可应用于纳米颗粒形式的化学品(或化学品混合物)或包含该纳米颗粒形式的产品。前一种方法的好处是，如果确定的风险被认为是可接受的，则可以限制对包含它的产品的风险评估，除非有理由假设由于产品的其他成分，接触或毒理学可能有显著不同。在下面的讨论中，术语“产品”既用于化学品本身，也用于它可能包含的任何项目。

出于风险评估的目的，从一开始就明确规定以下因素非常重要：

产品规格(物理化学特性)：

预计生产的数量，以及产品使用寿命结束时的预期用途、建议处置和回收路线。不同的制造商很可能会生产化学成分相当相似的纳米粒子，但它们的所有特性却不尽相同。因此，对纳米颗粒形式的详细说明是至关重要的。描述应包括：纳米粒子的化学组成包括配方成分和杂质、表面化学、酸度或碱度、氧化还原电位、反应性(氧化还原、光反应性等)和任何表面涂层或吸附物种的性质。

人类或环境将暴露的粒径范围(和分布)，以及有关其他物理特性的信息，例如：形状、密度、表面积、电荷、溶解度、孔隙率、粗糙度形态、结晶度和磁性能。需注意，生物或个人所接触的纳米颗粒的性质可能有所不同，例如在工人、消费者和环境之间，并且也可能与产品本身的粒径分布不同(注意，该尺寸范围还必须用于危险环境中)。

释放的颗粒可溶于水介质或可生物降解的程度：

它们在相关环境条件下的化学和物理稳定性，包括聚结或降解的可能性(以及降解产物的鉴定)，可能是限制它们在人类和环境中积累和持续的主要因素。

预期用途以及每个可能的暴露场景的标识(包括意外暴露的可能性)：

需要确定正常和高水平使用情况，以评估排放途径、人类接触的水平和持续时间，以及在不同环境区室中的释放和分布。这可能需要包括可能导致大量人类或环境暴露的可能误用和事故，还应考虑产品使用结束时的潜在处置方法以及对环境的暴露后果。

参考文献

[1] Edelstein A S, Cammarata R C. Nanomaterials: synthesis, properties and applications bristol[M]. London: Institute of Physics, 1996: 1-596.

[2] Geckeler K E, Rosenberg E. Functional nanomaterials[M]. Valencia: American Scientific Publishers, 2006: 1-500 .

[3] Bhushan. Handbook of nanotechnology[M]. New York: Springer-Verlag, 2004: 1-1220.

[4] Wilson M, Kamali K G S, Simmons M, et al. Nanotechnology (basic science and emerging technologies) [M]. New York: Chapman and Hall/CRC, 2002: 56-86.

[5] Valiev R. Nanomaterial advantage[J]. Nature International Weekly Journal of Science, 2002, 419(6910): 887-889.

[6] Kreyling W G, Semmler-Behnke M, Chaudhry Q. A complementary definition of nanomaterial[J]. Nano Today, 2010, 5(3): 165-168.

[7] Seeman N C. DNA in a material world[J]. Nature, 2003, 421(6921): 427-31.

[8] Taubes, Gary. Double helix does chemistry at a distance—but how? (cover story)[J]. Science, 1997, 275 (5305): 1420.

[9] Okamoto A, Tanaka K, Saito I. Rational design of a DNA wire possessing an extremely high hole transport ability[J]. Journal of the American Chemical Society, 2003, 125(17): 5066-5071.

[10] Peralta-Videa J R, Zhao L, Lopez-Moreno M L, et al. Nanomaterials and the environment: A review for the biennium 2008-2010[J]. Journal of Hazardous Materials, 2011, 186(1): 1-15.

[11] Magnuson B A, Jonaitis T S, Card J W. A brief review of the occurrence, use, and safety of food-related nanomaterials[J]. Journal of Food Science, 2011, 76(6): R126-R133.

[12] Rogers B, Adams J, Pennathur S, et al. Nanotechnology: understanding small system[M]. Boca Raton: CRC Press, 2007: 1-416.

[13] Rajan M S. Nano: the next revolution[M]. India: National Book Trust, 2005.

[14] Connell M J. Carbon nanotubes: properties and applications[J]. Carbon Letters, 2013, 14(3): 131-144.

[15] Ratner M A, Ratner D. Nanotechnology: a gentle introduction to the next big idea[M]. Elsevier, 2003.

[16] Samor B. Plenty of room for biology at the bottom. An introduction to bionanotechnology. By ehud gazit. [J]. Angewandte Chemie International Edition, 2007, 47(2): 236-237.

[17] José Luis de la Fuente, Mosquera G, Rodrigo París. High performance HTPB-based energetic nanomaterial with CuO nanoparticles[J]. Journal of Nanoscience & Nanotechnology, 2009, 9(12): 6851.

[18] Teo B K, Sun X H. Classification and representations of low-dimensional nanomaterials: terms and symbols [J]. Journal of Cluster Science, 2007, 18(2): 346-357.

[19] Guz A N, Rushchitskii Y Y. Nanomaterials: on the mechanics of nanomaterials[J]. International Applied Mechanics, 2003, 39(11): 1271-1293.

[20] Tervonen T, Linkov I, José Rui Figueira, et al. Risk-based classification system of nanomaterials[J]. Journal of Nanoparticle Research, 2008, 11(4): 757-766.

[21] Pokropivny V V, Skorokhod V V. Classification of nanostructures by dimensionality and concept of surface forms engineering in nanomaterial science[J]. Materials Science and Engineering: C, 2007, 27(5-8): 990-993.

[22] Liz-Marzán, Luis M, Mulvaney P. The assembly of coated nanocrystals[J]. The Journal of Physical Chemistry B, 2003, 107(30): 7312-7326.

[23] Sun X, Wong N, Li C, et al. Chainlike silicon nanowires: morphology, electronic structure and luminescence

studies[J]. Journal of Applied Physics, 2004, 96(6): 3447-3451.

[24] Sun X H, Li C P, Wong N B, et al. Templating effect of hydrogen-passivated silicon nanowires in the production of hydrocarbon nanotubes and nanoonions via sonochemical reactions with common organic solvents under ambient conditions[J]. Journal of the American Chemical Society, 2002, 124(50): 14856-14857.

[25] Hochbaum A I, Fan R, He R, et al. Controlled growth of Si nanowire arrays for device integration[J]. Nano Letters, 2005, 5(3): 457-460.

[26] Zhong Z, Chen F, Subramanian A S, et al. Assembly of Au colloids into linear and spherical aggregates and effect of ultrasound irradiation on structure[J]. Journal of Materials Chemistry, 2006, 16(5): 489-495.

[27] Švrček V, Pham-Huu C, Ledoux M J, et al. Filling of single silicon nanocrystals within multiwalled carbon nanotubes[J]. Applied Physics Letters, 2006, 88(3): 033112-1-033112-3.

[28] Li W Z, Xie S S, Qian L X, et al. Large-scale synthesis of aligned carbon nanotubes[J]. Science, 1996, 274(5293): 1701-1703.

[29] Teo B K, Sun X H. Silicon-based low-dimensional nanomaterials and nanodevices[J]. Chemical Reviews, 2007, 107(5): 1454.

[30] Khlobystov A N, Porfyrakis K, Kanai M, et al. Molecular motion of endohedral fullerenes in single-walled carbon nanotubes[J]. Angewandte Chemie International Edition, 2004. 11(43): 1386-1389.

[31] Zhang Q L, O"Brien S C, Heath J R, et al. Reactivity of large carbon clusters: Spheroidal carbon shells and their possible relevance to the formation and morphology of soot[J]. The Journal of Physical Chemistry, 1986, 90(4): 525-528.

[32] Krätschmer W, Lamb L D, Fostiropoulos K, et al. C_{60}: a new form of carbon[J]. Nature, 1990.

[33] Lijima, Sumio. Helical microtubules of graphitic carbon[J]. Nature, 1991, 354(6348): 56-58.

[34] Haddon R C, Hebard A F, Rosseinsky M J, et al. Conducting films of C_{60} and C_{70} by alkali-metal doping [J]. Nature, 1991.

[35] Lijima S, Ichihashi T. Single-shell carbon nanotubes of 1-nm diameter[J]. Nature, 1993, 364(6430): 737-737.

[36] Bethune D S, Klang C H, De Vries M S, et al. Cobalt-catalysed growth of carbon nanotubes with single-atomic-layer walls[J]. Nature, 1993, 363(6430): 605-607.

[37] Frank S P, Poncharal P, Wang Z L, et al. Carbon nanotube quantum resistors[J]. Science, 1998, 280 (5370): 1744-1746.

[38] Rai M, Sarkar S. Carbon nanotube as a VLSI interconnect[M]. InTech, 2011: 475-494.

[39] Kumar A, Parveen S, Husain S, et al. Effect of oxygen plasma on field emission characteristics of single-wall carbon nanotubes grown by plasma enhanced chemical vapour deposition system[J]. 2014, 115(8): 1-6.

[40] Kumar A, Husain S, Ali J, et al. Field emission study of carbon nanotubes forest and array grown on Si using Fe as catalyst deposited by electro-chemical method[J]. Journal of Nanoscience & Nanotechnology, 2012, 12 (3): 2829.

[41] Khan Z H, Husain M. Carbon nanotube and its possible applications[J]. Indian Journal of Engineering and Materials Sciences, 2005, 12(6): 529-551.

[42] Zishan H. Khan, Samina Husain, M. Husain. Variable range hopping in carbon nanotubes[J]. Current Nanoscience, 2010, 6(6): 626-641.

[43] Zishan H Khan, et al. Multi-walled carbon nanotubes film sensor for carbon mono-oxide gas[J]. Current Nanoscience, 2012, 8(2): 274-279.

[44] Salah N, Khan Z H, Habib S S. Nanoparticles of Al_2O_3: Cr as a sensitive thermoluminescent material for high exposures of gamma rays irradiations[J]. Nuclear Inst & Methods in Physics Research B, 2011, 269(4):

401-404.
[45] Holleman A F, Wiberg E. Lehrbuch der anorganischen chemie[M]. De Gruyter, 1964.
[46] Prawer S, Nugent K W, Lifshitz Y, et al. Systematic variation of the Raman spectra of DLC films as a function of sp^2: sp^3 composition[J]. Diamond & Related Materials, 1996, 5(3-5): 433-438.
[47] McKenzie D R. Tetrahedral bonding in amorphous carbon[J]. Reports on Progress in Physics, 1996, 59(12): 1611-1664.
[48] Tsai H C, Bogy D B. Characterization of diamondlike carbon films and their application as overcoats on thin-film media for magnetic recording[J]. Cheminform, 1987, 19(12): 3287-3312.
[49] Hirvonen J P, Koskinen J, Lappalainen R, et al. Preparation and properties of high density, hydrogen free hard carbon films with direct Ion beam or arc discharge deposition[J]. Materials Science Forum, 1991, 52-53: 197-216.
[50] Lifshitz Y, Kasi S R, Rabalais J W. Carbon (sp^3) film growth from mass selected Ion beams: Parametric in vestigations and subplantation model[C]//Materials Science Forum. 1990: 237-290.
[51] Lifshitz Y, Lempert G D, Rotter S, et al. The influence of substrate temperature during ion beam deposition on the diamond-like or graphitic nature of carbon films[J]. Diamond & Related Materials, 1993, 2(2-4): 285-290.
[52] Davis C A . A simple model for the formation of compressive stress in thin films by ion bombardment[J]. Thin Solid Films, 1993, 226(1): 30-34.
[53] Robertson J. Deposition mechanisms for promoting sp^3 bonding in diamond-like carbon[J]. Diamond & Related Materials, 1993, 2(5-7): 984-989.
[54] Lifshitz Y, Kasi S R, Rabalais J W, et al. Subplantation model for film growth from hyperthermal species [J]. Physical Review B, 1990, 62(15): 10468-10480.
[55] Bhushan, Bharat. Chemical, mechanical and tribological characterization of ultra-thin and hard amorphous carbon coatings as thin as 3. 5 nm: recent developments[J]. Diamond & Related Materials, 1999, 8(11): 1985-2015.
[56] Sikder A K, Sharda T, Misra D S, et al. Chemical vapour deposition of diamond on stainless steel: the effect of Ni-diamond composite coated buffer layer[J]. Diamond & Related Materials, 1998, 7(7): 1010-1013.
[57] Chhowalla M, Yin Y, Amaratunga G A J, et al. Highly tetrahedral amorphous carbon films with low stress [J]. Applied Physics Letters, 1996, 69(16): 2344-2346.
[58] Collins C B, Davanloo F, Lee T J, et al. The bonding of protective films of amorphic diamond to titanium [J]. Journal of Applied Physics, 1992, 71(7): 3260-3265.
[59] Geim A K. Graphene: status and prospects[J]. Science, 2009, 324.
[60] Katsnelson M I, Novoselov K S, Geim A K. Chiral tunnelling and the Klein paradox in graphene[J]. Nature Physics, 2006, 2(2): 620-625.
[61] Slonczewski J C. Band structure of graphite[J]. Physical Review, 1958, 109(2): 2238-2239.
[62] Semenoff G W. Condensed-matter simulation of a three-dimensional anomaly[J]. Physical Review Letters, 1984, 53(26): 2449-2452.
[63] Rao C, Maitra U, Matte H. Synthesis, characterization, and selected oroperties of graphene[M]. Graphene, 2013: 1-47.
[64] Rafiee M A, Rafiee J, Wang Z, et al. Enhanced mechanical properties of nanocomposites at low graphene content[J]. Acs Nano, 2009, 3(12): 3884.
[65] Fuller M L. A method of determining the axlal ratio of a crystal from X-ray diffraction data: The axlal ratio and lattice constants of zincoxide[J]. Science, 1929, 70(1808): 196-198.

[66] Bunn C W. The lattice-dimensions of zinc oxide[J]. Proceedings of the Physical Society, 2002, 47(5): 835.
[67] Oezguer U, Alivov Y I, Liu C, et al. A comprehensive review of ZnO materials and devices[J]. Journal of Applied Physics, 2005, 98(4): 1-11.
[68] Grabowska J, Nanda K K, Mcglynn E, et al. Synthesis and photoluminescence of ZnO nanowires/nanorods[J]. Journal of Materials Science Materials in Electronics, 2005, 16(7): 397-401.
[69] Kumar R T R, Mcglynn E, Mcloughlin C, et al. Control of ZnO nanorod array density by Zn supersaturation variation and effects on field emission[J]. Nanotechnology, 2007, 18(21): 215704.
[70] Ronning C, Gao P, Ding Y, et al. Manganese doped ZnO nanobelts for spintronics[J]. Applied Physics Letters, 2004, 84(5): 783-785.
[71] Wang W, Zeng B, Yang J, et al. Aligned ultralong ZnO nanobelts and their enhanced field emission[J]. 2006, 18(24): 3275-3278.
[72] Pan Z W, Dai Z R, Wang Z L. Nanobelts of Semiconducting Oxides[J]. Science, 2001, 291(5510): 1947-1949.
[73] Grabowska J, Meaney A, Nanda K K, et al. Surface excitonic emission and quenching effects in ZnO nanowire/nanowall systems: Limiting effects on device potential[J]. Physical Review B, 2005, 71(11): 115439.
[74] Xing Y J, Xi Z H, Xue Z Q, et al. Optical properties of the ZnO nanotubes synthesized via vapor phase growth[J]. Applied Physics Letters, 2003, 83(9): 1689-1691.
[75] Qiu Y, Yang S. ZnO nanotetrapods: controlled vapor-phase synthesis and application for humidity sensing[J]. Advanced Functional Materials, 2010, 17(8): 1345-1352.
[76] Park W I, Kim J S, Yi G C, et al. Fabrication and electrical characteristics of high-performance ZnO nanorod field-effect transistors[J]. Applied Physics Letters, 2004, 85(21): 5052-5054.
[77] Fan X, Zhang M L, Shafiq I, et al. ZnS/ZnO heterojunction nanoribbons[J]. 2009, 21(23): 2393-2396.
[78] Riaz M, Song J, Nur O, et al. Study of the piezoelectric power generation of ZnO nanowire arrays grown by different methods[J]. Advanced Functional Materials, 2015, 21(4): 628-633.
[79] Wu J J, Liu S C. Catalyst-free growth and characterization of ZnO nanorods[J]. Journal of Physical Chemistry B, 2002, 106(37): 9546-9551.
[80] Wang X, Song J, Liu J, et al. Direct-current nanogenerator driven by ultrasonic waves[J]. Science, 2007, 316(5821): 102-105.
[81] Wang Z L, Song J. Piezoelectric nanogenerators based on zinc oxide nanowire arrays[J]. Science, 2006, 312(5771): 242-246.
[82] Lee C J, Lee T J, Lyu S C, et al. Field emission from well-aligned zinc oxide nanowires grown at low temperature[J]. Applied Physics Letters, 2002, 81(19): 3648-3650.
[83] Comini E, Faglia G, Sberveglieri G, et al. Stable and highly sensitive gas sensors based on semiconducting oxide nanobelts[J]. Applied Physics Letters, 2002, 81(10): 1869-1871.
[84] Zhao M H, Wang Z L, Mao S X. Piezoelectric characterization on individual zinc oxide nanobelt under piezoresponse force microscope[J]. Nano Letters, 2004, 4(4): 587-590.
[85] Hughes W L, Wang Z L. Nanobelts as nanocantilevers[J]. Applied Physics Letters, 2003, 82(17): 2886-2888.
[86] Wang H T, Kang B S, Ren F, et al. Hydrogen-selective sensing at room temperature with ZnO nanorods[J]. Applied Physics Letters, 2005, 86(24): 243503-243503-3.
[87] Myoung J J M. Catalyst-free growth of ZnO nanowires by metal-organic chemical vapour deposition (MOCVD) and thermal evaporation[J]. Acta Materialia, 2004, 52(13): 3949-3957.

[88] Liang S, Sheng H, Liu Y, et al. ZnO schottky ultraviolet photodetectors[J]. Journal of Crystal Growth, 2001, 225(2-4): 110-113.

[89] Liu Y P, Guo Y, Li J Q, et al. Temperature dependence of surface plasmon mediated near band-edge emission from Ag/ZnO nanorods[J]. Journal of Optics, 2011, 13(7): 75003-75005.

[90] Lee C J, Lee T J, Lyu S C, et al. Field emission from well-aligned zinc oxide nanowires grown at low temperature[J]. Applied Physics Letters, 2002, 81(19): 3648-3650.

[91] Arnold M S, Avouris P, Pan Z W, et al. Field-effect transistors based on single semiconducting oxide nanobelts[J]. The Journal of Physical Chemistry B, 2003, 107(3): 659-663.

[92] Pan H, Luo J, Sun H, et al. Hydrogen storage of ZnO and Mg doped ZnO nanowires[J]. Nanotechnology, 2006, 17(12): 2963.

[93] Wan Q, Lin C L, Yu X B, et al. Room-temperature hydrogen storage characteristics of ZnO nanowires [J]. Applied Physics Letters, 2004, 84(1): 124-126.

[94] Ahmad M, Zhu J. ZnO based advanced functional nanostructures: synthesis, properties and applications [J]. Journal of Materials Chemistry, 2010, 21(3): 599-614.

[95] Yan H, He R, Johnson J, et al. Dendritic nanowire ultraviolet laser array[J]. Journal of the American Chemical Society, 2003, 125(16): 4728-4729.

[96] Johnson J C, Yan H, Yang P, et al. Optical cavity effects in ZnO nanowire lasers and waveguides[J]. The Journal of Physical Chemistry B, 2003, 107(34): 8816-8828.

[97] Huang M H, Mao S, Feick H, et al. Room-temperature ultraviolet nanowire nanolasers[J]. Science, 2001, 292(5523): 1897-1899.

[98] Bao J, Zimmler M A, Capasso F, et al. Broadband ZnO single-nanowire light-emitting diode[J]. Nano Letters, 2006, 6(8): 1719.

[99] Bedja I, Kamat P V, Hua X, et al. Photosensitization of Nanocrystalline ZnO Films by Bis(2, 2′-bipyridine)(2, 2′-bipyridine-4, 4′-dicarboxylic acid) ruthenium(Ⅱ)[J]. Langmuir, 1997, 13(8): 2398-2403.

[100] Keis K, Bauer C, Boschloo G, et al. Nanostructured ZnO electrodes for dye-sensitized solar cell applications [J]. Journal of Photochemistry & Photobiology A Chemistry, 2002, 148(1-3): 57-64.

[101] Keis K, Magnusson E, Lindstr M H, et al. A 5% efficient photoelectrochemical solar cell based on nanostructured ZnO electrodes[J]. Solar Energy Materials & Solar Cells, 2002, 73(1): 51-58.

[102] Keis K, Vayssieres L, Rensmo H, et al. Photoelectrochemical properties of nano- to microstructured ZnO electrodes[J]. Journal of the Electrochemical Society, 2001, 148(2): A149-A155.

[103] Katoh R, Furube A, Tamaki Y, et al. Microscopic imaging of the efficiency of electron injection from excited sensitizer dye into nanocrystalline ZnO film[J]. Journal of Photochemistry and Photobiology A Chemistry, 2004, 166(1): 69-74.

[104] Katoh R, Furube A, Yoshihara T, et al. Efficiencies of electron injection from excited N_3 dye into nanocrystalline semiconductor (ZrO_2, TiO_2, ZnO, Nb_2O_5, SnO_2, In_2O_3) Films[J]. The Journal of Physical Chemistry B, 2004, 108(15): 4818-4822.

[105] Furube A, Katoh R, Hara K, et al. Ultrafast stepwise electron injection from photoexcited Ru-complex into nanocrystalline ZnO film via intermediates at the surface[J]. Journal of Physical Chemistry B, 2003, 107 (17): 4162-4166.

[106] Horiuchi H, Katoh R, Hara K, et al. Electron injection efficiency from excited N_3 into nanocrystalline ZnO films: effect of (N_3-Zn^{2+}) aggregate formation[J]. The Journal of Physical Chemistry B, 2003, 107(11): 2570-2574.

[107] O'Regan B, Graetzel M . A low-cost, high-efficiency solar cell based on dye-sensitized colloidal TiO_2 films [J]. Nature Materials, 2010, 9(5suppl.): S27-S29.

[108] Cao G. Nanostructures and Nanomaterials: Synthesis, Properties and Applications[M]. World Scientific, 2004: 1-448.

[109] Herring C, Galt J K. Elastic and plastic properties of very small metal specimens[J]. Physical Review, 1952, 85(6): 1060-1061.

[110] Oberdrster G, Sharp Z, Atudorei V, et al. Extrapulmonary translocation of ultrafine carbon particles following whole-body inhalation exposure of rats[J]. Journal of Toxicology and Environmental Health, Part A, 2002, 65(20): 1531-1543.

[111] Oberdorster G. Significance of particle parameters in the evaluation of exposure-dose-response relationships of inhaled particles[J]. Inhalation Toxicology, 1996, 8 Suppl(Suppl): 73-89.

[112] Günter Oberdrster, Oberdrster E, Oberdrster J. Nanotoxicology: an emerging discipline evolving from studies of ultrafine particles[J]. Environmental Health Perspectives, 2005, 113(7): 823-839.

[113] Donaldson K K, Stone V V. Current hypotheses on the mechanisms of toxicity of ultrafine particles[J]. Annali Dellistituto Superiore Di Sanità, 2003, 39(3): 405-410.

[114] Baran E T, Oezer N, Hasirci V. In vivo half life of nanoencapsulated L-asparaginase[J]. Journal of Materials Science Materials in Medicine, 2002, 13(12): 1113-1121.

[115] Cascone M G, Lazzeri L, Carmignani C, et al. Gelatin nanoparticles produced by a simple W/O emulsion as delivery system for methotrexate[J]. Journal of Materials Science: Materials in Medicine, 2002, 13(5): 523-526.

[116] Günter Oberdrster, Oberdrster E, Oberdrster J. Nanotoxicology: an emerging discipline evolving from studies of ultrafine particles[J]. Environmental Health Perspectives, 2005, 113(7): 823-839.

[117] Renwick L C, Brown D, Clouter A, et al. Increased inflammation and altered macrophage chemotactic responses caused by two ultrafine particle types[J]. Occupational and environmental medicine, 2004, 61(5): 442-447.

第2章　纳米材料的形貌调控

2.1　包覆作用

与微粒相比，纳米粒子具有非常大的表面积和相对较高的粒子数。因此，纳米粒子表现出与散装材料大不相同的小尺寸效应，例如电、磁、机械、光学和化学特性。目前，纳米材料已成为工业中不可或缺的材料。由于纳米粒子与亚微米级粒子相比具有不同的表面结构和表面相互作用，纳米粒子具有极高的黏附和聚集趋势。开发控制纳米颗粒的分散或聚集现象以将其应用于功能材料和产品的技术就显得非常重要。纳米材料的表面工程是解决纳米颗粒团聚这一难题的重要手段，也是使纳米材料颗粒表面产生新的物理、化学功能的重要途径。纳米材料的表面工程就是通过物理或者化学的方法来改变纳米颗粒表面的化学结构和状态，以实现人为控制纳米颗粒的表面特性。

纳米颗粒的表面包覆已被用来使纳米颗粒的表面能最小化，并减少其形成聚集体的趋势。理想的表面改性工程意味着在不改变其整体性能的情况下改善纳米颗粒的表面性能。纳米材料的表面改性可以通过物理和化学方法进行。

物理表面改性是增加纳米材料表面稳定性的最简单技术之一，可以通过使用离子或聚合物表面活性剂覆盖纳米颗粒表面来进行(表面活性剂的化学结构同时包含疏水基团和亲水基团)。表面改性过程是基于亲水基团通过静电相互作用或化学键吸附在纳米材料表面的。表面活性剂可以减少颗粒之间的相互作用并使界面力的影响最小化。表面活性剂在悬浮液中的纳米颗粒表面上的吸附降低了表面张力和颗粒聚集速率。因此，这种方法增加了纳米颗粒的稳定性。在物理改性方法中，包覆试剂在纳米颗粒表面上具有弱的范德华力或氢键。因此，物理修饰的纳米材料在热和溶剂分解上都是不稳定的。

化学表面包覆是开发纳米材料表面特性的有效方法，可形成稳定的纳米结构用于进一步的应用。这些技术基于包覆剂和纳米颗粒表面之间的共价键。有机包覆是利用有机物分子中的官能团在无机颗粒表面的吸附或化学反应使有机大分子包裹纳米颗粒，从而对纳米材料的表面就行改性，使其显示出较好的物理及化学特性。

无机包覆剂来源广泛，制备简单，因此利用无机物作为纳米颗粒的表面包覆剂成本是非常低廉的。纳米材料经过无机包覆剂改性后，可以显著地降低其界面张力，增加其稳定性和耐久性，改变纳米材料的润湿和附着特性，提高纳米材料在基体中的分散行为，改善纳米材料与基体的界面结合能力。Yuan 等用非均相沉淀法在纳米 ZnO 颗粒的表面成功地包覆了一层铝酸锌，纳米材料经过改性后，不但提高了对紫外线的吸收能力，而且对可见光的反射能力也有所提高，可应用于隔热涂料体系。Kang 等通过超声雾化高温裂解法成功制备了纳米 ZnO/Ag 复合粒子，明显地提高了 ZnO 纳米粒子的稳定性。Zhou 等以锌和铁盐的水溶液为原料，在 SiO_2基材上采用原位合成技术制备了纳米 $ZnFe_2O_4/SiO_2$复合材料，将该复合材料与高分子成膜剂及其他助剂复合制成具有较强红外辐射能力的纳米功能涂料。Huang 等首次报道了以异丙基铝前体和无水硝酸铁作为原料，采用溶胶-凝胶法合成了由 Al_2O_3 所包覆的平均粒径约为 55nm 的纯 Fe 纳米复合材料，由于纳米 Fe 被 Al_2O_3 所包覆，从而有效地防止了 Fe 氧化。Wang 等研究 ZrO_2 在聚甲基丙烯酸甲酯(PMMA)中的分散行为时发现，若采用 SiO_2 对纳米 ZrO_2 进行表面前处理，则只需约 2%的甲基胂酸钠(MSMA)偶联剂就能保证纳米 ZrO_2 粒子在 PMMA 中均匀分散。Duan 等报道了以四乙基正硅酸、$Zn(NO_3)_2$、$Al(NO_3)_3$ 及乙醇与水的混合溶剂等作为起始原料，采用溶胶-凝胶法制得 $SiO_2-6Al_2O_3-5ZnO$ 多相沉淀，该多相沉淀经 800℃热处理后生成 $ZnAl_2O_4$ 晶核，当升温 900℃、进行 5h 的热处理后生成经 SiO_2 表面修饰的 $ZnAl_2O_4$ 纳米晶体。

有机包覆剂主要包括各种偶联剂(例如硫醇、胺、有机磷分子、羧酸、聚合物和硅烷)和表面活性剂。Wang 等用正十八烷基硫醇处理涂 FeO 织物表面，用硫醇进行表面改性后，织物/海绵具有超疏水特性，在研究中发现合成的超疏水/超亲油织物可以成功分离重油和轻油。Sundar 等[1]通过共沉淀法制备了 3-氨基丙基三乙氧基硅烷(APTES 为氨基硅烷化合物)包覆的 Fe_3O_4 纳米粉，作为抗癌药物“姜黄素”的载体，获得了超细的、近球形且分散良好的 Fe_3O_4 磁性纳米粒子。为了抑制由小二氧化钛(TiO_2)纳米颗粒引起的有机材料载体的光催化降解，Cheng 等[2]报道了通过浸渍法用 APTES 层处理的 TiO_2。所得 APTES 改性的 TiO_2 与未涂覆的金属氧化物相比，对紫外线照射具有更好的稳定性，并且几乎没有光降解，这种绿色化学方法还有许多其他潜在的应用，可以保护纤维素纤维免受阳光中紫外线的破坏[3]。

Deshmukh 等研究了对苯二甲酸对 Fe_3O_4 的表面改性，结果表明，偶联剂显著改变了纳米粒子的电化学性质。Khabibullin 等[4]通过在金属氧化物表面连接 PMMA 增强了 α-氧化铝在 PMMA 基质中的分散。通过使用熔融的 NaOH 或 $K_2S_2O_7$ 改善羟基数，可以提高 $\alpha-Al_2O_3$ 表面的活性。与未活化的氧化铝相比，$\alpha-Al_2O_3$ 的表面活化增加了聚合物含量和 PMMA 的连接密度，使其易溶于或分散于有机溶剂或化学相容的聚合物主体中。Ahangaran 等[5]通过原硅酸四乙酯的水解覆盖 Fe_3O_4 金属氧化物的表面，形成二氧化硅层来制备 Fe_3O_4@SiO_2 微球，为了减少 Fe_3O_4@SiO_2 微球的相互作用和团聚，通过乙烯基三乙氧基硅烷作为硅烷偶联剂对这些颗粒的二氧化硅壳进行了改性，从而获得了较好的形貌。Li 等[6]将十二烷基硫酸钠和非离子壬基酚表面活性剂吸附到纳米 TiO_2 的表面，表面活性剂的引入阻碍了 TiO_2 的聚集和沉淀，研究表明，表面活性剂的存在可以通过延迟聚集和促进纳米材料在天然水环境中的运输而增加纳米材料污染物的生物利用度和环境风险[7]。

2.2 液相合成

一般而言，溶液处理较为容易，经济且可大规模生产，这引起了人们对不同材料通过溶液合成的浓厚兴趣。因此，对纳米材料的液相合成的研究日益增加，并获得了巨大的成功。

2.2.1 水热合成

水热合成过程最初是作为一种发生在溶剂沸点和高于大气压力下地球化学现象提出的。从概念上讲，水热合成可以定义为当温度升至 100℃以上时，在密封的反应容器中使用水作为反应溶剂的反应。值得注意的是，水在化学合成中是丰富、清洁的溶剂，经常用于制备纳米晶体。作为一种典型的液相合成的方法，水热法在高于其临界点的高温和高压下利用水来提高几乎所有无机物质的溶解度和反应活性，然后使溶解的材料、前体离子从溶液中结晶出来，合成目标产物。典型的水热反应包括在水溶液中混合前驱物，将其加热保温，然后分离出沉淀的产物(分离时应冷却至室温)。为了获得结晶更好的产品，通常将试剂放入高压釜中，然后密封并加热。对于加工材料，水热技术具有明显的优势，包括相对容易控制的反应条件、低成本、高收率，较低的反应温度(通常<250℃)，易于控制的尺寸以及产品的结构和形状。因此，该方法已被证明是最有前途和环境友好的方法，具有相对高的所需产物收率。通过水热法制备的纳米材料还获得了许多不同的专利，例如用于水热合成的反应器管设计、具有改性成分的钛酸钡粉末的水热合成、合成不同的氧化锰纳米结构[8]，稀土掺杂金属氧化物的水热合成[9]，金属氧化物纳米颗粒的水热合成、低锂浓度的 ZnO 块状晶体的合成、涉及水热处理的氧化钨基气体传感器产生所需的氧化钨晶体结构、合成含磷的金属氧化物催化剂、合成氧化铁-氧化钛光催化剂。此外，已经广泛认识到，水热合成过程中的晶体生长过程不仅取决于其固有结构，而且还受到一系列外部参数的显著影响，例如螯合剂、pH 值、反应温度和反应时间。

纳米材料的形态和尺寸控制中最有前景和最流行的策略之一是仔细选择合适的带有官能团的螯合剂，以其作为络合剂或结构导向剂，从而使纳米材料产生更优的形貌。通过水热法制备稀土氟化物时，一些螯合剂如柠檬酸钠(Na_3Cit)、草酸铵(AO)、乙二胺四乙酸二钠盐(EDTA)、聚乙烯吡咯烷酮(PVP)和十六烷基三甲基溴化铵(CTAB)被广泛地应用，因为它们具有很高的热稳定性，并能与其他金属形成络合物离子。

根据 Lin 的研究小组的报告，通过简单的水热法合成了高度均匀且单分散的 β-$NaYF_4$六角微棱镜晶体。图 2-1(a)显示了在反应溶液没有引入柠檬酸钠的情况下，β-$NaYF_4$不规则的结构，它的平均长度为 7.5μm。高倍率图像[图 2-1(a)中的插图]显示这些粒子的表面很粗糙，非常的不规则。但是，一旦将柠檬酸钠加入反应体系中，晶体的形态就会发生重大变化。用 Na_3Cit∶RE^{3+}摩尔比为 1∶2 合成的样品的 SEM 图像[图 2-1(b)]显示，这些产物是六方微棱镜形，平均直径分别为 1.8μm 和 2.2μm。这表明柠檬酸根阴离子使纳米材料从不规则形状到六方微棱镜的形态发生转变。对于用 Na_3Cit∶RE^{3+}摩尔比为 1∶1 制备的样品的形态[图 2-1(c)]，与用 Na_3Cit∶RE^{3+}摩尔比为 1∶2 制备的样品相比，六个棱柱表面的边缘具有高度的均匀性。随着 Na_3Cit∶RE^{3+}摩尔比增加达到 2∶1 和 4∶1，在这些条件下获得的相应产物仍然是六方微棱镜形。但是，颗粒的所有表面都更加光滑，分别如图 2-1(d)和图 2-1(e)所示。另外，在顶、底平面上的凹形中央部分消失了。当 Na_3Cit: RE^{3+}的摩尔比等于8∶1时，形态没有进一步变化，但是颗粒的表面变得非常粗糙[图 2-1(f)][10]。这证明了在水热合成法中纳米材料形貌的生长与螯合剂的种类及物质的量直接相关。除有机分子外，无机物作为螯合剂已用于纳米级材料的受控合成中。例如使用简单的无机盐作为水热体系中的结构导向剂，已经成功合成了多种具有不同形貌的 YF_3，制备的纳米结构的 YF_3的尺寸和形貌在不同的无机盐(如 $AlCl_3$，LiCl，$MgCl_2 \cdot 6H_2O$，NaCl，KCl 和 $BaCl_2$)中是具有显著差别的。用 $AlCl_3$制成的产品由均匀且规则的胡桃形颗粒组成，直径约为 400~500nm，并且产品表面不光滑。用 LiCl 合成的样品包括许多微束，长度为 500~600nm，并且直径为 100~200nm，产品表面很粗糙，由许多小的纳米级颗粒构成。用 $MgCl_2 \cdot 6H_2O$ 和 NaCl 制备的产品由长度为500~600nm和直径为100~200nm的微束组成，形貌与用LiCl获得的样品相似。用氯化钾和氯化钡制得的产物具有平均长度为4μm的截短的八面体微观结构和光滑的表面。结果表明，可以通过添加常见的无机盐来控制纳米材料的微晶的尺寸和形态。

图2-1　用不同摩尔比的Na_3Cit：5%Tb^{3+}制备的β-$NaYF_4$：5%Tb^{3+}样品的SEM图像：(a)0(无Na_3Cit)，(b)1∶2，(c)1∶1，(d)2∶1，(e)4∶1和(f)8∶1。所有样品均在180℃进行水热处理24h，插图是对应样本的更高放大倍率的图像[10]

pH值在水热合成过程中起着重要作用。在通过水热合成法合成二氧化钛纳米管的反应中，二氧化钛纳米管的微观结构很容易受到碱性溶液的影响。在用水热法合成二氧化钛纳米管中最有利的途径是通过在10mol/L NaOH溶液中对TiO_2粉进行水热处理而制得的。当

NaOH 浓度低于 5mol/L 或高于 18mol/L 时，形成的纳米管的比例很小。Bavykin 等[11]发现，二氧化钛与氢氧化钠的摩尔比的增加通常会导致较高的平均孔径和比表面积的减小。此外，Huang 等[12]证明，二氧化钛纳米管的形态在很大程度上取决于 NaOH 的浓度，当碱性条件从 5mol/L 增加到 12mol/L 时，二氧化钛水热合成反应的三种动力学产物分别为纳米片、纳米管和纳米线。他们观察到，纳米线的形态比纳米管的形态更细，长度更长。这表明在水热合成反应中 pH 值也极大地影响最终产物的形貌和形态。

此外，温度在控制最终产品的晶相和形态方面也起着关键作用。图 2-2 显示了在不同的反应温度下制得的 $NaYF_4$产物的 XRD 图谱和 SEM 图像。较低的反应温度（80℃）下[13]，样品的衍射峰可以标为 α 相的混合物（JCPDS No. 060342）［图 2-2 A（a）］和 β 相（JCPDS

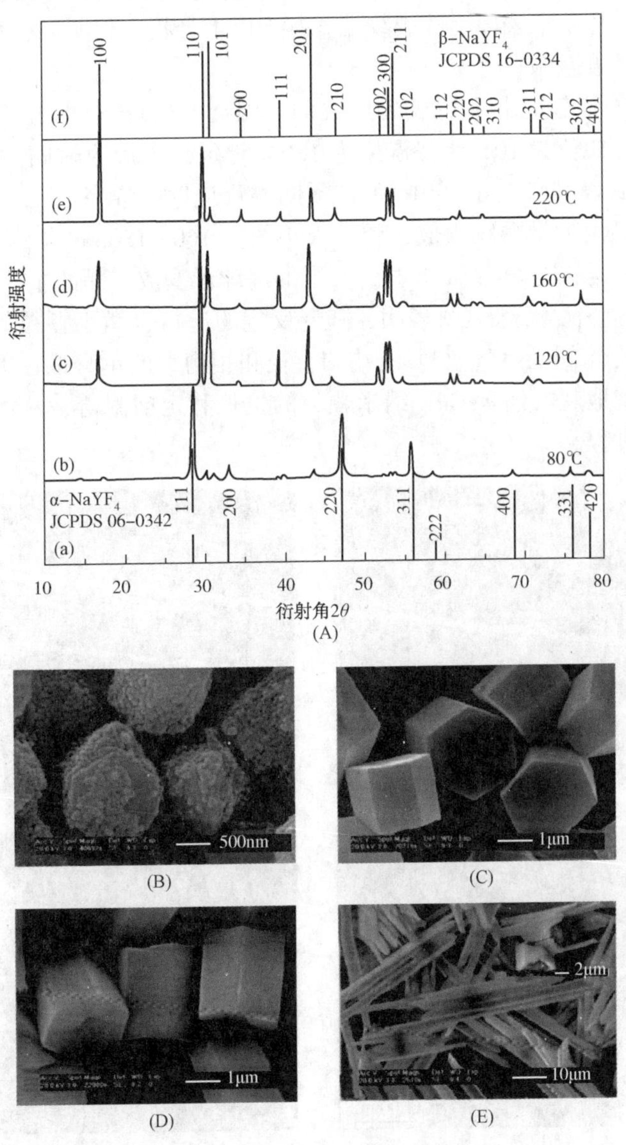

图 2-2 （A）XRD 图谱和（B）~（E）通过水热过程在不同反应温度下反应 24h 后制得的产物的图像[13]

No. 16-0334)[图 2-2 A(f)]。这些产品的形态由两种不同形状的六边形微棱镜形和大量球形纳米颗粒组成，如图 2-2(B)所示。这两种形状的共存可能是由于相应的 XRD 图谱中存在混合晶体相引起的。但是，在 120℃、160℃和 220℃的较高反应温度下，α 相完全消失，仅存在 β 相。即三种不同产物的反射峰可以标为纯 α 相 $NaYF_4$[图 2-2A(c)~(e)]，与文献值相吻合(JCPDS No. 16-0334)。当温度升至 120℃时，可获得大规模的、规则的和单分散的六方微棱镜形纳米颗粒(图 2-2C)。与在 120℃下获得的形貌相比，在 160℃下合成的产物的形状在形态上没有明显变化，除了尺寸增加到直径 1.9μm 和长度 1.9μm[图 2-2(D)]。而且，这些微棱镜形纳米颗粒的顶部和底部都显示出明显的应变，凹面中心，但侧面相对较光滑。当温度高达 220℃时，在图 2-2E 中可以观察到大量棱柱形的微棒，它们具有光滑而平坦的表面以及在基片整个表面上的裂纹端。基于以上分析，很明显，水热反应温度对产物的结构和形状具有显著影响。

由于产品的最终形态是由小的成分形成的，因此，Yang 的小组进行了一系列对比实验[12]，这些实验在 pH 值为 10，水热温度为 180℃时延长了反应时间。图 2-3 显示了 SEM 的图像。$NaGdF_4$样品以 Cit^{3-}/Gd^{3+}为 1∶1 在不同的反应时间制备。在 2h 时，图 2-3(a)的 SEM 图像表明，样品由大量颗粒组成，颗粒大小约为 160~180nm，并有少量分层的层状组装球体。当反应时间延长至 6h 和 12h 时，分层的扁球形变成产品的主要形态，如图 2-3(b)和图 2-3(c)所示。此外，仔细观察表明，随着反应的进行，微小颗粒的尺寸逐渐增加。将反应时间进一步延长至 24h，可获得具有均匀直径和相当大的单分散性的扁圆形微晶。根据以上过程，可以清楚地观察到 $NaGdF_4$纳米颗粒的生长和定向附着，从而从视觉上证明了晶体的生长和自组装过程。

图 2-3　制备的 $NaGdF_4$微晶的 SEM 图像在 180℃下不同反应时间下合成[14]

根据以上分析，可以推断，除了纳米材料固有的晶胞结构外，螯合剂、pH 值、反应温度和反应时间是最终产品的晶相和形态演变的重要影响因素。

2.2.2 溶胶-凝胶法

溶胶-凝胶法是通过把含高化学活性组分的化合物作为前驱体，使金属盐或金属醇盐与沉淀剂在低温下反应生成含纳米粒子的溶胶，溶剂蒸发后导致系统从液态溶胶转变为固态凝胶。进一步干燥和热处理后，湿凝胶转化为致密粉末。溶胶-凝胶法制备金属氧化物粉末的主要步骤为：

1）制备前体溶液；

2）通过连续双分子添加离子，形成氧代、羟基或水桥，使分子前体水解并聚合。

3）脱水凝结；

4）蒸发溶剂并除去有机化合物以形成干凝胶；

5）对干凝胶进行热处理以形成粉末。

溶胶-凝胶法合成的纳米材料的性质，包括粒径、表面积、结晶度和团聚，在很大程度上取决于反应参数，尤其是前体、溶剂、添加剂、蒸发、干燥和后处理条件。溶胶-凝胶法的重要组成部分之一是添加剂，它具有不同的作用，包括与前驱体反应，促进络合物的形成，并控制其生长过程、微观结构和最终阵列的形貌。Tseng 等[8]以 $Zn(CH_3COO)_2 \cdot 2H_2O$ 为锌源溶质，不同醇类为溶剂(乙二醇、甘油、二甘醇)，在 160℃下水解后，烷氧基锌颗粒自组装成具有不同形态的多晶纳米结构，在 500℃下煅烧 1~6h 后，得到具有良好结晶度的多晶 ZnO。最终采用溶胶-凝胶法制备氧化锌多晶纳米结构的形态为纤维、菱形片状和球状颗粒，表现出了丰富的形貌结构。Khan 等[9]报道了在溶胶-凝胶过程中形成的刺状 ZnO 纳米结构。他们在溶胶生成过程中通过机械搅拌进一步改进了这一方法，发现搅拌速度是决定颗粒大小和长宽比的一个关键值。较高的搅拌速度有利于纳米氧化锌的各向异性生长。

胶体颗粒(1~100nm)在液体和凝胶中的分散体是相互连接的刚性网络，具有亚微米尺寸的孔和聚合物链。基于前体的性质，溶胶-凝胶法可分为两类，即无机前体(氯化物、硝酸盐、硫化物等)和醇盐前体。广泛使用的前体是四甲氧基硅烷和四乙氧基硅烷。在此过程中，金属醇盐与水的反应在酸或碱的存在下形成一相溶液，该溶液经过溶液凝胶法转变，形成由固体金属氧化物和填充有溶剂的刚性两相体系毛孔。所得材料的物理和电化学性质在很大程度上取决于反应中所用添加剂的类型。在有二氧化硅醇盐的情况下，酸催化的反应导致弱交联的线性聚合物。这些聚合物缠结并形成另外的分支，导致凝胶化。而碱催化的反应由于醇盐硅烷的快速水解和缩合而形成高度支化的团簇，这种差异是由于所得金属氧化物在反应介质中的溶解度所致。

最初的溶胶-凝胶法是一个一步的过程，这一步过程通常会导致煅烧后得到的纳米材料是不规则的，具有低表面积；并得到相对较大的颗粒，目前几乎没有用于研究。后来，溶胶-凝胶法改进为两步法，这有助于制备各种形状、分布均匀和改性的纳米材料。在两步溶胶-凝胶过程中，可以通过引入其他反应物来掺杂金属和非金属的不同元素。例如，张和同事[15]通过溶胶-凝胶法制备了 B-Ni-Ce 共掺杂的二氧化钛光催化剂。在这种情况下，将 H_3BO_3、$Ni(NO_3)_2 \cdot 6H_2O$ 和 $Ce(NO_3)_3 \cdot 6H_2O$ 溶解在去离子水、冰醋酸和乙醇的混合物中，以获得溶液 A。将正丁醇钛溶解在无水乙醇中，得到溶液 B。然后，将溶液 B 逐滴加入溶液 A 中，保持剧烈搅拌，形成均匀的二氧化钛溶胶。将该溶胶连续搅拌 2h 并老化 72h 以制备凝胶。将凝胶在 100℃在减压下干燥 12h，并且在所需温度下研磨并退火 2h 以制备三元共掺杂的光催化剂。制备的锐钛矿型光催化剂具有比纯二氧化钛更好的可见光响应和更佳的光生电子-空穴对分离能力，并证明了其具有更好的光催化苯酚降解性能。

前驱物体与溶剂之间的水解是溶胶-凝胶法的关键步骤，摩尔比的变化将导致不同的水解速度，并进一步生成具有不同结构和性质的纳米材料。在 You 等[16]合成二氧化钛的实验中，当 H_2O 与正丁醇钛摩尔比≤2(pH 值=5)时，水解缓慢，并且可以通过纺丝形成连续的钛酸酯纤维。在充分搅拌下将正丁醇钛以 1∶3 的摩尔比溶于无水乙醇。通过混合一定量的聚乙烯吡咯烷酮(PVP)和 26mL 的 6mol/L HCl 制备另一种无水乙醇溶液。将前一种溶液逐滴加入后一种溶液中，同时连续搅拌 2h。将获得的样品在 110~140℃的油浴中进行预处理。通过旋转设备获得钛酸酯连续纤维。然后，使用蒸汽活化方法将连续的钛酸酯纤维在 500℃下煅烧 90min，以获得最终的二氧化钛结构。二氧化钛纤维用于光催化甲醛降解。当摩尔比 >2 时，水解将快速进行并且溶胶结构从链状构型变为紧密的三维网状构型，表现出差的可纺性。图 2-4 显示了在 500℃下煅烧的二氧化钛连续纤维的图像。

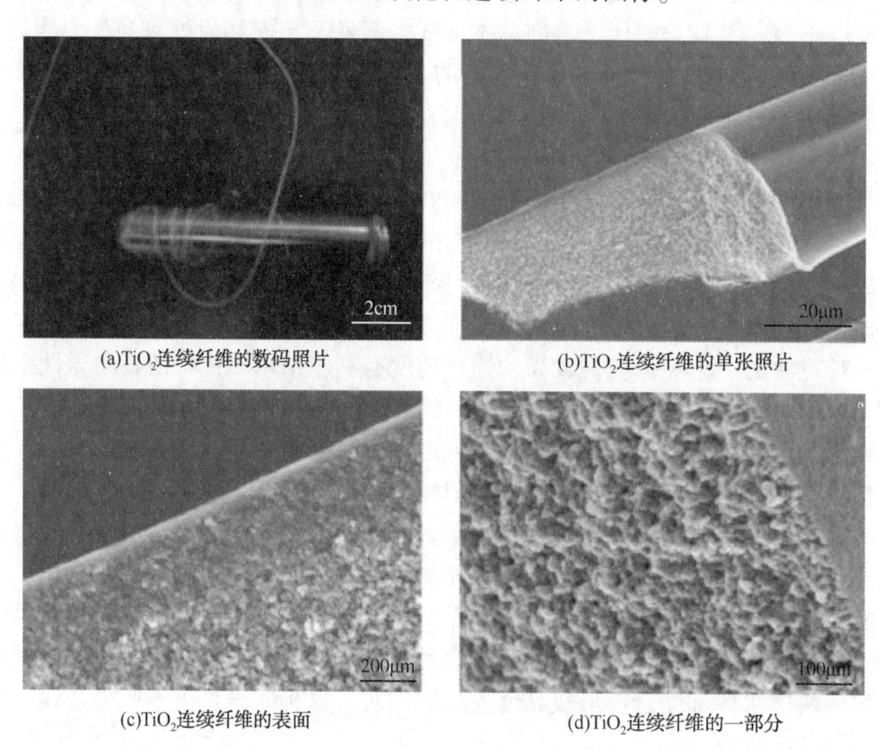

(a) TiO_2 连续纤维的数码照片　(b) TiO_2 连续纤维的单张照片

(c) TiO_2 连续纤维的表面　(d) TiO_2 连续纤维的一部分

图 2-4　煅烧温度为 500℃的 TiO_2 连续纤维的数字照片和 SEM 图像[16]

溶胶-凝胶合成纳米材料的方法一直是广大科学家研究的重点，因为溶胶-凝胶合成是直接的，可扩展的和可控制的。它的优缺点可总结如下：溶胶-凝胶法过程简单，成本低，合成条件相对温和，在低温下也能发生反应，但是合成的纳米材料样品中可能含有溶胶-凝胶基质成分，需要进一步纯化。

2.2.3 共沉淀

共沉淀是一种简便的方法，它涉及通过在含有一种或多种离子的溶液中加入沉淀剂来沉淀可溶性的金属盐，然后经过老化、洗涤、过滤、干燥和焙烧制得新型的纳米材料。沉淀剂包括氨、草酸铵、尿素和碳酸铵等，沉淀剂被用来控制金属盐溶解度并沉淀金属盐。要成功地获得比较满意纳米材料的粒径和形貌，需要控制在反应过程中的各种参数，如调节溶液的浓度、反应温度、反应时间和添加剂的类型和物质的量来调节反应所得的产物的形貌。

合成均匀氧化铁纳米粒子最常用的方法就是共沉淀法。共沉淀反应涉及成核的生长、老化和附聚过程。纳米颗粒的成核是关键步骤，并且将形成大量的小颗粒。从小颗粒为核生长成大颗粒和聚集等不主要的过程极大地影响了合成的纳米材料的尺寸、形貌和性能。最重要的是，诱导沉淀的形成所必需的条件就是溶液中的一种或多种离子应处于过饱和状态。在合成氧化铁纳米颗粒的经典反应中，将Fe(Ⅲ)和金属盐的水溶液在不断搅拌的状态下，在温和加热的碱性介质中混合。为了获得铁氧体纳米颗粒，普遍使用铵或氢氧化钠溶液将pH值调节在7~10之间。之后，通过离心或过滤获得沉淀物，并用去离子水和乙醇洗涤两次，然后在80~100℃下干燥。合成的铁氧体纳米颗粒一经干燥，就可以在各种温度下煅烧纳米颗粒，且不会破坏其已经形成的形貌。与其他方法相比，该合成方法具有几个优点，包括最终产物的高均一性，在低温下就可以生成大量的目标产物，而且可以对合成的纳米粒子进行形貌的控制。例如，Amiri等[17]通过化学共沉淀法使用三种不同的稀土离子制备了$Co_{0.9}RE_{0.1}Fe_2O_4$纳米粒子。Gd-Co铁氧体的最佳磁输出使其成为理想纳米材料。在另一项研究中，Vinocha等[18]通过共沉淀技术合成了尖晶石逆钴铁氧体($CoFe_2O_4$)的纳米粒子，以建立其磁性和光学性质。他们在研究过程中，提出在共沉淀法中pH值对粒径影响很大，但对颗粒的组成影响很小。这些发现表明钴铁氧体的纳米颗粒表现出优异的磁性。

共沉淀是制备层状双金属氢氧化物(LDH)的传统且常用的方法。当基质在两种金属盐的混合溶液中吸附一定量的阳离子时，沉淀会在基质表面上结晶，从而导致LDH的界面成核，并且晶体生长。此外，LDH纳米颗粒之间的强相互作用也促进了溶液中形成的LDH纳米晶体，并且吸附在引入的底物表面上。Zhang等[19]通过将铁氧体镁颗粒与含有Mg^{2+}、Al^{3+}以及药物分子的碱性溶液混合来制造磁性颗粒(MNP)-核/LDH-壳复合材料。但是，由于磁芯对LDH微晶生长的抑制作用的原因，与原始双氯芬酸-层状双金属氢氧化物(DIC-LDH)相比，壳中的DIC-LDH微晶的粒径要小得多。另外，通过使用共沉淀法，在LDH壳和磁性纳米颗粒之间观察到一定程度的相分离，这是由过量的LDH前体导致的。因此，在利用共沉淀法合成LDH复合材料时既需要适当浓度的LDH前体，又要使磁芯具有足够的负电荷，以确保LDH壳层和磁性纳米颗粒的有效结合，不会产生相分离，从而获得理想的产物。共沉淀法为LDH材料与磁性颗粒的结合提供了一种简便有效的方法。然而，使用这种方法未能成功地实现具有单分散、窄粒度分布以及可调节形态的磁芯/LDH-壳复合材料，这在某种程度上限制了它们的进一步应用。

共沉淀法也是合成ZnO纳米颗粒最常用的方法。合成开始时，锌和氢氧根离子之间发生反应，然后是聚集过程，通过过滤或离心收集得到目标ZnO纳米颗粒。可以通过调节反应条件，包括反应溶液的浓度、温度、时间和添加剂来调节反应步骤来控制ZnO产物的形态和组装。例如Sepulveda-Guzman等[20]通过简单的一步共沉淀法，以硝酸锌[$Zn(NO_3)_2$]

和氢氧化钠(NaOH)作为实验试剂，合成了亚微米级 ZnO 阵列。研究了反应温度对共沉淀法合成的 ZnO 纳米颗粒形态变化的影响。如图 2-5 所示，在 60℃、70℃时获得了类似雪花和花朵的形态。他们的发现表明，ZnO 阵列的生长机理是通过自聚集而形成的，而这种定向聚集通过提高反应温度而得以增强。

图 2-5 在 60℃(a, b)，70℃(c, d)，80℃(e, f)下合成的已组装 ZnO 结构的低倍和高倍扫描电子显微镜(SEM)图像

在另一项研究中，Oliveira 及其同事[17]系统地研究了锌盐[$Zn(NO_3)_2 \cdot 6H_2O$]、硫酸锌($ZnSO_4 \cdot 7H_2O$)、pH 值、温度、添加剂(硫酸钠、十二烷基硫酸钠)对于最终 ZnO 的形态和颗粒大小的影响。结果显示了在共沉淀前在浴中引入硫酸钠或十二烷基硫酸钠会导致尺寸急剧减小，并导致各种颗粒形状变化(从半椭圆形到完整椭圆形)。这些添加剂的存在为颗粒形成提供了重要作用，并证实了亚微米颗粒是由纳米晶体的聚集而产生的。

其他反应条件对形貌也有影响，例如，采用直接沉淀法时，如果突然加入沉淀剂，沉淀剂因为来不及扩散会造成局部浓度的过高，这样就会使沉淀中掺杂着杂质，形成杂质产品共沉淀的现象，此时均相成核与非均相成核反应同时发生，这样会造成所得产品的粒径大小不均差距甚大，因此常用的方法是均相沉淀法。均相沉淀法反应条件更加可控，所以可以通过控制反应条件来控制 ZnO 晶体的形貌和尺寸，实现过程更可控以免材料浪费，体现资源节约环境友好的理念与绿色发展的发展理念。

共沉淀法可以总结如下：共沉淀法的实验过程简单、成本较低、反应快速，能在短时间内形成大量产物。但是由于反应速度快，成核和生长同时发生，很难研究详细的生长过程，其详细的生长机理有待研究者们进行进一步的研究。而且在某些反应中，沉淀剂并不能将离子沉淀下来，需要进一步的热处理。

2.2.4 模板法

模板法合成的纳米材料具有规则的形态，如空心球、空心立方体、空心管等，其纳米材料的分散度高，拥有预期外观，并且结构相对比较稳定，因此模板法引起了广泛关注，被认为是一种绿色、经济且有希望的纳米材料合成方法。通过模板法制备的样品具有规则的形貌，良好的分散性和较高的比表面积，表现出比普通粒状材料更好的性能。每个模板都有其自身的优势。无机模板具有可控制的大小和规则的形态的优点。有机模板和生物模板在其表面上包含大量官能团，拥有更多的功能，并且生物模板对环境友好，是一种绿色环保的模板。通过模板法合成纳米材料时确定所需模板是模板法的关键。

模板法根据其模板自身的特点和限域能力的不同又可分为软模板和硬模板。在硬模板辅助合成中，聚苯乙烯丙烯酸(PSA)和聚苯乙烯(PS)胶乳和二氧化硅球通常用作胶体模板，因为它们容易获得的尺寸的范围较广，使用逐层包覆、溶胶-凝胶、水热处理、沉淀法在模板的外表面上形成纳米结构。随后通过选择性溶解在适当的溶剂中或通过在高温下在空气中煅烧的方法除去模板颗粒。在软模板辅助合成中，使用的模板主要包括液晶，表面助剂囊泡，聚合物胶束，微乳液液滴和气泡。模板法可以轻松实现构造复杂结构的能力。

无机模板通常是指具有规则形态的硬模板。无机模板由于其物理稳定性和结构奇异性，可以严格控制产品的形态和结构。常见的模板是氧化物、碳材料、碳酸钙等。许多无机模板是通过常规方法合成的形态，它们可以用于进一步合成其他材料。氧化物模板的种类很多，例如 SiO_2 和 Cu_2O。它们的共同之处在于它们已经具有规则的形态结构。为了确保预期的元素可以黏附到模板表面，模板应该能够通过物理吸附或化学吸附将金属离子吸附在其表面上。氧化物模板的去除方法根据模板的组成而变化。例如，氧化还原反应主要用于蚀刻氧化物模板，然后使外层的氢氧化物或氧化物具有规则的形态。在经典报告中，Wang 等[21]通过精确控制 Cu_2O 模板与 Fe^{3+} 之间的氧化还原反应以及铁的水解反应成功地合成了空心 $Fe(OH)_x$ 结构(图 2-6)。图 2-6(a)~(d)清楚地显示了样品的规则空心立方体结构和立方体核-壳结构。另外，在他们的研究中还表明，通过控制反应时间和分布，也可以得到具有核-壳结构和双壁结构的氧化物。例如，Lu 等[22]使用 SiO_2 管作为模板，通过三步法成功合成了多层双层 MnO_2 空心纳米纤维。首先，为了使阴离子 MnO_4 附着在模板的内表面和外表面，对 SiO_2 管进行了胺官能化处理。由于氨基的静电吸附，阴离子 MnO_4 被吸附在模板的内表面和外表面，然后 MnO_2 纳米片在水热条件下通过氧化还原沉积在模板上生长，并通过 HF 的酸蚀刻成功获得了具有分层结构的双层 MnO_2 空心纳米纤维。碳硬模板主要由 C 元素组成，也常用于合成具有特定结构的氧化物。它具有各种形态，例如球形、管状和花状。在大多数情况下，碳模板在发挥结构导向作用后就被煅烧除去。例如，Jin 等[23]使用碳球作为模板合成了具有优异光催化性能的 ZnO 空心球，发现煅烧去除模板后，所制备的 ZnO 可以完美地复制碳球的形貌。

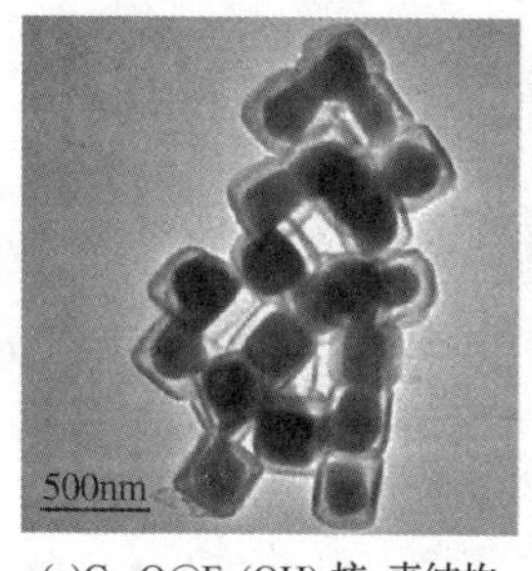

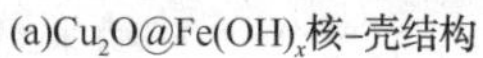
(a)$Cu_2O@Fe(OH)_x$核-壳结构

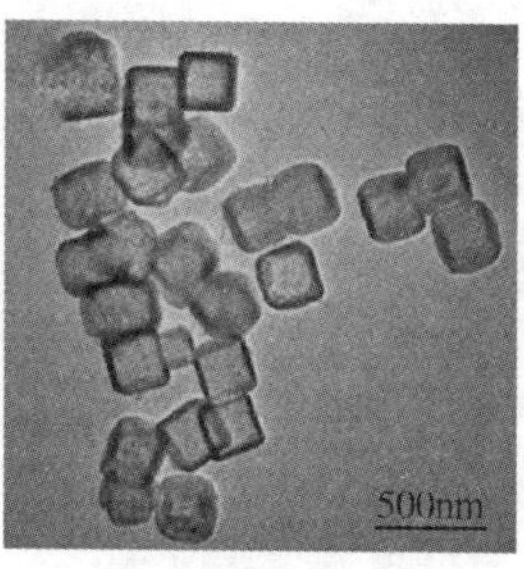

(b)$Fe(OH)_x$纳米壳

(c)大型Cu_2O立方体

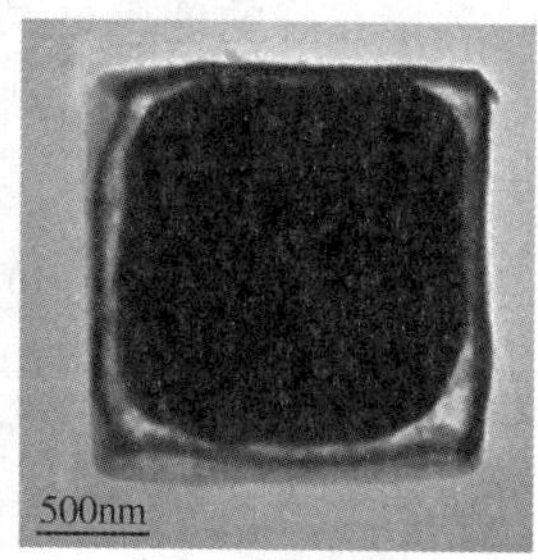

(d)大型Cu_2O立方体[21]

图 2-6　模板合成的核-壳结构的 TEM 图像及其形成示意图

顾名思义，有机模板是由有机化合物组成的。最常见的有机模板是乳胶微球、聚合物和表面活性剂，例如聚乙烯吡咯烷酮(PVP)、柠檬酸、微球乳液和有机衍生物。有机分子本身包含大量官能团，因此它们特别容易吸引金属离子，因而可以用作模板。大多数有机模板通过煅烧除去。例如，Wang 等[24]通过溶剂热法成功合成了钙钛矿状的 $PbBiO_2Br$ 均匀多孔微球光催化剂。在合成过程中，离子液体-PVP 复合体系不仅充当溶剂和反应物，而且还充当模板，在控制 $PbBiO_2Br$ 多孔结构的形成中起着重要作用。扫描电子显微镜图像显示，通过添加 PVP 模板制备的样品具有规则的直径(约 3μm 的球形结构)。另外，这些球体主要由许多光滑的纳米片组成。例如，Guo 等[25]以柠檬酸为模板合成了具有良好光催化活性的 $BiFeO_3$材料。扫描电镜观察表明，加入柠檬酸合成的样品呈球形，不含柠檬酸的样品接近正方形，柠檬酸含量不同会影响样品的粒径。一些有机衍生物也可用作合成具有特殊结构的氧化物的模板。例如，Su 等[26]以藻酸钠为模板，通过模板法一步法合成了具有优异光催化性能的 Cu_2O@ 碳纳米胶囊复合材料。合成过程如下：第一步是藻酸钠和 Cu^{2+}的结合过程，第二步是沉淀过程，其中 Cu^{2+}离子在氢氧根自由基的作用下转化为 $Cu(OH)_2$，最后通过在氮气保护下于 500℃、800℃和 1100℃下煅烧制备 Cu_2O@ 碳纳米胶囊复合材料。

生物模板涵盖了广泛的范围，包括植物成分模板、动物成分模板和微生物模板。大多数生物模板由有机物质组成，因此它们的表面通常包含大量易于吸附或结合金属离子的官能团。然后通过水热或沉淀反应过程将其表面上的金属离子转化为氢氧化物或氧化物。并且通过煅烧过程除去模板后，形成了空心纳米材料结构。另外，生物模板通常来自动物、植物、微生物或其提取物，因此通常对环境无害，其绿色和经济特性越来越受到学者的青睐[27]。自然界中有许多植物模板，它们成本低、尺寸规整、无毒且无害，非常符合绿色化学的概念。其中，最常见的植物模板是花粉、木浆、纤维素等。其中，花粉模板因其多样性和独特的形态而被广泛使用。例如，Ji 等[28]以松花粉为模板合成的材料，合成过程如图 2-7 所示。由于花粉表面含有大量官能团，因此 Al^{3+}、Zn^{2+}和 Co^{2+}会聚集在其表面上，以通过水热法合成 ZnCoAl-LDH。然后通过浸渍法将 $BiPO_4$负载在水滑石的表面，最后通过煅烧形成 C 掺杂的球形结构 $BiPO_4$/ZnCoAl-LDO。除了松花粉外、油菜花粉，向日葵花粉和莲花花粉也经常被用作模板来合成独特的空心纳米材料。

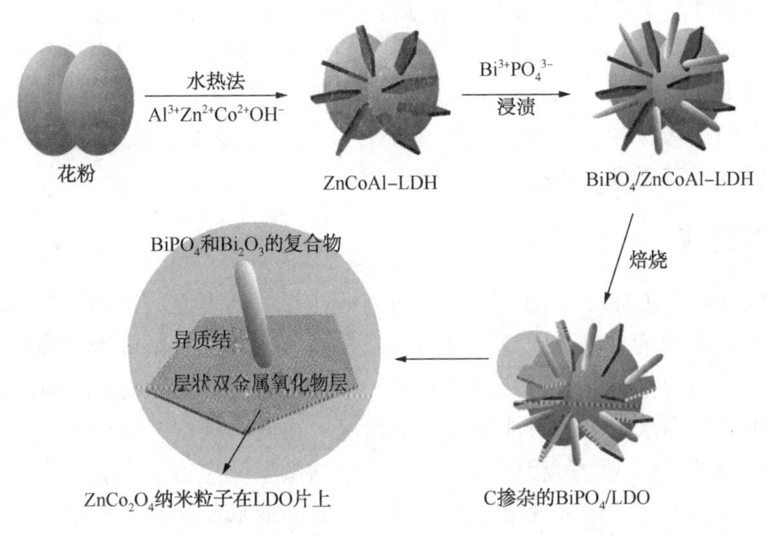

图 2-7　碳掺杂的 $BiPO_4$/ZnCoAl-LDO 杂化物的合成方案[28]

除了上述花粉模板外，木棉浆和纤维素也是植物衍生的常见模板，其形态主要是丝状和球形。纤维素，作为一种出色的植物生物学模板，已被 Yuan 等[29]用作形态学导向剂，用于合成具有皱纹球形形态的 ZnO 纳米晶体材料。光催化实验表明，该样品不仅具有优异的光催化性能，而且具有良好的循环性。五个循环后样品的晶体结构和形态与原始样品相似。Kale 等[30]以纸为模板成功合成了 ZnO 和 N_2ZnO 纳米结构样品。扫描电子显微镜(SEM)表征结果表明，合成后的样品具有致密的网络形态和结构。光催化性能测试表明，表面形态和结构特征在控制光催化剂的催化性能中起着至关重要的作用。

动物成分模板主要来自动物壳的某些成分和生物宏分子。由它们组成的物质基本上是有机物质，其中一些是以整体为模板的，例如蝴蝶翅膀。其中一些被提取而形成单一的有机物质，壳聚糖是使用最广泛的一种。壳聚糖模板主要来自小龙虾壳的提取物，过去这些小龙虾的壳通常被当作废品处理，大量资源被用于处理此类废物。然而，从小龙虾壳中制备壳聚糖模板不仅经济，而且为合成具有特殊形态的氧化物提供了绿色环保的方法。Tian 等[31]的最新报告也证实了这种特异性样品的表面积与其光催化性能密切相关。用壳聚糖模板合成的珊瑚状 5%TiO_2-ZrO_2复合材料比不使用模板合成的 ZrO_2 纳米微粒具有更高的比表面积。除了动植物成分模板外，还通常使用一些微生物模板，例如酵母、大肠杆菌、病毒噬菌体和枯草芽孢杆菌，合成具有特殊结构的纳米材料。这些微生物模板通常尺寸小于植物模板，并具有规则的形态。并且，这些模板表面上有很多的官能团，例如氨基、羟基和羧基。这些特征表明了将它们用作模板的可行性。例如，赵等[32]以酵母为模板合成了铁掺杂的 CeO_2 空心微球。首先，酵母细胞壁可以阻止金属离子进入细胞壁，并且在酵母细胞壁表面上有许多官能团，因此可以吸引金属阳离子。通过静电吸引或协同作用作用于细胞壁。然后，当添加碱性溶液时，氢氧化物在表面上形成以与吸附的阳离子反应。最后，在煅烧过程中，去除酵母并形成中空结构的氧化物。N_2吸附-解吸曲线表明，模板法制备的 Fe 掺杂 CeO_2空心微球的比表面积明显高于普通沉淀法制备的 Fe 掺杂 CeO_2纳米颗粒的比表面积。此外，UV-Vis 漫反射光谱分析表明，中空结构样品具有较低的带隙，因此掺 Fe 的 CeO_2空心微球的光能利用率更高。

模板法制备的样品具有规则的形貌、良好的分散性和较高的比表面积，因此被广泛应用于纳米材料的形貌调控中。但是模板法也有不足的地方，例如在使用模板合成的过程中普遍存在着模板难以去除的问题，而且模板法合成目标纳米材料的速度较慢，难以实现工业化，模板法合成出来的纳米材料一般在小范围中能保持良好的形貌，在大范围中却没有那么有序，这些都是研究者需要进一步探讨的问题。

2.2.5 微乳液

微乳液由四种成分组成：水相、油相、表面活性剂、助表面活性剂。微乳液体系是一种各向同性外观透明的体系，并且它具有热力学稳定的性质。通过微乳液合成的材料是在含有水、油和表面活性剂的稳定混合溶液中进行的。根据不混相、液-液界面的性质，微乳液的形成是油性胶束分散在水中，也可能是相反的情况。在此方法中，反应过程中微乳液中的锌离子与沉淀剂会在乳液形成的过程中形成一种特殊的微型反应器。微乳液或反向微乳液的典型尺寸小于100nm。因此，微乳液可以作为材料合成的纳米反应器。所得纳米材料的尺寸和形状取决于这些纳米液滴的质地、反应物浓度、表面活性剂类型、封端剂浓度等。

微乳液有两种基本类型：直接微乳剂(分散在水中的油)和反向微乳剂(分散在油中的水)。表面活性剂通常形成球形或圆柱形的胶束或反胶束，可以充当“微型反应器”。在胶束中，表面活性剂的疏水性尾部朝向胶束内部，而表面活性剂的亲水性头部朝向周围的水性介质。在反胶束中，表面活性剂恰好相反，头在里面，尾在外面。傅里叶变换红外(FT-IR)光谱研究表明，反胶束的水内部具有多层结构，包括界面水、中间水和核心水。胶束和反胶束不仅具有能生产具有高分散性和均匀纳米尺寸的可控制产品的优点，而且还可以通过选择不同的表面活性剂来促进特定的纳米材料表面改性。为了分离所需的产品，通常需要离心、加热或沉淀。微乳液和反向微乳液方法在聚合物和无机纳米尺寸功能材料的合成中发挥了重要作用。

通过对微乳液性质的调节与改变，提供了一种全面的方法来控制氧化锌的尺寸和形貌。通过研究，把醋酸锌作为水相，环己烷作为有机相，加上一定量的乳化剂就可以制出乳化液。然而这样获得的氧化锌粒径分布比较窄，比表面积相对较大。在 Jesionowski 等进一步的工作[33]中，他们在类似的乳液体系中合成了一系列 ZnO 材料。通过对 ZnO 析出过程的改进，成功地获得了具有固体、椭球体、棒状和片状形貌的 ZnO 结构。还有对此方面的研究进展，例如，刘玉民等把硝酸锌作为原材料，聚苯乙烯作为模板合成了纳米级别的氧化锌，此方法合成的氧化锌孔径分布在 40nm。后来还有许多新的研究成果，可以做到用微乳液方法合成不同形状的氧化锌，比如片状的纳米氧化锌还有球状棒状的纳米氧化锌。由此看来纳米氧化锌的微乳液合成技术几乎就近成熟，研究方面甚是广泛，但是就现阶段的研究成果仔细看来，此方法还存在一些不成熟的地方需要加以完善与改进。比如微乳液反应过程中条件的严格控制，稍稍改变反应过程中的条件就会有不同的结果，pH 值、表面活性剂以及温度就很重要。如若改变就会获得不同形貌并且尺寸功能都不同的氧化锌微晶。所以，此过程需要加强条件控制的准确性。还有就是，需要寻找一种后续分离产品的简便的方法，因为结尾分离以及洗涤产品是一个比较复杂的过程。

对于二氧化钛的合成，通常使用反向微乳液法代替微乳液法。发现二氧化钛的平均尺寸取决于胶束尺寸、溶剂的性质、表面活性剂类型和试剂的浓度。在反胶束中，Ti 前体在表面活性剂形成的微球中以受控量的水进行水解，并且可以在水与表面活性剂的摩尔比较低的情况下生成均匀的二氧化钛纳米颗粒。Wang 等[34]探索了 TiO_2 空心微球壳厚度与 Ti 前驱物浓度的关系。在他们的研究中，使用 $TiCl_4$ 作为 Ti 的前体，使用聚乙二醇辛基苯基醚作为表面活性剂，使用正戊醇作为助表面活性剂，环庚烷为油相。通过将 $TiCl_4$ 和 HCl 酸添加到去离子水中来制备 $TiCl_4$ 水溶液。通过向环庚烷溶液中的聚乙二醇辛基苯基醚中添加固定体积的 $TiCl_4$ 溶液来制备反相微乳液。将稀释的 $NH_3 \cdot H_2O$ 溶液缓慢加入反向微乳液中，与 $TiCl_4$ 反应，并搅拌约 1h。当 OH^- 离子从反向微乳液的内层中的 $NH_3 \cdot H_2O$ 中缓慢释放并与 Ti^{4+} 离子反应时，靠近界面层的 OH^- 会穿透该层并与内层外的 Ti^{4+} 离子发生反应，最后形成 TiO_2 空心球。然后，将 20mL 无水丙酮倒入反向微乳液中以沉淀 TiO_2 颗粒。该系统变得不稳定，形成沉淀，将沉淀物离心并用丙酮洗涤。然后将获得的沉淀物煅烧以获得最终产物。他们发现，TiO_2 中空微球的壳厚度受到结合水区域的 $TiCl_4$ 浓度的影响，随着 $TiCl_4$ 浓度的增加，壳厚度迅速增加。

通过改变尿素的添加量，Zhang 及其同事[35]通过反向微乳液介导的方法控制了 TiO_2 晶体中锐钛矿和金红石相的比例。在合成过程中，Ti 的来源为 $TiCl_3$，聚乙二醇辛基苯基醚作为表面活性剂，正己醇为助表面活性剂，环己烷为油相。合成的当尿素的添加量调整为 1. 80g 时，所得的 TiO_2 粉末相几乎变为纯净的。当尿素量调节在 0. 30～1. 80g 时，锐钛矿相和金红石相均存在。随着尿素量的增加，锐钛矿相相应增加，而金红石相减少。图 2-8 是通过它们获得的不同 TiO_2 的 SEM 图像。通过罗丹明 B 在水溶液中的光催化降解，发现含有 47. 6%锐钛矿的催化剂表现出最高的光催化活性。

(a)在去离子水中加入0.3g尿素

(b)在10mol/L HCl溶液中添加0.3g尿素

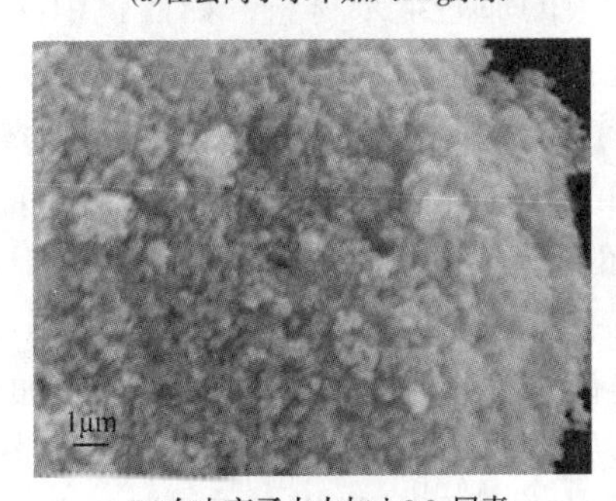

(c)在去离子水中加入0.9g尿素

(d)在10 mol/L HCl溶液中添加0.9g尿素

图 2-8　不同样品的 SEM 图像[35]

随着微乳液法合成纳米材料技术的发展，研究者们在具有各种结构的二氧化硅基纳米复合材料的反向微乳液制备和应用方面取得了长足的进步。通过反相微乳液法获得的基于二氧化硅的纳米复合材料的不同结构可以将它们分为两种：实体结构和空腔结构。实体结构包括核-壳，多核-壳，芝麻球，混合结构及其组合。空腔结构可分为中空结构和蛋黄壳结构。

实体结构是没有任何空洞的结构。根据与二氧化硅结合的单元的数量和分布，可以将该结构进一步分为核-壳，多核-壳，芝麻球，混合结构等，下面我们将对二氧化硅的实体结构做简要介绍。核-壳结构是指以一个组件为核心而另一个组件为壳的结构，通常，芯是一种活性功能材料，而外壳是一种惰性且稳定的材料，可以保护芯免受外界干扰。二氧化硅是稳定芯的理想外壳材料。同时，二氧化硅可以赋予核心其他优势，例如生物相容性、水溶性等。基于二氧化硅的核-壳结构已经通过各种方法合成，最受欢迎的方法之一是反相微乳液法，例如 Gao 的研究小组[36]通过反向微乳液法制备 CdTe@ SiO_2核壳结构荧光球。通常情况下，要在反向微乳液中形成核-壳结构，应将核材料分散在水溶液中，即材料应具有亲水性。疏水性颗粒通过反向微乳液封装在二氧化硅中是没有道理的。然而，Ying 等[37]在 2005 年发现在 CO-520 表面活性剂/环己烷的反向微乳液中，疏水性 CdSe(用三辛基氧化膦稳定)也可以成功地被 SiO_2包覆，配体交换机理是表面活性剂与疏水性配体交换，这个发现提出了将疏水核引入极性相的方法，它可以广泛地应用于其他疏水性材料的包裹。此外，Scorciapino 及其同事[38]提出了对胶体疏水性封端的纳米粒子掺入反向微乳液的亲水核中的分子相互作用的深入研究，利用 1H 核磁共振重新研究了获得封端两亲物的纳米颗粒与微乳液表面活性剂之间相互作用的分子水平细节，即纳米颗粒的结合状态，发现封端配体对反胶束内部具有较高的亲和力。这种亲和力被认为是实际的驱动力配体交换的作用力，从这项研究中还可以排除简单的配体交换机制，这个发现进一步改善了这种掺入机制。如上所述，尽管基于不同的机理，通过微乳液法亲水性和疏水性核都可以被包裹在二氧化硅中。

在过去的十年中，已经通过微乳液法合成了数百种基于二氧化硅的核壳复合材料。有时，通过微乳液法合成的二氧化硅基质中有多个核。这样的材料与仅具有一个核的核-壳结构相比，该结构存在一些优势：一方面，由于多核的共同作用，可以大大提高许多性质，如光学、磁性和催化的性质。另一方面，这种结构可以将不同种类的具有不同作用的核心封装在一个球体中，从而可以制造多功能复合材料。基于核的分散，多核-壳结构可以进一步分为“甜瓜式结构”和“葡萄干式结构”。前者是指核心集中在中心的纳米材料，就像甜瓜中的种子一样。后者是指核均匀地分布在整个球体中的那些纳米材料，如面包中的葡萄干。显然，在“甜瓜式结构”中，核之间可以非常接近，但是纳米颗粒的某些性质会受到其他纳米颗粒的紧密存在发生显著的变化，例如金(Au)纳米颗粒的等离子体共振。在“葡萄干式结构”中，核的更均匀分散带来了新的优点：例如，在催化过程中，“葡萄干小圆面包结构”为反应物提供了较短的扩散通道，更有利于反应的进行。众所周知，制备“葡萄干小圆面包结构”，可以根据静电排斥机理将带负电的芯封装为“葡萄干小圆面包结构”，并且带正电的小芯也倾向于形成“葡萄干小圆面包结构”，但是使中性核均匀分散似乎变得更加困难。为了使中性核均匀地分散在二氧化硅中，我们可以从核前体中找到方法。只要核前体可以均匀地溶解在乳液中，那么在微乳液法合成过程中，前体将被原位封装在凝胶框架中。由于乳液的均匀性，分散体自然是均匀的。转化后，原位形成的核将均匀地分散在基质中，从而形成“葡萄干式”的纳米结构。例如，Wang 等[39]用 Brij-58/环己烷/钼酸铵水溶液制得了反相微乳液，在 TEOS 的水解和缩合过程中，钼酸铵被掺杂在二氧化硅中，形成均匀的复合材料。然后，通过在 773K 下煅烧，钼酸铵被分解为 MoO_3 纳米颗粒。“葡萄干”这样就形成了

MoO_3/SiO_2纳米颗粒。因此，无论核是负极、正极还是中性，我们都可以找到使它们均匀分散在外壳中的方法。尽管我们可以通过微乳液法在二氧化硅球中引入多个核，但是引入的核的确切数量仍然难以控制，这仍然是一个有待研究者们深入讨论的问题。有时，通过微乳液法合成的纳米颗粒分散在基质的外表面，就像一种传统的中国甜点——“糯米芝麻球”。从这个角度来看，我们为这种结构提出了一个“芝麻球”的名称。由于功能成分的直接暴露，该结构应具有很高的催化活性。但是由于封装不完整，催化剂的寿命可能不太好。

通过反相微乳法合成的空腔结构可分为在空腔中没有自由核的空心结构和在空腔中具有自由核的“蛋黄壳”结构。空腔结构由于其独特的特性和广泛的应用而越来越备受关注。通过反相微乳法合成的空腔结构的纳米材料可用于封装和控制功能材料(药物、化妆品、DNA等)的释放，调节折射率，降低密度，增加比表面积，提高体积变化过程中的稳定性等。由于在反相微乳液中合成固体纳米材料基复合材料方面已取得巨大成功，自然而然的科学家们也研究了将这种强大的思维扩展至二氧化硅基空腔结构合成的可能性，现在该领域已经取得了相当大的进步。众所周知，TEOS是疏水的，然而，随着水解的进行，部分水解的TEOS变得越来越亲水，当水解的TEOS获得足够的亲水性时，它将完全进入水相，产生固体结构。因此，如果我们想通过反向微乳液法获得中空结构，则应该有一个屏障来阻止水解的TEOS进入水滴。这样的屏障可以是实心球、气泡、水/油/水(W/O/W)界面等。实际上，这些屏障只是所谓的“模板”。最常见的屏障是实心球，即常规的硬模板方法。在这种方法中，首先通过微乳液法形成核-壳结构，然后可以通过煅烧或蚀刻选择性地除去核，从而形成中空结构。例如，Viger等[40]通过在IgepalCO-520/环己烷的反向微乳液中用水合肼还原$AgNO_3$制备Ag纳米颗粒。然后他们加入氨水、TEOS和APTES-FITC共轭物，并用含有FITC染料的二氧化硅壳包被银。然后，用KCN蚀刻Ag，得到了包裹有FITC结构的空心二氧化硅(图2-9)。这种方法是最直接的，但是有点复杂。有时，硬模板不会被去除，而是在合成过程中引入了硅胶外壳，这种策略被称为“牺牲模板”方法。气泡和W/O/W界面也可以防止水解的TEOS进入水滴，模板有气态和液态模板两种，与硬模板相比，它们易于获取和剔除。综上所述，我们已经介绍了各种屏障(即模板)的存在可以使通过反向微乳液法合成的纳米材料变为中空结构。但是，如果缺少这样的屏障或模板形成了实体结构，我们仍然可以通过蚀刻的方法对其进行挖空。

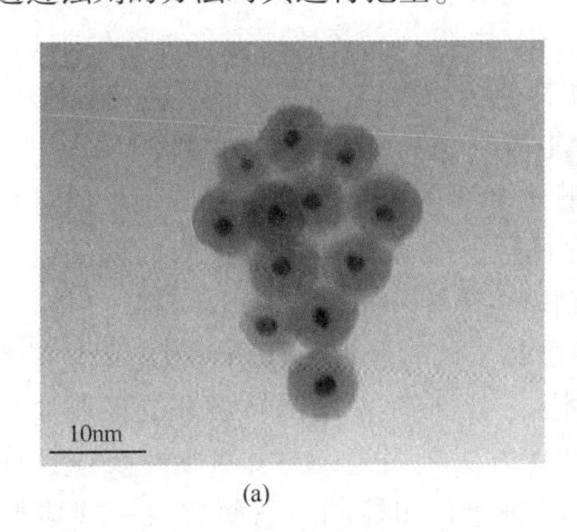

(a)

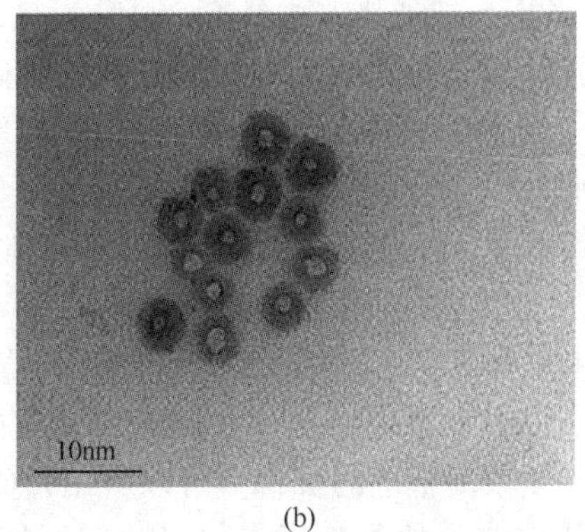

(b)

图2-9 (a)蚀刻前的Ag@ SiO_2-FITC的TEM图像，(b)空心SiO_2-FITC的TEM图像

通过反向微乳液法合成的卵黄壳式纳米材料，是指那些具有坚固核芯和核与壳之间的间隙的空腔结构。卵黄-壳结构由于其潜在的应用而受到越来越多的关注，例如纳米反应器、药物递送、控释等。总体而言，已报道的反向微乳法的卵黄-壳结构的合成可归因于三种策略：蚀刻核、蚀刻壳和收缩核。

使用水-油微乳液可以合成具有窄尺寸分布特征的金属纳米颗粒，但是从产品中分离和除去溶剂仍然很困难。在超临界 CO_2(SCCO_2)中制备微乳液可以使高极性或离子性物质分散在非极性 CO_2连续相中。由于微乳液的动态性质，液滴发生碰撞和分离，这可能导致 W/C 微乳液液滴之间的内容物交换。微乳液的这种动态性质方便地提供了通过将两种包含不同离子作为起始材料的微乳液在核内混合来制备纳米颗粒的机会。与传统的有机溶剂相比，使用超临界 CO_2作为连续相合成纳米材料的主要优势是二氧化碳无毒，不易燃，黏度低，扩散系数高。W/C 微乳的稳定性取决于 SCCO_2相的密度，因此，微乳的分解可以通过简单地控制系统的温度和压力来实现，从而导致纳米颗粒的直接沉积。而且，利用 SCCO_2连续相的低黏度和高扩散性，可以在多孔材料上原位完成纳米颗粒的沉积。W/C 微乳液最初源自 Johnston 等人的开创性工作。他们发现羧酸铵全氟聚醚表面活性剂可以在 SCCO_2中形成微乳液。基于羧酸铵全氟聚醚的 W/C 微乳液随后被发现可以用作制备 CdS、TiO_2和 Ag 纳米粒子的纳米反应器，并获得了可喜的结果。

2.3 固相合成

大多数固相反应发生在温和条件下，温度相对较低，因此，固相合成越来越受到人们的关注。

2.3.1 化学气相沉积

化学气相沉积法(CVD)的历史可以追溯到 19 世纪，最初，此方法旨在通过人工来制造钻石。化学气相沉积法是从气体中生产固体产物的方法，并且是用于制造各种半导体材料的成熟的、损失成本低且高效的技术。CVD 设备主要包括气体源控制单元，沉积反应室，沉积温度控制单元和真空排气和压力控制单元，一些实验装置还具有增强的激发能控制组件。在 CVD 设备中，按加热方式分类，可分为热活化(电阻、高频感应或红外辐射加热等)、等离子体增强、激光增强、微波等离子体增强和其他沉积模式。CVD 还可以分为大气压 CVD (APCVD)、低压 CVD(LPCVD)和超高真空 CVD(UHVCVD)。

一般而言，CVD 的反应过程主要包括以下几个部分：基于蒸气的试剂生成过程，反应物传输过程，化学反应过程和反应副产物去除过程。CVD 方法的可控制的变量包括气体流量、成分、沉积温度、压力、真空室形状、沉积时间和基材。特别地，基于气体扩散常数，生长温度和气体压力之间的关系，可以通过温度和压力的最佳组合来有效地调整气体扩散速率。因此，CVD 具有以下优点：精确的成分控制，完整薄膜的晶体沉积，大尺寸和多基板沉积以及在复杂基板上的沉积。可以看出，CVD 方法相当复杂，并且由于反应条件的任何改变都可能影响膜的最终形态，因此需要特定的计算和控制。下面将对一些典型的利用 CVD 方法合成纳米材料的研究进行简单的阐述。

APCVD 是一种用于生产高质量和大面积薄膜材料的有前途的方法。在最近几年中，已经使用了一步法的 APCVD 方法来制造钙钛矿薄膜。通过系统优化 CVD 参数(例如温度和生长时间)，获得了 $CH_3NH_3PbI_3$ 和 $CH_3NH_3PbI_{3-x}Cl_x$ 的高质量钙钛矿薄膜。太阳能转换效率(PCE)可以高达11.1%。首先采用两步顺序管式 CVD(STCVD)方法在露天条件和钙钛矿结构太阳能电池下制造 $MAPbI_3$($MA=CH_3NH_3$)材料。测量结果表明，与其他合成方法相比，使用 STCVD 方法的器件性能得到了显著提高。也就是说，STCVD 法具有效率高，性能稳定，成本低的特点，在 PSC 的商业化生产中具有很高的应用潜力。从那时起，大气 CVD 技术已用于制备各种钙钛矿薄膜，例如 $CsFAPbI_3$、CsFAPbIBr、$HC(NH_2)_2PbI_{3-x}Cl_x$ 等。这证明 APCVD 是一种有前途的技术，因为它使用了基于蒸汽的可扩展的生长工艺，并且通过与参考溶液工艺生长的模块相比，所得的模块在较大的面积上保持了较高的稳态功率。

低压化学气相沉积(LPCVD)是重要的薄膜沉积技术，它基于高真空环境中前体分子的吸附和随后的表面反应。低压化学气相沉积(LPCVD)在2015年由 Luo 组首次引入 $MAPbI_3$ 钙钛矿的制造中[41]。该技术可有效降低过快的插层反应速率，并轻松解决固溶过程中的这种阻塞问题。实验结果表明，所制备的 $MAPbI_3$ 薄膜在低压下具有良好的结晶性、强吸收性、高稳定性和长的载流子扩散长度。观察到均匀且轮廓分明的 $MAPbI_3$ 层完全覆盖在基板上，其粗糙度为19.6nm，晶粒尺寸最大为500nm。这表明他们的方法非常适合于未来低成本、无真空的新一代光伏器件的生产。然后，Cui 小组展示了一种有机阳离子交换概念，可用于在 10^{-2}Pa 下使用 CVD 方法制备高质量的 α-$FAPbI_3$ 薄膜[42]。基于介电结构，该器件的 PCE 为12.4%，没有滞后。从那时起，已经在低压或超低压 CVD 系统中成功制备了各种 PM，例如 $CH_3NH_3PbI_3$、$(CH_3NH_3)3Bi_2I_9$ 和 $CsPbBr_3$。

Wang 和他的同事开发了一种脉冲 CVD 技术，该技术通过使用阳极氧化铝(AAO)膜作为沉积基质，从 $TiCl_4$ 和 H_2O 中生长出均匀且致密的3D 锐钛矿型 TiO_2 纳米棒。在典型的过程中，将水蒸气脉冲进入腔室1.5s，然后用 N_2 吹扫60s，再用 $TiCl_4$ 吹扫1.5s 以达到不同的生长周期。腔室压力为40Pa，温度为600℃。刚合成的大多数 TiO_2 纳米粒子的长度和宽度分别在170~210nm、25~30nm。

CVD 原子层生长的优点大致概括如下：可以实现大面积原子层、层数选择性以及垂直和横向异质结构的直接生长。大面积薄片的合成促进了 CVD 装置的制造，从而导致对原子层的物理和化学性质的更直接研究。层数选择性是 CVD 合成方法的另一个优点。由于物理性质很大程度上取决于层数，因此层数选择制备(尤其是单层制备)在原子层研究中至关重要。然而，通过剥落的方法来提供具有不同层数的薄片，并找到单层、双层等是一项耗时的任务。最后，异质结构的生长是 CVD 方法的重要优势。即使可以通过基于转移的手动堆叠方法制备垂直异质结构，但是垂直异质结构的直接 CVD 生长也是一个重要的问题。在基于转移的手动堆叠方法的情况下，难以在层之间获得干净的界面，并且气泡的形成和污染是制备高质量垂直异质结构时的重大问题。相比之下，异质结构的直接 CVD 生长可以提供具有干净界面的高质量异质结构，因为异质结构是通过高温干燥过程直接生长的。此外，原则上，基于转移的方法制备侧向异质结构是不可能的，并且只能通过 CVD 方法制备。

化学气相沉积是制备具有优良性能的 C/C 复合材料最重要的制备过程。但是传统的化学气相沉积法存在制备周期长、成本较高、能量相对浪费、材料利用率低等缺点。催化化学气相沉积法(CCVD)是另一种特殊的化学气相沉积法，它利用金属催化剂颗粒来进行化学气相沉积，证明了催化剂可以加快化学气相沉积速率并降低反应温度，因此，通过催化化学气相沉积调控纳米材料的形貌已成为研究的热点之一。

催化化学气相沉积通常利用过渡金属催化剂。过渡金属纳米颗粒尺寸小且比表面积大。由于过渡金属催化剂拥有许多的表面原子和那些不饱和配位，导致表面活性位的增加以及使其具有更高的催化活性。在沉积过程中，首先，碳源气体迅速沉积在这些金属催化剂的表面上，直到催化剂失活为止。活性催化剂的存在可以加快焦炭的沉积速度，降低碳源气化学反应的活化能，因此反应时的温度较低。经常使用的过渡催化剂有镍(Ni)、铁(Fe)、钴(Co)。镍催化剂是最重要的催化剂之一，它在制备 C/C 复合材料中比其他任何金属催化剂都更常用。镍催化沉积机理可能包括两个过程：首先，镍对催化脱氢有很好的作用，并且对碳原子具有良好的溶解能力，可以降低气相和固相之间的反应活化能。碳源气体可以被吸收并在镍催化剂颗粒的表面上催化分解为碳和氢。然后，碳扩散到催化颗粒中，直到在催化剂整体中变得过饱和，并且碳纳米管从 Ni 表面析出。其次，借助范德华力，碳纳米管和聚合物可以形成 CNT/聚合物复合物。同时，具有共轭键 π 的多芳烃沿着也存在共轭键 π 的碳纳米管生长，并形成高微观结构的热碳化合物。

在通过催化化学气相沉积法制备 C/C 复合材料和碳纳米管时，Fe 也是一种相对常见的金属催化剂。许多研究人员研究了使用 Fe 催化剂制备 C/C 复合材料或碳纳米管的方法。焦炭的 Fe 催化沉积机理与 Ni 催化剂相似，换言之，来自碳源气体的碳原子脱氢、溶解并沉淀出碳纳米纤维，然后，次级碳丝长大。最终，热碳源在铁颗粒周围形成了一个整体结构，作为活性颗粒。钴金属作为催化剂被用来通过催化化学气相沉积法来制造碳纳米管、C/C 复合材料的制备相对较少。除这些催化剂外，还应在 C/C 复合材料的催化制备领域中研究 Co、Mo、Cu 和复合催化剂，此外，也可以研究催化剂的负载方法，对于通过催化化学气相沉积法来合成纳米材料在生产中的应用具有非常重要的意义。但是，单金属催化剂有其局限性。由于可控性较差，因此无法手动控制 C/C 复合纳米材料产品的长度、直径和形状。这一挑战不仅影响碳纳米材料的生长，而且还使得碳纳米管合成的研究一直未取得突破性进展。

为了克服这个问题，人们探索了多金属催化剂体系来增加金属催化剂颗粒与碳原子之间的结合强度，从而提高所生产 C/C 复合纳米材料产品的可控性。多金属催化剂体系显示出控制碳纳米复合材料结构的潜力，这是因为多金属催化剂中的第二种金属增强了电子效应。总而言之，多金属催化剂体系的优点可归纳如下：前体分解的程度和生产的碳纳米材料的收率大大提高；碳纳米材料的结构会受到所用催化剂的影响。反应中在某些情况下，催化剂颗粒的形状可导致碳纳米催化剂呈某些特殊形状的生长，从而产生较好的形貌；多金属催化剂的稳定性得到改善，从而导致产生的碳纳米材料产物的产率更高，并且可以通过控制催化剂的粒度和组成以及用于支撑催化剂的基材来调节碳纳米材料的形貌。支撑载体会在物理和化学上影响合成的纳米材料的粒径及其分布。从物理上讲，在合成反应中，具有不同形态(例如粉末、功率或液体或小固体颗粒)的载体可将催化剂固定在适当的位置并相应地控制合成纳米材料颗粒的尺寸。化学上，支撑载体可以充当协助金属催化剂颗粒获得负电荷的“电源”，这可以在一定程度上增强金属催化剂的活性。催化化学气相沉积催化剂载体的特性可以决定与金属催化剂颗粒反应生成的碳基纳米复合材料或其他纳米材料的性能，因此需要进行更多的研究以寻找到最好的催化化学气相沉积催化剂载体。

2.3.2 等离子体法

等离子体是物质的第四种状态，由各种物质组成，包括电子、离子、中性离子、激子、自由基以及在低压或大气压下产生的激发分子。这些等离子体物质比基态原子或分子更具反应活泼性，并且具有更节能、经济高效的特点，从而显示出合成和修饰纳米材料的巨大潜力。与其他方法(例如机械剥落、液相剥落和热 CVD)相比，等离子体也具有化学气相沉积(PECVD)具有的低温和快速合成的重要优势。这些有利的特征源于独特的等离子体材料以及通过气体前驱体的电离、激发和离解而实现的等离子体-表面相互作用。通过控制等离子体的限制条件，等离子体的能量，气态的前驱体从而将离子能量传递到材料表面，可以在控制形貌和结构均匀性的同时，自上而下和自下而上地生产纳米材料。

离子还提供了修饰纳米材料的途径，其范围远不止于新型纳米材料结构的生长。等离子体辅助修饰具有多种用途，包括化学功能化、杂原子掺杂、带隙调整、刻蚀和表面润湿性控制。由于存在于等离子体中的独特物质，所以这些过程是可能发生的，这促进了通过常规热处理或基于溶液的处理不容易实现的反应。此外，可以在原位合成，即在纳米材料的合成期间，或在外原位合成，即通过后合成程序，实现等离子体修饰。因此，等离子体是一种简单、有效且广泛适用的技术，可用于修改和改进纳米材料的结构和性能，以便更好地满足现代工业的要求。下面将对一些典型的利用等离子体法合成纳米材料的方法进行简要概述。

石墨烯因为其独特的形貌和良好的化学性能，六边形碳网络的原子层石墨烯受到了研究界的极大关注。在石墨烯的剥离方法中，与通常需要约 1000℃ 的高温和较长的合成时间的常规热 CVD 路线相比，等离子体法具有诸如较低的温度和快速的合成等优势，并且已成为研究最广泛的合成石墨烯的方法之一。例如，Laan 等[43]研究了在电感耦合等离子体(ICP) PECVD 中在低至 220℃ 的温度下合成包含单层石墨烯的石墨烯膜，合成时间为 2~4min。在他们的研究中，发现仅通过将样品浸入水中，即可将石墨烯从经等离子体处理的 Cu 基体上去除并转移。这可以在不牺牲 Cu 基材的情况下实现石墨烯的无化学转移，并且可以开辟一条新途径，可以在无石墨烯和 2D 纳米材料的绿色无化学转移中利用等离子体。

虽然石墨烯薄膜是在低能远程等离子体中合成的，但当合成发生在高能等离子体附近时，会形成不同的纳米结构。等离子体鞘中的强电场可以驱动纳米材料在垂直于基材的垂直方向上生长，从而导致 3D 纳米结构的形成。Wu 等[44]在 2002 年首次证明了在等离子体辅助工艺中合成垂直石墨烯。碳基前驱物气体，例如甲烷(CH_4)和乙炔(C_2H_2)，是用于合成 VG 的传统来源。研究发现，垂直石墨烯可以生长在各种衬底上，例如玻璃、石英、金属、半导体和绝缘体。另外，该合成不需要催化剂，避免了金属催化剂的合成后去除，并使之成为用于装置集成的高度兼容的方法。垂直石墨烯形成的另一个有利特征是，在等离子区附近或内部不需要任何外部加热，因为高能等离子体可以提供足够的热量和能量。与需要额外加热元件的远程等离子体合成相比，这种方法降低了系统的复杂性。

等离子体已被用于生产改性石墨烯材料，该材料具有多种独特的结构和形态，形成了一系列的特性，包括 N、B、P 和 O 杂原子的掺杂，H 和 Cl，n-的表面官能化 p 型掺杂和表面亲水性/疏水性，对于石墨烯而言，等离子体法可用于生产具有间隙性掺杂原子或官能团均匀分布的改性石墨烯。等离子体法调整石墨烯的电子特性并打开能带隙的潜力，引起了对石墨烯掺杂的大量研究，特别是 N 和 B 的掺杂。例如 Takeuchi 等[45]的开创性论文，通过在 CCP PECVD 工艺中向 C_2F_6/H_2前体中添加 N_2，证实了垂直石墨烯的原位 N 掺杂。这种杂原子掺杂使垂直石墨烯形态变为高度支化。使用 $Ar/N_2/C_2H_2$(或 CH_4)微波 PECVD 进行的进一步研究表明，垂直石墨烯的电导率随 N 掺杂而发生了类似上述实验的转变。在铜箔上也实现了等离子体辅助 CVD 的大面积 N 掺杂几层石墨烯的化学合成。通过在快速(1min 内)CH_4/H_2微波等离子体合成过程中添加 N_2，在铜箔上生成了如图 2-10 所示的 2%的 N 掺杂几层石墨烯[46]。

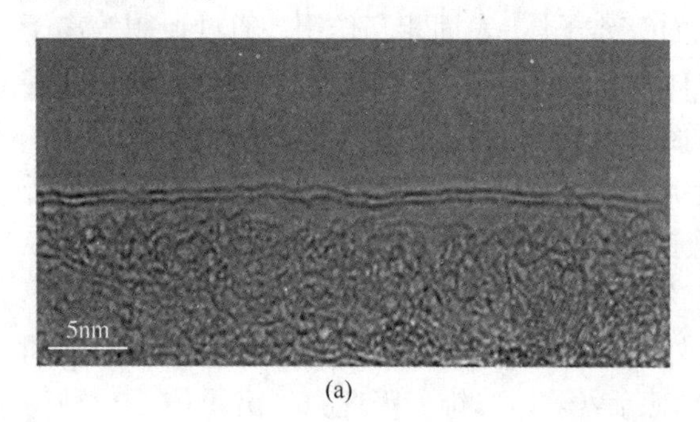

(a)

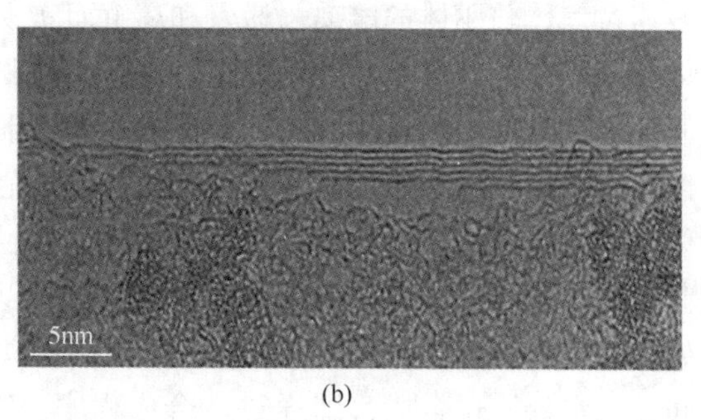

(b)

图 2-10　石墨烯薄膜的高分辨率 TEM 图像[46]

2.4　物理方法

通过物理的方法调控纳米材料的形貌具有能耗低、设备成本低、可大规模生产的特点。

2.4.1　离子溅射

这项技术的起源可以追溯到 19 世纪中期，格罗夫(Grove)首次发现溅射是一种不希望的“污垢效应”，然后，溅射技术受到了极大的关注。然而，由于其低的沉积速率、等离子体中较差的电离效率以及较高的基板加热能量，严重阻碍了其在制备纳米材料中的广泛应用。随后，在 1970 年通过引入外部磁场克服了这些限制，其中配置的磁场将等离子体限制在阴极附近，从而大大提高了沉积速率。

离子溅射法作为一种工业规模的方法，由于其简便、易管理且效率高而被广泛用于沉积高纯度的纳米材料。离子溅射设备主要由四部分组成：真空系统、溅射系统、电源、工作气体(氩气和反应气体)，其中主要的溅射参数主要包括工作气体类型、气体流量、所提供的溅射功率、气体压力、衬底偏置电势、靶-衬底距离和靶取向。通过改善上述条件，可以很好地控制合成的纳米材料的晶粒尺寸和薄膜厚度，从而获得预期的纳米材料。在离子溅射过程中，靶板用作阴极，而基板用作阳极。来自惰性气体的高能离子与目标表面相互作用，产生原子的喷射，这些原子在一定电压下凝结在基板上，最终形成薄膜(沉积层)。基于离子溅射在基底上可控地构造目标，纳米材料具有以下优点：①溅射膜的密度高；②基材与溅射材料之间具有优异附着力；③该技术可以在不考虑熔化温度的情况下，以低温和高沉积速率溅射材料；④易于控制溅射复合材料的比例；⑤材料易被氧化时，使用常规化学技术难以合成复杂的化合物，但是可以通过离子溅射技术使用相应的靶材来实现。基于以上优点，可以通过离子溅射法设计和制造各种纳米结构材料。例如，Miyazaki 等[47]通过射频磁控溅射在玻璃陶瓷上溅射出非晶硅(α-Si)薄膜。作为 LIBs 的负极材料，当 $70Li_2S-30P_2S_5$玻璃陶瓷用作固体电解质时，所得样品在 $10mA/cm^2$的高电流放电下表现出 2400mA · h/g 的高容量和出色的循环性能。

离子溅射是一种用于在导电集电器上直接原位生长纳米材料的简单技术，它可以实现纳米材料与基板之间的紧密接触、良好的机械黏合性和出色的电荷连接，从而增强电子传输能力，并提高结构稳定性。因此，该技术被广泛应用于纳米材料的合成之中。

2.4.2 机械研磨

机械研磨是一种典型的合成纳米材料的物理方法，机械研磨包括许多不同的过程：研磨和铣削，例如球磨、胶体研磨和喷射研磨。在研磨或铣削过程中，机械能会转移到反应物的颗粒上，并引起许多变化，例如变形、摩擦、破裂、非晶化、淬火等。随后，在反应物的界面处形成纳米颗粒相或不同于原反应物形貌的相。机械研磨的主要优点是合成过程简单，伴随化学键断裂和重新结合而进行有效混合，与常规的固态反应相比，机械化学方法可以加速和简化合成过程，并降低能源消耗和材料成本，具有更好的前景。它已广泛应用于无机和有机合成、冶金(金属机械合金化的新方法)、陶瓷的生产、铁氧体、铁电体、矿物肥料和建筑材料、催化剂的活化作用以及制药业。当然，它具有一定的局限性，例如，它通常会留下诸如位错之类的缺陷，并且无法制备具有理想纳米结构的材料。

例如，最近已经报道了一种基于机械研磨法处理来合成 LDH 和相关插层的新颖方法。除了易于操作的明显优势外，这种方法还可以克服与溶液操作相关的困难，显示出了巨大的潜力。机械研磨法通常被用作材料科学的形貌调控的方法，从而获得高度分散的高表面能的粒子。机械化学方法为 LDH 的合成和嵌入提供了另一种方法，现已开发出三种不同的机械化学过程来合成 LDH：①单步研磨；②机械热液；③两步研磨(干磨和湿磨)。LDH 的机械法以形成插层可以通过以下三种方法来制造：用插层化合物对 LDH 进行液体辅助研磨；将原料与插层化合物一起研磨，然后在液相中进行水热处理；在两步研磨过程的第二步中，用插层化合物和水研磨无定形原材料。最近的研究表明，机械化学在用新的元素组合制造 LDH 以及将新种类的化合物插入 LDH 的空隙中将具有重要意义。

单步研磨已通过两种操作进行，即金属氢氧化物或金属盐与氢氧化钠的干法研磨或在普通球磨机中使用不锈钢球作为研磨介质的金属盐溶液的湿法研磨。单步干法研磨工艺可以通过球磨或手动磨削操作。研磨操作将氢氧化物或金属盐活化为弱化的晶体结构(尚无 LDH 相)，再经过洗涤操作即可提供形成 LDH 所需的结晶水。迄今为止，通过这种方式仅合成了 Mg-Al-Cl、$Mg-Al-HCO_3$和 $Mg-Al-NO_3$。据报道，将金属盐溶液添加到研磨罐中并用钢球研磨，通过单步湿法研磨可以成功合成铁基 LDH。水和球中铁之间的取代反应为 LDH 相的沉淀提供了铁源和 OH^-[48]。通过这种方法成功获得产物的例子是 Co-Fe(Ⅱ)-Fe(Ⅲ)和 Ni-Fe(Ⅱ)-Fe(Ⅲ)LDH。

机械热液研磨法的过程涉及首先通过研磨然后用水热结晶过程来活化原料。尽管与单溶液操作相比，该操作较为复杂，但该方法兼具机械化学和水热处理的优点：与直接水热处理相比，LDH 在相对较低的温度下具有较高的结晶度或较短的反应时间。基于是否使用金属盐或氧化物和氢氧化物作为起始样品，已经研究了手动研磨或球磨作为预处理的方法，以获得用于后续水热处理的均匀混合物。手动研磨主要用于处理金属盐，而不是把稳定的氢氧化物或氧化物作为原料。张等[49]使用 Na_2CO_3、NaOH、$Al(NO_3)_3 \cdot 9H_2O$ 和 $Mg(NO_3)_2 \cdot 6H_2O$ 作为原料。首先将 Na_2CO_3 和 NaOH 在玛瑙研钵中研磨 5min，然后将 $Al(NO_3)_3 \cdot 9H_2O$ 和 $Mg(NO_3)_2 \cdot 6H_2O$ 放入玛瑙研钵中，再研磨 60min。通过研磨产生的糊状产物包含低结晶度的 LDH。它在 353K 处胶溶 24h，以提高 Mg-Al-CO_3LDH 的结晶度。水热处理前后 LDH 的 XRD 图谱和 TEM 图像显示出从团聚和边缘不规则到正六边形的形态转变(图 2-11)。随着 Mg/Al 摩尔比从 2/1 增加到 4/1，产品的正六边形形状转变为球形并凝结成球形。研究者证实，在铣削过程中加水肯定会使形态和结晶度更加不规则甚至更糟，因为这会导致反应物磨碎。除了镁铝，该方法还扩展到了锌铝、镁铁、镍铝 LDH 的合成。在第一次研磨操作中观察到或多或少的 LDH 的形成。有趣的是，反应程度取决于所用原料的熔点。熔点越低，产物样品中的 LDH 相越多，且无需水热处理。研磨 65min 并在 373K 水热处理 24h 后，所有获得的 LDH 产品均显示出高结晶度。与手动研磨不同，由于球磨提供更高的活化能，金属盐、

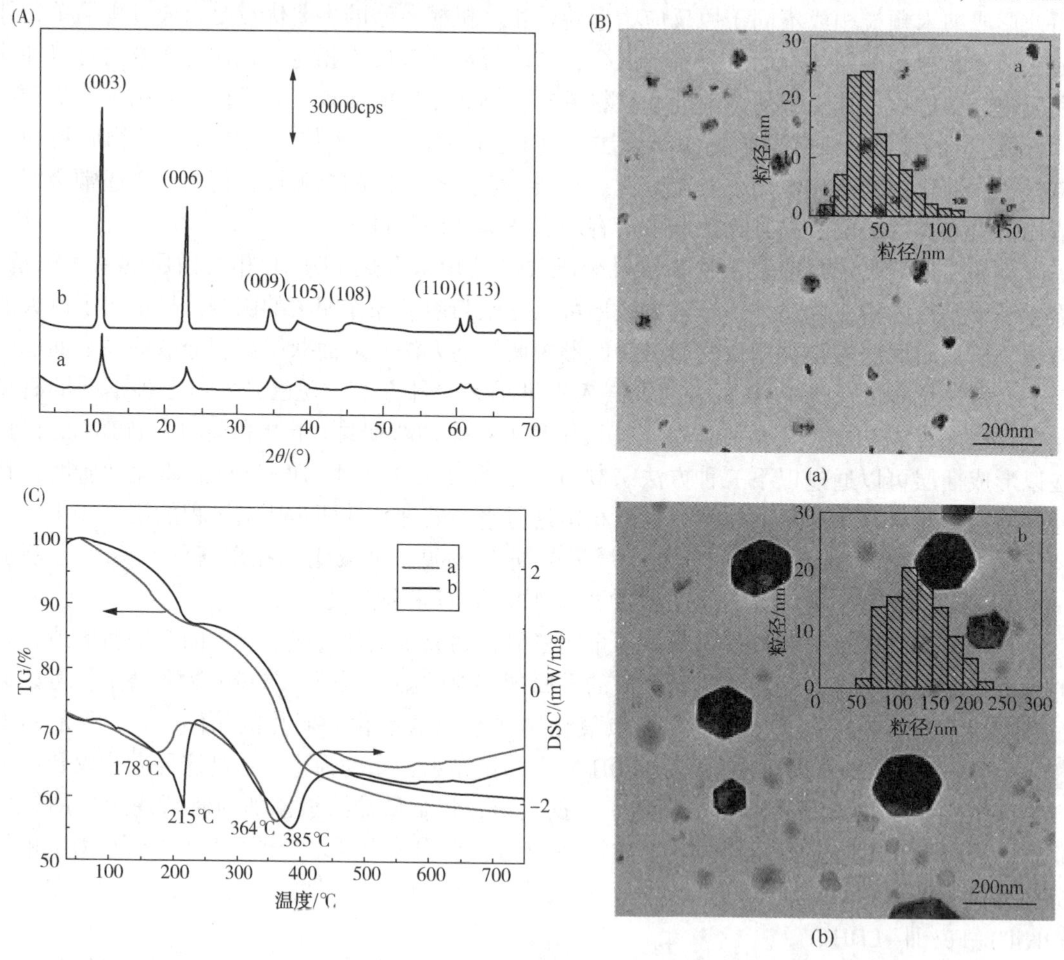

图 2-11 (A)LDH 的 XRD 谱图：(a)没有胶溶作用过程，(b)有胶溶作用过程，(B)LDH 的 TEM 图像及其粒度分布直方图，(C)LDH 的 TG-DSC 曲线[49]

氢氧化物或氧化物均可用作球磨的起始样品。张等[50]使用行星式球磨机研磨 MgO 和 Al_2O_3，然后在 353K 的 $NaNO_3$溶液中进行水热处理 6h。所得的 LDH 显示出高结晶度和良好的分散性，没有可观察到的杂质。但是，如果没有研磨操作，在 $NaNO_3$溶液中对 MgO、Al_2O_3进行直接水热处理 24h 甚至 48h，除 LDH 相外，还会产生大量的水镁石，所以研磨操作在 LDH 的合成中显得尤为重要。水镁石形成中间相，研磨操作可以显著加速 MgO 向 $Mg(OH)_2$然后向 LDH 的转化。对通过球磨、水热和两步研磨获得的产品的性能进行了全面比较，通过球磨水热法获得的产品显示出更规则、更细的颗粒和更好的 LDH 结晶以及对毒物的更高吸附能力。

研究表明，通过单步研磨进行的 LDH 的形成反应是否顺利进行取决于所使用的起始样品。当使用氯化物或硝酸盐的金属盐时，可以通过球磨和手动方式获得 LDH 产品，用碱将它们研磨。在这种情况下，有必要清洗磨碎的样品以分离出可溶成分，以产生类似于常规溶液操作的废液。如果使用氢氧化物或氧化物而不是金属盐来制备 LDH，则无需担心废液的产生和处理。然而，通过氢氧化物和氧化物的一步研磨获得纯的 LDH 产物并不容易。为了增加机械化学活化作用，应在开始时避免水分存在以保持干燥研磨气氛。在接下来的步骤中，再添加 LDH 组成所需的水量，这就是为什么将其称为两步研磨的原因。在两步研磨过程中，首先将原料研磨成无定形混合物。然后将所需的结晶水量添加到系统中，作为第二步进行进一步研磨。该方法的另一个优点是几乎不用担心环境中的二氧化碳溶解度，因为系统中只涉及少量的溶液。适用于生产不含碳酸盐的 LDH。通过使用 $Mg(OH)_2$和 $Al(OH)_3$作为原料的两步研磨工艺，制备了无碳酸盐的 Mg-Al-OH LDH[51]。产物在 693K 处的质谱显示样品中几乎没有 CO_2释放，并证明了两步研磨工艺可以有效避免从周围环境中吸附 CO_2。两步研磨工艺也是一种简单的嵌入方法，只需在第二步中简单地添加要嵌入的化合物，而无需进行繁琐的离子交换或焙烧和再生操作。作者在第二步中用 $Mg(NO_3)_2 \cdot 6H_2O$ 代替了水，并成功制备了 Mg-Al-NO_3LDH。该样品由于具有良好的 NO^{3-} 缓释特性，因此可以用作缓释肥料。

通过机械化学方法对 LDH 进行插层的方法有四种：LDH 和插层化合物的液体辅助研磨（LAG）；用插层化合物手动研磨原料，然后在水中进行水热处理；将原料球磨以产生无定形混合物，然后在插层化合物溶液中水热；两步磨削工艺。这些过程可以大致分为两类：无溶剂插层和溶剂参与插层。有溶剂参与的插层，引入水热处理以帮助形成插层的 LDH 颗粒具有接近均匀的形态和高分散性。无溶剂插层是指在固态下形成有活性表面的方法，其中不使用溶液或仅使用少量溶液。

表面机械研磨装置主要由振动发生器和放置球以及放置样品的处理室组成。球的材料和尺寸可以根据加工材料的类型进行调整，通常使用高强度钢制造直径为 110mm 的球。为了防止被处理样品的表面层被空气中的杂质氧化或污染，通常将处理室抽空或充满惰性气体（例如氩气或氮气）。振动发生器驱动处理腔室的频率为 50~20000Hz，并使球共振，然后样品的表面连续不断地从不同角度被球高速撞击，这促进了纳米材料表面纳米化的过程。低温可以防止粒子动态恢复并促进机械孪晶的产生，从而导致晶粒进一步细化。因此，在低温下的机械研磨处理受到越来越多的关注，图 2-12 展示了低温下表面机械研磨装置的示意图。

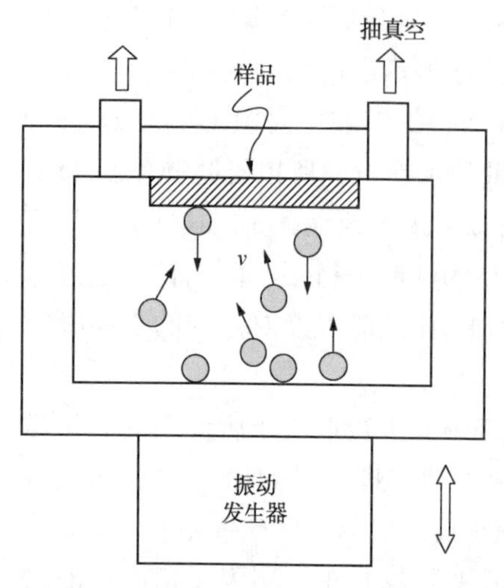

图 2-12 低温下表面机械研磨装置的示意图[52]

球速是一个重要的表面机械研磨的参数，因为它与样品表面层的应变率成正比。较高的应变速率可以形成材料表面层中更理想的纳米结构。可以根据材料的种类、板厚度、球速度来选择表面机械研磨的时间，较短的表面机械研磨时间可以提高材料的强度，并且不会减少材料的延展性。实现样品表面自纳米化的关键是将大量缺陷和界面引入样品表层，表面层的微观结构转变为纳米级的微晶。换句话说，晶粒细化过程需要在纳米尺度的表面上进行。表面机械磨损处理是实现表面自纳米晶金属材料的有效技术。例如另一项研究表明[53]，液氮温度下的表面机械研磨工艺可有效抑制动态恢复的发生并显著提高纯 Cu 的强度(图 2-13)，而不会严重降低其延展性。这是因为低温下的机械研磨可以增加孪晶和位错密度。孪晶可以通过释放和阻挡位错而提供强化和足够的加工硬化能力。此外，与室温下的工艺相比，该工艺获得了较厚的梯度结构层，且晶粒更细。值得注意的是，尽管机械研磨低温下通常会导致表面晶粒细化，例如纯铁、铜的梯度结构层的厚度并不总是增加。

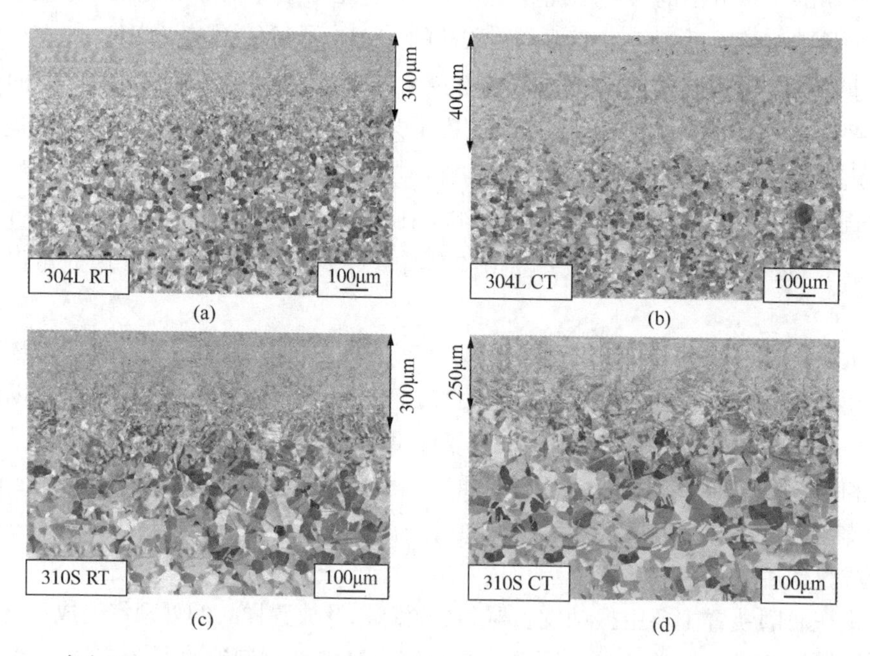

图 2-13 在室温(a，c)和低温(b，d)下用机械研磨法处理：钢的扫描电子显微镜(SEM)图像

机械研磨法可以使纳米材料产生局部塑性变形，导致晶粒细化到纳米级，而不会改变材料的化学成分，而且操作简单、成本较低。但是机械研磨法所引起的纳米材料的表面纳米化具有随机性，纯度较低而且纳米晶的颗粒大小不均，而且在机械研磨中，工艺参数与整体性能的关系也不是很明确，这也是机械研磨法所需要进一步研究的问题。

2.5 其他方法

其他的调控纳米材料形貌的方法还有电化学技术，与其他合成方法相比，电化学技术具有其独特的优势。首先，电化学技术的反应条件较为温和，在室温、大气压力和水溶液中足以支持电化学技术。其次，实验设置，例如电解池和电化学工作站，在电化学实验室中通常很容易获得。这些具有实际意义的特性使电化学技术研究者们无需精密的仪器和复杂的规程即可调控纳米材料的形貌。电化学技术最显著的特征可能是它们对产品的结构、组成、性质和形态具有高度的可调节性。施加电流或电压的大小，电解质中盐的类型和浓度，反应持续时间，溶液温度以及底物形态都是可调控的参数，可产生通用的材料。得益于这些优点，在过去的几十年中，电化学技术已经得到了广泛的研究和快速发展。

其中应用最多的就是电化学沉积法，电化学沉积法是一种电镀过程，其中溶液中的离子在电场(电泳)的影响下迁移并沉积到电极上，从而合成具有不同形貌的纳米材料。通常，将包含一种或多种溶解的金属盐的组分浸入电解质中，并且金属离子被吸引至阴极以沉积。由于电化学沉积法易于控制，所以通过电化学沉积法可以合成厚度均匀的致密涂层，并能够涂覆在复杂物体上以产生新的纳米材料。电化学沉积法需要外加电源、电极和基片，并且基片必须是导电的。此方法的重要之处就是可以控制它的反应动力学，来改变沉积样品的形貌和方向，主要包括：溶液性质、添加剂、衬底、温度和化学参数等几个方面。由于影响因素众多，应考虑各个步骤的影响因素分析因素，实现最终结构的良好控制和调节。例如在这方面，Illy 等[54]研究了实验过程中的可控参数(例如电解质浓度、pH 值、反应温度和电位)对 ZnO 材料形貌、厚度、透明度、粗糙度和结晶取向的影响。他们发现，使用优化的参数可以生长出具有优先取向和控制厚度的 ZnO 纳米结构，这对有机光伏发电是至关重要的。添加剂不同电解液中离子的相互作用就不同，吸附沉积在氧化锌结构上的位置就不同。从而可以通过改变电解液本身的电导率和黏度等，获得不同的氧化锌微粒。

电化学沉积可分为三种类型：阳极电沉积法、阴极电沉积法和电泳沉积法。前两种方法涉及在基础材料上原位合成纳米材料，而电泳沉积法是一种预合成纳米材料的技术。电泳沉积法是基于电场影响下带电粒子的传输，以及这些粒子在带相反电荷的电极上的沉积，由于其成本低廉，形成时间短，电泳沉积法已被用于制造用于不同领域的薄膜。电化学沉积法除了简单清洗衬底外，无需进行任何预处理，而且在合成过程中可以实时监控沉积过程，连续地进行处理，从而更好地调控其形貌，这对于工业规模的操作是具有远大应用前景的。

参 考 文 献

[1] Wang B, Li J, Wang C, et al. Methodology for robust superhydrophobic fabrics and sponges from in situ growth of transition metal/metal oxide nanocrystals with thiol modification and their applications in oil/water separation [J]. ACS Applied Materials&Interfaces, 2013, 5(5): 1827-1839.

[2] Sasikala Sundar, MariappanR, Piraman S. Synthesis and characterization of amine modified magnetite nanoparticles as carriers of curcumin-anticancer drug[J]. Powder Technology, 2014, 266: 321-328.

[3] Cheng F, Sajedin S M, Kelly S M, et al. UV-stable paper coated with APTES-modified P25 TiO_2 nanoparticles[J]. Carbohydrate Polymers, 2014, 114(114): 246-252.

[4] Deshmukh S, Kandasamy G, Upadhyay R K, et al. Terephthalic acid capped iron oxide nanoparticles for sensitive electrochemical detection of heavy metal ions in water[J]. Journal of Electroanalytical Chemistry, 2017, 788(Complete): 91-98.

[5] Khabibullin A, Bhangaonkar K, Mahoney C, et al. Grafting PMMA brushes from α-alumina nanoparticles via SI-ATRP[J]. ACS Applied Materials & Interfaces, 2016, 8(8): 5458-5465.

[6] Ahangaran F, Hassanzadeh A, Nouri S. Surface modification of Fe_3O_4@SiO_2 microsphere by silane coupling agent[J]. International Nano Letters, 2013, 3(1): 1-5.

[7] Li X, Yoneda M, Shimada Y, et al. Effect of surfactants on the aggregation and stability of TiO_2 nanomaterial in environmental aqueous matrices[J]. Science of the Total Environment, 2017, 574(JAN. 1): 176-182.

[8] Tseng Y K, Chuang M H, Chen Y C, et al. Synthesis of 1D, 2D, and 3D ZnO polycrystalline nanostructures using the Sol-Gel method[J]. Journal of Nanotechnology, 2012(pt. 2): 1-8.

[9] Khan M F, Ansari A H, Hameedullah M, et al. Sol-gel synthesis of thorn-like ZnO nanoparticles endorsing mechanical stirring effect and their antimicrobial activities: potential role as nano-antibiotics[J]. Scientific Reports, 2016, 6: 27689.

[10] Li C X, Quan Z W, Yang J, et al. Highly uniform and monodisperse beta-$NaYF_4$: Ln^{3+}(Ln = Eu/Tb, Yb/Er, and Yb/Tm) hexagonal microprism crystals: hydrothermal synthesis and luminescent properties[J]. Inorganic Chemistry, 2007, 46(16): 6329.

[11] Bavykin D V, Parmon V N, Lapkin A A, et al. The effect of hydrothermal conditions on the mesoporous structure of TiO_2 nanotubes[J]. Journal of Materials Chemistry, 2004, 14(22): 3370-3377.

[12] Huang J, Cao Y, Deng Z, et al. Formation of titanate nanostructures under different NaOH concentration and their application in wastewater treatment[J]. Journal of Solid State Chemistry, 2011, 184(3): 712-719.

[13] Li C X, Zhang C M, Hou Z Y, et al. Beta-$NaYF_4$ and beta-$NaYF_4$: Eu^{3+} microstructures: morphology control and tunable luminescence properties[J]. Journal of Physical Chemistry C, 2009, 113(6): 2332-2339.

[14] He F, Yang P, Wang D, et al. Self - assembled β - $NaGdF_4$ microcrystals: hydrothermal synthesis, morphology evolution, and luminescence properties[J]. Inorganic Chemistry, 2011, 50(9): 4116-24.

[15] Zhang X, Liu Q. Preparation and characterization of titania photocatalyst co-doped with boron, nickel, and cerium[J]. Materials Letters, 2008, 62(17-18): 2589-2592.

[16] You Y, Zhang S, Wan L, et al. Preparation of continuous TiO_2 fibers by sol-gel method and its photocatalytic degradation on formaldehyde[J]. Applied Surface Science, 2012, 258(8): 3469-3474.

[17] Amiri S, Shokrollahi H. Magnetic and structural properties of RE doped Co-ferrite(RE = Nd, Eu, and Gd) nano-particles synthesized by co-precipitation[J]. Journal of Magnetism and Magnetic Materials, 2013, 345: 18-23.

[18] Annie Vinosha P, Ansel Mely L, Emima Jeronsia J, et al. Investigation of optical, electrical and magnetic properties of cobalt ferrite nanoparticles by naive co-precipitation technique[J]. Optik-International Journal for Light and Electron Optics, 2016, 20(127): 9917-9925.

[19] Zhang H, Pan D, Zou K, et al. A novel core - shell structured magnetic organic - inorganic nanohybrid involving drug-intercalated layered double hydroxides coated on a magnesium ferrite core for magnetically controlled drug release[J]. Journal of Materials Chemistry, 2009, 19(19): 3069-3077.

[20] Sepulveda-Guzman S, Reeja-Jayan B, Rosa E D L, et al. Synthesis of assembled ZnO structures by precipitation method in aqueous media[J]. Materials Chemistry and Physics, 2009, 115(1): 172-178.

[21] Wang Z, Luan D, Li C M, et al. Engineering nonspherical hollow structures with complex interiors by template-engaged redox etching[J]. Journal of the American Chemical Society, 2010, 132(45): 16271-16277.

[22] Lu W, Xing Y, Ji B. Surface-modification-assisted construction of hierarchical double-walled MnO_2 hollow

nanofibers for high-performance supercapacitor electrode[J]. Chemistryselect, 2019, 4(13): 3646-3653.

[23] JinC, Zhu K, Peterson G, et al. Morphology dependent photocatalytic properties of ZnO nanostructures prepared by a carbon-sphere template method[J]. Journal of Nanoscience and Nanotechnology, 2018, 18(8): 5234-5241.

[24] Wang B, Di J, Zhang P, et al. Ionic liquid-induced strategy for porous perovskite-like $PbBiO_2Br$ photocatalysts with enhanced photocatalytic activity and mechanism insight[J]. Applied Catalysis B Environmental, 2017, 206(Complete): 127-135.

[25] Guo Y, Pu Y, Cui Y, et al. A simple method using citric acid as the template agent to improve photocatalytic performance of $BiFeO_3$ nanoparticles[J]. Materials Letters, 2017, 196(JUN. 1): 57-60.

[26] SuK, Li Q, Chen Y, et al. One-step synthesis of Cu_2O@ carbon nanocapsules composites using sodium alginate as template and characterization of their visible light photocatalytic properties[J]. Journal of Cleaner Production, 2019, 209(FEB. 1): 20-29.

[27] 魏晓璇，刘振学，秦怀泽．特殊形貌结构光催化材料的模板法制备及其在染料降解方面的应用[J]. 化工新型材料，2021，49(04)：257-261.

[28] Fei J, Jia L, Xinling C, et al. Hierarchical C-doped $BiPO_4$/ZnCoAl-LDO hybrid with enhanced photocatalytic activity for organic pollutants degradation[J]. Applied Clay Science, 2018, 162(sep.): 182-191.

[29] Song Z X, et al. Spray drying assisted assembly of ZnO nanocrystals using cellulose as sacrificial template and studies on their photoluminescent and photocatalytic properties[J]. Colloids and Surfaces, A. Physicochemical and Engineering Aspects, 2017, 522: 173-182.

[30] Gajanan Kale, Sudhir Arbuj, Ujjwala Kawade, et al. Synthesis of porous nitrogen doped zinc oxide nanostructures using a novel paper mediated template method and their photocatalytic study for dye degradation under natural sunlight[J]. Materials Chemistry Frontiers, 2018: 2(1): 163-170.

[31] Tian J, Shao Q, Zhao J, et al. Microwave solvothermal carboxymethyl chitosan templated synthesis of TiO_2/ZrO_2 composites toward enhanced photocatalytic degradation of Rhodamine B[J]. Journal of Colloid & Interface Science, 2019, 541: 18-29.

[32] Zhao B, Shao Q, Hao L, et al. Yeast-template synthesized Fe-doped cerium oxide hollow microspheres for visible photodegradation of acid orange 7[J]. Journal of Colloid & Interface Science, 2017, 511: 39-47.

[33] Jesionowski T, Kolodziejczak-Radzimska A, Ciesielczyk F, et al. Synthesis of zinc oxide in an emulsion system and its deposition on PES nonwoven eabrics%synteza tlenku cynku w ukladach emulsyjnych ijego zastosowaniew modyfikacji lóknin poliestrowych[J]. Fibres & textiles in Eastern Europe, 2011, 19(2): 70-75.

[34] Wang Y, Zhou A, Yang Z. Preparation of hollow TiO_2 microspheres by the reverse microemulsions[J]. Materials Letters, 2008, 62(12-13): 1930-1932.

[35] Shen X, Zhang J, Tian B. Microemulsion-mediated solvothermal synthesis and photocatalytic properties of crystalline titania with controllable phases of anatase and rutile[J]. Journal of Hazardous Materials, 2011, 192(2): 651-657.

[36] Yang Y, Gao M Y. Preparation of fluorescent SiO_2 particles with single CdTe nanocrystal cores by the reverse microemulsion method[J]. Advanced Materials, 2005, 17(19): 2354-2357.

[37] Selvan S T, Tan T T, Ying J Y. Robust, non-cytotoxic, silica-coated cdSequantum dots with efficient photoluminescence[J]. Advanced Materials, 2005, 17(13): 1620-1625.

[38] Mariano A Scorciapino, et al. Core-shell nano-architectures: the incorporation mechanism of hydrophobic nanoparticles into the aqueous core of a microemulsion[J]. Journal of Colloid and Interface Science, 2013, 407(1): 67-75.

[39] Wang J, Li X, Zhang S, et al. Facile synthesis of ultrasmall monodisperse "raisinvbun"-type MoO_3/SiO_2

nanocomposites with enhanced catalytic properties[J]. Nanoscale, 2013, 5(11): 4823.

[40] Viger M L, Live L S, Therrien O D, et al. Reduction of self-quenching in fluorescent silica-coated silver nanoparticles[J]. Plasmonics, 2008, 3(1): 33-40.

[41] Luo P, Liu Z, Xia W, et al. Uniform, stable, and efficient planar-heterojunction perovskite solar cells by facile low-pressure chemical vapor deposition under fully open-air conditions. [J]. Acs Applied Materials & Interfaces, 2015, 7(4): 2708-2714.

[42] Zhou Z, Pang S, Ji F, et al. The fabrication of formamidinium lead iodide perovskite thin films via organic cation exchange[J]. Chemical Communications, 2016, 52(19): 3828.

[43] Timothy L, Shailesh K, Kostya K, et al. Water-mediated and instantaneous transfer of graphene grown at 220℃ enabled by a plasma[J]. Nanoscale, 2015, 7(48): 20564-20570.

[44] Wu B Y. Carbon nanowalls grown by microwave plasma enhanced chemical vapor deposition[J]. Advanced Materials, 2010, 14(1): 64-67.

[45] Takeuchi W, Ura M, Hiramatsu M, et al. Electrical conduction control of carbon nanowalls[J]. Applied Physics Letters, 2008, 92(21): 666.

[46] Kumar A, Voevodin A A, Paul R, et al. Nitrogen-doped graphene by microwave plasma chemical vapor deposition[J]. Thin Solid Films, 2013, 528(15): 269-273.

[47] Miyazaki R, Ohta N, Ohnishi T, et al. An amorphous Si film anode for all-solid-state lithium batteries [J]. Journal of Power Sources, 2014, 272(25): 541-545.

[48] Iwasaki T, Shimizu K, Nakamura H, et al. Novel mechanochemical process for facile and rapid synthesis of a Co-Fe layered double hydroxide[J]. Materials Letters, 2012, 68: 406-408.

[49] Zhang X, Qi F, Li S, et al. A mechanochemical approach to get stunningly uniform particles of magnesium-aluminum-layered double hydroxides[J]. Applied Surface Science, 2012, 259: 245-251.

[50] Zhang F, Du N, Song S, et al. Mechano-hydrothermal synthesis of Mg_2Al-NO_3 layered double hydroxides [J]. Journal of Solid State Chemistry, 2013, 206(Complete): 45-50.

[51] Tongamp W, Zhang Q, Saito F. Preparation of meixnerite(Mg-Al-OH) type layered double hydroxide by a mechanochemical route[J]. Journal of Materials Science, 2007, 42(22): 9210-9215.

[52] Tong W P, et al. Nitriding iron at lower temperatures. [J]. Science, 2003, 2009(5607): 686-688.

[53] Ye C, Telang A, Gill A S, et al. Gradient nanostructure and residual stresses induced by Ultrasonic Nano-crystal Surface Modification in 304 austenitic stainless steel for high strength and high ductility[J]. Materials Science and Engineering: A, 2014, 613(8): 274-288.

[54] Cruickshank A C, Tay S E R, Illy B N, et al. Electrodeposition of ZnO Nanostructures on Molecular Thin Films[J]. Chemistry of Materials, 2011, 23(17): 3863-3870.

第 3 章　零维纳米材料

零维纳米材料是粒径比较小的颗粒，包括团簇、一般比较小的颗粒，它的特性会有很大的改变，一般活性很强，但很容易氧化，对于一些有光电性能的材料，比如团簇，它的光学性能会有很大提高，比较容易跃迁和淬灭。在过去的 20 年里，零维纳米材料领域取得了重大进展。目前已发现多种物理和化学方法来制备尺寸可控的零维纳米材料。零维纳米材料在离子检测、生物分子识别、疾病诊断和病原体检测等方面显示出巨大的潜力[1]。常见的有纳米粒子(Nano-particle)、超细粒子(Ultrafineparticle)、超细粉(Ultrafinepowder)、烟粒子(Smokeparticle)、人造原子(Artificialatoms)、量子点(Quantumdop)、原子团簇(Atomiccluster)及纳米团簇(Nano-cluster)等，不同之处在于尺寸范围。零维纳米结构材料有量子尺寸效应、小尺寸效应、表面效应、宏观量子效应等。研究零维纳米材料基本的物理化学性质，对于其应用极为重要[2]。不同类型的零维纳米材料的典型扫描电子显微镜(SEM)和透射电子显微镜(TEM)图像如图 3-1 所示。

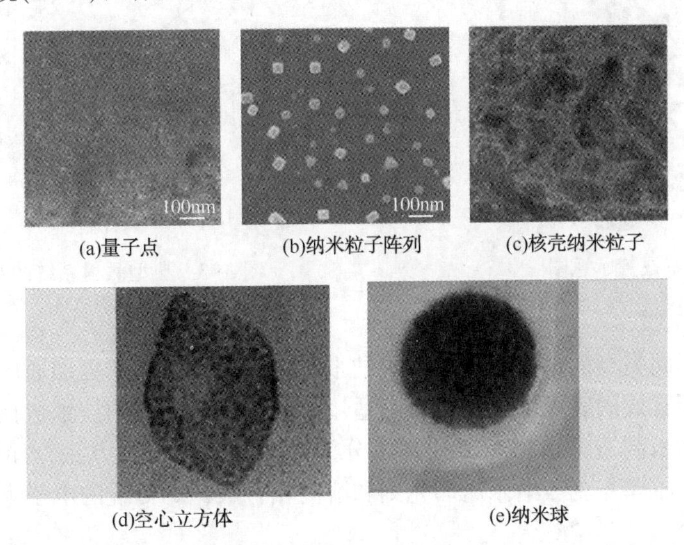

图 3-1　不同类型的零维纳米材料的典型扫描电子显微镜(SEM)和透射电子显微镜(TEM)图像

3.1　零维纳米材料的制备方法[3]

3.1.1　物理方法

物理方法为制备表面清洁的零维纳米材料提供了一条生态友好的路径。目前，有各种物理方法用于零维纳米材料的合成和制造，将在下面进行详细描述。

3.1.1.1 蒸发技术

蒸发是一种常见的薄膜沉积方法。各种蒸发技术，如热蒸发和离子辅助蒸发被用于零维纳米材料的合成和生产。利用惰性气体蒸发技术合成单相金属和陶瓷氧化物是最广泛使用的技术之一。热蒸发设备原理图如图 3-2 所示。在这种技术中，蒸发的原子或分子通过与气体原子或分子的碰撞而损失能量，并经历均匀的凝结，在冷粉末收集表面附近形成原子团簇。为了防止团簇进一步聚集或合并，形成的团簇应从沉积区域中去除。

3.1.1.2 溅射技术

不同的溅射系统如离子辅助沉积、离子束、反应性、高靶利用、大功率脉冲磁控管和气体流溅射等用于合成零维纳米材料。典型的溅射过程通常包括将原子或特定材料簇置于加速的、高度聚焦的惰性气体(如氦气或氩气)束中而喷射出来[4]。典型溅射系统的原理图如图 3-3所示。

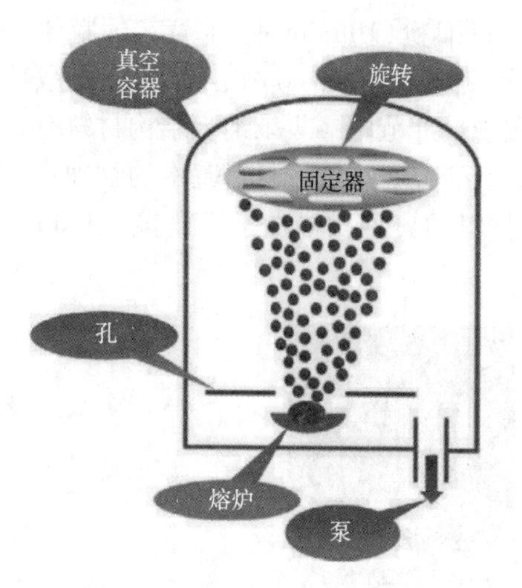

图 3-2 热蒸发室设置示意图

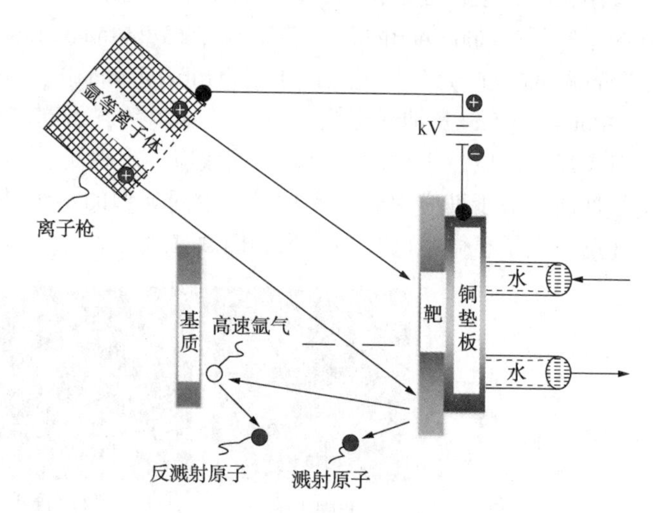

图 3-3 典型溅射系统的示意图

3.1.1.3 光刻技术

光刻技术在不同类型的衬底上生产零维纳米材料的自组装工艺更加通用和容易实现。光刻也是一种快速而有效的表面加工技术，它适用于各种材料。光刻技术包括许多不同的表面处理方法，根据纳米制造方法，光刻技术可分为两类：①非常规方法，如软性纳米压印光刻、纳米球光刻、胶体光刻、纳米压印光刻和溶液相合成；②传统的电子束光刻和聚焦离子束光刻方法。

非常规方法比常规方法更可取。光刻图案是通过各种成型工艺实现的，例如纳米压印光刻、热压印和弹性体成型。光刻技术已成为许多物理学、化学和生物学领域研究人员广泛使用的技术[5]。

3.1.1.4 冷热等离子体

图 3-4 显示了用于生产粉末状纳米结构材料的热等离子体设备的示意图。这种设备一般由电弧熔炼室和收集系统组成。用高纯度金属在惰性气体中用电弧熔化制备了合金薄膜。每个电弧熔化的钢锭都被翻过来冶炼三次。然后，在低压混合气体中用电弧熔炼大块材料制备合金薄膜。在将超细颗粒从电弧熔炼室取出之前，用惰性气体和空气的混合物对其进行钝化，以防止颗粒燃烧。

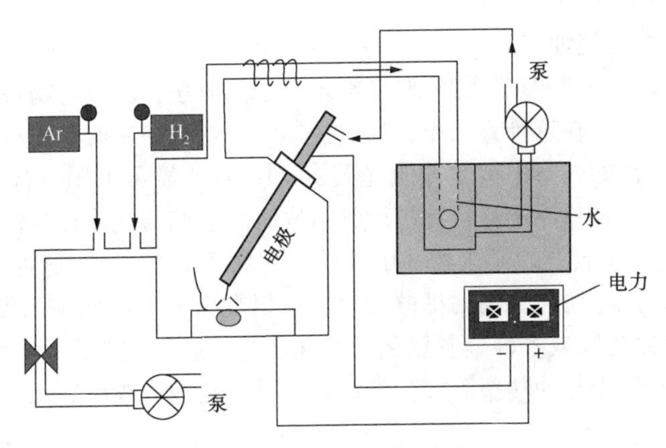

图 3-4 热等离子体示意图

3.1.1.5 喷雾热解法

喷雾热解(图 3-5)是一种溶液过程，在此过程中，纳米颗粒通过在加热的基体表面喷涂溶液直接沉积，其中的组分反应形成化合物。选择化学反应物，使除所需化合物外的产品在沉积温度下挥发。与许多其他薄膜沉积技术相比，喷雾热解是一种非常简单且相对经济有效的处理方法(特别是在设备成本方面)[6]。喷雾热解为制备任何成分的薄膜提供了一种非常简单的技术，不需要高质量的衬底、化学品、贵的真空设备和奇异气体。喷雾热解系统主要由雾化器、前驱液、基材加热器和温度控制器组成。喷雾热解技术中通常使用不同类型的雾化器，如空气喷射(液体暴露在气流中)、超声波(超声波频率产生精细雾化所必需的短波长)和静电(液体暴露在高电场中)[7]。

图 3-5 热等离子体示意图

3.1.1.6 惰性气相冷凝技术

惰性气相冷凝(IGC)方法(图 3-6)是最有希望生产低成本的纳米方法之一。目前，IGC 法已被广泛用于合成许多单相金属、半导体和金属氧化物纳米粒子。它是基于在亚大气惰性气体环境中蒸发和冷凝(成核和生长)产生纳米粒子的方法[8]。蒸发的原子或分子通过与冷表面附近的气体原子或分子碰撞而凝结成原子团(失去能量)。

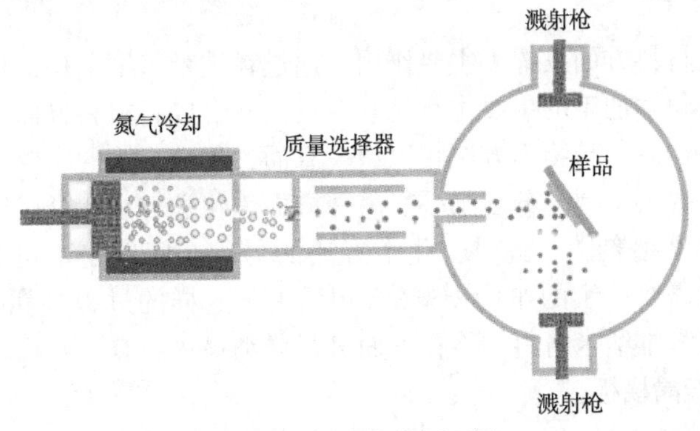

图 3-6 ICG 方法原理图

3.1.1.7 脉冲激光烧蚀

脉冲激光烧蚀作为一种物理气相法制备纳米粒子的方法，已成为制备高纯度、超细的纳米粒子的一种常用方法。在这种方法中，通过控制纳米颗粒在支架上的冷凝，材料在一个充满已知数量的试剂气体的腔室中被脉冲激光蒸发。图 3-7 显示了用于合成纳米粒子的脉冲激光烧蚀的示意图。当材料原子从目标扩散到衬底时，它们与气体相互作用形成所需的化合物(例如氧的氧化物、氮或氨的氮化物、甲烷的碳化物等)。金属的脉冲激光蒸发器是一个修改的已知的方法合成金属化合物的扩散云室，可以混合分子组成纳米颗粒、混合氧化物、氮化物和碳化物等/氮化物或各种金属氧化物的混合物。通过改变惰性气体和试剂气体的组成，改变温度梯度和激光脉冲功率等实验参数，可以改变纳米颗粒的元素组成和粒径分布零维纳米材料的合成。

3.1.1.8 声化学还原

声化学还原是一种应用最广泛的物理技术，用于产生不同类型的纳米粒子。超声系统原理图如图 3-8 所示。该设备采用多波超声发生器和直径为 65mm 的钛酸钡振荡器进行超声照射，声波照射时关闭管道。多波超声发生器的工作频率为 200kHz，输入功率为 200W。超声波处理是在恒温水浴中进行的。

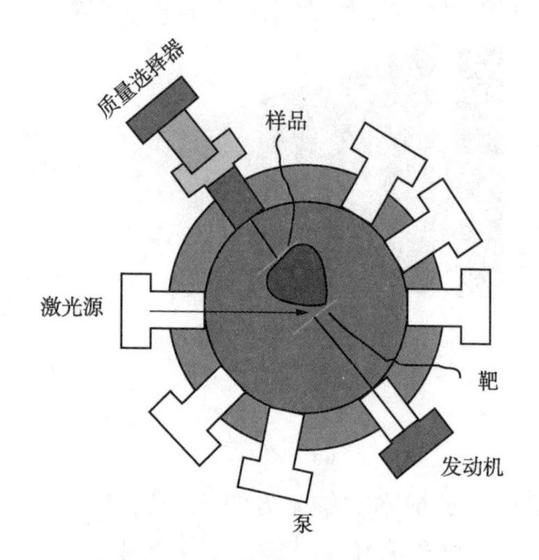

图 3-7 脉冲激光烧蚀示意图

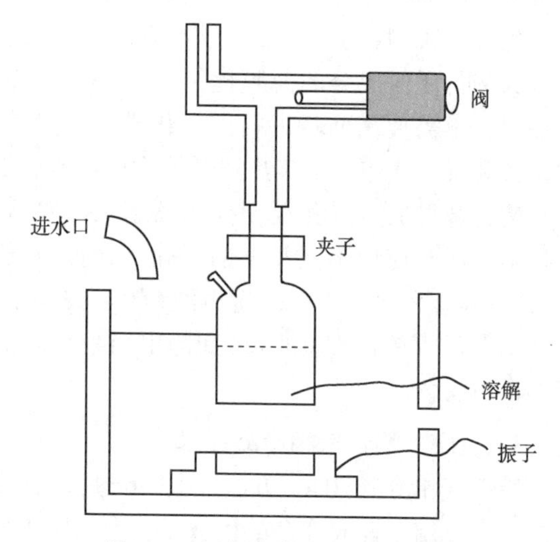

图 3-8 超声波处理系统的示意图

3.1.2 化学方法

化学方法在开发材料方面发挥了主要作用，通过在纳米尺度上构造材料，赋予其技术上重要的性能。然而，化学加工的主要优点是它在设计和合成新材料方面的多功能性，这些新材料可以提炼成最终产品。与物理方法相比，一方面，化学方法的次要优势是良好的化学均匀性，正如化学方法提供了混合分子水平。另一方面，化学方法在合成纳米材料的过程中往往会用到有毒的试剂和溶剂[9]。此外，化学方法的另一个问题是不可避免地引入副产品，这些副产品在合成后需要后续的净化步骤(换句话说，这样的过程是耗时的)。然而，有许多化学方法用于合成零维纳米材料，将在下面进行详细描述。

3.1.2.1 溶致液晶模板

溶致液晶(LLC)模板，包括六边形、双连续立方体和片层状相，具有制备各向异性形态和纳米尺寸材料的潜在优势，具有潜在的应用前景，如药物传递、催化和组织工程[10]。交联的聚丁二烯-b-聚环氧乙烷凝胶具有立方、六方和层状的力学和化学稳定性。将反应物限制在有限的尺寸内，长链有序结构影响产物的形核和生长过程，可用于控制纳米材料的合成，使其具有所需的孔隙率、形貌、尺寸和取向。

根据之前的报告，LLC 显然可以作为生长零维纳米材料的完美模板。在 LLC 系统中合成的优点是可以非常精确地控制材料的纳米结构。通过利用丰富的溶致多晶型，它可以合成具有长范围空间和定向均匀尺寸周期性分布的材料，其纳米结构是 LLC 相结构的浇注。

3.1.2.2 电化学沉积

电化学沉积是一种利用电流将含有纳米结构的复合层沉积到所需基板上的过程。基本上这种方法涉及使用两电极或三电极的电化学系统。近年来，电化学沉积技术被许多研究者广泛应用于零维纳米材料[11]。采用脉冲电沉积技术(PE)在三电极池系统中电沉积零维纳米材料。图 3-9 显示了电化学沉积装置的设置。如图 3-9 所示，分别使用细铂丝、饱和甘汞电极(SCE)和样品作为计数电极、参考电极和工作电极。在 PE 中，有四个操作参数影响纳米粒子在衬底上的沉积：高电位、低电位、电位上的时间和电位下的时间。一方面，通过在总实验时间内施加特定的间隔电位脉冲，在工作电极上沉积零维纳米材料。另一方面，在双电极的电化学系统中，只使用对电极和工作电极。

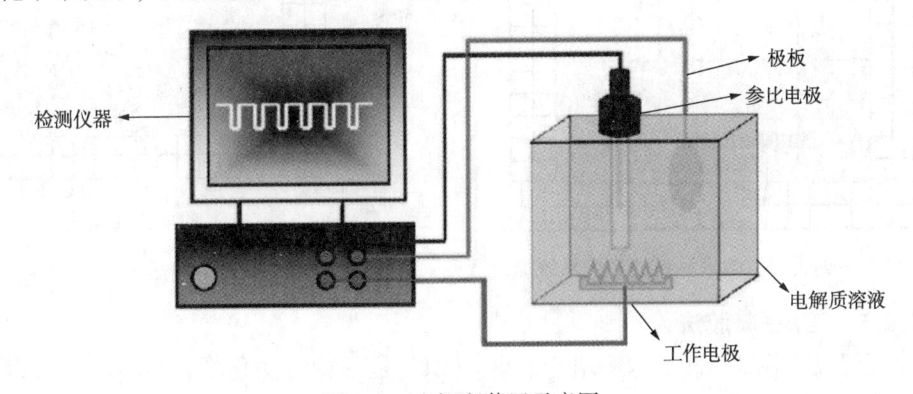

图 3-9 电沉积装置示意图

3.1.2.3 化学沉积法

化学沉积法是一种成熟的低成本、无危险的化学工艺，也被称为非电沉积技术，涉及许多同时反应。化学镀是在没有外部电力的情况下进行的。该反应是通过释放氢来完成的，氢作为还原剂并被氧化，从而在衬底表面产生负电荷(图 3-10)。

金属沉积：$R^+ + e \longrightarrow R$

氧化反应：$M + H_2O \longrightarrow O_x + H^+ + e$

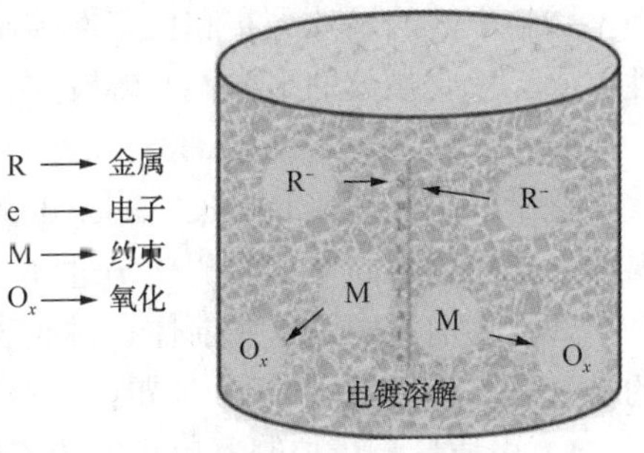

图 3-10 化学镀装置示意图

3.1.2.4 水热和溶剂热技术

从概念上讲，水热系统可以定义为当温度升高到 100℃以上时，在密封的反应容器中以水作为反应介质的体系。基本上，它适用于合成单晶，在密封的压力容器中，以水作为溶剂、粉体经溶解和再结晶制备材料。晶体生长是在高压灭菌器中进行的，在高压灭菌器中提供营养物质和水。在生长容器的另一端保持温度梯度，使较热的一端溶解营养物质，较冷的一端使种子获得额外的生长。水热技术更适合于质量更好的大晶体的生长，同时保持对其组成的良好控制。图 3-11描绘了一个热液系统的示意图。水热技术的缺点包括需要昂贵的热压罐、质量良好的种子大小和不可能观察晶体生长。

溶剂热合成是一种常用的制备不同类型纳米材料的化学方法，实验示意图如图 3-12 所示。溶剂热合成路线与水热合成路线非常相似(合成是在不锈钢高压釜中进行的)，唯一的区别是前驱体溶液通常不是水溶液，但也不总是这样。通过改变一定的实验参数，包括反应温度、反应时间、溶剂类型、表面活性剂类型、前驱体类型，可以精确控制获得的金属氧化物纳米粒子或纳米结构的尺寸、形状分布和结晶度。

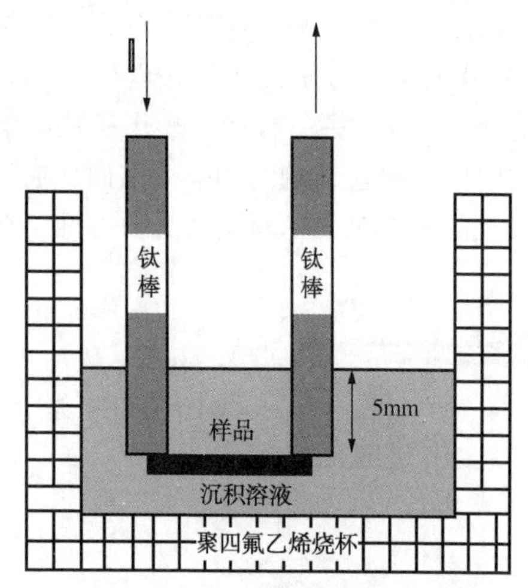

图 3-11　水热法制备纳米材料的实验系统原理图

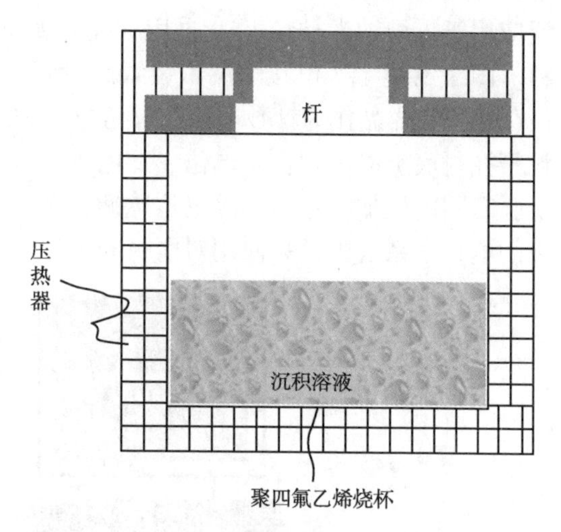

图 3-12　溶剂热装置原理图

3.1.2.5　溶胶-凝胶法

溶胶-凝胶法(图 3-13)，又称化学溶液沉积，是一种湿法化学合成方法，可以通过凝胶化、沉淀和水热处理来生成纳米颗粒。溶胶-凝胶法在材料和化学领域有着广泛的应用。这些方法主要用于从化学溶液(或溶胶)制造材料，这种化学溶液是由离散粒子或网状聚合物组成的综合网络(或凝胶)的前体。通过改变一些实验参数，包括引入掺杂剂、热处理[12]和适当选择其他一些表面活性剂，包括倒置胶束、基于嵌段共聚物的聚合物基体结构[或聚合物共混物、多孔玻璃而非原位粒子封顶]，可以控制量子受限半导体、金属、金属氧化物纳米颗粒更好的尺寸分布和稳定性控制。尽管如此，由于网络形成和网络修饰组分的反应活性不同，反应参数的多样性，溶胶-凝胶过程的基本化学性质是复杂的[13]。

3.1.2.6　化学气相沉积

化学气相沉积(Chemical vapor deposition，CVD)是指在衬底表面气态分子以零维纳米材料的形式转化为固体物质的化学过程。在典型的 CVD 过程中(图 3-14)，衬底暴露在一个或多个挥发性前体中，这些前体在衬底表面发生反应和/或分解以产生所需的沉积。一个基本的 CVD 过程包括以下五个步骤：

1) 由质量流量控制器以指定的流速将预定义的反应物气体和稀释惰性气体的混合物放置到腔室中；

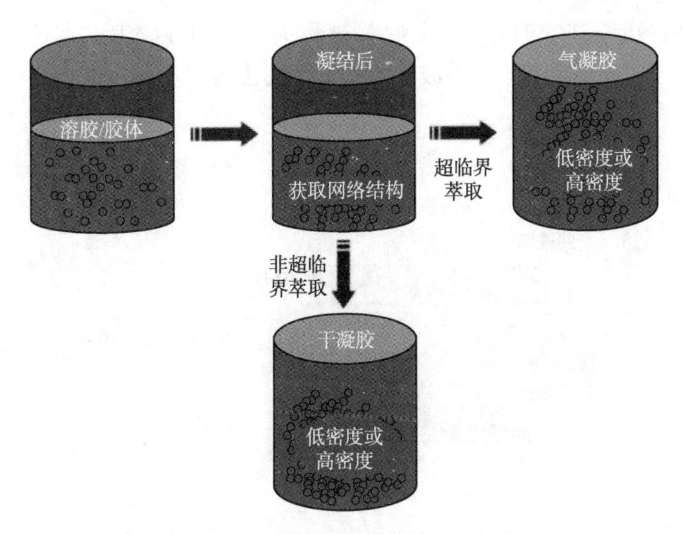

图 3-13 溶胶-凝胶法的基本方案

2）气体物种向地表迁移；

3）反应物被吸附在表面位置；

4）反应物与底物发生化学反应形成零维纳米材料；

5）气态反应产物被解吸并从气室排出。

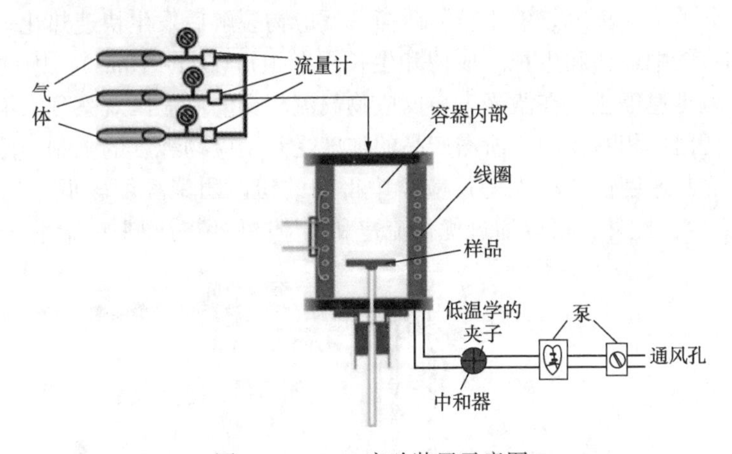

图 3-14 CVD 实验装置示意图

3.1.2.7 激光化学气相沉积技术

在这种技术中，光诱导过程被用来启动化学反应。在激光化学沉积(LCVD)过程中，需要考虑三种激活方式。首先，如果激光能量的热化比化学反应快，则裂解或光热激活负责激活。其次，如果第一个化学反应步骤比热化快，光解(非热)过程负责激发能。最后，经常会遇到不同类型激活的组合。

在热解 LCVD 中，聚焦的激光束作为热源诱导化学反应导致 CVD。热解 LCVD 工艺对激光束波长的依赖性较小(即可以使用多种不同的光源)，并且可以达到高沉积速率。此外，可以实现局部化。如图 3-15 所示，光解 LCVD 是基于光分解衬底附近的分子，然后沉积所需的物种(选择性激发前体分子)，激光束通常平行于衬底。

两种技术(热解+光解 LCVD)的结合通常被称为光物理 LCVD。在该系统中，使用双光束(紫外线+较长波长)或单光束(中间波长)来激活联合热解/光解过程。

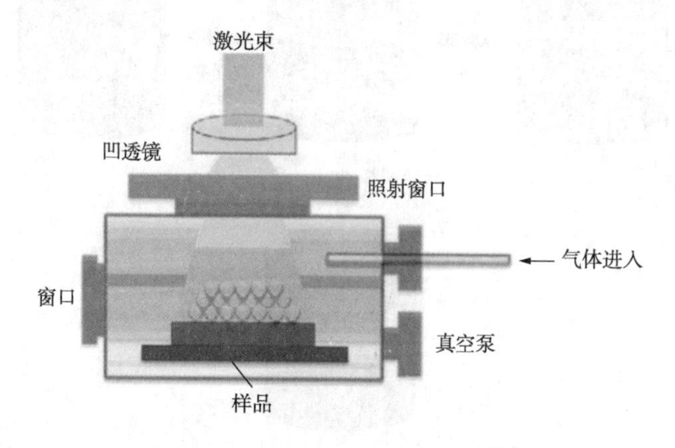

图 3-15 光解 LCVD 系统原理图

3.1.2.8 激光热解

激光热解技术(图 3-16)要求反应介质中存在吸收二氧化碳激光辐射的分子。在大多数情况下，分子的原子通过振动激发而迅速受热并游离。但在某些情况下，可以直接使用 SF6 等敏化气体。加热的气体分子通过碰撞将其能量转移到反应介质，导致反应介质的离解，而在理想情况下，分子不会离解。由于转移碰撞，反应物裂解后发生快速热化。纳米材料可以在形成的过饱和蒸气中成核和生长。成核和生长周期很短(0.1~10ms)。因此，一旦粒子离开反应区，生长就迅速停止。在激光束与反应物气流相交的反应区观察到火焰激发的发光现象。由于没有与任何壁相互作用，所需产品的纯度受到反应物纯度的限制。然而，由于反应区尺寸有限，且冷却速度快，在无壁反应器中得到的粉体团聚程度较低。粒径小(5~50nm 范围)，尺寸分布窄。此外，可以通过优化流速和反应区停留时间来控制平均粒径。

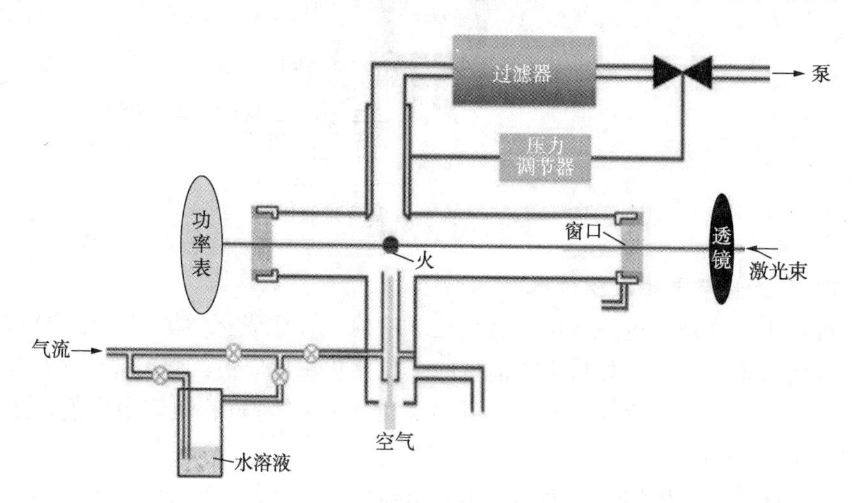

图 3-16 典型激光热解装置原理图

3.2 零维纳米材料的研究进展

3.2.1 用物理方法合成零维纳米材料

热蒸发法是合成零阶纳米材料最简便、应用最广泛的方法。Chang 等采用简单的固体蒸发方法制备了高收率的三氧化钨纳米颗粒。Shen 等利用热蒸发技术合成了核/壳型 Ge/SiO_2 和 Ge/CdS 纳米球。这些 Ge/SiO_2和 Ge/CdS 纳米球是在 1250℃下合成的。在热蒸发技术之后，溅射法是另一种应用最广泛的制备零维纳米材料的方法。Suzuki 等报道了一种非常干净的方法，使用不添加任何添加剂的溅射沉积技术在离子液体中合成贵金属纳米颗粒，如 Au、Ag 和 Pt[14,15]。Suzuki 等也采用这种溅射方法制备了金属和空心氧化铟纳米颗粒[16]。Balasubramanian 等采用磁控等离子溅射和蒸发法在 Si 衬底上制备了 TiO_2-石蜡核壳纳米颗粒，但通过蒸发和溅射方法控制纳米粒子的大小是很困难的。随后，许多研究者开始关注光刻技术[17,18]。光刻技术是一种廉价、内在平行、高通量的技术，能够生产有序的纳米粒子。Hulteen 等利用光刻工艺合成了大小可调的银纳米颗粒。Hu 等利用光刻法制作了均匀的蠕虫状聚合物纳米颗粒。Hung 等利用光刻受限的 DNA 折纸技术制备了大面积空间有序排列的金纳米颗粒。

近二十年来，热等离子体和冷等离子体因产生纳米球形粒子和量子点等零维纳米材料而受到越来越多的关注。电弧等离子体是一种应用广泛的热等离子体，它具有化学反应活性高、焓高可增强反应动力学、氧化还原气氛符合所需的化学反应、淬火快可产生化学非平衡材料等独特优势。此外，等离子体的独特属性提供了一个更有前景的解决方案。众所周知，电弧等离子体的温度可以达到 10000℃以上，因此可以熔化所有的物质。当氢被用于等离子体时，作为一种低成本和半商业规模的加工路线也很有吸引力[19,20]。

Chen 等利用电弧等离子体法合成了氧化锡纳米粒子[21]。Ohno 等对氢等离子体金属反应进行了前驱体研究，发现非氢化物形成元素可以产生纯元素纳米颗粒，而氢化物形成元素通常可以得到氢化物纳米颗粒。Li 等对复杂合金进行了系统研究，发现氢等离子金属反应也可用于合金纳米粒子，但纳米粒子的组成和相组成往往与初始合金不同。采用电弧等离子体法合成 Fe 和复合 Fe-TiN 纳米粒子，研究其 CO 共吸附对氢解吸的影响。观察到大量的氢解吸现象。射频冷等离子体是一种非常方便的合成纳米材料的方法，与热等离子体相比，它在颗粒尺寸和形貌控制方面更有效。Addamo 等利用微波等冷等离子体成功制备了纳米 TiO_2[22]。Irzh 等报道了一种新的方法，利用电子为还原剂的微波等离子体在二次玻片上合成氧化锌和/或锌纳米颗粒[23]。他们观察到 ZnO 或 Zn 颗粒的尺寸在几微米到 20nm 之间，纳米粒子的大小可以由前驱体的类型和浓度来控制，射频热等离子体提供的条件包括高温、强传热传质条件以及反应产物的快速冷却等，这些都有利于纳米粒子的合成。Feczko 等利用射频热等离子体制备了 Ni-Zn 铁氧体纳米颗粒并纯化组氨酸标记蛋白。Huang 等利用超声波喷雾热解工艺合成多孔 Bi_2WO_6微球，以柠檬酸铋和钨酸为前驱体，在水溶液中合成多孔 Bi_2WO_6微球。所得多孔微球具有较高的结晶度。在合成的微球中形成多孔结构可以归因于柠檬酸盐的存在使得阴离子和原位产生的碳残基分别可以作为封盖剂和模板。智能化气体控制技术(IGC)也被用于零维纳米材料的合成[24]。Song 等利用惰性气相冷凝技术制备了纯稀土金属。最终产品的生产将取决于蒸发参数。例如，在低压(10^{-1}Torr)的高纯度氩气中，当电压为10~20V，输入电流为80~200A，蒸发时间为0.5~3h时，纳米粒子的平均尺寸可优化为20~80nm。脉冲激光消融是生长零维纳米粒子(如核/壳纳米粒子)最通用的技术之一。此外，脉冲激光烧蚀系统易于控制。Zeng等在液体介质中通过脉冲激光烧蚀法制备了Zn-ZnO核壳纳米颗粒。当表面活性剂浓度高于临界胶束浓度时，ZnO纳米粒子的结构为Zn-ZnO核/壳结构。Umezu等通过脉冲激光烧蚀法制备核壳结构的硅纳米颗粒。在核壳结构硅纳米颗粒的合成中，首先将真空室真空到小于1.0×10^{-5}Pa，然后高纯氦气流入一个气室。接下来，脉冲激光束聚焦在硅靶上。靶材与衬底之间的间隙为23mm。核的直径为8nm，壳的厚度为3nm。

近年来，声化学还原已成为化学领域的一个重要过程。它会形成更小尺寸和更高表面积的颗粒[26-28]。Kumar等通过Au(Ⅲ)和Ru(Ⅲ)离子的共还原和顺序声化学还原合成了Au-Ru双金属纳米颗粒。金钌双金属纳米粒子的平均粒径随钌摩尔比的增加而增大。同年，Atobe等报道了用简单的单步声化学还原法合成聚吡咯包覆铂纳米粒子(PPy/Pt-NPs)。他们还报道了纳米颗粒表面的聚吡咯(PPy)可以作为底物分子的过滤器，从而可以在催化过程中控制底物的选择性。基于以上文献综述，可以认为声化学还原技术由于声空化过程中会产生异常的实验条件，因此比其他制备方法具有优势[29]。因此，物理方法为获得微观结构可控的纳米颗粒提供了一种方便、通用的方法。

3.2.2 用化学方法合成零维纳米材料

基于模板的方法在零维纳米材料的合成中应用最为广泛，如核壳、量子点、空心球纳米粒子等[30]。最近Nash等报道了一种模板法合成温度响应型γ-Fe_2O_3核/Au-壳纳米粒子。以“智能”二嵌段共聚物胶束为模板，合成了γ-Fe_2O_3核/金壳纳米粒子。利用热响应型“智能”聚*N*-异丙基丙烯酰胺嵌段可逆加成-断裂链转移法合成了两亲性二嵌段共聚物链。含氨基聚嵌段可以作为金壳形成过程中的还原剂。Li等报道了基于模板法合成均相空心-壳铁氧体(MFe_2O_4，M=Zn，Co，Ni，Cd)。在他们的报告中，他们以碳质糖微球为模板合成了尖晶石铁氧体(MFe_2O_4，M=Zn，Co，Ni，Cd)的空心核壳纳米粒子。通过调整金属盐的浓度，可以控制空心球的核大小和壳厚度。Kim等采用模板法制备了CdSe量子点。为了合成CdSe量子点，他们应用了一种介孔二氧化硅薄膜模板作为纳米孔掩膜，该模板的孔结构是在石墨烯表面六边形对称的8nm大小的垂直通道。纳米通道对电解质的扩散施加阻力，因此起着电位均衡器的作用，以抑制对边缘和缺陷位置的偏好。他们能够通过电化学沉积CdSe粒子到介孔二氧化硅薄膜模板的孔中形成一个六边形阵列结构的CdSe量子点。

目前，LLC模板法是合成零维纳米材料的最常用方法之一。Ding和Gin报道了一种利用交联LLC组装体作为有机模板合成具有良好稳定性和催化活性的Pd纳米颗粒的新方法。此外，Yamauchi等采用了不同的还原剂(为了控制反应核的形成和随后Ni金属的沉积)来合成高度有序的介孔镍粒子。在纳米粒子的制备过程中，确定合适的还原剂(或还原剂的组合)是很重要的，它可以控制金属核的形成和生长，以保持沉积金属中有序的LLC结构。

在过去的20年里，电沉积一步法合成零维纳米材料引起了人们的广泛关注。Saez等[31]使用三电极电化学电池将铁纳米颗粒沉积在掺杂硼的金刚石基质上，采用1mol/L NH_4F水溶液沉积纳米铁。他们还报道了纳米铁的沉积速率主要受浓度、沉积时间和沉积电位的影响。Day等[32]也将金属(Pd和Pt)纳米颗粒沉积在原始的单壁碳纳米管(SWNTs)网络上。此外，他们还系统地研究了电极电位和沉积时间对纳米粒子形成过程的影响。他们发现，较短的沉积时间和较高的驱动力有利于超小颗粒的形成。Tang 等通过简单的一步电沉积法在介电硅球上制备了银纳米粒子。在优化的条件下，银纳米颗粒粒径可达 8~10nm。化学镀方法也被用于制备零维纳米材料[33]。例如，Dryfe 等采用化学镀的方法在裸水/1,2-二氯乙烷界面沉积钯纳米粒子，并在直径为 100nm 的 γ-氧化铝膜孔内“模板化”沉积钯。后来，Chang 等利用低成本化学镀镍工艺在 102nm 的硅模板和 3nm 的金模板上制备了直径为 100~500nm 的磁性镍-钨-磷介晶。

水热法是制备纳米材料最方便的方法之一[34,35]。例如，Vu 等在 200℃下通过水热法在 SnO_2 纳米颗粒上制备了掺杂 CuO、Al_2O_3、Ag_2O 和 La_2O_3 的纳米颗粒。获得的颗粒平均直径在 6nm 到 8nm 之间。最近，Outokesh 等通过水热法制备了 CuO 纳米颗粒。同时优化了实验条件，使纳米颗粒在 500℃、2h、$[Cu(NO_3)_2]=0.1mol/dm^3$，pH 值=3 的条件下进行反应。热液化学矿床是溶剂热液化学矿床的一种类型。溶剂热法是一种简单的一步法，避免了使用昂贵的化学品，无需煅烧即可获得纳米颗粒。Zawadzk[36,37]在温和的温度和压力条件下，采用微波辅助溶剂热法合成了纳米铈。采用含金属硝酸盐和六胺的 2-乙二醇溶液作为沉淀剂合成纳米二氧化铈。所得粉末呈球形，平均粒径为 3nm。Hosokawa 等通过 $Yb(OAc)_3$ 与 $Fe(acac)_3$、Yb 与 F 电化学发光、$YbCl_3$ 与 F 电化学发光的溶剂热反应制备了稀土铁混合氧化物纳米颗粒。他们还发现，起始材料、溶剂和胺类添加剂对纳米颗粒的大小有很大影响。在 1,5-戊二醇和 1,6-己二醇中反应得到的 O-$YbFeO_3$ 粒径分别为 59nm 和 49nm，均小于在 1,4-丁二醇(76nm)。Yamauchiet 等通过溶胶-凝胶法制备了 Ni-Co(核-壳)纳米颗粒。在典型的合成中，醋酸镍(Ⅱ)和甲酸钴(Ⅱ)配合物与油胺在微波照射下的一锅反应中使用。在油胺与醋酸镍和甲酸钴配合物的混合物中，油胺与 Ni^{2+} 在 498K 下发生氧化还原反应，得到了 Ni-Co(核-壳)纳米粒子。Ni-Co(核-壳)纳米颗粒由直径为 46.9nm 的 Ni 核和厚度为 10.0nm 的 Co 壳组成，平均粒径为 71.0nm。

最近，研究人员正在使用一种改进的 CVD 技术来制备零维纳米材料[38,39]。Palgrave 和 Parkin 使用气溶胶辅助 CVD 技术在玻璃基板上制备金纳米颗粒。用甲苯作为前体，将金纳米颗粒沉积在玻璃上。金纳米颗粒的尺寸为 100nm。Boyd 等开发了一种新的 CVD 工艺，可用于选择性沉积多种不同类型的材料。在这项技术中，他们利用纳米尺度结构中的等离子体共振来产生局部加热，这对于在聚焦的低功率激光照射下开始沉积至关重要。Elihn 等在 Ar 气体存在下，利用激光辅助化学气相分解(LCVD)二茂铁$[Fe(C_5H_5)_2]$蒸气合成了包裹在碳壳中的铁纳米颗粒。铁核上的薄碳壳的内部表示为石墨层，而壳的外部则由非晶态碳组成。Domingo 等通过 LCVD 在玻璃和 CaF_2 底物上制备了 Au 纳米颗粒，并以二硫代氨基甲酸盐杀菌剂之一，福美双作为测试分子，研究了它们提供增强拉曼光谱和红外光谱的潜力。然而，激光热解过程的发展将在控制颗粒生长机制方面开辟可能性，即优化实验条件(时间、温度)，从而控制零维纳米材料的最终形状和组成(粒度、晶相、化学计量)[40,41]。Dumitrache 等通过激光热解合成了铁基核壳纳米结构。在铁基核壳纳米结构的典型合成中，首先使用交叉流结构，激光辐射加热由乙烯流夹带的含五羰基铁(蒸汽)的气相混合物。第二，通过控制氧化过程对自燃铁纳米颗粒进行原位钝化。铁基核壳纳米颗粒粒径为 22nm。Pignon 等通过激光热解法制备 TiO_2 纳米颗粒，使用 TTIP(四异丙钛)气雾剂作为 C_2H_4 敏化的主要前体。纳米 TiO_2 的平均粒径为 8~20nm。因此，采用激光热解法制备了不同类型的零维纳米材料。

3.3 纳米团簇

3.3.1 纳米团簇定义

如果使数个到数百个原子、分子凝聚在一起，就可以形成纳米尺度的超微粒子，这样的超微粒子就称为纳米团簇。

3.3.2 纳米团簇特点

纳米团簇与块体金属相比具有非常不同的磁性要素。从构成的原子数(纳米团簇的大小)的磁性要素变化的情况看，尺寸小的区域的磁性要素变化很大，随着尺寸变大其磁性要素变化量逐渐变小，最后收敛于块体金属具有的值。一般来说，纳米团簇与块体材料、原子相比具有完全不同的物理和化学性能，并且其性能随着尺寸变化具有显著变化的特点。纳米团簇作为具有新功能的材料在各个领域受到广泛关注的最大理由也正是这一点，即纳米团簇是由控制其大小，便有可能发现其新功能的物质群。通常，金属纳米团簇(NCs)的尺寸小于2nm，因此提供了金属原子和纳米颗粒之间的桥梁。这些粒子具有准连续的能级，并由于表面等离子体共振而显示出强烈的颜色。如果它们的尺寸进一步减小到接近电子费米波长的尺寸，则能带结构成为离散能级。超小金属纳米粒子表现出分子性质，不再表现出等离子体行为。金属纳米团簇，如 AuNCs、AgNCs、CuNCs 和 PtNCs，由于量子限制而表现出明显的光致发光特性。这些金属纳米团簇中研究最多的是 AuNCs、AgNCs 和 CuNCs。

3.3.3 金纳米团簇[42]

3.3.3.1 金纳米团簇介绍

金纳米团簇是由几个到几百个核心尺寸小于 2nm 的金原子组成的，因其超常的物理化学性质和优异的生物相容性而引起了世界范围内生物医学研究的广泛关注。近年来，人们对金纳米团簇在诊断和治疗方面的应用进行了大量的研究。

3.3.3.2 金纳米团簇合成方法

3.3.3.2.1 化学还原法

化学还原法是金纳米团簇合成中最常用的方法，通常是在封盖剂和还原剂的存在下，将 Au 前体还原成 Au 原子，形成金纳米团簇的核心。为了制备稳定和高度荧光的金纳米团簇，硫代酸盐、树枝状大分子、聚合物、多肽和充当封盖剂的 DNA 寡核苷酸是必需的[43]。作为化学还原方法的典型范例，硼氢化钠($NaBH_4$)还原法已被广泛用于制备硫代金纳米团簇。通过调节还原条件，可以精确控制金芯的尺寸。然而，该方法涉及到 Au 离子的快速还原，在反应溶液中经常形成大小不一的金纳米团簇。为了解决这个问题，在反应溶液中引入 NaOH，同时降低了 $NaBH_4$的还原能力，加速了游离硫代盐配体的刻蚀能力，形成了平衡良好的可逆簇形成反应，可以迅速实现反应平衡，形成热力学上有利的 Au_{25} NCs。多硫酸盐稳定的金纳米团簇的合成可能进一步促进功能金属纳米团簇[44]的实际应用。而一些表面配体，如谷胱甘肽(GSH)、牛血清白蛋白(BSA)、环糊精，既可作为封盖剂又可作为还原剂，因此不需要额外的还原剂。

3.3.3.2.2 光还原法

与化学还原法相比，光还原法是一种绿色化学方法，避免了额外的 $NaBH_4$ 等有害还原剂。Zhang 和同事证明了通过光还原过程合成的聚合物保护金纳米团簇。所制备的水溶性荧光金纳米团簇具有良好的光稳定性。同样，使用三种多齿硫醚端基聚合物作为配体，在紫外照射下也获得了高量子率的荧光金纳米团簇。此外，光还原可以直接在基体表面实现金纳米团簇的形成。

3.3.3.2.3 电还原法

电还原法也是绿色合成超小金纳米团簇的另一种方法。以聚 *N*-乙烯基吡咯烷酮(PVP)均聚物为表面配体，采用电还原法制备了最小的具有稳定光致发光性能的 Au 团簇(Au_2 NC)。

3.3.3.2.4 生物还原

最近的研究表明，金属 NPs 可以被植物、真菌和细菌合成。实际上，金属离子生物还原成 NPs 是生物体对抗金属离子[45]的一种生存机制。在最近的研究中，成功地实现了肿瘤细胞中金纳米团簇的生物合成，用于肿瘤成像和治疗。依靠细胞内还原成分，如谷胱甘肽，可以自发还原 Au 前体，生物合成金纳米团簇，实现诊断和治疗应用。通过类似的方法，Zheng 的团队成功地在生物组织中原位合成了荧光金纳米团簇，并实现了组织成像。

3.3.3.2.5 化学蚀刻

化学蚀刻是一种自上而下的方法，主要是在过量蚀刻剂的存在下蚀刻大型金纳米团簇形成小型金纳米团簇。Lin 和同事合成了具有前体诱导金纳米颗粒蚀刻的金纳米团簇。这种方法不仅在大的 pH 值范围内是稳健的，而且可以生产具有可控结构和性能的金纳米团簇。此外，还开发了一种独特的界面刻蚀方法，以核心刻蚀为核心，制作了一种具有明亮红色发光的原子精度的金纳米团簇。同样，使用 GSH 作为蚀刻剂，非荧光的金纳米团簇可以制备出高荧光的金纳米团簇，其量子产率为 5.4%。

有必要对制备的金纳米团簇进行额外的功能分子(如靶向药物、荧光团、治疗药物和蛋白质)修饰，以促进并扩大其在生物医学中的进一步应用。金纳米团簇的功能化通常基于生物偶联、配体交换和非共价相互作用。

3.3.3.3 金纳米团簇性能

与体积金和更大的金纳米颗粒相比，与电子费米波长相当的超小金纳米团簇的大小使表面等离子体共振不再占据主导地位。由于离散能级间的电子跃迁以及与光子的强相互作用，金纳米团簇通过光致发光有效地补偿了能级间隙。光致发光发射波长范围从近红外光到可见光。

金纳米团簇除了具有独特的尺寸依赖性光学特性外，还具有良好的化学和光稳定性、易于表面修饰、独特的双光子吸收效应、优异的生物相容性和优越的药代动力学。金纳米团簇的这些特性在很大程度上取决于其尺寸、表面化学、结构、氧化状态、金属掺杂以及溶剂、温度、离子强度等环境因素。特别是，其大小和表面化学深刻影响金纳米团簇的药代动力学、生物分布和肾脏清除，这些都是金纳米团簇在体内应用所必需的。这些优良的性能为金纳米团簇在临床治疗等方面的应用提供了新的视角。

3.3.3.3.1 尺寸效应

大小是影响金纳米团簇理化性质的内在因素。团簇大小影响金纳米团簇的光学特性、催化特性、生物相容性、肾脏清除和药代动力学。与量子点相似，金纳米团簇的吸收通常随着团簇大小的减少而向更短的波长转移。随着 Au 原子数量的增加，金纳米团簇的发射呈现红移。在巯基嘧啶结合的金纳米团簇系统中，大小显著影响其模拟酶活性和抗菌特性。Jin 等提出纳米团簇系统中核心原子数的不同是由于聚合中间体在还原过程中稳定性的不同，必然导致原子聚集程度的不同。

3.3.3.3.2　表面化学

虽然金纳米团簇光致发光的起源尚不清楚，但一般认为其原因是硫代配体到金核的配体-金属电荷转移(LMCT)或配体-金属-金属电荷转移(LMMCT)，以及随后的辐射弛化。通过调节表面配体可以调控金纳米团簇的发光特性。例如，Wu 和同事证明了金纳米团簇的光致发光增强与表面配体的给电子能力直接相关。在选择的不同表面配体($PhCH_2CH_2$、$C_{12}H_{25}$、C_6H_{13})中，$PhCH_2CH_2$稳定的 $Au_{25}NCs$ 由于具有较高的光致发光量子效率而表现出最高的给电子能力。取代配体是调节光学性质的另一种方法。Jin 和同事发现 $Au_{25}(SR)_{18}$(SR=硫醇配体)的电子跃迁峰发生红移，这是通过用芳香硫醇配体取代脂肪族硫醇配体实现的。研究证明了一种多配体稳定方法在延长金纳米团簇的吸收范围的同时可非常有效地保持 Au 原子的数量。此外，表面配体的密度、疏水性、亲电性和电荷特性也直接影响金纳米团簇的光学性质、细胞相互作用和药代动力学。

3.3.3.3.3　结构、氧化态和掺杂效应

除了尺寸和表面配体外，几何结构、氧化态和金属掺杂也对金纳米团簇的光致发光性有一定的作用。例如，$Au_{25}NCs$ 常见的几何结构是由二十面体 Au_{13} 核和剩余的 12 个 Au 原子组成的核壳结构(通过与硫醇配体结合形成 6 个 Au-S-Au-S 基元)。然而，当它们的结构转化为双二十面体时，则观察到明显不同的光学性质。金核的氧化态也影响其光学性能。用 $NaBH_4$ 还原前后聚乙烯亚胺稳定的 Au_8NCs 分别发出绿色和蓝色光致发光。金核的氧化可以提高电荷转移效率，从而增强光致发光。此外，一方面，将 Au(Ⅰ)壳层还原为 Au(0)会阻碍电荷转移，导致光致发光显著降低。另一方面，用其他金属元素替换金纳米团簇中的一个或多个 Au 原子也会对其光致发光特性产生显著影响。例如，当一个 Au 原子被一个 Hg 原子取代时，$Au_{25}(SR)_{18}$ 的最高已占据分子轨道(HOMO)和最低未占据分子轨道(LUMO)能级可以向更低的方向移动。此外，使用体积大的表面活性剂或在聚合物基质中空间限制金(Ⅰ)-硫盐配合物固化金(Ⅰ)-硫盐壳层已被证明是增强光致发光的新策略。这些例子中发现的光致发光增强的共同方式是增强金属的电荷转移(LMCT)或配体到金属-金属的电荷转移(LMMCT)，同时抑制核心的非辐射重组。

3.3.3.4　金纳米团簇的应用

3.3.3.4.1　生物分析

对生命体中的元素、小分子和生物大分子的分析是疾病诊断的基础。荧光金纳米团簇具有独特的光学特性和良好的生物相容性，在生物分析领域具有广阔的应用前景。在本节中，我们主要总结了金纳米团簇在疾病相关生物学分析中的应用，包括有害离子、小生物分子、蛋白质生物标志物、核酸、癌细胞、致病菌的检测。

3.3.3.4.2　生物成像

影像技术的发展对疾病的诊断起着至关重要的作用。其优异的光物理特性，结合其优异的生物相容性和药代动力学，使其成为生物成像造影剂的理想选择。特别是，肿瘤的 EPR

(Enhanced Permeability and Retention)效应和基于纳米团簇的靶向策略使金纳米团簇靶向肿瘤位点的聚集。除了荧光成像，基于金纳米团簇的多模态成像与 x 射线计算机断层扫描(CT)、正电子发射断层扫描(PET)、磁共振(MR)和/或光声(PA)成像也因为金的高原子序数而得到发展。

3.3.3.4.3 医疗

除了生物分析和成像，在多用途金纳米团簇的治疗应用方面也有很多其他贡献，如抗癌、抗菌、心血管等疾病的治疗。

3.3.4 铜纳米团簇

3.3.4.1 铜纳米团簇介绍[46]

铜纳米团簇(CuNCs)作为一种新型的光致发光和催化纳米材料，在传感、生物标记、催化等领域得到了广泛的应用。有报道称，制备稳定型 CuNCs 存在氧化敏感性、粒径控制和不可逆聚集等困难。因此，引入保护配体(主要是 DNA、23 个氨基酸、21 个巯基化合物、22 个多肽和蛋白质)是提高 CuNCs 稳定性的有效途径。Ghosh 等阐述了具有溶菌酶稳定剂的高荧光 CuNCs 在环境条件下的水介质中具有高的光稳定性和胶体稳定性。Goswami 和他的同事指出，用一锅法合成了极稳定的牛血清白蛋白(BSA)保护的 CuNCs 水溶液，具有极佳的荧光特性，并进一步应用于铅离子的定量分析。尽管基于 CuNCs 的荧光分析已被广泛报道，但迄今为止，CuNCs 的电化学发光行为在目前的研究中从未被发现。扩展铜纳米管电化学发光性能的困难可能是由于水溶液中可用的有限电位窗口和没有满意的共反应物的电化学发光发射不足。结果表明，该化合物在生物分析领域具有巨大的应用潜力。

3.3.4.2 铜纳米团簇的制备

CuNCs 的合成步骤概述为：将 1mL，10mmol 的 $CuSO_4$ 水溶液放入 1mL 的牛血清蛋白(2mg/mL)水溶液中。磁化搅拌 5min 后，加入 0.3mL NaOH(1.0mol/L)水溶液。在加碱过程中，混合物在 3min 内由蓝色变为紫色，在 65℃搅拌 8h 后变为浅棕色。在 16000r/min 离心 15min 保留上清液后，用透析膜(MWCO：3500Da)过滤制备 CuNCs 溶液，调节至中性。最后，使用前将 CuNCs 置于 4℃暗箱中保存。

3.3.4.2.1 以蛋白质/多肽为模板合成铜纳米团簇

模板合成是一种最常见的化学合成方法。蛋白质具有多种功能基团，如胺基和羧基，它们具有较强的配位 Cu(Ⅱ)离子的能力，并将随后形成的 Cu(0)原子固定在蛋白质主链上。此外，由于巯基的存在，一些蛋白质也具有还原能力，因此可以作为 CuNCs 的模板和还原剂。例如，牛血清白蛋白(BSA)是在 NaOH 辅助下合成 CuNCs 的有效模板。在这种方法中，BSA 既起稳定剂的作用，又起还原剂的作用。NaOH 的存在可以使 BSA 将 Cu^{2+} 还原成铜纳米团簇蓝色发射(发射在 410nm)。基质辅助激光解吸电离飞行时间质谱(MALDI-TOF MS)表明，所形成的刚体由 Cu_5 和 Cu_{13} 核组成。随后，Zhang 发现水合肼($N_2H_{42}H_2O$)可以作为温和还原剂，在室温下制备具有更高荧光量子产率(QY)的 BSA 稳定的 CuNCs。与未添加水合肼合成的碳纳米管相比，碳纳米管呈现红色发光(发光波长 625nm)，QY 为 4.1%。除 BSA 外，其他蛋白也被用于合成铜纳米团簇，如木瓜蛋白酶、溶菌酶、胰蛋白酶、鸡蛋清、酵母提取物等。

具有不同功能的多肽可以很容易地设计成荧光纳米材料。因此，不同的肽被设计并作为

CuNCs合成的模板。例如，Gao等人设计了一种双功能肽作为模板，合成具有蓝色双光子荧光特性的荧光CuNCs。首先将过量的Cl^-与Cu^{2+}混合形成配位化合物$CuCl_4^{2-}$。然后，引入肽在基本条件下对CuNCs进行还原和功能化。该肽模板主要由Cu_{14}组成，具有单光子和双光子荧光特性。类似地，用人工肽CLEDNN作为模板描述了一种制备荧光CuNCs的绿色方法。该系统具有较高的荧光量子产率和良好的稳定性。最近，Chen的团队描述了一种合成CuNCs的方法，利用短肽(CCCDL)作为模板，用抗坏血酸还原$CuCl_2$。该树脂在水中分散性好，光稳定性好。虽然肽模板化的CuNCs是高效的，但是昂贵的肽链合成限制了其大规模的合成和应用。

3.3.4.2.2 以DNA为模板合成铜纳米团簇

DNA具有纳米结构和丰富官能团等优良特性，是合成不同纳米材料的重要配体之一。Mokhir和同事证明了随机双链DNA(dsDNA)可以在铜离子和抗坏血酸存在的情况下稳定CuNCs，而单链DNA(ssDNA)不能支持CuNCs的形成。模板DNA的长度可以控制CuNCs的荧光强度和大小。随后，研究小组系统地研究了层序类型与层序组成与断层形成的关系。发现Poly(AT-TA)是形成dsDNA-CuNCs的高效模板，优于随机dsDNA。2013年，研究了不同ssDNA的模板容量，发现poly(胸腺嘧啶)ssDNA也可以作为模板，生成具有高荧光的荧光CuNCs。而其他ssDNA，如poly(腺嘌呤)、poly(胞嘧啶)、poly(鸟嘌呤)和随机ssDNA，在相同条件下都不能作为铜纳米团簇形成的模板。胸腺嘧啶的大小和量子产量都可以通过改变胸腺嘧啶序列的长度来调整。这些工作表明了序列在荧光DNA-CuNCs中的作用，为CuNCs的应用开辟了一条新的途径。

3.3.4.2.3 以聚合物为模板合成铜纳米团簇

聚合物主链上适当的官能团可以为Cu(Ⅱ)离子提供多个结合位点。利用树枝状分子作为合成模板和簇状稳定剂，Crooks的团队开发了一种新的方法，用于制备由明确的原子数组成的稳定的CuNCs。簇的大小可以通过改变宿主-树枝状分子纳米反应器的大小来控制。2013年，Sanz-Medel等描述了一种基于回流下聚乙二醇化配体存在下直接金属还原合成水溶性CuNCs的方法。在广泛的实验条件下，CuNCs表现出长期的稳定性。此外，结构表征实验还揭示了该材料尺寸分布的均匀性。聚乙烯亚胺(PEI)含有大量的胺基，在水合肼或抗坏血酸存在的情况下，也用作稳定剂制备荧光CuNCs。PEI模板的钢板易于溶于水，在环境条件下具有合理的稳定性。最近，Rogach团队描述了一种一锅法，通过还原载于聚乙烯吡咯烷酮(PVP)上的Cu(Ⅱ)离子来合成CuNCs。聚乙烯吡咯烷酮模板化的CuNCs呈现蓝色光致发光，量子效率为8%。此外，Tan的研究小组在季戊四醇四基3-巯基丙酸功能化的聚甲基丙烯酸(PTMP-PMAA)存在下，通过光还原法合成了CuNCs。

单宁酸也可以在适当的还原剂作用下合成CuNCs。此外，可以通过自组装策略增强CuNCs的荧光。结构和光学分析表明，高致密性增强了亲铜的Cu(Ⅰ)…Cu(Ⅰ)纳米团簇间和纳米团簇内的相互作用，抑制了分子内的振动和配体的旋转。自组装策略还允许调整程序集中的CuNC的规则性，这将产生具有不同发射颜色的多态CuNC程序集中。

3.3.4.2.4 以小分子为模板合成铜纳米团簇

此外，一些小分子也被用来作为稳定剂或还原剂合成CuNCs。这些小分子通常是硫代的，或羧基的，它们对金属盐具有良好的还原性和对金属离子有亲和性。例如，Wang等描述了一种借助于超声波处理对谷胱甘肽保护的CuNCs快速合成的方法。将谷胱甘肽与水溶液中的Cu(Ⅱ)离子混合，用NaOH将pH值调至6.0，超声处理15min，纯化后得到红色荧光CuNCs。随后，慕克吉的小组准备了带有蓝色发射体的谷胱甘肽模板CuNCs。在合成过程中，将混合物的pH值调整到10.0，并允许前驱体在40℃加热后反应14h。L-半胱氨酸和单宁酸也可以在适当的还原剂作用下合成CuNCs。此外，可以通过自组装策略增强CuNCs的荧光。自组装策略还允许调整程序集中的CuNC的规则性，这将产生具有不同发射颜色的多态CuNC程序集中。随着金属纳米团簇的发展，一些模板辅助的双金属纳米团簇也得到了研究和报道。例如，Chang和同事演示了一种通过$NaBH_4$在ssDNA存在下还原$AgNO_3$和$Cu(NO_3)_2$生成铜/银纳米团簇的策略。DNA模板法制备的铜/银纳米团簇(DNA-Cu/AgNCs)的时间为1.5h，比DNA模板法制备的AgNCs短得多。此外，DNA-Cu/AgNCs具有更高的荧光量子产率(51.2%)和荧光稳定性。此外，还合成了聚乙烯亚胺保护Ag/Cu纳米团簇、青霉胺模板Au/Cu纳米团簇、半胱氨酸包覆Cu/Mo纳米团簇和BSA模板Au/Cu纳米团簇并应用于生化传感。与CuNCs相比，这些含铜双金属纳米团簇具有以下吸引人的特性：①两种金属的物理化学性质可以整合到一个纳米团簇中；②可以实现一些协同效应，如强发光。

3.3.4.3　铜纳米团簇的应用

3.3.4.3.1　用于生化分析的铜纳米团簇

CuNCs在制备上具有简单、快速、高效等明显优势，并具有良好的荧光特性，如超大位移和低生物毒性。因此，自CuNCs首次被报道以来，这种新兴的纳米材料就被广泛用于构建生物传感器。许多荧光策略和方法已被开发用于检测各种目标，如小分子、生物大分子、溶液pH值和生物成像。

(1) 小分子传感器

利用CuNCs检测小分子已经通过各种机制实现。dsDNA可以作为CuNC形成的有效模板，而随机的ssDNA模板不支持CuNC的形成。dsDNA-CuNCs的这一特性使其适合于DNA相关的传感。Dong等报道了一种使用dsDNA-CuNCs作为荧光探针的敏感且成本低廉的适体传感器。该设计由一个以适体DNA为模板的DNA序列组成。在没有分析物的情况下，双DNA可以作为模板，通过抗坏血酸还原Cu^{2+}形成CuNC，并显示高荧光。在TP存在的情况下，适配体链结合一个TP，释放另一个互补DNA。释放的互补DNA不能作为CuNCs形成的模板，荧光低。在最佳检测条件下，线性范围为0.05~500μm，检测限为28nm。为了提高检测灵敏度，Jiang等设计了一种基于目标循环链位移放大的新型荧光感应传感器来检测TP。最近，研究者描述了一种新的基于H_2O_2和氧化酶的生物传感荧光分析策略，利用ssDNA-CuNCs作为信号指示剂。其机制主要基于多聚T长度依赖性的CuNCs形成和探针的氧化裂解。在Fe^{2+}离子存在下，H_2O_2转化为羟基自由基(·OH)，破坏poly T DNA，无法模板CuNCs。因此，可以通过T-CuNCs的荧光变化来检测H_2O_2。此外，该策略还被推广到基于氧化酶的生物炭领域。Hu等描述了生物硫醇的荧光关闭策略，包括谷胱甘肽(GSH)、半胱氨酸(Cys)和同型半胱氨酸(Hcy)。该检测机制基于生物硫醇对CuNCs的荧光猝灭，这可能是由于形成了一个配位配合物dsDNA-CuNCs与生物硫醇之间的Cu-S金属配体键。相反，Li等开发了一种利用ssDNACuNCs检测生物硫醇的开启方法。两个T-rich ssDNA通过T-Hg^{2+}-T碱基对耦合，得到T-rich dsDNA，不能作为CuNCs的模板。在生物硫醇存在的情况下，生物硫醇能有效地将T-Hg^{2+}-T复合物中的Hg^{2+}去除，破坏dsDNA结构，生成Trich ss-DNA。然后，T-rich ssDNA作为CuNCs形成的模板，并表现出高荧光。此外，各种荧光

CuNC 还被用作纳米探针检测其他小分子，如多巴胺、葡萄糖、抗坏血酸、苦味酸和酶的辅助因子。

(2) 蛋白质检测

许多 CuNC 都是用蛋白质或 DNA 作为模板的，所以它也可以用来检测蛋白酶和核酸相关酶。例如，Li 等开发了一种简单的策略来合成红色发光的 BSACuNCs，并将其用作选择性捕获和灵敏检测糖蛋白的探针。2013 年，研究人员开发了一种超灵敏的无标记 S1 核酸酶检测方法，使用 poly t 模板荧光染色 CuNCs。在没有核酸酶的情况下，信号报告基因 poly T DNA 保持原来的常态，在加入抗坏血酸盐和 Cu^{2+} 后可以模板形成荧光 CuNC。然而，在核酸酶的作用下，聚 T 被水解成单个或小的寡核苷酸片段，无法合成荧光 CuNCs。更重要的是，该方法可靠，适用于真实复杂流体中的 S1 核酸酶检测。另一种方法是通过使用哑铃形 DNA 模板化 CuNCs 来监测多核苷酸激酶和连接酶活性。Qian 等基于对硝基苯酚对 CuNCs 的强猝灭作用提出了一种新方法反应(PCR)扩增技术。以对硝基苯基-β-D-吡喃半乳糖苷(PNPG)为底物检测生理条件下 β 半乳糖苷酶活性的无标记荧光开启策略。基于焦磷酸盐(PPi)对 dsDNA-CuNCs 的抑制作用，Zhang 等描述了一种新的荧光开启策略，利用 PPi 作为其底物检测碱性磷酸酶。此外，许多其他的核酸相关酶，如多核苷酸激酶、EcoRI 内切酶、MTase、微球菌核酸酶、末端脱氧核苷酸转移酶、尿嘧啶-DNA 糖基化酶等，也可以通过荧光 CuNCs 检测到。

(3) 核酸检测

由于 DNA 优异的识别能力，DNA-CuNCs 也被广泛应用于核酸检测。2014 年，研究人员开发了一种用于 DNA 检测的“绿色”纳米染料 dsDNA 特异性荧光 CuNCs。DNA 片段作为概念证明的核酸靶，结合聚合酶链进行检测反应(PCR)扩增技术。检出限为 0.13am，具有较好的检测能力。随后，Ye 的研究小组开发了一种无标签的方法，以荧光 dsDNA-CuNC 为信号指标检测序列特异性 miRNA。miRNA 靶点被转移到寡核苷酸报告基因上，并通过等温指数放大反应作为合成荧光 CuNC 的支架。串联型 dsDNA-CuNCs 具有高荧光强度和增强的稳定性。直接采用 let-7d 作为 RCR 引物，采用多联体 dsDNA-CuNCs 策略进行 let-7d 检测，在 10~400pm 之间线性良好，检出限为 10pm。此外，dsDNA 模板化的铜纳米团簇对位于主凹槽的碱基类型非常敏感。这一有趣的发现为特定 DNA 序列中的错配类型提供了一个敏感的荧光诊断。

使用荧光 CuNCs 作为 pH 探针是由 Zhang 的团队在 2014 年首次报道的。他们首先分别以 BSA 和水合肼($N_2H_{42}H_2O$)为稳定剂和还原剂合成了 CuNCs。$N_2H_{42}H_2O$ 是一种温和的还原剂，说明所有过程都可以在室温下进行。合成的 BSA-CuNCs 在 620nm 处呈现红色荧光发射，量子收率为 4.1%。当 pH 值从 12 降低到 6 时，BSA-CuNCs 的荧光迅速增加。为了扩大 pH 响应范围，Huang 等制备了一种基于胰蛋白酶稳定荧光 CuNCs 的 pH 传感器。胰蛋白酶-CuNCs 的荧光响应随着溶液 pH 值从 2.02 到 12.14 的增加呈线性可逆的下降。同样，Li 等设计了一种基于 BSA 封装的超灵敏宽量程 pH 传感器。荧光强度在 pH 值 2~14 范围内呈线性关系，pH 值越高，荧光强度越大，荧光强度增加约 20 倍。灵敏度和 pH 范围都远优于其他金属纳米团簇 pH 传感器。此外，Song 等还描述了一种通过聚乙烯亚胺(PEI)保护的 CuNCs 的界面蚀刻合成 CuNCs 的方法。PEI-CuNCs 具有随着 pH 值从 2.0 到 13.2 颜色由无色变为蓝色的智能吸收特性，因此被用作 pH 检测的颜色指示剂。

（4）生物成像

CuNCs体积小、生物相容性好、毒性低、荧光强度强等特点使其成为生物标记和生物成像的理想荧光载体。这种应用的一个很好的例子是发出蓝光的溶菌酶保护的CuNCs，显示出高光致发光量子产率、可激发荧光、高光稳定性和胶体稳定性。相应的细胞活性研究表明其无细胞毒性，使CuNCs成为理想的生物应用材料。研究表明，CuNC主要位于不同癌细胞的核膜中。在不同的癌细胞系中，CuNCs对正常的细胞生长形态没有损害。为了避免生物组织的自荧光和紫外线激光对细胞造成的光损伤，还使用了红色发光CuNCs。Zhang的团队使用BSA保护的红发射CuNCs作为CAL-27细胞凋亡的成像探针。考虑到不同的配体所提供的不同的表面化学，配体覆盖的CuNCs作为靶向成像的多功能纳米探针具有很大的潜力。

3.3.4.3.2 用于环境分析的铜纳米簇

随着工业的发展，可能的污染物会进入环境，积累到一定程度，对环境和人类都有害。实施实时监测措施是保护环境和预防疾病的前提。在本节中，我们根据不同的污染物类别综述了铜纳米团簇用于环境分析的进展。

荧光探针已被用作各种金属离子的荧光探针，铜纳米团簇用于测定金属离子。例如，Ghosh等在柠檬酸和十六烷基三甲基溴化铵（CTAB）存在的情况下通过肼还原合成了超小的CuNCs。这些CuNCs的发射特性被用来指示在纳米级检测限内选择性和超灵敏地检测水中的高毒性Hg^{2+}。同样，其他模板化的配体也被用于分析Hg^{2+}与配体之间的相互作用。除了利用CuNCs的猝灭现象检测Hg^{2+}外，Dai等还准备了一种开启Hg^{2+}的检测方法。首先，通过在poly（T）DNA中引入T-Hg^{2+}-T节点构建网状DNA，嵌入网状DNA的CuNC比ssDNA模板的CuNC荧光发射增强。该网状DNA能够抵抗大肠杆菌核酸外切酶的降解。因此，Hg^{2+}诱导的荧光增强可以大大提高信号，而Hg^{2+}诱导的酶抑制则可以大大降低背景噪声。该分析方法可以定量Hg^{2+}的含量（50pmol/L～500μmol/L），超低检出限（16pmol/L）。2011年年初，Goswami等在碱性介质下合成了BSA模板的CuNCs，随后用于Pb^{2+}的选择性传感。检测机制是基于Pb^{2+}存在下的CuNCs荧光猝灭。用dsDNA-CuNCs或GSH-CuNCs作为荧光探针也实现了Pb^{2+}的无标记检测。此外，He等发现BSA-CuNCs的荧光可以被Cu^{2+}淬灭，这是由于与BSA结合的Cu（Ⅱ）具有顺磁性。BSA-CuNCs的荧光恢复是由Cu^{2+}与EDTA的络合作用引起的。因此，研制了用于实际水中Cu^{2+}检测的可逆荧光传感器。基于Cu^{2+}的高度依赖性，原位形成的CuNCs是用于检测Cu^{2+}的。当加入Cu^{2+}时，荧光CuNCs将会原位合成。在紫外线照射下，可以用普通相机直观观察并记录CuNCs的红色荧光，不需要复杂的仪器。

3.3.4.3.3 用于荧光测定负离子传感的铜纳米簇

除了金属离子，一些研究人员报道了CuNCs作为荧光探针感知阴离子的潜力。2012年，Zeng及其同事开发了一种快速检测S^{2-}的方法，使用随机的dsDNA-CuNCs作为水溶液中的新型荧光探针。S^{2-}和dsDNA-CuNCs相互作用的同时导致探针荧光强度的变化。该传感器可在5min内检测到低至80nmol/L的S^{2-}，远低于世界卫生组织允许的饮用水中S^{2-}的最高水平（15μmol/L）。相反，Lu等发现S^{2-}可以诱导CuNCs聚集，增强Cys-CuNCs的荧光。基于这些发现，一种高选择性的荧光探针被开发用于S^{2-}的测定。检出限为42nmol/L。Song等开发了一种基于聚乙烯亚胺（PEI）保护的CuNCs检测I^-的新方法。在PEI-CuNCs表面形成单层的CuI层，然后碘离子诱导氧化蚀刻和聚集导致PEI-CuNCs荧光猝灭。Huang等发现次氯酸盐可选择性淬灭PVP-CuNC的荧光。在此基础上，成功研制了一种可靠、有效的检测自来水中次氯酸盐的荧光探针。他们还演示了一种新型的荧光探针，基于恢复 Eu^{3+}-CuNCs 配合物的猝灭荧光来选择性感知 PO_4^{3-}。

3.3.4.3.4 有机污染物的铜纳米团簇

有很多关于功能化 CuNCs 用于有机污染物的研究。2014 年，Su 等开发了一种新的荧光测定方法，用于鉴定和测定基于 KA 诱导的 BSA-CuNCs 静态荧光猝灭的曲酸(KA)。由于 KA 和铜离子之间独特的相互作用，该方法具有较高的选择性，可以成功应用于实际样品。同样，Li 等开发了一种新型荧光剂通过酸诱导和电子转移的协同作用，通过对 ssDNA-CuNC 的猝灭，建立高灵敏度和特异性的 TNP 检测策略。Yu 等基于 ssDNA-CuNCs 的荧光增强制备了一种新的三聚氰胺传感器。三聚氰胺存在时，CuNCs 的荧光强度明显增加。Song 等开发了一种灵敏的检测赭曲霉毒素 A(OTA)的荧光方法，该方法结合了 dsDNA-CuNCs 的优点、OTA 适配体的高选择性和外切酶催化的目标物循环扩增的高效率。首先，OTA 适配体与其互补 DNA 杂交，作为荧光 CuNCs 的模板。加入 OTA 后，适配体倾向于形成 OTA-适配体复合物并释放互补 DNA，无法合成荧光 CuNCs。OTA 适配体复合物和释放的 cDNA 可能被外切酶消化为单核苷酸，被释放的目标可以参与下一个反应周期。该策略可以灵敏地检测 OTA，检出限低至 5ng/mL。荧光检测也可用于其他污染物的检测，如芦丁、三硝基甲苯、三硝基苯酚、呋喃硝基。

3.4 纳米立方体

3.4.1 钯纳米立方体[47]

3.4.1.1 钯纳米立方体介绍

由于粒径对纳米催化剂催化活性的显著影响，利用单分子荧光显微镜来研究粒径依赖性的催化动力学和单个钯纳米立方体的动力学。在产物形成和解吸过程中发现了一系列尺寸依赖性的催化性能。研究发现，由于衬底分子在 Pd 纳米立方体上的吸附机理不同，H_2吸附与 Pd 纳米立方体的尺寸无关，而较大的平面蓝紫分子在较大尺寸的 Pd 纳米立方体上具有较强的吸附能力。显然，Pd 纳米立方体可以分为三种类型：当 Pd 纳米立方体尺寸较小时，底物结合会抑制产物的解吸，产物的解吸倾向于直接途径；当粒径在一定范围内时，产物解吸过程与底物结合无关，两种平行解吸途径没有选择性；如果粒径足够大，底物结合可以促进产物解吸，产物解吸倾向于间接途径。研究人员还观察到表面重构诱导的 Pd 纳米立方体在产物形成和解吸过程中的动态非均质性，时间尺度约为数十到一百秒。单个钯纳米立方体的活性波动主要是由自发的表面重构引起的，而不是催化作用。此外，研究人员估计了大小依赖的活化能和自发动态表面重构的时间尺度，这是多相催化的基础。

稀有的纳米粒子可以催化许多重要的化学转化，如汽车尾气中一氧化碳的氧化和燃料电池中的氧化还原过程。由于地球上的贵金属资源有限，人们需要了解如何通过提取每个金属原子的尽可能高的活度来最小化贵金属在这些系统中的使用。为了实现这一目标，人们对贵金属纳米催化剂的尺寸依赖性催化性能进行了许多研究。在各种贵金属催化剂中，钯(Pd)因其广泛的应用而受到人们的特别关注。研究表明，Pd 纳米颗粒的催化活性和性质与粒径密切相关。

3.4.1.2 不同大小的钯纳米立方体的制备

3.4.1.2.1 5.2nm 钯纳米立方体的合成

含有 PVP(K-30，50mg)和 KI(17mg)的 5.0mL 的甲酰胺溶液被放置在一个 20mL 的瓶中，在空气中加热 120℃磁力搅拌 10min。加入 36mg $PdCl_2$并维持 120℃，60min。收集的产品离心分离，用水洗 10 次以去除多余的 PVP。

3.4.1.2.2 7.0nm、11.4nm 和 15.2nm Pd 纳米立方体的合成

将含有 PVP(105mg)，AA(60mg)和不同数量的溴化钾和氯化钾的 8.0mL 的水溶液添加到瓶中，在空气中预热到 80℃剧烈磁搅拌 10min。随后，用含有 Na_2PdCl_4(57mg)的 3.0mg 的水溶液注射。反应持续 3h，通过改变 KBr 和 KCl 的用量来控制 Pd 纳米立方体的尺寸，形成的 Pd 纳米立方体的边长分别为 7.0nm、11.4nm 和 15.2nm。离心收集产品，水洗 10 次以去除多余的 PVP。

3.4.1.2.3 22.2nm 钯纳米立方体的合成

在 322.5mL 的 Na_2PdCl_4(19mg/mL)的水溶液引入 8mL 含有 PVP(105mg)、CO(100mL)的水溶液，水中悬浮体和 0.3mL(1.8mg/mL)边长 11.4nm 的 Pd 立方体，在 60℃的磁场搅拌下加热 5min。使反应在 60℃的温度下进行 3h。离心收集产品，水洗 10 次以去除多余的 PVP。

综上所述，合成了 3 组不同尺寸的 Pd 纳米立方体，通过单分子荧光显微镜来揭示其尺寸依赖性动力学和单纳米颗粒水平的动力学。通过实时监测单个纳米颗粒的催化作用，得到了 Pd-纳米立方体催化荧光反应的循环轨迹，该反应机制遵循竞争性吸附 Langmuir-Hinshelwood 模型。观察到产物形成反应中明显的尺寸依赖性活性和产物分解反应中尺寸依赖性选择性。所有尺寸的 Pd-纳米立方体都表现出较大的活性异质性，并且这种异质性与尺寸有关，随尺寸的增加而增加。此外，无论是在产物生成反应还是解离反应中，Pd 纳米立方体的时间活性都出现了波动，这可能是由于其主导的自发动态表面重构。在单粒子水平揭示的知识为纳米粒子的催化行为提供了基本的见解，这在传统的集合测量中是具有挑战性的。

3.4.1.3 钯纳米立方体应用

钯纳米立方体因其在光学、电、磁和催化等方面的优异性能而在贵金属纳米粒子中引起了广泛的关注。稀有的纳米粒子可以催化许多重要的化学转化，如汽车尾气中一氧化碳的氧化和燃料电池中的氧化还原过程等。

3.4.2 银纳米立方体

3.4.2.1 银纳米立方体介绍

银纳米粒子的尺寸和形状的精确控制强烈地影响了它们的光学性能。尽管具有尖锐棱角的银纳米立方体的合成已被证实，但这些方法具有高选择性的规模化能力仍然难以实现。采用连续流微波辅助反应器分离成核和生长过程，为合成均匀的单晶银纳米立方体提供了一种方法。通过种子介导的硫化物形成过程增强了微波区成核，并在生长区使用化学调节剂进一步提高了纳米立方体边缘的锐度。利用透射电子显微镜和光学性能对反应条件进行了优化，合成了边缘长度分别为 28nm 和 45nm 的 Ag 纳米立方体，粒径分布窄，选择性高(>70%)。这些结果表明，连续流方法有潜力生产大量均匀的银纳米立方体，可用于传感或其他应用。

由于纳米粒子的大小、形状和组成与光学、电子、物理和化学性质有很强的相关性，因

此能够精细控制纳米粒子的大小、形状和组成，具有科学和技术意义。最近的研究表明，连续流方法可以很好地控制纳米颗粒的合成，具有高度均匀的尺寸和形状，并具有规模到工业数量的潜力。连续流动法的一个优点是可以获得对时间、温度和化学条件的非常精确的控制。银纳米颗粒因其形状相关的特性而得到了广泛的研究，为等离子体、催化和表面增强拉曼散射(SERS)传感等应用提供了独特的控制。这些特性使银纳米粒子适合于研究面选择催化、高灵敏度传感器件和光伏捕获光。

人们对开发合成形状和粒径可控的银纳米粒子的方法非常感兴趣。这包括使用不同的银前驱体、还原剂、溶剂和分散剂，以获得具有高度均匀性和形状选择性的更小颗粒。然而，大多数这些方法只允许合成少量的纳米颗粒，并且对大量的纳米颗粒可伸缩性有限。最近的研究结果表明，双相-液体分段连续流方法可以合成银纳米立方体和纳米球，并且在生产速度方面易于扩展。由于微波辐射可以快速、均匀地将反应物加热到高温，使用微波辐射的潜在好处已被提出，可伸缩合成纳米粒子，成核速率更快，反应时间更短，并提高转化率。此外，微波加热与连续流方法的结合可以进一步提高可伸缩性，并允许合成高度均匀的纳米材料。最近，连续流动微波辅助法已被用于一系列纳米材料的合成，其中试剂利用率的改善，反应时间的显著减少，以及粒径分布的减少都已得到证实。

与随机形状的 Ag 纳米颗粒或球形纳米颗粒相比，Ag 纳米立方体的 SERS 传感性能更优越。这是由于特定的粒子尺寸和形状增强了共振模式，截断晶体切面的定向粒子暴露在(100)面组中，由于电荷在其尖锐边缘堆积，会增加局部电场。这种效应增强了拉曼信号，显著提高了检测灵敏度。使用湿化学和表面化学合成的胶体纳米粒子可以很容易地修饰并用于集成的 SERS 传感测量。然而，拉曼散射信号的形状特异性增强强烈依赖于纳米颗粒的形状和大小均匀性，这使得合成方法对于优化传感性能至关重要。

3.4.2.2　银纳米立方体的制备

在一个典型的合成中，首先，将 6.25mL 含 20mg/mL PVP 的乙二醇溶液与 2.5mL 含 3mmol/L NaCl 的乙二醇溶液混合；再加入乙二醇至 19.7mL；最后，在反应开始前，加入 0.3mL 含有 3.5mmol/L NaHS 的乙二醇溶液。两个烧瓶都被加入两个 PEEK“Y”混合器，它们是串联的。第一混合器用于均匀混合两种前驱体溶液，第二混合器用于注入氩气以在刚刚进入微波反应器之前创建一个分段流态。反应过程有两个主要部分：第一部分是来自 Sairem 的微波反应器[型号 PCCMWR340PVMR1PE GMP 30K；2.45GHz；使用红外摄像机(FLIR 型号 E4)]监测微波区温度(TMW)。总辐照长度为 4.7cm，容积流量设置为 3.8mL/min，微波区停留时间为 1.5s[特氟龙®管材，内径为 1/16in(1in=0.0254m)]。反应装置的第二部分是生长区，生长区由一圈同样的油管浸入 135℃的油浴中组成。油管长度不同，给出了不同的生长停留时间(τGB)。分别使用长度为 23m、15m 和 8m 的油管，平均生长浴停留时间分别为 12min、8min 和 4min。生长浴后，反应液流经一个 1m 长的盘管，盘管置于冰浴中，然后收集产物。每毫升分散的液体中，每个溶液接受大约 12.5mLPVP。在溴化钠浴后的反应中，将 5mL 反应液加入 50mL 的烧瓶中，瓶中含有 20mL、0.375mmol/L NaBr，在 135℃含 PVP 的乙二醇溶液中加热。NaBr 溶液加热 45min 后注入产品液。在预期的间歇反应时间后，产品被收集。

为了合成边长<30nm 的银纳米立方体，使用较低的三氟乙酸银浓度(282mmol/L)和 τGB=12min。还添加了一个溴化钠浴在过程的最后，以增加 dTEM，同时允许形成具有锋利

边缘的立方体。改变 TMW 导致紫外-可见光谱向更短的波长偏移，423mmol/L 三氟乙酸银前体也观察到了这一点。较低的 TMW 导致更大的纳米颗粒和紫外可见半宽比的增加。在溴化钠浴前，银纳米粒子的粒径为(7±1)nm。在溴化钠溶液中浸泡 20min 后，银纳米立方体的 dTEM=(28±4)nm。随着 Ag 纳米粒子尺寸的增大和 Ag 纳米立方体的形成，在紫外-可见光谱(UV-Vis)约 360nm 处，吸收峰出现红移，并出现两种特征。控制氯化物和溴化物的浓度比例有助于形成更小、更锋利的金属纳米立方体。随着 Ag^+的消耗，各自的卤化物盐缓慢溶解，通过限制还原反应中可用的 Ag^+的数量，诱导粒子生长并阻止新的成核。

3.4.3 氧化钨纳米立方体

采用非能量强路线合成了高晶度 WO_3纳米立方体。形态学研究证实了纳米晶体的立方形状。拉曼光谱结果表明，样品的振动模式与单相化学计量 WO_3的振动模式一致。根据紫外-可见漫反射的结果得到的能带间隙为 2.58eV，而光致发光(PL)的结果证实了合成样品的蓝色发射。在自旋极化密度泛函理论(SDFT)中，利用不同的泛函研究了正交晶 WO_3的结构和电子性质。结果表明，正交 WO_3是无磁性的，在 2.15~3.75eV 范围内具有直接带隙，这取决于理论中使用的交换相关函数。电化学研究表明，纳米立方体具有特殊的电化学行为。事实上，电荷转移电阻相对增强，这可能导致高晶度 WO_3纳米立方体的电容降低。

三氧化钨(WO_3)是一种多功能氧化物，其应用广泛，如电致变色、气体传感器、光催化和电化学。虽然大多数过渡金属氧化物通常用于这些应用，但 WO_3的重要性来自它在所有这些领域的同样增长，以及铬的性质。因此，纳米尺度上 WO_3的合成和分析可能越来越重要。在这个纳米领域中，与体积粒子相比，增加 WO_3颗粒的表面积，可以提供更多的化学和物理相互作用的表面积。

WO_3是一种重要的宽带隙 n 型半导体。在环境条件下，纳米尺度 WO_3的带隙约为 2.6eV，并发生蓝移。这样的带隙使得纳米级 WO_3在各种光学应用方面，特别是在光催化和显色方面的潜在应用。纳米化可以提高 WO_3的电化学性能。这是由于锂离子扩散的距离较短，而离子插入和存储的距离较高，且不会造成电极的降解。低维形貌(如一维和/或二维)的纳米材料可以提供良好的物理和化学性能。由于 WO_3的性质强烈依赖于结构、尺寸和形状，因此需要可控合成。因此，几种方法已经投入了 WO_3纳米颗粒的合成，如模板辅助法增长、阳极处理、热蒸发、化学蒸汽沉积、电弧放电和脉冲激光沉积。在这些方法中，水热法因其简单、成本低、精度高、生长温度低等优点而受到科学家的广泛关注。然而，使用上述方法，获得了具有特定形态的 WO_3，包括二维形状，如纳米板、纳米立方体和纳米片。

3.4.4 其他纳米立方体

2019 年，Benjamin 等报道了用特伯试剂在四氢呋喃中分解 AlH_3，直接通过胶体合成 100 晶面的单端基 Al 纳米立方体的方法。Al 纳米立方体的大小和形状受反应时间、AlH_3与特伯试剂的比例和反应温度的控制，这二者共同构成了 Al 纳米立方体生长的动力学控制。Al 纳米立方体在其尖角处具有强的局域场增强，共振与金属基板耦合能力强。它们天然的氧化物表面使它们在空气中非常稳定。化学合成的铝纳米立方体为等离子体和纳米光子学应用提供了一种地球上丰富的贵金属纳米立方体替代品[48]。2020 年，Krishna 等报道了一种基于新型表面活性剂的生物水热法制备多孔氧化铟纳米立方体(PINC)的简单方法，并结合纳米级克肯达耳效应。通过控制十六烷基三甲基溴化铵(CTAB)的用量，优化了 PINCs 的成核和生长，有利于控制纳米立方体的尺寸。提出了通过纳米级柯肯达尔效应在纳米立方体上形成孔隙的理论。利用 PINC 薄膜制备了固体化学阻性气体传感器，并对其传感性能进行了研究。基于 PINC 的薄膜传感器被发现对二氧化碳(CO_2)、丙酮[$(CH_3)_2CO$]、氨(NH_3)和二氧化氮(NO_2)气体响应。然而，在 100℃操作温度下，它对 NO_2 气体的响应最高。此外，还对传感器的线性、选择性和实时传感分析等传感特性进行了系统研究。在此，论证了孔隙率和纳米立方体尺寸对基于 PINC 的传感器器件的传感性能的影响[49]。对发酵反应过程中乙醇的实时、全浓度分析，可以精确控制微生物代谢，提高转化率；然而，很少有技术可以不经预处理直接检测发酵液。为了解决这个问题，2020 年，Zhang 等提出了一种丝网印刷的生物传感芯片(SPBM)来分析发酵过程中的乙醇浓度，这依赖于设计一种定义明确的纳米立方体结构的金纳米颗粒/铁氰化镍纳米复合材料。然后，这种纳米复合材料被制成直接制造 SPBM 的印刷油墨。所制备的微晶片对烟酰胺腺嘌呤二核苷酸具有超高的电催化作用。

3.5 纳米多面体

3.5.1 纳米多面体合成方法

金属纳米颗粒具有尺寸小和表面积大等优点，因而具有高效的催化活性和选择性，众多研究表明，金属催化剂的催化性能取决于纳米粒子的大小、形貌、组成及结构等，根据纳米材料的制备过程中的物态分类，可分为气相法、液相法和固相法。

液相法是通过可溶性金属盐类制备金属纳米粒子的方法，常用的液相法包括：水热反应法、溶胶-凝胶法、沉淀法、微乳液法、醇类分解法和化学还原法等。液相法具有易于控制反应组分、设备简单、机动灵活等优点，被广泛采用；具有不需要特定的装置、反应易于控制和可以批量生产等优点，可实现工业化生产。

研究表明，金属纳米粒子的催化性能取决于其组成、结构、尺寸和形貌等，因此可以通过优化金属纳米颗粒的制备条件使金属纳米颗粒的催化性能达到最优。金属纳米催化剂的形貌对催化活性和选择性均有影响。液相法制备金属纳米粒子最常用的三种方法为化学还原法、电化学合成法和金属有机前体的热分解法。

最常用于制备金属纳米粒子的方法为化学还原法，最常用的化学剂为醇类，在反应过程中，醇类起还原剂和溶剂的作用，可以对过渡金属前驱体进行快速还原，从而形成胶体；尽管醇类在形貌调控中有广泛应用，但具有重复性差、对还原剂纯度要求高、对环境有一定程度污染等缺点，而水相还原法则不需使用有机溶剂，且高纯的水便宜易得，在反应过程中，可通过使用具有不同还原能力的还原剂，方便快捷地操纵反应动力学，从而实现对金属纳米粒子形貌控制合成。以水相化学还原法实现纳米钯颗粒的形貌控制合成为例，采用化学还原法，以 $PdCl_2$ 为前体，抗坏血酸作为还原剂，水为溶剂，PVP 作为稳定剂，在 KBr 存在下，合成出形貌均一的 Pd 纳米立方体，通过 TEM 结果发现 Br 可以作为封端剂，改变 100 晶面的生长速度，进而形成纳米立方体，虽然 PVP 的浓度可以改变钯纳米粒子的尺寸，但是并不会改变形貌。以 $NaPbCl_4$ 为前体，抗坏血酸为还原剂，水为溶剂，P123 作为修饰剂，合成出形貌均一的二十面体状的 Pd 纳米粒子。

液相法一般通过在含有稳定剂的溶液中还原或分解金属前驱体来得到金属纳米粒子。金属纳米粒子的合成包括还原或分解金属前驱体来得到金属纳米粒子。金属纳米粒子的形成包括还原(或分解)—成核—生长—产物等几个阶段，在形成过程中，金属离子首先形成原子，随后聚集成核进而形成晶种，晶种形成后，便以此为中心生长。因液相法制备过程缺乏硬模板，因此需要精确控制成核和生长过程的条件来实现晶体和形貌控制。金属纳米粒子的形貌控制合成可以通过热力学控制(温度、还原剂种类等)和动力学控制(反应物浓度、扩散、溶解度等)来实现。成核是金属纳米粒子形貌控制合成最关键的一步，包括均相成核和异向成核两种类型。

3.5.2 钯纳米粒子[50]

3.5.2.1 钯纳米粒子介绍

钯在元素周期表中属于第10族，在所有铂族金属中，它的密度最小，熔点最低，钯在浓硝酸、热硫酸或浓硫酸中溶解很慢。钯的常见氧化态分别为0、+1、+2和+4，而文献中已报道过+3和+6的氧化态。虽然这些化合物已被提出作为许多钯催化的交叉偶联反应的中间体，但已知的钯明确处于+3氧化态的化合物相对较少。钯的高材料成本自然限制了其应用，但纳米钯及其合金团簇已得到广泛研究。钯与多种配体结合用于高选择性的化学转化。

3.5.2.2 钯纳米粒子的制备

3.5.2.2.1 声化学的方法

声化学是指声空化对可能产生高温(103K量级)、高压(106Pa量级)和高冷却速率(10^{10}K/s量级)的化学过程的影响。这是一种产生溶剂或稳定剂自由基的强大方法，而这些自由基又可以将钯离子还原为零价金属态。为了防止金属颗粒团聚，有必要添加模板。声化学法有两个可以开始化学反应的地方：①在上述极端条件下，空腔内的气相；②坍塌空腔周围的液体层，其中的化学环境仍能进行反应。通常，液相在声化学反应中起主要作用，因为气相的低蒸气压消除了反应物与气相的接触。

3.5.2.2.2 电化学方法

电化学技术常用来直接将电极表面的金属离子还原为零价金属态。阳极溶解过程中可以产生金属离子，然后金属离子被还原为吸附在阴极表面的金属原子。最有趣的过程是在有机溶剂(充当电解质)和表面活性剂(充当稳定剂和电解质)中生产金属纳米粒子。所吸附的金属原子或纳米团容易被表面活性剂捕获，形成金属胶体和非金属粉末。一些因素影响纳米胶体的形成及其通过电化学参数的大小调控。第一个因素是电解质的性质。由于电解质中胶体之间的静电相互作用减弱，溶剂极性的增大导致纳米粒子的尺寸增大。第二个重要参数是电荷流。随着电荷流量的增加，纳米颗粒的尺寸增大，特别是在电解开始时，说明纳米颗粒的尺寸受生长机理的影响。第三个电化学参数是电流密度。电流密度大，成核速度快，颗粒尺寸小。最后一个敏感参数是温度。当温度升高时，中间体(如钯酸盐)的扩散、迁移和电化学解离程度升高，电解质的黏度降低，纳米粒子的尺寸增大。

3.5.2.2.3 湿化学方法

在稳定剂的保护下用还原剂还原金属前驱体是湿化学法制备纳米粒子的主要原理。特殊的配体或可溶性聚合物在纳米粒子的合成中起着重要的作用，因为它们可以影响纳米粒子的结构、大小和稳定性。由于有机稳定剂种类繁多，湿化学法是最常用和发展较好的稳定剂之一。湿化学法需要一步法合成大的纳米/亚微米粒子。预先形成的细小的钯颗粒或插入的纳米金颗粒可以作为均匀或非均匀的种子，用于随后的钯生长。尽管种子的结构不同，但种子的生长可能被放大以产生更大的和单分散的粒子，随后这些性质将与种子的性质相关联。

3.5.2.3 钯纳米粒子的应用

3.5.2.3.1 有机偶联反应的催化作用

芳基硼酸与芳基卤化物的偶联反应为合成联芳基提供了多种途径，联芳基是聚合物、液晶等重要的前体。这类反应被称为Suzuki偶联反应，传统上是由磷配体钯配合物催化的。然而，由于反应混合物的分离和催化剂回收等问题，发现了一些新的方法。今天，胶体钯已经成为铃木偶联反应的商业催化剂。此外，通过对反应混合物的过滤，催化剂可以在不失去催化活性的情况下轻易回收。纤维素负载的钯纳米粒子也被发现是一种高效可循环的多相催化剂，用于水中芳基溴和苯基硼酸之间的Suzuki偶联，以及当空气作为乙腈中的分子氧来源时，苄醇的有氧氧化。该催化体系通过Suzuki偶联反应提供了具有很高转化率的联芳和聚芳基，并通过空气中的氧化反应提供了高收率和选择性的苯甲醛衍生物。芳基卤化物和烯烃之间的偶联反应称为Heck偶联反应。它是一种非常重要的前体，用于生产医药中间体和精细化学品。胶体化学方法用于合成除粒径变化外性质不变的纳米粒子，为研究Heck反应中的“结构敏感”因素提供了一种可能的方法。一些均相催化体系如醋酸钯[$Pd(OAc)_2$]在Heck和Suzuki偶联反应中得到了广泛的应用。有研究表明，钯纳米粒子作为中间体参与这两种反应，并作为C—C键形成过程的催化剂。从经济的角度来看，铃木偶联反应的钯催化剂部分被更便宜的过渡金属如铜取代。同时，将Pd-Cu催化剂与Pd-Ru、Pd-Pt等催化剂的催化活性进行了比较。从理论上讲，通过过渡金属如Mn、Fe、Co、Ni的部分替代，降低钯催化剂的价格是有意义的，这些过渡金属也被称为有机反应中的单催化剂。

3.5.2.3.2 不饱和烯烃的加氢和储氢

基于钯纳米粒子的复合材料被广泛用于二烯部分加氢制烯烃。用纳米钯包覆树枝状分子是催化烯烃加氢的一种很有前途的方法。树枝状大分子由于其拥挤的结构被证明是分离过程中有效的化学物质。在各种液体分离技术中，树枝状大分子通常被用作固定相。这个分离过程涉及小分子和树枝状大分子之间的物理相互作用，如大小、形状和电子相互作用，包括表面电荷和极性。系统研究了包覆钯纳米粒子的树枝状分子对不饱和烯烃加氢的催化作用，发现其选择性可被周围的树枝状分子调节。反应结束后，液相分离，产物与有机相分离，含催化剂相层回收。除了树枝状聚合物保护的胶体外，还研究了聚酸稳定的钯纳米粒子催化环己烯加氢。这种类型的聚合物会显著影响其粒径，从而影响其催化性能和稳定性。氢转移单元等官能团的引入可以创造一定的周围环境，从而允许/阻碍反应的进行途径。随着纳米技术的发展，由于钯团簇在室温下具有较高的储氢能力，人们将其作为金属氢化物进行研究。合成了不同尺寸配体稳定的钯纳米粒子，研究了尺寸对储氢容量和动力学的影响。与块体材料相比，纳米团簇在放电动力学方面有显著改善。直径1nm的钯纳米粒子表现出可逆的吸氢，这对于体积较大的钯在相同条件下是不可能的。

3.5.2.3.3 活化化学金属沉积

在没有外加电流源的水溶液中，不同类型镀层的电镀研究在文献中被描述为化学沉积。被广泛应用于非导电衬底的金属化，主要涉及金属/合金沉积。但需要注意的是，氧化物、盐、聚合物等的化学沉积也是可能的。金属离子的还原和还原剂的氧化这两种电化学反应发生在电极-电解质界面上同一活性部位。整体反应如下：

$$M^{z+}_{溶液}+Red_{溶液}(还原剂)\longrightarrow M^{0}_{固体}+O_{x溶液}(氧化剂)$$

催化表面可以是衬底本身或涂有催化胶体的表面。还原剂与活性部位结合并氧化产生电子，将金属离子还原到零价金属状态。连续还原提供了氢的产生，反过来又促进了金属沉积的新的催化位点。因此，这个过程被称为自催化化学沉积。

3.5.3 纳米多面体研究

2017年，Chen等报道了一种自模板合成金属和极性Co_9S_8纳米晶体镶嵌碳(Co_9S_8/C)空心纳米多面体作为高效硫宿主材料用于锂硫电池的方法。Co_9S_8/C中大空间纳米多面体能够保证硫的负载量，缓冲Li_2S_x在循环过程中体积膨胀；而金属和极性Co_9S_8/C外壳提供了协同的空间限制和化学结合，以固定多硫化物并防止关闭效应。2019年，Chen等采用不同纳米结构的$CoSe_2$材料作为镁存储阴极，呈现出快速的固态Mg^{2+}扩散动力学。利用水热一步法制备了不同纳米结构的$CoSe_2$，包括空心微球(H-$CoSe_2$)、纳米多面体(P-$CoSe_2$)和纳米棒(R-$CoSe_2$)，并将其用作可充电镁电池的赝电容电极[51]，Gruzeł通过Sn对Ni的电置换反应(GRR)，在固态Ni核/Pt框架NPs上形成空心多金属PtNiSn纳米粒子(NPs)。将乙二醇溶解的$SnC_{14}\cdot 5H_2O$加入到$PtNi_3$ NPs悬浮液中进行GRR。该反应产生了内部中空的纳米框架，其边缘覆盖着一层薄而不完整的锡层[52]。Xu等提出了一种简易的两步法制备具有中空结构的三金属PtPdCo介孔纳米多面体(PtPdCo MHNPs)[53]，其中Pd@ PtPdCo核壳介孔纳米多面体(Pd@ PtPdCo MNPs)通过简单的化学还原反应，然后刻蚀Pd核。PtPdCo MHNPs在甲醇氧化反应中表现出增强的电催化活性和耐久性，这得益于其介孔和中空纳米结构与三金属组合的结合。

参 考 文 献

[1] Wang Z D, Hu T T, Liang R Z, et al. Application of zero-dimensional nanomaterials in biosensing[J]. Frontiers in chemistry, 2020, 8: 320.

[2] 肖昂. 纳米氧化物零维材料的发泡合成技术及其表征分析[D]. 北京：北京工商大学，2004.

[3] Tiwari J N, Tiwari R N, Kim K S. Zero-dimensional, one-dimensional, two-dimensional and three-dimensional nanostructured materials for advanced electrochemical energy devices[J]. Progress in Materials Science, 2012, 57(4): 724-803.

[4] Stewart M E. Quantitative multispectral biosensing and 1D imaging using quasi-3D plasmonic crystals[J]. Proceedings of the national academy of sciences of the United States of America, 2006, 103(46): 17143-17148.

[5] SchvartzmanM, Mathur A, Hone J, et al. Plasma fluorination of carbon-based materials for imprint and molding lithographic applications[J]. Applied physics letters, 2008, 93(15): 3114.

[6] MontavonG, Sampath S, Berndt C C, et al. Effects of the spray angle on splat morphology during thermal spraying[J]. Surface and Coatings Technology, 1997, 91(1-2): 107-115.

[7] PerednisD, Wilhelm O, Pratsinis S, et al. Morphology and deposition of thin yttria-stabilized zirconia films using spray pyrolysis[J]. Thin Solid Films, 2005, 474(1-2): 84-95.

[8] Siegel R W. Cluster-assembled nanophase materials[J]. Annual Review of Materials Research, 1991, 21(1): 559-578.

[9] Dahl J A, Maddux B L S, Hutchison J E. Toward greener nanosynthesis[J]. Chemical Reviews, 2007, 107

(6): 2228-2269.

[10] Sievens-Figueroa L, Guymon C A. Aliphatic chain length effects on photopolymerization kinetics and structural evolution of polymerizable lyotropic liquid crystals[J]. Polymer, 2008, 49(9): 2260-2267.

[11] Zhang H, Zhou W, Du Y, et al. One-step electrodeposition of platinum nanoflowers and their high efficient catalytic activity for methanol electro-oxidation[J]. Electrochemistry Communications, 2010, 12(7): 882-885.

[12] Wang C C, Zhang Z, Ying J Y. Photocatalytic decomposition of halogenated organics over nanocrystalline titania[J]. Nanostructured Materials, 1997, 9(1-8): 583-586.

[13] Palgrave R G, Parkin I P. Aerosol assisted chemical vapor deposition using nanoparticle precursors: a route to nanocomposite thin films[J]. Journal of the American Chemical Society, 2006, 128(5): 1587.

[14] MaskrotH, Leconte Y, Herlin-Boime N, et al. Synthesis of nanostructured catalysts by laser pyrolysis [J]. Catalysis Today, 2006, 116(1): 6-11.

[15] Jager C, Huisken F, Mutschke H, et al. Identification and spectral properties of PAHs in carbonaceous material produced by laser pyrolysis[J]. Carbon, 2007, 45(15): 2981-2994.

[16] Pignon B, Maskrot H, Ferreol V G, et al. Versatility of laser pyrolysis applied to the synthesis of TiO_2 nanoparticles-application to UV attenuation[J]. European Journal of Inorganic Chemistry, 2010, 2008(6): 883-889.

[17] Tao L, Zhao X M, Gao J M, et al. Lithographically defined uniform worm-shaped polymeric nanoparticles [J]. Nanotechnology, 2010, 21(9): 095301.

[18] Hung A M, Micheel C M, Bozano L D, et al. Large-area spatially ordered arrays of gold nanoparticles directed by lithographically confined DNA origami[J]. Nature Nanotechnology, 2010, 5(2): 121-126.

[19] Li X, Chiba A, Sato M, et al. Synthesis and characterization of nanoparticles of alnico alloys[J]. Acta Materialia, 2003, 51(18): 5593-5600.

[20] XieL, Liu Y, Wang Y T, et al. Superior hydrogen storage kinetics of MgH_2 nanoparticles doped with TiF_3 [J]. Acta Materialia, 2007, 55(13): 4585-4591.

[21] Chen J, Lu G, Zhu L, et al. A simple and versatile mini-arc plasma source for nanocrystal synthesis [J]. Journal of Nanoparticle Research, 2007, 9(2): 203-213.

[22] AddamoM, Bellardita M, Carriazo D, et al. Inorganic gels as precursors of TiO_2 photocatalysts prepared by low temperature microwave or thermal treatment[J]. Applied Catalysis B Environmental, 2008, 84(3-4): 742-748.

[23] IrzhA, Genish I, Klein L, et al. Synthesis of ZnO and Zn nanoparticles in microwave plasma and their deposition on glass slides[J]. Langmuir the Acs Journal of Surfaces & Colloids, 2010, 26(8): 5976-5984.

[24] Hai N H, Lemoine R, Remboldt S, et al. Iron and cobalt-based magnetic fluids produced by inert gas condensation[J]. Journal of Magnetism & Magnetic Materials, 2005, 293(1): 75-79.

[25] Zeng H, Li Z, Cai W, et al. Microstructure control of Zn/ZnOcore/shell nanoparticles and their temperature-dependent blue emissions[J]. The Journal of Physical Chemistry B, 2008, 111(51): 14311-14317.

[26] MizukoshiY, Oshima R, Maeda Y, et al. Preparation of platinum nanoparticles by sonochemical reduction of the Pt(IV) ions: role of surfactants[J]. Ultrasonics Sonochemistry, 2001, 8(8): 1-6.

[27] Wu Y D, Wang L S, Xiao M W, et al. A novel sonochemical synthesis and nanostructured assembly of polyvinylpyrrolidone-capped CdS colloidal nanoparticles[J]. Journal of Non-Crystalline Solids, 2008, 354(26): 2993-3000.

[28] AtobeM, Okamoto M, Fuchigami T, et al. Selective hydrogenation by polymer-encapsulated platinum nanoparticles prepared by an easy single-step sonochemical synthesis[J]. Ultrasonics Sonochemistry, 2010, 17

(1): 26-29.

[29] Basnayake R, Li Z, Katar S, et al. PtRu nanoparticle electrocatalyst with bulk alloy properties prepared through a sonochemical method [J]. Langmuir the Acs Journal of Surfaces & Colloids, 2006, 22 (25): 10446.

[30] Yamauchi Y, Yokoshima T, Mukaibo H, et al. Highly ordered mesoporous Ni particles prepared by electroless deposition from lyotropic liquid crystals[J]. Chemistry Letters, 2004, 33(5): 542-543.

[31] SaezV, Gonzalez-Garcia J, Kulandainathan M A, et al. Electro-deposition and stripping of catalytically active iron metal nanoparticles at boron-doped diamond electrodes [J]. Electrochemistry Communications, 2007, 9(5): 1127-1133.

[32] Day T M, Unwin P R, Macpherson J V. Factors controlling the electrodeposition of metal nanoparticles on pristine single walled carbon nanotubes[J]. Nano Letters, 2007, 7(1): 51-57.

[33] Dryfe R A W, Simm A O, Kralj B. Electroless deposition of palladium at bare and templated liquid/liquid interfaces[J]. Journal of the American Chemical Society, 2003, 125(43): 13014-13015.

[34] Hien Vu X, Anh Ly T H, TrungKhuc Q, et al. LPG sensing properties of SnO_2 nanoparticles doped with several metal oxides by a hydrothermal method[J]. Advances in Natural Sciences Nanoscience & Nanotechnology, 2010, 1(2): 25014-25015.

[35] Fuentes S, Zárate R A, Chávez E, et al. Synthesis and characterization of $BaTiO_3$ nanoparticles in oxygen atmosphere[J]. Journal of Alloys & Compounds, 2010, 505(2): 568-572.

[36] Rosemary M J, Pradeep T. Solvothermal synthesis of silver nanoparticles from thiolates[J]. Journal of Colloid and Interface Science, 2004, 268(1): 81-84.

[37] Zawadzki M. Preparation and characterization of ceria nanoparticles by microwave-assisted solvothermal process [J]. Journal of Alloys & Compounds, 2008, 454(1-2): 347-351.

[38] Palgrave R G, Parkin I P. Aerosol assisted chemical vapor deposition using nanoparticle precursors: a route to nanocomposite thin films[J]. Journal of the American Chemical Society, 2006, 128(5): 1587.

[39] Boyd D A, Greengard L, Brongersma M, et al. Plasmon-assisted chemical vapor deposition [J]. Nano Letters, 2006, 6(11): 2592-2597.

[40] MaskrotH, Leconte Y, Herlin-Boime N, et al. Synthesis of nanostructured catalysts by laser pyrolysis [J]. Catalysis Today, 2006, 116(1): 6-11.

[41] Bruno P, Hicham M, Véronique G F, et al. Versatility of laser pyrolysis applied to the synthesis of TiO_2 nanoparticles-application to UV attenuation[J]. 2008, 2008(6): 883-889.

[42] Zheng Y, Wu J, Jiang H, et al. Gold nanoclusters for theranostic applications [J]. Coordination Chemistry Reviews, 2020, 431(2015): 213689.

[43] Yang J J, Wang F L, Yuan H Q, et al. Recent advances in ultra-small fluorescent Au nanoclusters toward oncological research[J]. Nanoscale, 2019, 11(39): 17967-17980.

[44] Chen H, Sun L, et al. Well-tuned surface oxygen chemistry of cation off-stoichiometric spinel oxides for highly selective and sensitive formaldehyde detection[J]. Chemistry of Materials: A Publication of the American Chemistry Society, 2018, 30(6): 2018-2027.

[45] Chen D, Zhao C, Ye J, et al. In situ biosynthesis of fluorescent platinum nanoclusters: toward self-bioimaging-guided cancer theranostics[J]. Acs Applied Materials & Interfaces, 2015: 18163-18169.

[46] Qing TP, Zhang K W, Qing Z H, et al. Recent progress in copper nanocluster-based fluorescent probing: a review[J]. Microchimica acta, 2019, 186(10): 670.

[47] Chen T, Zhang Y, Xu W. Size-dependent catalytic kinetics and dynamics of Pd nanocubes: a single-particle study[J]. Physical chemistry chemical physics, 2016, 18(32): 22494-22502.

[48] Clark B, Jacobson C, Lou M, et al. Aluminum nanocubeshave sharp corners[J]. American chemical society nano, 2019, 13(8): 9682-9691.

[49] Krishna K, Pawar S S, Mali Y H, et al. Fabrication of enhanced sensitive and selective porous indium oxide nanocube sensor for NO_2 detection[J]. Ceramics International, 2021, 47(2): 2430-2440.

[50] SaldanI, Semenyuk Y, Marchuk I, et al. Chemical synthesis and application of palladium nanoparticles [J]. Journal of Materials Science, 2015, 50(6): 2337-2354.

[51] Chen D, Zhang Y J, Li X, et al. $CoSe_2$ hollow microspheres, nano-polyhedra and nanorods as pseudocapacitive Mg-storage materials with fast solid-state Mg^{2+} diffusion kinetics[J]. Nanoscale, 2019, 11(48): 23173-23181.

[52] Gruzeł G, Arabasz S, Pawlyta M, et al. Conversion of bimetallic $PtNi_3$ nanopolyhedra to ternary PtNiSn nanoframes by galvanic replacement reaction[J]. Nanoscale, 2019, 11(12): 5355-5364.

[53] Xu Y, Li Y H, Qian X Q, et al. Trimetallic PtPdCo mesoporous nanopolyhedra with hollow cavities [J]. Nanoscale, 2019, 11(11): 4781-4787.

第4章　一维纳米材料

随着科学技术的迅猛发展，人们需要对一些介观尺度的物理现象，如纳米尺度的结构、性能以及应用等进行深入的研究。因此，零维纳米材料的研究首先取得了很大的进展，但一维(1D)纳米材料的研究仍然面临着巨大的挑战。自1991年SumioLijima首次发现碳纳米管以来，一维(1D)纳米结构的材料因其新颖的形貌和优异的物理性能以及巨大的潜在技术应用而备受关注。

一维纳米材料，是指在三维空间中有两维处于纳米尺度范围(1~100nm)或由它们作为基本单元构成的材料。一维(1D)纳米结构包括纳米线、纳米纤维、纳米带、纳米棒和纳米管以及其他形态。它们有望为下一代纳米电子器件的互联和构建模块发挥重要作用，可被认为是与能源相关的应用中最有前途的材料方向之一。其次，按照有无孔来分，一维(1D)纳米材料可以分为无孔一维纳米材料和多孔一维纳米材料。其中，多孔一维(1D)纳米材料在可实现高容量、高倍率性能和长期循环性能方面具有很多优势：较小的晶体尺寸提高了活性材料的利用率，从而提高了比容量；多孔一维纳米结构比无孔结构提供更大的表面积；高表面积确保电解质与电极表面的有效接触，有利于电荷通过电极-电解质界面转移；一维纳米材料中产生孔隙可以有效地减小离子传输尺寸，有助于离子扩散长度进一步缩短；一维纳米结构中的孔通常是连续的，这提供了通过电解质到活性材料的相互连接的离子扩散路径；多孔一维纳米结构中的空白空间适应了与电化学反应相关的体积变化，从而限制了循环过程中的结构退化；多孔一维纳米结构可以组装成相互连接的网络，避免使用黏合剂，实现独立灵活的储能应用；多孔一维纳米结构中的孔隙/中空区域可作为填充其他材料的主体，实现多功能应用。

由于一维纳米材料的低维度和高纵横比，因此准一维纳米材料具有不同寻常的物理性质。首先一维纳米材料沿一定方向的取向特性使其被认定为定向电子传输的理想材料，是可用于电子及光激子有效传输的最小维度结构，如场效应晶体管、共振隧道二极管、纳米电子器件等。此外，因为纳米级材料所具有的独特结构也使其在陶瓷增韧技术、微机电系统等领域发挥出独特的优势，一维纳米结构因集成了良好的电学、光学和化学性能而成为研究热点，并被广泛应用于各个领域。而具有设计性质和结构的多孔1D纳米材料的发展已经导致电化学能量存储的显著进步。在碱性离子电池中，具有短得多的双连续离子和电子传输路径的多孔1D纳米结构有利于高速应用。同时，坚固的多孔结构的发展提供了适应大体积变化的优点，从而防止结构坍塌并提高循环寿命。已经报道了使用各种不同的多孔1D纳米材料的优异的电化学性能，因为它们可以克服某些限制：①电极材料差的导电性；②电极和电解质之间的界面阻抗，这是由在活性材料界面上形成的SEI层引起的；③低体积能量密度。孔隙率和结构的合理设计导致材料具有能够实现快速离子扩散和快速电子传输的特性，减少活性材料暴露于电解质中，并使用组装方法来增加体积能量密度。先进的锂电池(锂硫和锂氧系统可提供比锂基电池更高的能量密度，也可以受益于使用多孔1D纳米结构。通过纳米铸造，硫可以嵌入多孔纳米纤维中，建立强吸附性能，从而抑制多硫化物系统中的“穿梭效应”。随着硫含量的增加，梯度宏观/中观/微观多孔结构能够显著提高锂硫电池的能量密度。在Li-O_2电池中，多孔纳米线提供了大的表面积、连续的O_2和电解质扩散通道以及良好的电子传输。纳米线还为反应产物提供了许多沉积/分解位点，从而提高了电化学性能。通过使用多孔1D纳米结构，通过双层或氧化还原过程储存电荷的超级电容器的电化学性能得到了改善。掺杂杂原子的碳基EDLC材料能够产生更多的氧化还原位点以增加能量密度。此外，构造良好的多孔纳米线通过实现短扩散路径、大离子吸附和快速电解质进入氧化还原活性位点，使得本征和非本征赝电容材料能够实现改进的性能。构建具有多孔1D纳米结构的电极，实现电子和离子的双连续传输，将有利于制备高能量密度的混合超级电容器，其阴极和阳极有效地结合了赝电容材料的优点，特别是对于嵌入赝电容。

大量的研究致力于研究纳米线的生长机制，并从尺寸、组成、表面化学及其化合物方面控制一维纳米材料。合成一维纳米材料的两种主要策略是“自下而上”和“自上而下”的方法。然而，在大多数情况下，合成一维纳米材料主链的“自下而上”的方法和在主链上产生孔隙或中空区域的“自上而下”的方法是结合在一起的。合成一维纳米材料的方法有很多，如气相法[1]、液相法[2]、静电纺丝法[3]、和模板法[4]等。这些方法是合成具有可控形态、孔隙率、尺寸、晶体结构和结构组成复杂的一维纳米结构的有效策略。在这些方法中，气相法和液相法是最主要的方法。液相方法在纳米材料的化学合成中起着至关重要的作用。基于反应条件如浓度、酸碱度、温度、时间、压力、添加剂等，采用液相生长法已经获得了各种纳米结构。液相法主要包括水热合成和溶剂热合成，微乳液的使用以及各种模板辅助方法。液相合成方法具有简单、温和的化学条件、可扩展性等特点，并具有在纳米尺度上控制尺寸和结构的潜力。然而，通过液相方法合成的许多一维(1D)纳米结构材料的确切生长和形成机制仍然未知，需要更多的研究来阐明。为了使液相合成方法更具有吸引力，需要对液相合成中发生的反应过程进行更精确的控制。此外，对于工业上的大规模制造，需要开发溶剂热或基于微乳液的系统中所涉及的溶剂的高效且成本有效的再循环体系。气相生长方法，如化学气相沉积(CVD)、物理气相沉积(PVD)、分子束外延(MBE)和脉冲激光沉积(PLD)已得到很好的发展，并经常用于金属和金属氧化物纳米合成，具有高质量的结果。与气相合成相比，溶液相技术具有可扩展性、低成本和易操作等优点。更重要的是，溶液合成方法允许更多的底物选择，包括无机和有机底物，因为溶液相反应发生在相对较低的温度(25~200℃)[与气相相比(>450℃)]，可以设计溶液相合成实验来获得元素纳米材料如金和铂，二元纳米材料如二氧化钛[5]、氧化锌[6,7]和碲化镉[8]，以及复合氧化物纳米材料如钛酸钡[9]和氢氧化镁硫酸盐水合物[10]，这些很难通过气相合成来实现。由于这些优点，溶液相方法引起了研究人员越来越多的兴趣，并且已经开发了许多合成路线来实现一维纳米材料，包括共沉淀、微乳液、水热和模板辅助合成等。为了发明各种准一维纳米材料，在过去的几十年中，科学家们实践了各种技术，本章节主要对纳米线、纳米棒、纳米带以及纳米环进行详细描述。

4.1 纳米线

纳米线是长度较长、形貌表现为直的或弯曲的一维实心纳米材料。一维(1D)纳米材料，包括纳米线(nanowires)和纳米管(nanotubes)，因其高纵横比和机械灵活性而具有独特的电子、光学和磁性特性，已在光电子学、生物科学、能量收集，以及化学传感的各种应用中得到开发，因此成为几十年来一个有吸引力的研究课题。特别的是，排列的纳米线/纳米管在机械和电学方面表现出各种综合性能，目前已广泛用于开发柔性电子器件，如柔性电极、可拉伸电子器件和电子皮肤。在电子器件的制造中，纳米线/纳米管的精确定位和取向对于实现其综合物理化学性能优势以获得足够的器件性能至关重要。

4.1.1　模板辅助法

模板辅助法是合成纳米材料，尤其是1D纳米材料最广泛使用的方法之一。根据所需的生长机制，已经在无孔以及多孔1D纳米材料的合成中开发了不同类型的模板。用于合成纳米线的模板有两大类：一类是纳米复合模板，另一类是定向模板。纳米复合模板包括阳极氧化铝膜、聚碳酸酯膜和介孔模板（如SBA-15、CMK-3）等。在定向模板的情况下，它们通常包含碳纳米纤维、碳纳米管、无机金属氧化物纳米线、金属纳米线等。

模板辅助方法由于其可靠性和可控性，是合成无孔及多孔1D纳米材料的非常有效的方法。此外，结合各种新颖模板的能力在这个过程中提供了创造性的特征。随着新材料和新方法的引入，模板辅助法将有助于纳米材料设计和合成的发展。

4.1.1.1　定向模板法

碳纳米管是最受欢迎的定向模板之一，因为其直径可调，产量大，易于去除。早在1995年，Lieber的研究小组就首先引入了通过CNT限制反应合成纳米线或纳米管的方法[11]。在这种方法中，CNTs连续反应可以表示为：

$$A(g)+MO(g)+C(\text{纳米管})\longrightarrow NTs(\text{纳米管/纳米线})+B(g) \quad (1)$$

$$MX(g)+C(\text{纳米管})\longrightarrow \text{金属碳化物纳米线}+X_2 \quad (2)$$

其中，MO（MX）是在所需反应温度下具有较高蒸气压的挥发性金属（或非金属）氧化物（或卤化物）；A是反应气体或惰性气体；B是产物气体，X_2是卤素气体。在同时添加X_2的情况下，有时会使用挥发性金属。在这种情况下，金属与X反应生成MX（n=4或5），然后通过MX_n与CNT的反应合成金属碳化物纳米线。现在，通过这种方法制造了许多纳米线。但是，CNT不一定要参与上述反应，并且如果可以通过氧化剂除去碳，则可以用纯金属或非金属代替氧化物，例如GeO_2纳米线的合成[12]：

$$Ge(g)+2O_2+2C(\text{纳米管})\longrightarrow GeO_2(\text{纳米线})+2CO \quad (3)$$

由于Ge在当前的合成温度下不与C反应，因此CNT不参与GeO_2纳米线的生长，仅起模板作用。由于合成系统中的O很少，CNT可以在短时间内保持其管形，并让GeO_2纳米线沿管生长，最后得到单晶GeO_2纳米线。

此外，无机定向模板也可用于多孔纳米线的合成。以氧化锌纳米棒阵列为模板可制备多孔Pt-Ni-P纳米管阵列，将Pt-Ni-P纳米粒子电沉积在氧化锌表面，形成ZnO@Pt-Ni-P核壳纳米棒阵列。通过酸蚀去除ZnO纳米棒模板，得到多孔Pt-Ni-P纳米管阵列。此外，以氧化锌纳米棒阵列为模板，还可以合成多孔Ni@Pt核壳纳米管阵列、多孔GeSi纳米棒阵列和分级多孔NiO纳米管阵列。以二氧化锰纳米棒为模板可以合成碳纳米管，以V_2O_5纳米线为模板可以合成多孔V_2O_5@MnO_2纳米管和V_2O_5@MnO_2/M纳米管[$M=Fe_2O_3$，Co_2O_3/$Co(OH)_2$，$Ni(OH)_2$]。除了金属氧化物模板，金属纳米线也是合成新型纳米结构的可行模板。使用铜纳米线作为模板合成分级TiO_2管状纳米结构，将超薄的碳纳米管纳米线作为一个通用的模板来构建一系列的纳米结构，包括纳米碳纤维。

4.1.1.2 原始模板法

阳极氧化铝(AAO)是最常见的纳米复合模板之一。一维纳米结构可通过模板电沉积轻松制备，其结合了模板合成的优点和电化学处理的多功能性。为此，使用具有长通道的多孔基质，例如通常使用轨道蚀刻膜和 AAO 膜。这两个模板均具有均匀的圆柱形通道。与轨道蚀刻膜相比，由于通道组装成 2D 六角形填充物，AAO 膜结构中的孔密度高出一个数量级。此外，使用不同的阳极氧化条件使得可以在较大范围内调节 AAO 的结构参数(如孔间距离 D_{int}，孔径 D_p和膜厚 L_0)。特别地，D_{int}可以以可控制的方式从 10nm 改变到 1000nm，D_p可以从 5nm 改变到 500nm，L_0可以超过数百微米。独特的结构与高的热、化学和机械稳定性相结合，使阳极氧化铝作为一维纳米结构合成的模板极具吸引力。

模板辅助方法已成功用于合成具有恒定或调制组成的纳米线、纳米管、纳米带和具有广泛功能特性的纳米环。对于在 AAO 模板中获得的纳米线，已经观察到单个粒子及其阵列的非凡磁性行为，拉曼光谱强度增强和非常规电子传输特性。

如图 4-1 所示，2008 年，Magnin 等在支撑在硅晶片上的氧化铝模板的纳米孔内电沉积金属 Ni 而获得了 Ni 纳米线，其后通过层层组装(LbL)将多糖直接沉积到 Ni 纳米线上，纳米线最终通过温和的超声波处理而被释放出来[13]。主要步骤可以概述为：

步骤 1，镍在负载氧化铝模板的纳米孔内的电化学沉积；

步骤 2，氧化铝模板的溶解；

步骤 3，多糖在镍纳米线上的 LbL 组装；

步骤 4，通过温和的超声波处理将生物包覆的镍纳米线从衬底上剥离。

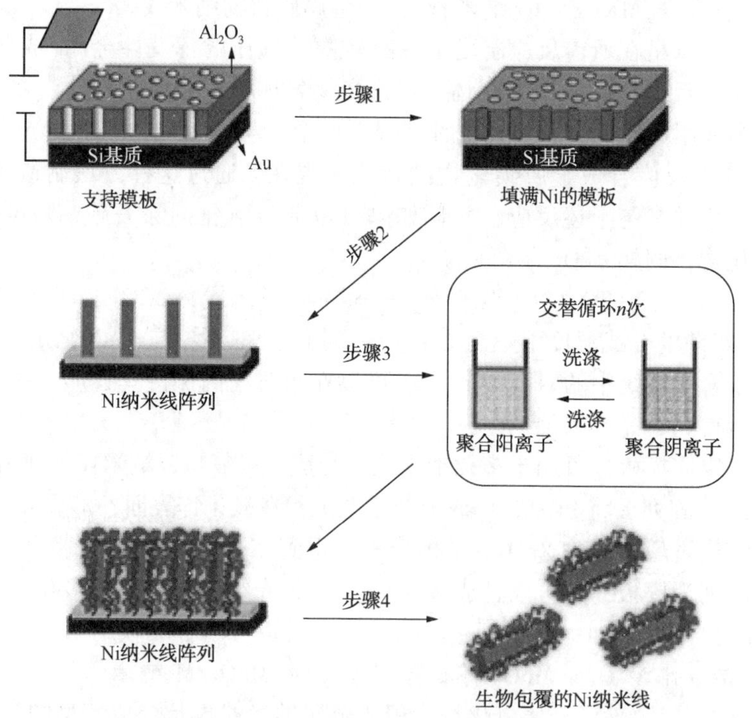

图 4-1 AAO 模板生长 Ni 纳米线[13]

其次，2016 年，Alexey 等就阳极氧化铝模板电沉积法制备纳米线过程中的纳米线生长机理进行了进一步的研究[14]。通过两步氧化法在氧化铝模板上进行 Cu 电沉积制备了 Cu/AAO 纳米线。2019 年，康立从等同样以阳极氧化铝模板法成功获得了 Nd-Fe-B 磁性金属纳米线材料[15]。

在多孔纳米线的制备中，纳米多孔 Pt-Co 合金纳米线是通过电沉积在多孔氧化铝膜中形成的。在纳米线形成之后的去合金化处理过程中，阳极氧化铝膜被部分或完全去除，形成多孔的 Pt-Co 合金纳米线，气外表面富含 Pt，纳米线的宽度为 2~8nm，孔径小于 5nm。

其他纳米复合模板也已成功用于纳米线的合成。以 SBA-15 为模板制备了介孔类豆荚状 Co_3O_4@碳纳米管阵列。合成的纳米管阵列具有高比表面积(高达 $750m^2/g$)和大孔径。以 SBA-15 为模板合成了介孔 CoN、CrN、多孔 Ni、介孔 $CuCo_2O_4$和介孔 Si@碳核壳等多孔纳米线。有趣的是，生物模板也被用于多孔纳米线的合成。如蟹壳生物模板合成多孔纳米线，蟹壳在空气中退火以去除表面的有机物，并研磨成粉末。然后将前体溶液浸渍到蟹壳粉末中，加热后，将前体碳化。除去生物模板后，所得介孔碳纳米纤维阵列的平均直径为 70nm，孔径为 11nm。直径和孔径分布是多孔纳米线的两个重要参数，因此对这些参数的控制非常重要。而双模板方法即可实现这些参数的有效控制，其中多孔膜和小球都用作模板，并且通过调节膜的通道尺寸和球的直径来很好地控制直径和孔径。先将两片具有不同通道尺寸的多孔膜(如 AAO 膜)相互平行堆叠，然后通过过滤将聚合物(如聚苯乙烯、PS)球填充到顶部膜中。然后，移除底膜，并将具有球体的顶膜用作电沉积的电极。在电沉积过程中，前驱体被渗透到膜-球复合材料中，溶解膜和球后得到新型多孔纳米线。此外，用聚碳酸酯膜和聚苯乙烯球作为模板可以合成不同直径和孔径的多孔钴纳米线。将纳米复合模板辅助方法与电沉积相结合是制备多孔纳米线的一种非常有效的方法，

4.1.2 化学沉积法

4.1.2.1 化学气相沉积法

化学气相沉积是生产纳米材料的少数工业工艺之一。化学气相沉积(Chemical Vapor Deposition，简称 CVD)是利用气态或蒸气态的物质在气相或气固界面上发生反应生成固态沉积物的过程。化学气相沉积过程分为三个重要阶段：反应气体向基体表面扩散、反应气体吸附于基体表面、在基体表面上发生化学反应形成固态沉积物及产生的气相副产物脱离基体表面。化学气相沉积的方法很多，如常压化学气相沉积(Atmospheric pressure CVD，简称 APCVD)、低压化学气相沉积(Low pressure CVD，简称 LPCVD)、超高真空化学气相沉积(Ultrahigh vacuum CVD，简称 UHVCVD)、激光化学气相沉积(Laser CVD，简称 LCVD)、金属有机物化学气相沉积(Metal-organic CVD，简称 MOCVD)、等离子体增强化学气相沉积(Plasma enhanced CVD，简称 PECVD)等。

化学气相沉积是一种合成半导体纳米线的常用方法，用于储能、电子、光子学等领域。如图 4-2 所示，北京航空航天大学用有机溶液 TEOS 无催化剂化学气相沉积法一步合成了 Si-SiO_x NWs[16]。以浓度为 99%的 TEOS 溶液为前驱体，以碳/碳复合材料为衬底合成了硅-氧化硅纳米复合材料。将碳/碳复合材料用无水乙醇中的超声波清洗机清洗，然后在 100℃下干燥 2h。此后，将装载在陶瓷舟中的碳/碳复合材料放入具有气体入口的管式炉的中心。将高纯度氩气(99.999%)注入 TEOS 溶液，以产生进入熔炉的 TEOS 蒸气(以除去所有其他

气体)，并保持 10mL(标准)/min 的流速。然后以 10℃/min 的加热速率将温度升至 900℃。冷却后，在位于 TEOS 蒸气源下游的碳/碳衬底上制备硅-二氧化硅纳米线。

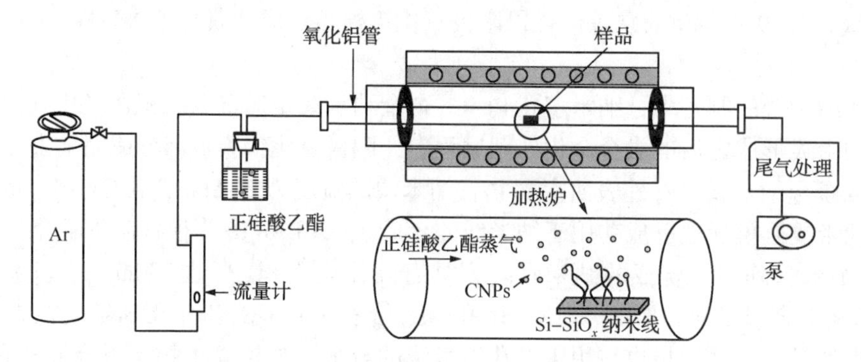

图 4-2　Si-SiO$_x$ 纳米线制备示意图[16]

金属纳米线因其在未来纳米电子学中作为互连的潜在用途以及在磁性器件、纳米传感器、电子发射器等方面的应用可能性而备受关注。在为制造金属纳米线而开发的各种物理和化学方法中，利用模板(例如膜、纳米结构和表面阶梯边缘)的化学/电化学方法是制备独立式金属纳米线的更广泛使用的方法。然而，这些方法中的大多数需要移除模板来产生独立式金属纳米线。

在多孔纳米线的合成中，由化学气相沉积形成明确定义的纳米线，然后热处理形成多孔结构组成的两步工艺是制备设计的纳米线的有效方法。例如，利用 Au 作为催化剂，通过金属有机化学气相沉积法在硅(100)衬底上合成了 CdSe 和 ZnCdSe 前驱体纳米线。多孔 ZnO 和 ZnCdO 纳米线随后通过 ZnSe 和 ZnCdSe 纳米线在空气中于 700℃ 氧化 1h 获得。由于在边界或缺陷处发生的快速氧化过程，形成了由纳米粒子和纳米孔组成的多孔 ZnO 和 ZnCdO 纳米线。也可以通过化学气相沉积直接合成多孔单晶纳米线。此外，氮化物的纳米线也可通过该方法得到，多孔氮化镓纳米线，通过在 NH_3 下化学气相沉积 $Ga/Ga_2O_3/B_2O_3/C$ 混合物来合成。直的、多孔的、高密度的纯氮化镓纳米线，没有任何其他纳米结构。GaN 纳米线的直径在 30~70nm 之间，孔径为 5~20nm。在反应过程中，Ga_2O 蒸气首先由 Ga 和 Ga_2O_3 混合物产生，然后是蒸气-液体-固体(VLS)生长过程。Ga_2O 气相沉积在催化纳米颗粒上，形成可混溶的液态合金。随后，Ga 和 NH_3 溶解，导致氮化镓的沉淀如下：

$$Ga_2O(g)+2NH_3(g)\overline{\overline{\quad}}2GaN(g)+H_2O(g)+2H_2(g) \tag{4}$$

H_2 和 H_2O 的逃逸导致 GaN 纳米线生长过程中形成多孔结构。

4.1.2.2　电沉积

在过去的几十年里，电沉积在制备金属、半导体和聚合物纳米材料方面得到了广泛的发展，因为它提供了一种低能量、简便的工艺，并且具有良好的均匀性，可以得到很好的控制。对于多孔纳米线的合成，模板辅助电沉积方法是有效的。Laocharoensuk 等[17]通过从具有不同组成片段的金-银合金纳米线中溶解银，构建了形状一定的多孔纳米杠铃或纳米阶梯锥纳米线。通过在电沉积过程中改变镀液中的 Au/Ag 组成比，可以可控地获得这些不同组成的片段。这是一种制备具有不同尺寸和孔隙率的多孔纳米线的简单且可控的方法，即通过在电沉积过程中有意调节电镀液的组成。类似地，多孔钯和铜纳米线是利用电沉积然后蚀刻合成的。核/壳纳米线阵列可以使用多孔纳米线作为核骨架并电沉积壳材料来制备。一些例子是分级核/壳 $NiCo_2O_4$@ MnO_2、Co_3O_4@ NiO 和 Co_3O_4@ $Co(OH)_2$纳米线阵列。在泡沫镍上用水热法合成了 Co_3O_4纳米线阵列。然后在 Co_3O_4纳米线上电沉积 $Co(OH)_2$，形成核/壳结构。Duay 等[18]通过结合 AAO 模板辅助和电沉积方法合成了分级二氧化锰@二氧化锰纳米线/纳米纤维。二氧化锰核心纳米线是通过使用醋酸锰溶液电沉积到氧化铝模板中获得的。

4.1.2.3 原子力沉积(ALD)

原子力沉积是一种新兴技术，由于其简单性、可再现性和保形性，在复杂纳米结构材料的表面改性和制造中的应用正迅速获得认可。该方法能够在纳米粒子、纳米线、纳米管、软材料或 AAO 模板上沉积复杂化合物的均匀涂层。此外，沉积膜的厚度可以精确地控制在埃米到纳米之间。范和他的同事[19]利用原子力沉积在碳布上合成了同轴的 SnO_2-ZnO-TiO_2纳米线，并对氧化锌进行了刻蚀，得到了一种新颖的空心结构的 SnO_2-TiO_2管中丝结构。空心管丝结构可以限制锂化过程中二氧化锡的体积膨胀，使 LiB 具有良好的循环稳定性。均匀的多壁纳米结构可以通过多步 ALD 和随后的蚀刻来设计和合成，不同层的厚度通过调整 ALD 生长周期来精确控制，TiO_2包覆的多孔硅纳米线使用蒸发诱导自组装。原子力沉积除了在纳米线的合成中被广泛应用外，在其他一维(1D)纳米结构的制备中也有着重要且广泛的应用。以碳纳米球为模板，在空气中退火，合成了多种螺旋氧化物纳米管(Al_2O_3、SiO_2、TiO_2和 $ZnAl_2O_4$)。通过 H_2还原 CuO 纳米线和 ALD 生长 Al_2O_3壳来制备由铜纳米粒子链组成的多孔 Cu/Al_2O_3纳米粒子。使用多孔硅模板制备了具有均匀形状和尺寸的多壁铂-铂/二氧化钛-二氧化钛纳米管。这些不同材料的多壁中空纳米结构具有用于生物传感器、宽带检测器、光伏器件和能量存储器件的潜力。ALD 技术还可通过与液相方法相结合，用于构建分级多孔 1D 纳米结构，如分级氧化锌纳米结构。这些例子突出了 ALD 在制造复杂纳米材料方面的多功能性、一致性和独特性。在多孔 1D 纳米材料的制造中，ALD 能够设计和合成不同形状和结构的材料。

4.1.3 气-液-固(V-L-S)生长法

所谓 V-S-L 生长，是指气相反应系统中存在纳米线产物的气相基元(原子、离子、分子及其团簇)和含量较少的金属催化剂基元，产物气相基元和催化剂气相基元通过碰撞、集聚形成合金团簇，达到一定尺寸后形成合金液滴，合金液滴的存在使得气相基元不断溶入其中，当熔体达到饱和状态时，合金液滴中即析出晶体，通过继续吸收气相基元，可使晶体再析出生长。如此反复，在液滴的约束下，可形成一维结构的晶体纳米线。V-S-L 机制生长分为三个阶段：共溶阶段、结晶阶段和生长阶段。一般该方法通常与溶胶-凝胶法、激光烧蚀法[20]等结合使用，进而得到形貌优异的纳米线结构。

以 GaSb 纳米线的制备为例，以硅为衬底，金薄片为介导作为硅衬底上的金属催化剂，在形成合金液滴后，随着气相基团的不断溶入，合金液滴中析出晶体，如此反复，便最终得到 GaSb 纳米线[21]。此外，宽带隙半导体硫化锌纳米线(图 4-3)，其合成在简单的热蒸发工艺的基础上，使用了 V-L-S 方法[22]。

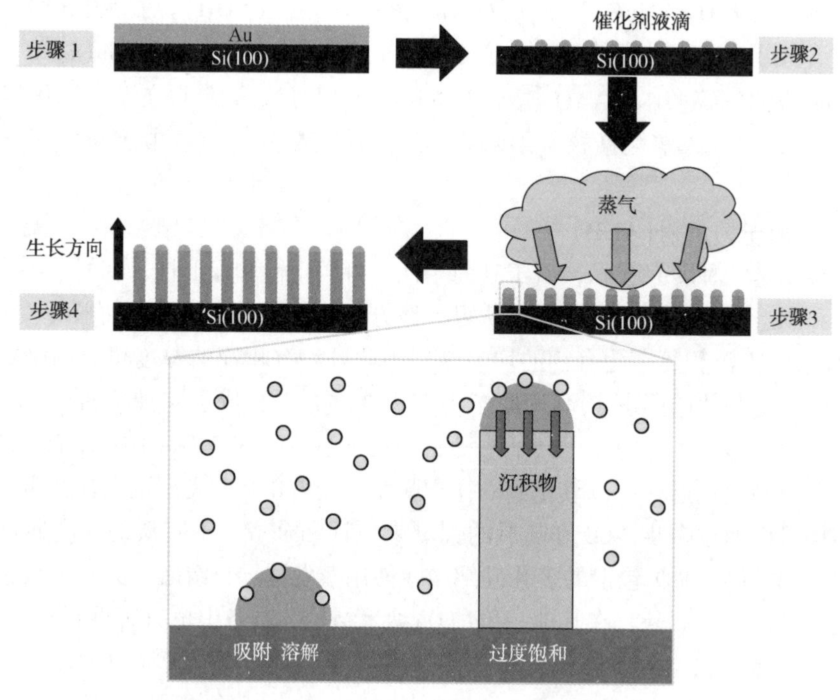

图 4-3 利用气-液-固(V-S-L)生长机制生长 ZnS 纳米线的示意图[22]，步骤 3 中的放大图位于底部

4.1.4 金属有机化学气相沉积法与 V-S-L 生长法制备Ⅲ-Ⅴ族化合物纳米线

金属有机化合物气相沉积(Metal-organic CVD，简称 MOCVD)是常规 CVD 技术的发展，它用容易分解的金属有机化合物作为初始的反应物，并且常以 Au 作为辅助剂[23]。Ⅲ-Ⅴ族半导体与其他半导体材料相比，具有更好的载流子迁移率，它们的高共价特性和闪锌矿晶体结构的高度对称性使得Ⅲ-Ⅴ族纳米材料的合成具有挑战性。Ⅲ-Ⅴ族纳米线的生长主要受 V-L-S 机制的控制。二元合金 GaAs 纳米线的合成就是一个鲜明的例子，如图 4-4 所示，首先将金薄膜涂在衬底上(基于 V-S-L 方法)，退火产生 Au-Ga 合金催化剂液滴，而后再得到 GaAs/InGaAs 纳米线[24]。

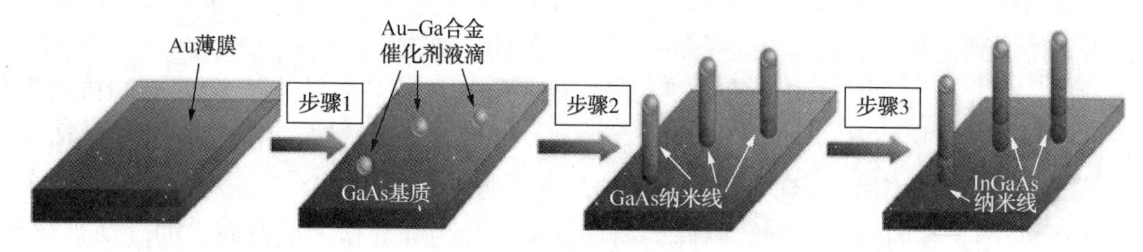

图 4-4 金属有机化学沉积法合成 GaAs/InGaAs 纳米线[24]

其后，同样基于 V-S-L 生长机制，2019 年，在金属有机化学气相沉积系统中通过金辅助的气-液-固生长机制成功合成了三元合金 InGaP 纳米线[25]。InGaP 纳米线自发形成了核-壳结构，具有富镓核和富铟壳。此外，沿着纳米线的长度，纳米线核和壳中的 Ga 和 In 浓度

也存在组成梯度，核和壳之间的组成差异从上到下逐渐减小。此外沉积在表面的 Au 对纳米线的形成具有催化作用。

Ⅲ-Ⅴ族外延半导体纳米线因为其在电子和光电子应用方面的巨大潜力被认为是先进功能器件的构建模块，例如 InGaAs 用于场效应晶体管，InGaP 用于发光二极管，GaAs 用于近红外激光器，InAsP 用于红外光电探测器。其中，InGaP 材料系统是红色至黄色波长范围内高效发光二极管和光伏应用的理想候选材料，因为它的直接可调带隙范围为 1.35~2.26eV。迄今为止，已证明由芯-多壳异质结构 GaAs/InGaP 纳米线和基于芯-壳结构 GaAs/InGaP 纳米线可以用于感光二极管制造太阳能电池。此外，已有研究致力于三元Ⅲ-Ⅴ族化合物纳米线的外延生长，如 AlGaAs、InGaAs、GaAsP 和 GaAsSb，通过控制生长条件，由此可以制造出具有所需组成的三元纳米线。然而，与元素硅和锗纳米线以及二元 GaAs 和 InAs 纳米线的对应物不同，在三元纳米线中经常观察到跨纳米线的不均匀组成。有趣的是，在金辅助生长的三元纳米线中，特别是在Ⅲ-Ⅴ纳米线系统中，由于 In/Ga 与金催化剂之间的竞争合金化[26]，通常观察到由三元纳米线中的元素偏析诱导的核壳异质结构的自发形成。

4.1.5 水热法和溶剂热法

液相方法在纳米材料的化学合成中起着至关重要的作用。基于反应条件如浓度、酸碱度、温度、时间、压力、添加剂等，已经获得了各种纳米结构。在溶液中合成一维(1D)纳米材料的关键因素之一是控制反应物的过饱和。尽管在 1D 纳米晶的成核和晶体生长过程中，过饱和状态是不容易获得的，但是仍有一些方法改进了该缺陷。一般认为，高饱和度有利于成核，而低饱和度有利于晶体生长。此外，反应物的低过饱和水平将有利于 1D 纳米线的生长。为了保持在生长过程中的低过饱和水平，必须对原材料的供应进行精细控制。微溶盐可以作为缓冲剂和过饱和控制剂。一维纳米材料的液相合成方法，包括水热合成和溶剂热合成，微乳液的使用和各种模板辅助方法。

水热法和溶剂热法是通过使用水溶剂、有机-无机杂化溶剂或纯有机溶剂合成纳米材料的非常有效的途径，已被广泛应用于合成 1D 纳米材料。实现 1D 生长的主要途径是利用极性和非极性两方面。通过有选择性地促进或抑制这些方面地生长，从而实现自下而上地一维(1D)生长。制备一维(1D)多孔纳米结构的通用方法是使用水热或溶剂热方法制备一维(1D)纳米结构前体，然后进行退火处理以产生多孔形态。根据退火温度和气氛，一维前体将与逸出气体一起经历相变、氧化、还原或热解，导致孔隙的形成。郑及其同事通过 90℃的混合/乙醇溶剂热法合成了钴氧化物前驱体，前驱体在 250℃退火 2h，得到了高比表面积的介孔 Co_3O_4纳米线。介孔 Co_3O_4纳米线在 $NaBH_4$溶液中也可以被还原，这增加了纳米线表面的氧空位浓度，导致更高的电导率和更大的反应性。此外，介孔氧化钴纳米线可以生长在不同的基底上，例如镍泡沫[27-29]、硅[30]、玻璃[30]、钢[31]、钛[32,33]、碳纸[34,35]和聚苯乙烯[30]，以形成介孔纳米线阵列，用于额外的自由和灵活的应用。对钴基多孔纳米线的其他水热研究包括江等[33]对 CoO 的研究和 Rakhi 等[36]对碳纸上介孔 Co_3O_4纳米线阵列的研究。退火后，介孔 Co_3O_4纳米线的比表面积为 76m^2/g，孔径范围为 2~4nm。已经报道的其他纳米线包括 VO_2[36]、Mn_2O_3[37]、NiO[38]、二氧化钛[39]、In_2O_3[39]、PbO[39]、SnO_2[40]和 Fe_2O_3[41]，它们中的每一种都是通过水热或溶剂热方法，然后在适当的退火条件下合成的。除氧化物外，还获得了多孔氮化物[42]和硫化物[43]纳米线。李等[42]通过将氧化钒纳米线在氮中于600℃退火1h来制备多孔氮化钒纳米线。在退火过程中，通过去除H_2O和O_2，氧化钒纳米线被还原成多孔氧化钒纳米线。氧气的损失导致了多孔1D结构的形成。合成LiB的一些过渡金属氧化物的一个有趣的过程是使前体氧化物与锂盐溶液水热反应[44,45]。例如，夏等[44]在LiOH溶液中于240℃进行Co_3O_4纳米线阵列的水热反应48h，以实现锂化。在空气中750℃退火2h后，低温尖晶石相转变为层状钴酸锂。

还开发了使用一步或两步液相反应而不进行后续退火处理来合成多孔纳米线，通过一锅法水热或溶剂热法制备多孔纳米线通常需要离子或有机分子作为软模板或结构导向剂。在100℃的低温下，通过一步水热处理成功合成了介孔$Co(OH)_2$纳米线有序阵列。在合成过程中，$Co(OH)_2$纳米粒子结构单元聚集形成含介孔的$Co(OH)_2$纳米线以降低其高表面能。介孔纳米线的生长发生在连续的水热处理过程中。Pei等[46]开发的混合溶剂(乙二醇和蒸馏水)用于合成$LiMnPO_4$多孔纳米线，通过使用受控的生长条件形成管状一维纳米材料。另一种有趣的材料，$H_2Ti_3O_7$纳米管，是通过在浓氢氧化钠溶液中处理二氧化钛晶体的一步水热过程获得的。二氧化钛与氢氧化钠反应形成高度无序的相，然后再结晶成薄的H_2Ti_3O板。表面氢的缺乏导致不对称的表面张力，导致表面层弯曲并形成多壁螺旋纳米管。Tang等[47]在水热反应过程中加入了磁力搅拌，使得能够获得更多的细长纳米管。还通过一步水热或溶剂热方法获得了氧化钒纳米颗粒[48]和$H_4Nb_6O_{17}\cdot nH_2O$纳米颗粒[49]。在两步液相方法中，由初始水热处理或溶剂热处理获得的1D纳米结构前体通过第二液相反应形成多孔结构。Kim和同事[50]合成了钛酸氢纳米线($H_2Ti_3O_7\cdot nH_2O$)作为前驱体，然后在180℃的温度下通过水热脱水形成多孔二氧化钛纳米线。金等[51]在70℃的尿素水溶液中通过原位水热处理无定形二氧化钛纳米管合成了多孔二氧化钛(锐钛矿)纳米线。提出了一个溶解-重结晶过程来解释从纳米管到多孔纳米线的形态转变。研究者提出，尿素在70℃水解产生的羟基离子与二氧化钛纳米管表面反应形成二氧化钛，导致二氧化钛纳米管逐渐溶解。当纳米管中的羟基浓度降低到一定值时，二氧化钛参与水解反应，转化为聚集的二氧化钛纳米晶体。随着时间的推移，二氧化钛纳米晶体逐渐占据纳米管的内部空间，形成多孔纳米线。

多步水热或溶剂热方法也可用于使用纳米粒子、纳米线或纳米片作为构建块来制造分级异质结构的核壳多孔纳米线。范和同事[52]构建了MO_x(M=Co，Zn，Sn等)纳米线@二氧化锰超薄纳米片核/壳阵列，通过高锰酸钾和石墨碳之间的界面反应具有互联的孔隙率。MO_x纳米线用葡萄糖水溶液浸渍，在氩气中退火，在纳米线表面形成均匀的无定形碳涂层。然后将MO_x/C纳米线置于160℃的高锰酸钾溶液中1~5h。由此产生的氧化还原过程[反应式(5)]，使得能够形成核/壳MO_x纳米线@二氧化锰纳米片阵列。

$$4MnO_4^- + 3C + H_2O = 4MnO_2 + CO_3^{2-} + 2HCO_3^- \quad (5)$$

此外，类似的金属氧化物核/壳纳米线阵列，例如$NiCo_2O_4$@MnO_2、Co_3O_4@NiO、Co_3O_4@$Co(OH)_2$也可以通过水热合成然后进行化学或电化学沉积来获得。

4.1.6 溶胶-凝胶法(Sol-Gel)

溶胶-凝胶法(Sol-Gel法，简称S-G法)就是以无机物或金属醇盐作为前驱体，在液相中将这些原料均匀混合，并进行水解、缩合化学反应，在溶液中形成稳定的透明溶胶体系，溶胶经陈化，胶粒间缓慢聚合，形成三维空间网格结构的凝胶。凝胶经过干燥、烧结固化制备出分子乃至纳米亚结构的材料。

溶胶-凝胶法按产生溶胶凝胶的过程机制主要分成三种类型：①传统胶体型。通过控制溶液中金属离子的沉淀过程，使形成的颗粒不团聚成大颗粒而沉淀得到稳定均匀的溶胶，再经过蒸发得到凝胶。②无机聚合物型。通过可溶性聚合物在水中或有机相中的溶胶过程，使金属离子均匀分散到其凝胶中。常用的聚合物有聚乙烯醇、硬脂酸等。③络合物型。通过络合剂将金属离子形成络合物，再经过溶胶-凝胶过程形成络合物凝胶。

当第二副族（锌、镉、汞）硫属化物量子点首次通过胶体生长法制备时，纳米粒子的合成取得了重大突破[53,54]。该技术随后被改进并扩展到其他材料，如第四族和第五族硫属化合物[55,56]，过渡金属硫化物（如 Cd_3P_2、Zn_3P_2、Fe_3P_2、Ta_3N_5）[57,58] 和各种金属氧化物[59,60]。虽然通过这种方法可以实现尺寸和形状的精确控制，但合成过程需要长链脂肪酸或胺以及普遍使用的三辛基氧化膦（TOPO）的帮助，以稳定纳米粒子并控制其生长。然而，对于某些应用，涂覆纳米粒子的有机壳的存在肯定是没有希望的。事实上，无涂层纳米晶的一个主要优点是，可以将它们用作浇铸同质半导体薄膜的起始材料，而无需使用耗时且不总是有效的配体交换程序[55,61]。此外，从纳米粒子表面除去长链有机配体后，在有机溶剂中的分散性可能会显著降低。合成半导体纳米粒子的一种方法，不考虑使用表面活性剂，以非水解溶胶凝胶路线（NHSG）为代表[62-65]。该方法已成功用于制备几种不同尺寸和形态的单金属和双金属金属氧化物，使用金属有机前体，如与苯甲醇和苄胺反应的醋酸盐、卤化物、乙酰丙酮化物和醇盐。这种反应通常通过酯或醚消除途径进行[64,66,67]。

在纳米线的制备上，除了使用单一的溶胶-凝胶法合成金属氧化物的纳米线外[68]，还有将其和其他方法结合以此来制备纳米材料的。比如，利用溶胶-凝胶法和静电纺丝法结合从聚乙烯吡咯烷酮（PVP）/正硅酸乙酯（TEOS）/醋酸纤维素（AcOH）/乙醇（EtOH）溶液中制备一维陶瓷一维 SiO_2 纳米线[69]。除此之外，还有研究使用溶胶-凝胶自组装方法，用于合成普通的和金纳米粒子修饰的二氧化硅纳米线。在这种自组装方法中，3-巯基丙基三甲氧基硅烷（MPTMOS）被用作通过二硫键的关键连接体，并介导颗粒重组为细长的簇。二氧化硅纳米粒子的高表面应变能作为驱动力，将相互连接的纳米粒子变形为纳米线[70]。

4.1.7 静电纺丝法

静电纺丝法是一种利用聚合物流体在强电场作用下，通过金属喷嘴进行喷射拉伸而获得直径为数十纳米到数微纳米的纳米级纤维的纺丝技术。

静电纺丝法已广泛应用于纳米纤维的制备，是合成复杂 1D 纳米材料的最有效方法之一[71-73]。在静电纺丝过程中，前体通过注射泵通过喷丝头输送。在高电压下，前体液滴被拉长并变形为锥形结构（Taylor 锥），然后从 Taylor 锥的尖端喷射出带电射流，并被连续拉伸以形成纳米纤维/纳米线。静电纺丝技术可以扩展到多孔、管状和核/壳一维（1D）结构，从而提供显著的空隙空间。迄今为止，已经通过静电纺丝法合成了许多多孔 1D 纳米线/纳米管/异质纳米线。在制备一维（1D）纳米材料的过程中，静电纺丝工艺参数和退火参数对最终纳米结构的控制起着重要作用[71,73-75]。前者包括前体溶液的浓度、聚合物的类型和无机成分与聚合物的比例等因素，而退火参数通常包括加热速率、温度、时间和气氛。退火参数对电纺纳米纤维的最终形貌有重要影响。彭等[73]通过调节加热速率来控制三元过渡金属氧化物的纳米结构[图 4-5（a）]。纳米线、纳米管和管中管结构的氧化钴是通过使用不同的加热速率获得的[图 4-5（b）~（d）]。此外，成功地获得了具有多孔管中管结构的多种混合金属氧化物，如氧化镍、氧化亚铁和氧化锌。退火温度对纳米线的形貌有显著影响，多孔硅纳米线的孔隙率可以通过控制退火温度来调节。在合成二氧化钛多孔纳米线的过程上，孔隙率和比表面积随着退火温度的升高而降低。

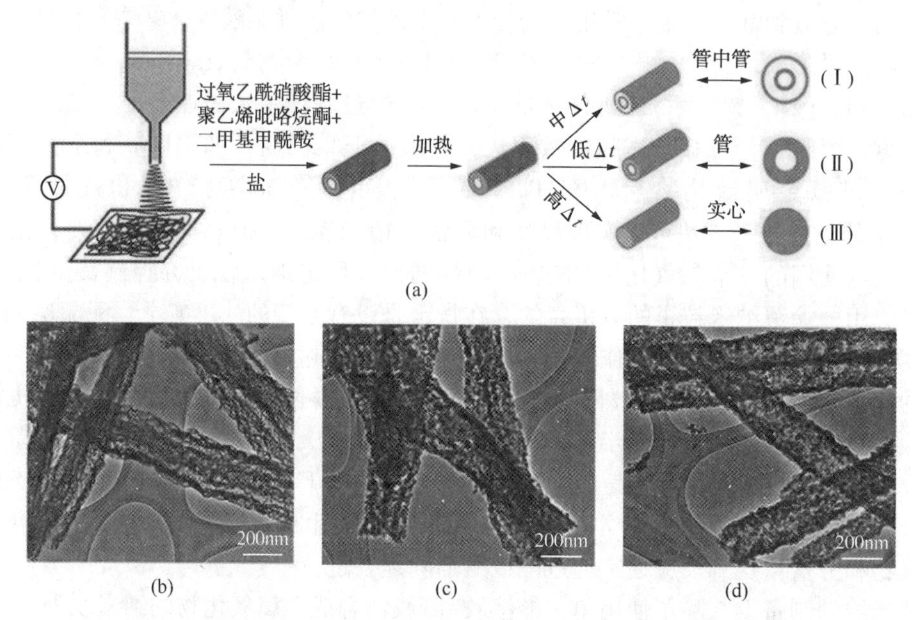

图 4-5 (a)加热速率控制纳米结构图示；(b)管中管的 SEM 图像；(c)多孔纳米管的 SEM 图像；(d)多孔纳米线的 SEM 图像[73]

除了单一的使用溶胶-凝胶法制备纳米线外，还有研究将溶胶-凝胶法与静电纺丝技术结合制备纳米线。通过将静电纺丝技术与其他方法相结合，已经获得了许多新的一维(1D)纳米结构，例如泡状纳米棒结构和竹节状结构。

自 2002 年首次提出通过溶胶-凝胶和静电纺丝方法结合获得氧化硅纳米纤维的想法以来，中国研究小组成功地从正硅酸乙酯、聚乙烯吡咯烷酮、乙醇、对称三嵌段共聚物、乙醇和盐酸(HCl)的混合物中获得了介孔二氧化硅纳米纤维。其后，由 Batool 领导的国际研究团队，基于通过使用静电纺丝方法获得了二氧化硅纳米纤维构建了相对湿度阻抗检测器。基于十多年的静电纺丝技术在纳米材料合成方面的基础，Matysiak 等将静电纺丝技术与溶胶-凝胶法相结合，从聚乙烯吡咯烷酮(PVP)、硅酸四乙酯(TEOS)、醋酸纤维素(AcOH)、乙醇溶液(EtOH)中制备出了陶瓷二氧化硅纳米线[76]。

4.1.8 化学刻蚀法(MACE)

蚀刻技术，如蚀刻银/金合金纳米线中的银成分、合成过程中去除牺牲层等，是一种通过“自上而下”的方法制造一维纳米材料的有效方法。蚀刻方法通常伴随着上述其他方法。在这一节中，我们主要集中在直接蚀刻硅，以形成硅纳米线[77]。一般来说，硅的蚀刻有两种方式：在含氢氟酸的水溶液或有机溶液中进行阳极蚀刻[78]，或在硝酸/氢氟酸溶液中进行化学蚀刻[79]。简单的金属辅助化学蚀刻引起了相当大的关注，因为它提供了硅纳米结构的形状、直径、长度、取向、掺杂类型和掺杂水平的更好的可控性[77]。一般而言，金属辅助化学蚀刻反应分为在含氟化氢和金属盐(如硝酸银[78]、氟化钾[80])的蚀刻溶液中的一步反应，或在氟化氢和过氧化氢存在下，先预沉积金属纳米颗粒或图案化金属薄膜，然后进行化学蚀刻的两步反应[81]。

经典的一步反应包括将干净的 p 型硅衬底浸入含有 $AgNO_3$ 和 HF 的蚀刻溶液中。已经证明，合成的硅纳米线的多孔形态取决于原始硅晶片的电阻率。随着晶片电阻率的降低，硅纳米线变得更粗糙，最终演变成含有微孔或中孔的纳米线。段和他的同事报道了一种两步金属辅助无电化学刻蚀方法，该方法用于从重掺杂 n 型硅晶片中获得硅纳米线阵列。主要的蚀刻工艺包括在 Si 基板上预先沉积 Ag 金属，然后在含有不同浓度的 H_2O_2 和 HF 的蚀刻液中进行化学蚀刻。而 H_2O_2 和 HF 的浓度和硅片的掺杂水平是影响硅纳米线结构的关键因素。从高掺杂的 n 型硅(100)晶片开始，随着 H_2O_2 浓度的增加，硅纳米线从光滑表面演变为粗糙表面，固体/多孔核/壳纳米线转变为多孔纳米线。随着 H_2O_2 浓度和反应时间的增加，纳米线的多孔性逐渐增强。有趣的是，通过这种蚀刻方法，获得的多孔硅纳米线仍然是单晶。使用轻掺杂的 n 型硅(100)晶片和 p 型硅(100)晶片，通过控制蚀刻温度、持续时间、H_2O_2 和 $AgNO_3$ 的浓度以及蚀刻溶液的量来合成多孔硅纳米线。同样，反应条件和初始硅晶片的电阻率是控制合成的多孔硅纳米线的孔隙率和比表面积的关键因素。

2020 年，沙迦大学 Mounir、Kais 和 Soumya 等利用银辅助化学刻蚀技术成功制备了均匀垂直排列的硅纳米线[82]。这种方法同样还可以用来制备半导体材料碳化硅(SiC)纳米线[83]。然而，碳化硅的化学稳定性使得加工非常困难，并且在碳化硅上制造纳米结构非常有限。而通过金属辅助化学刻蚀技术来制备碳化硅纳米线(图 4-6)，通过对刻蚀机理和最佳刻蚀条件的研究，发现金属组分在刻蚀过程中至少起两个关键作用，即作为催化剂产生空穴载流子和在碳化硅中引入能带弯曲以积累足够的刻蚀空穴。通过结合阳极和 MACE 工艺，所需的电偏压大大降低(3.5V 用于蚀刻碳化硅，7.5V 用于产生碳化硅纳米线)，同时提高刻蚀效率。此外，证明了通过调整蚀刻的电偏压和时间，可以获得各种纳米结构，并且获得的孔和纳米线的直径可以在几十到几百纳米的范围内。这种简便的方法为制备具有广泛应用前景的碳化硅纳米线和纳米结构提供了一种可行且经济的方法。混合阳极和 MACE 结果在所提出

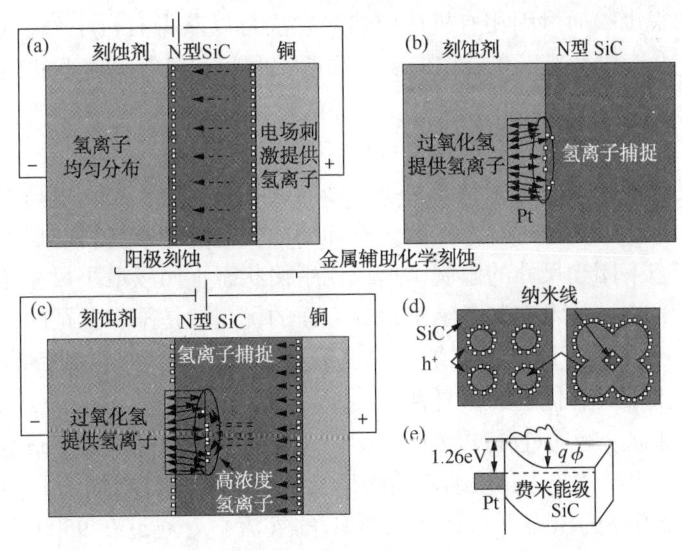

图 4-6　金属辅助化学刻蚀技术制备碳化硅(SiC)纳米线[83]

的混合阳极和 MACE 蚀刻中，使用氢氟酸和过氧化氢混合物(10mL HF、2mL H_2O_2和 20mL 去离子水)作为刻蚀剂。在 MACE 过程中，通过使用贵金属(金或铂等)催化 H_2O_2还原产生空穴，然后空穴被局部注入与贵金属接触的半导体区域。

4.1.9 热蒸发法

热蒸发法是在超高真空或抵押惰性气体氩(Ar)或氦(He)气氛中，通过蒸发源的加热作用，使待制备的金属、合金或化合物气化、升华，然后冷凝形成纳米材料。热蒸发法可分为采用金属催化剂和不采用金属催化剂(即基于氧化物辅助)两种，后者采用廉价的氧化物代替金属催化剂以实现氧化物辅助生长(OAG)机理的纳米线生长，不仅节约成本，而且避免了传统 V-S-L 生长中引入的金属催化剂以及源气体对纳米线的污染。由于热蒸发法设备简单，操作简便，原料种类灵活多变，可进行多种纳米线的制备，因此成为一种最为广泛的制备纳米线材料的方法。目前，热蒸发法已被用于生长各类半导体纳米材料，包括 Si 纳米线以及其他半导体纳米线，Ⅲ-Ⅴ族半导体纳米线。

采用金属催化剂的热蒸发法是一种新的、简单的、低成本的制备大规模单晶硫化锌纳米线的方法，该方法是在金催化剂的存在下，在受控条件下，通过硫化物粉末的热蒸发来制备的。纳米线的生长是由气-液-固(V-L-S)机制介导的[84]。该方法可用于连续合成和生产大量纯度较高、成本较低的单晶硫化锌纳米线。硫化锌纳米线的光致发光特性表明，这些纳米线表现出很强的紫外辐射性。

4.1.10 固相有机反应热蒸发法

人们对 1D 纳米材料的合成进行了大量的努力，并开发了各种方法。大多数研究涉及金属、半导体和其他无机材料。与无机材料相比，有机材料具有特殊的电子和光学特性。它们易于合成，显示出稳定性的显著提高，并且可以多官能化以适应它们的光学、电子和化学性质。有机纳米材料的制备方法有 10~12 种，如沉淀、蒸发和微乳液。然而，有机 1D 纳米材料的制备研究仍然很少。通过固相有机反应热蒸发法可以获得有机小分子蒽(AN)纳米线和芘(PY)纳米棒[85]，该技术基于在受控的反应温度、时间和氩气流速下的固相有机反应。

4.1.11 脉冲激光烧蚀技术(PLV)

所谓脉冲激光烧蚀技术即利用激光与物质之间的相互作用，用一束高能脉冲激光辐射靶材表面，使其表面迅速加热融化蒸发，随后冷却结晶的一种制备材料的技术。激光烧蚀主要作用在于克服平衡态下团簇尺寸的限制，形成比平衡状态下团簇最小尺寸还要小的直径为纳米级别的材料。激光烧蚀技术在制备纳米材料方面的优越性是不容置疑的，首先，该技术的制备周期短，一般 5~15min 即可形成纳米尺度的金属粒子；其次，制备的纳米粒子无论在尺寸上还是在性质上都具有优越的重复性。

2004 年 6 月，Xiong 等通过脉冲激光蒸发法，合成了高结晶度的 ZnS 纳米线(直径约为 30~60nm，长度可达几十微米)，该纳米线的生长是以气-固-液机制为介导的，其横截面几乎为正方形。在 225Torr 的压力下，在 Ar/5%H_2的气流中，通过在 950℃激光烧蚀$(ZnS)_{0.9}Au_{0.1}$靶来生长高度结晶的矩形横截面的 w-ZnS 纳米线[86]。作为一种粉末，这些纳米线看起来是白色的，表明它们是一种宽带隙材料。

纳米线，尤其是定向纳米线阵列，是在液体和半导体之间的界面处提供折射率梯度的平台，这使得纳米线阵列非常适合作为抗反射层，其抑制反射并增强入射光的非定向散射，这种现象被称为光俘获效应。与平面半导体结构相比，纳米线在宽光谱范围内表现出更高的等效吸收系数。此外，对于晶体纳米线，良好的纳米线刻面形状产生独特的光学模式，进一步增强对共振波长处入射光子的吸收。因此，纳米线材料由于其良好的光学特性，与平面或体材料相比，是更好的光吸收剂。

4.1.12 多元醇法合成银纳米线

目前，一维(1D)纳米金属，即银纳米线(银纳米线)作为电极材料，作为制造电子器件、光子学和传感器件等器件的氧化铟锡的有前途的替代物，已经引起了广泛的关注[87,88]。以前的研究主要集中在控制尺寸、形状、晶体结构及其光学/电学特性上。特别是，具有明确形状和小直径的银纳米线非常有趣，因为银在所有金属中具有最高的热导率和电导率，使银纳米线成为透明电极的优秀候选材料。因此，已经积极探索了许多化学方法来将银加工成1D纳米结构。由于独特的结构与优异的电子、催化、光学等相关性能，银纳米线(AgNWs)在许多不同的领域得到了广泛的关注。银纳米线作为一种电极材料，在电子器件、光子学和传感器件等器件的制造中，可以作为ITO(Indium Tin Oxides的缩写，ITO是一种N型氧化物半导体-氧化铟锡，ITO薄膜即铟锡氧化物半导体透明导电膜，通常有两个性能指标：电阻率和透光率)的一种有前途的替代物[89]。

高压多元醇法制备的银纳米线直径可控制在15~30nm范围内、长度可达20μm[90]。而一锅多元醇法是合成直径小于20nm、纵横比大于1000的银纳米线的简单而稳健的方法[91]。一锅多元醇法的合成可以在环境气氛下方便地进行，并在35min内完成。在这种合成中，通过注射泵加入$AgNO_3$前体，同时使用足够浓度的Br离子将前体转化为更稳定的化合物(如AgBr)，从而减缓还原动力学至关重要。同时，溴离子和高分子量聚乙烯吡咯烷酮能够有效钝化五边形银纳米线的(100)面，从而防止它们横向生长。

4.2 纳米棒

纳米棒一般是指长度较短、纵向形态较直的一维圆柱状(或其截面呈多角状)的实心纳米材料，形态上类似一个棒子。纳米棒作为一种众所周知的一维纳米结构，不仅用于NEMS(纳米电系统)中，例如纳米晶体管、纳米传感器、纳米发电机和纳米电容器，而且还用于生物医学治疗、太阳能电池产生的能量以及湿度敏感分析。此外，纳米棒还可以用于显示技术，由于棒的反射率可以改变，且施加电场可以引起纳米棒取向的改变，故具有优越的显示效果。

4.2.1 水热法和溶剂热法

水热法又称热液法，属于液相化学法的范畴，是指在密封的压力容器中，以水为溶剂，在高温高压的条件下进行的化学反应。水热法和溶剂热法是通过使用水溶剂、有机-无机杂化溶剂或纯有机溶剂合成纳米材料的非常有效的途径。徐等[92]首次采用水热法合成了0.72PMN-0.28PT纳米棒。水热法是合成陶瓷纳米粒子和纳米线的通用方法。水热反应是一个复杂的过程；合成过程中的微小变化会改变产品的最终形态。

一维钛酸铅晶体，如纳米线、纳米棒、纳米管、纳米带和纤维，已通过溶胶-凝胶模板法和熔盐法成功制备[93-99]。此外，通过微波水热合成了钛酸铅纳米线、纳米棒和纳米管，分别是模板和表面活性剂辅助的水热过程[100-103]。尽管一维钙钛矿 Pb_2O_3很难在水热条件下合成，但一维 $Pb_2Ti_2O_6$可以通过水热方法容易地制备[104]。此外，通过相转化的方法可以成功地从二钛酸铅纳米棒中获得单晶钛酸铅纳米棒。以二钛酸铅 $Pb_2Ti_2O_6$纳米棒为原料，通过相变合成了单晶钛酸铅纳米棒(Single-crystal $PbTiO_3$ nanorods)。在此过程中，首先通过水热法制备了单晶 $Pb_2Ti_2O_6$纳米棒，然后由所得的 $Pb_2Ti_2O_6$纳米棒通过相变获得单晶 $PbTiO_3$纳米棒[105]。

溶剂热法是在水热法的基础上发展起来的，它与水热法的不同之处在于所使用的溶剂为有机溶剂而不是水。在溶剂热反应中，通过把一种或几种前驱体溶解在非水溶剂，在液相或超临界条件下，反应物分散在溶液中并且变得比较活泼，反应发生，产物缓慢生成。该过程相对简单而且易于控制，并且在密闭体系中可以有效地防止有毒物质的挥发和制备对空气敏感的前驱体。

4.2.2 电弧放电法

电弧的实质是一种气体放电现象，在一定的条件下能使两极之间的气体空间导电，电弧的带电粒子主要由气体空间中气体的电离和电极电子发射两个过程产生(图 4-7)。电弧放电等离子体法是一种成熟且先进的材料加工技术，在过去已被广泛用于制备金属纳米粉末[106,107]。该技术具有高焓密度、高温、高速、活跃的环境和极高的加热和冷却速率等特点。这些特征可以有利地用于生产金属纳米粉末。然而，它们需要高电源设备，并且商业开发受到高合成成本的限制，使得它们不适合在工业中大规模生产。此外，纳米粉末的性能不能通过改变工艺参数来改善。

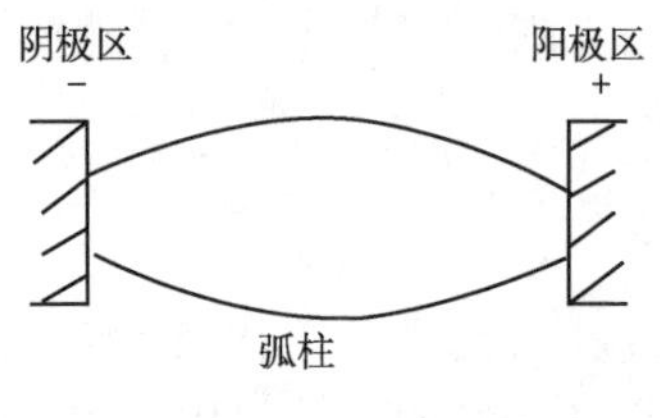

图 4-7　电弧的组成部分

自 2006 年电弧放电法首次用来成功合成 ZnO 纳米棒以来[108]，该技术在纳米材料合成方面就受到了广泛的关注。在处理室内，97%纯锌棒作为阳极，水冷石墨盘作为阴极。阳极位置在垂直方向由步进电机控制，以促进稳定电流的电弧放电。在实验过程中，将空气引入腔室，总压力保持在400Torr。在 50A 下放电 20s 后，观察到大量白色材料黏附在石墨基底的表面和室的内壁上[109]。

在此之后，李侃等人又用阳极电弧等离子体法合成了 ZnO 纳米棒[110]。块状锌作为阳极放置在水冷铜坩埚上，石墨棒作为阴极。与上述电弧法不同的是，在制备过程中，将真空室抽至 10^{-3}Pa，然后回填 O_2和 Ar 的混合物(体积比为 1∶4)作为反应气体，以达到所需的压力。惰性环境中的电弧通过高频引发器在石墨电极和坩埚之间自动点燃，高频引发器由电流源保持在预先设定的电压和电流值。大块原料被等离子体的高温加热，然后蒸发气化。当蒸气浓度超过饱和时，氧化锌核在气溶胶系统中自发均匀成核。氧化锌胚胎通过聚集生长机制快速冷却并结合形成氧化锌纳米棒。通过热蒸发源和冷却的收集筒之间的自由惰性气体对流，将产品从成核和生长区输送到筒的内壁。用工作气体稳定一段时间后，将分散的氧化锌纳米棒收集在收集筒的内壁上。

图 4-8 给出了用于获得金属纳米粉的实验装置的示意图。该装置主要包括不锈钢真空室，气体供应装置，直流电源，带有高频引发器的等离子体发生器，真空装置，泵，水冷收集缸，直径 20cm 的水冷铜坩埚以电绝缘方式安装并连接到作为阳极的电弧电流源上直径为 10mm 的钨棒以绝缘和轴向滑动的方式安装，并连接到电源作为阴极。可以通过使钨棒相对于坩埚适当地定位来调节温度。

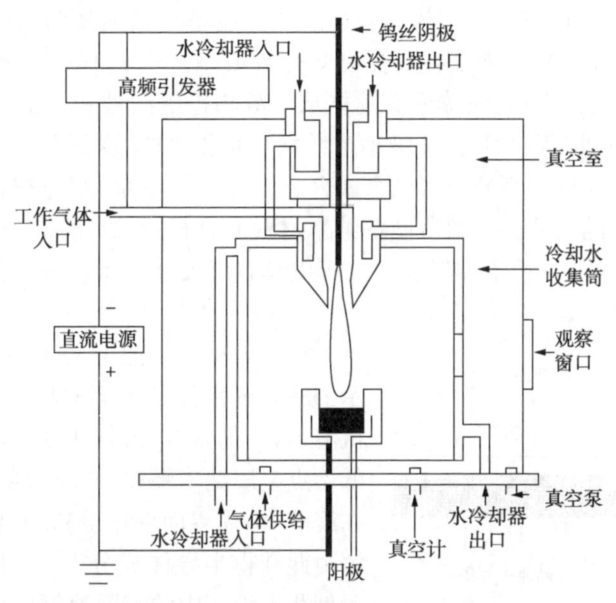

图 4-8 电弧法用于获得金属纳米粉末装置图[108]

4.2.3 快速固-固工艺(FSS)

经典的气-液-固(V-L-S)方法需要使用精密仪器和复杂的方案，进行长时间的处理，因此耗费能源和时间。与现有技术不同，固-固反应快速合成方法不需要昂贵的仪器，当固体之间接触紧密且反应高度放热时，可以在几秒钟内操作。这是一个偶然的发现，涉及硅氧烷纳米片上的硅氢表面与金属硝酸盐前体之间的相互作用，共同促成了由修饰在硅纳米片上的二氧化硅纳米棒组成的一维/二维杂化材料的快速固-固工艺合成[111]。这种混合物是在一个简单的台式实验中生产的，没有提供外部热量或额外的硅源。形成杂交体的反应似乎是建立在溶液-液体-固体(S-L-S)生长的基础上的，但实际上表现为 V-L-S 生长行为，详细生长过程如图 4-9 所示。

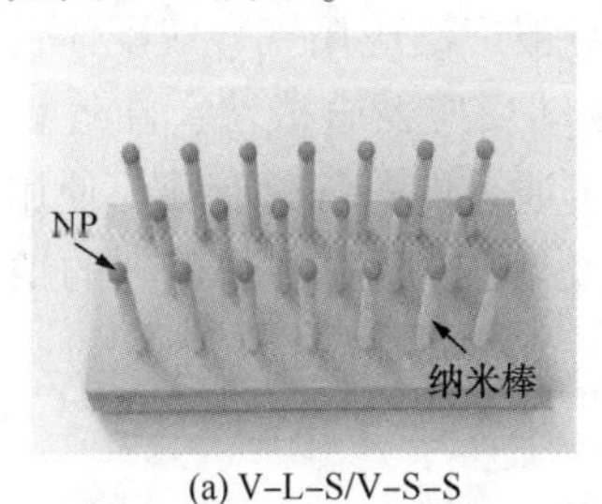

(a) V-L-S/V-S-S

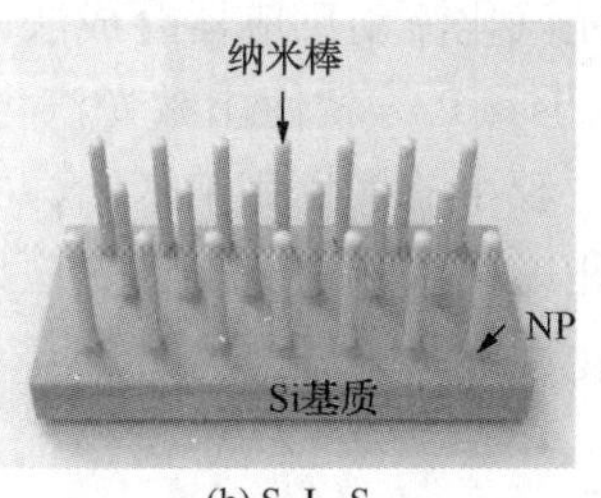

(b) S-L-S

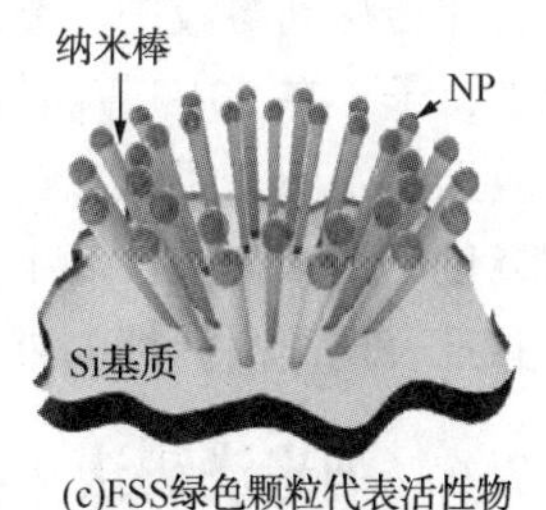

(c)FSS绿色颗粒代表活性物质中心,NP指纳米粒子

图 4-9 基板上二氧化硅纳米棒生长示意图[111]

4.2.4 溶液-液体-固体(S-L-S)生长方法

溶液-液体-固体(S-L-S)方法为胶体一维纳米结构提供了温和的固相方法，并具有受控的尺寸、组成和性质。S-L-S 工艺也适用于纳米棒阵列在衬底上的生长。

作为 V-L-S 方法的一种相似方法，溶液-液体-固体(SLS)机理在过去十年中的研究中取得了巨大的进步，溶液-液体-固体生长已经成为制备一维纳米结构的替代方法，包括第Ⅳ、Ⅱ-Ⅵ、Ⅲ-Ⅴ、Ⅳ-Ⅵ族化合物。在典型的 S-L-S 生长过程中，催化剂液滴(液相)分散在溶剂(溶液相)中，形成乳液体系。前体从溶液相扩散到液相，引发产生单体的化学反应。当单体浓度增加到临界点时，一维纳米结构(固相)的成核和生长被触发。熔点、半导体组分的溶解度和反应性是判断金属或金属合金作为 S-L-S 催化剂材料的重要标准。此外，金属催化剂纳米颗粒的尺寸会导致所制备纳米材料的直径尺寸。与 V-L-S 路线相比，溶液相 S-L-S 工艺的特点是生长条件温和，并产生具有窄尺寸分布、良好分散性和易于后功能化的胶体一维纳米结构。

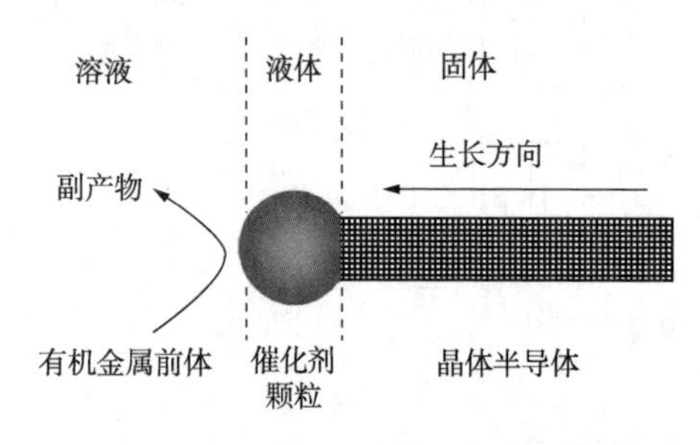

图 4-10 S-L-S 生长机制示意图[112]

S-L-S 机制类似于 V-L-S 机制。如图 4-10 所示，S-L-S 生长是在溶液相中进行的(通常使用有机溶剂)，通常在 200~350℃ 的温度下进行，其中低熔点金属纳米颗粒(在反应条件下呈熔融的液态)在溶液-液体界面催化金属-有机前体的分解，并溶解由此获得半导体成分[112]。半导体组分在液态金属催化剂液滴中的有限溶解度导致过饱和状态，从而使得半导体相从催化剂液滴中结晶出来。晶体生长发生在液滴-固体-晶体界面。由于最终的液滴-晶体界面是唯一的晶体-晶体活性界面，因此生长中的半导体相会获得伪一维形态，一维生长一直持续到半导体成分停止输送到催化剂液滴中为止。

但是，像纳米晶体一样，纳米棒由于尺寸小而非常容易聚集，在没有封端配体的情况下进行的反应只会产生无用的材料块。在封端配体的存在下，通过 S-L-S 合成，已经有效地合成了稳定的 InAs、InP 和 GaAs[113-116] 的纳米棒。

4.2.5 激光汽化流动反应器合成法(LVFR)

激光汽化流动反应器合成法是指在流动的惰性气体混合物中通过激光烧蚀产生气相金属蒸气[117-120]，其中碰撞冷却和能量转移导致颗粒生长。随后，气相反应导致配体包覆，随后低温捕获并转移到溶液中。激光汽化流动反应器合成法已经被广泛应用于合成配体包覆的团簇和纳米粒子。在 2019 年，Melissa P 等就使用激光汽化流动反应器合成法，在气相流动反应器中激光蒸发固态钼从而产生较小的氧化钼纳米棒，由于通过的蒸气量有限，使用该方法得到的氧化钼纳米棒在尺寸上比以往水热法、溶剂热法以及溶胶-凝胶方法得到的纳米棒都要小，并且表现出高活性的催化性能[121]。

4.2.6 纳米浇铸法

纳米浇铸法即一种硬模板法，纳米铸造过程中的一个关键步骤是将前体材料浸渍在模板的孔中，并将前体转化为目标材料。有序介孔二氧化硅由于其高度有序的纳米级结构和非常均匀的孔径分布(孔尺寸在约2~50nm范围内)，最常用作合成有序介孔金属氧化物的硬模板，比如铋纳米线复合材料的制备[122]。

基于术语“铸造”，纳米铸造被用来描述过程，如果尺度(空隙尺寸/壁厚等)被最小化到纳米级别。这两个概念都显示在图4-11中，其中展示了密钥的铸造和有序中孔的复制。与铸造工艺类似，在典型的有序介孔金属氧化物的纳米铸造制备中，首先制备具有有序中间结构的模板，其可被视为纳米尺寸的“模具”。然后用所需金属氧化物的前体渗透模板，在溶剂蒸发后部分或完全填充孔。之后进行前体向固体的转化(最有可能通过热处理)，除去模板得到所需的产物[123]。邓的小组描述了一种制备高度有序介孔氧化物的端到端方案，包括合成广泛使用的有序介孔二氧化硅(MCM-41、KIT-6和SBA-15)和随后的纳米铸造步骤以获得模板化过渡金属氧化物。主要的重点是Co_3O_4，其他金属氧化物也包括在内。

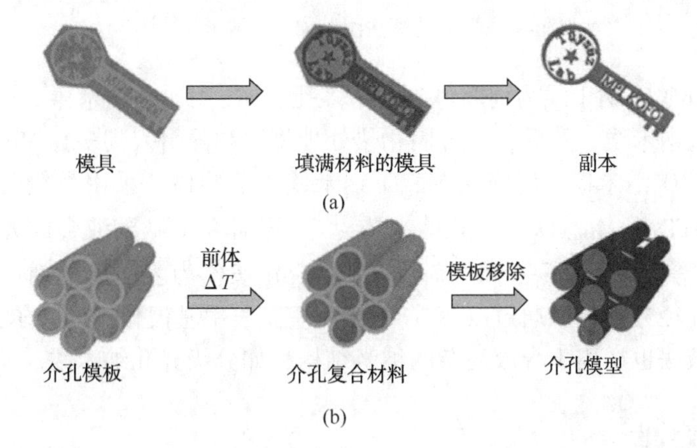

图4-11　(a)使用有序多孔材料作为硬模板的模具，(b)纳米铸造的钥匙铸造过程示意图[123]

4.2.7　溶胶-凝胶法

在纳米线一节中，已经介绍了溶胶-凝胶法在纳米线制备过程中的应用以及与其他方法的结合使用。在纳米棒的制备中，该方法也应用广泛。以ZnO纳米棒为例，ZnO纳米棒通常通过两步方法合成，第一步在衬底上涂覆种子层，然后采用水热法进行第二次处理形成纳米棒。而Aslan[124]的小组通过溶胶-凝胶浸涂技术直接涂覆在玻璃衬底上得到了目标氧化锌纳米棒，而不需要后续的第二步水热处理，即通过一步溶胶-凝胶法得到了ZnO纳米棒。

4.2.8　微乳液法

微乳液法是合成纳米材料的有效方法。它的节能性和简易加工性使这种方法很有吸引力[125]。在反应过程中，包含反应物的反胶束之间的碰撞导致成核。微乳液法的一个主要优点是能够控制形态和孔径，这可以通过控制反应物浓度、温度、水与表面活性剂的比例和老化时间来调整。十六烷基三甲基溴化铵(CTAB)和正己醇表面活性剂可以通过形成微乳液微滴在成核阶段限制晶核的大小和形状，从而在纳米晶生长机制中发挥重要作用。在形成微乳液时，十六烷基三甲基溴化铵(CTAB)是最常见的用于形成反胶束的表面活性剂。如图4-12所示，微乳液和后续退火[126]的结合制备了直径约为200nm、长度为3~5m的纳米粒子组装

的多孔 Co_3O_4纳米棒。含有 Co^{2+}的反胶束与 $C_2O_4{}^{2-}$接触，导致形成前体 Co_2O_4核。CTAB 表面活性剂分子吸附到 CoC_2O_4核表面后，直接生长形成纳米棒。在随后的退火过程中，由于 CO_2的释放，C_2O_4纳米棒转变为多孔的 Co_3O_4纳米棒。类似的策略也可用于合成钴基二元金属氧化物。

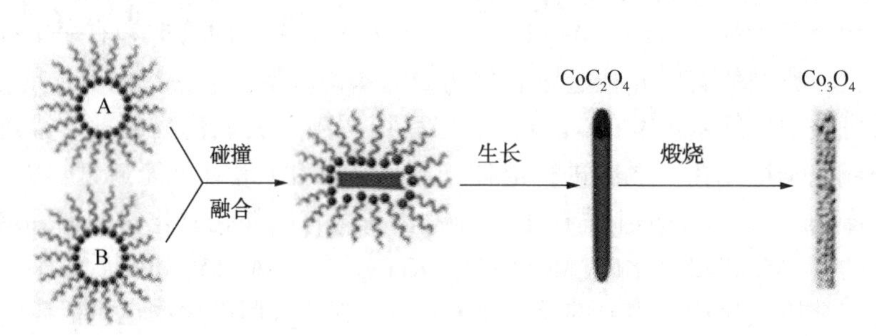

图 4-12　微乳液法组装 Co_3O_4纳米棒[126]

张等[127]以 MnC_2O_4纳米线为前驱体制备了多孔 $LiNi_{0.5}M_{1.5}O_4$纳米棒，在后续退火过程中转变为多孔 Mn_2O_3纳米线。然后，通过固相热处理将锂和镍引入到多孔 Mn_2O_3纳米线中，得到多孔 $LiNi_{0.5}Mn_{1.5}O_4$纳米棒。以多孔 Mn_2O_3纳米线为前驱体，采用类似的策略也合成了组成为 0.2MnO_3 0.8$LiNi_{0.5}Mn_{0.5}O_2$的多孔纳米棒[128]。还研究了微乳液合成方法中形态和孔径分布的控制。Bai 等[129]报道了用十六烷基三甲基溴化铵作为表面活性剂可以得到多孔氧化镍纳米棒，并且孔径分布可以通过改变 Ni^{2+}/十六烷基三甲基溴化铵的摩尔比来调节。

此外，微乳液法也适用于合成复杂的纳米结构，如分级介孔纳米线。

4.3　纳米带

纳米带是一种准一维结构可控的纳米材料，具有明确的化学成分、晶体结构和表面(如生长方向、顶面/底面和侧面)。纳米带是单晶的、没有位错，它们的表面是原子级平坦的。

4.3.1　水热法

钛酸钠和钛酸氢盐纳米带是由以前报道的二氧化钛纳米带的水热过程合成的[130,131]，合成二氧化钛纳米线最广泛使用的方法之一是水热法，在由前体纳米粒子(如商用 P25 纳米粒子)水热合成二氧化钛纳米带的典型方法中，第一部包括将纳米粒子转化为钛酸盐纳米带($Na_2Ti_3O_7$)，然后在离子交换过程中将其转换为钛酸氢盐($H_2Ti_3O_7$)，最后在退火过程中成为二氧化钛纳米带。纳米结构的二氧化钛纳米带通常被认为是气体传感器的显著候选物，$Na_2Ti_3O_7$和 $H_2Ti_3O_7$纳米带均具有由 TiO_2纳米带组成的八面体[TiO_6]单元组成的层状结构，在诸如气体传感、能量存储、光催化和场发射等应用中表现出与 TiO_2纳米带相似的特性。水热合成 $Na_2Ti_3O_7$和 $H_2Ti_3O_7$的纳米带在研究领域受到的关注将基于钛金属氧化物材料的研究扩展到了钛酸盐的研究。

众所周知，稀土金属可改善金属氧化物半导体晶体结构，是电子结构和气敏性能的理想掺杂剂。在 2017 年，Li 的小组，采用一步水热法成功合成了掺铈的氧化钼纳米带[132]，通过简单的水热合成路线，将实验原料加入不锈钢高压釜内，在 170℃下热处理后得到掺铈的氧化钼(MoO_3)纳米带. 如图 4-13 所示，与纯氧化钼纳米带相比，掺铈氧化钼纳米带(Ce-doped MoO_3)在较低的工作温度下表现出优异的 TMA 传感性能。

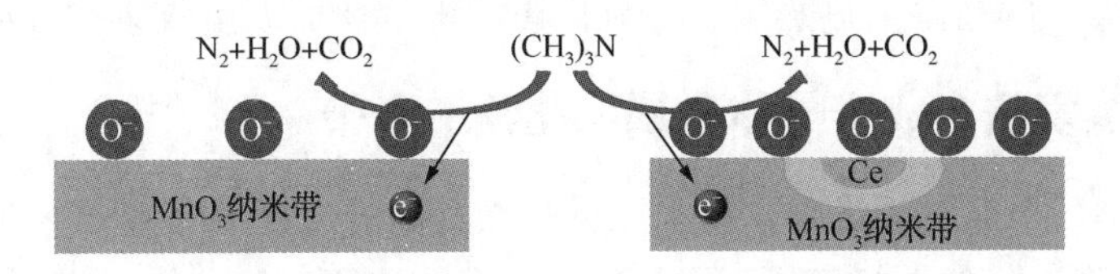

图 4-13　传感过程在纯的和掺铈的氧化钼纳米带表面的吸附和反应模型[132]

4.3.2　气相沉积法

具有自催化机制的化学气相沉积工艺在纳米材料的制备方面应用广泛且前途广阔。一维(1D)稀土六硼化物(RB_6)由于其独特的物理性质，包括低功函数、高熔点、低挥发性、高化学稳定性、高机械强度和高纵横比受到了持续的研究。一维(1D)六硼化钕(NdB_6)的纳米结构，包括纳米带、纳米管等已经通过化学气相沉积法(CVD)成功合成，Han 等人以 Nd、BCl_3以及 H_2为反应物，采用常压化学气相沉积法在水平管式炉中通过控制反应温度和浓度梯度设计并合成了一维(1D)NdB_6纳米结构(纳米带、纳米线、纳米管)[133]。NdB_6纳米带的生长是由椭球形的 Nd 液滴(而不是催化剂)诱导的。图 4-14 给出了由两个相连的 Nd 液滴纳米带生长的典型示意图。第一步是在 990℃的基底上形成两个分离的 Nd 液滴，在第二步中，两个液滴变大，并通过两个相连的圆形平面的界面连接在一起。相连的液滴在第三步进一步生长并形成一个椭圆形球体。椭圆平面作为优先成核的位置，并诱导具有矩形截面的纳米带的生长。纳米带的生长过程一直持续到第四步反应物的耗尽结束。与以往使用的硼前体 $B_{10}H_{14}$相比，BCl_3的毒性更低，安全性相对较高一些。

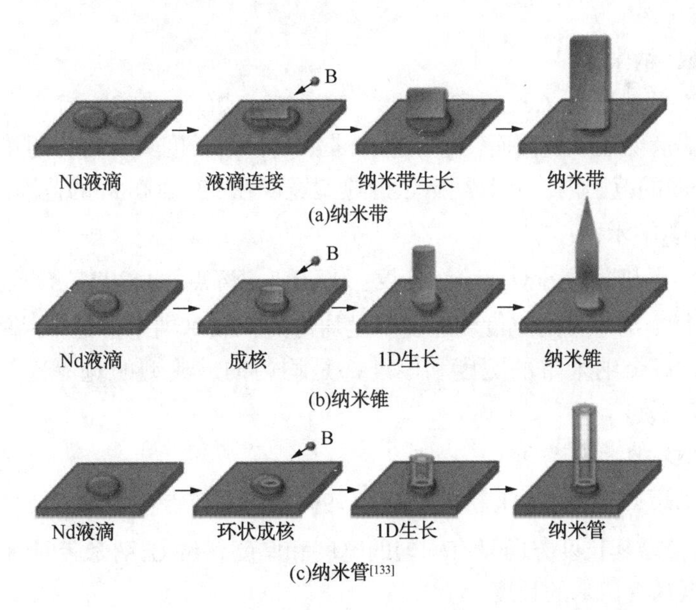

图 4-14　1D NdB_6纳米结构的生长机制示意图

氧化锡纳米带通常被用作三端场效应晶体管配置的纳米传感元件。用于这种应用的二氧化锡纳米带的合成是基于化学气相沉积法的，其中锡、二氧化锡或二氧化锡粉末在严格控制的气流下在约 1000℃ 的高温下热蒸发，二氧化锡纳米带在低温下收集在气流的下游。

4.3.3 热蒸发法合成半导体金属氧化物纳米带

热蒸发技术是一个简单的过程，粉末原材料在升高的温度下蒸发，然后所得的气相在特定条件(温度、压力、气氛、衬底等)下冷凝，以形成所需的产品[134]，即为一个基于氧化物粉末在受控条件下没有催化剂存在的热蒸发。这些过程通常在水平管式炉中进行(图 4-15)，该炉由氧化铝管、旋转泵系统和气体供应及控制系统组成。在氧化铝管的左端设置一个观察窗，用于监测生长过程。氧化铝管的右端连接到旋转泵。两端用橡胶 O 形圈密封。这种配置的最终真空是 2×10^3 Torr。携带气体从氧化铝管的左端进入，在右端被抽出。将原材料装载在氧化铝舟上，并放置在氧化铝管的中心，此处温度最高。氧化铝衬底被放置在下游以收集生长产物。这种简单的设置可以实现对最终产品的高度控制。将氧化铝管抽空至 2×10^3 Torr 后，在 200~600Torr 的压力和 50mL(标准)/min 的氩气载气下，在一定温度下进行热蒸发 2h。

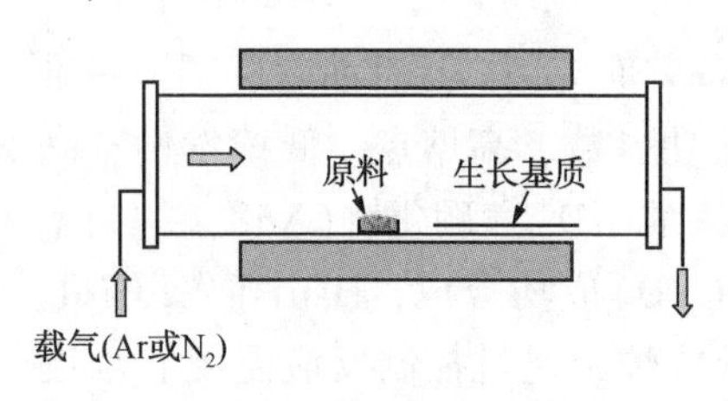

图 4-15　热蒸发工艺水平管式炉装置图[134]

二元半导体氧化物，例如 ZnO、SnO_2、In_2O_3、CdO、Ga_2O_3具有独特的性能，现在已广泛用作透明导电氧化物材料和气体传感器，对纳米系统和生物技术至关重要，如场效应晶体管、气体传感器、纳米谐振器和纳米二极管。常见 Zn、Sn、In、Cd 和 Ga 的半导体氧化物[135]已被用于制造各种纳米功能器件。在 2001 年，王中林就通过热蒸发工艺成功合成了半导体金属氧化物(ZnO、SnO_2、In_2O_3、CdO、Ga_2O_3)纳米带[136]。

4.3.3.1 ZnO 纳米带

通过在 1400℃ 下热蒸发 ZnO 粉末(纯度：99.99%，熔点：1975℃)合成。ZnO 纳米带结构均匀，为单晶，呈现矩形横截面，每个纳米带沿其整个长度具有均匀的宽度，典型厚度和宽厚比在 10~30nm 的范围内，并且纳米带的典型宽度在 50~300nm 的范围内。

4.3.3.2 SnO_2纳米带

通过在 1350℃ 下热蒸发 SnO_2粉末(纯度：99.9%，熔点：1630℃)合成金红石结构的单晶 SnO_2纳米带。每个纳米带的宽度和厚度都是均匀的，SnO_2纳米带是单晶的并且没有位错，其横截面呈矩形，每个纳米带的宽度和厚度都是均匀的，典型的宽厚比是 5~10，宽度在 50~200nm 的范围内。

4.3.3.3 In_2O_3纳米带

通过在 1400℃ 下热蒸发 In_2O_3粉末(纯度：99.99%，熔点：1920℃)产生 In_2O_3纳米带。大多数 In_2O_3纳米带沿其长度方向具有均匀的宽度和厚度，In_2O_3纳米带具有 50~150nm 范围内的宽度和几十至几百微米的长度。

4.3.3.4 CdO 纳米带

还通过在 1000℃ 下蒸发 CdO 粉末(纯度：99.998%，熔点：1430℃)合成了具有氯化钠立方结构的 CdO 纳米带。CdO 纳米带的长度通常小于 100mm，其宽度通常为 100～500nm，比 ZnO、SnO_2和 In_2O_3纳米带的宽度和长度大得多。因此，CdO 纳米带的宽厚比通常大于 10。

不仅金属氧化物纳米带的制备广泛使用了热蒸发技术，ZnS 纳米带的合成也采用了简单的热蒸发方法，作为一种半导体纳米材料的 ZnS 纳米带，ZnS 纳米带具有独特的发光性质，在显示器、传感器和激光器领域具有广泛的应用。与半导体氧化物纳米带的制备不同的是，ZnS 纳米带是基于 ZnS 粉末在金催化剂下的热蒸发[137]得到的 ZnS 纳米带，宽度在 40～120nm 的范围内，长度为几微米。除此之外，ZnS 纳米带还可以通过硫化锌粉末在石墨衬底下的热蒸发得到[138]。

4.3.4 液体剥离法

目前，液体剥离法制备低维纳米材料主要集中在二维(2D)纳米材料(层状纳米材料)上。对于通过液体剥离制备二维层状纳米材料，母体材料应具有独特的结构特征：层内强共价键和层间弱相互作用，如静电或范德华引力[139]。剥离通常会破坏这些弱相互作用。然而，液体剥离在制备一维纳米带中也被应用到[140-142]。具有一维(1D)结构的无机材料，由于其特殊的化学和物理性质而受到越来越多的关注，在某些方面是三维(3D)结构的 1～3 倍。铌酸盐是典型的多功能材料，具有优异的铁电性、压电性、光电性、光学非线性和催化性能等[143,144]。纳米铌酸盐的制备成为研究热点。迄今为止，已经制备了几种一维铌酸盐纳米结构，包括纳米棒(铌酸锂、铌酸钠和铌酸钾)[145,146]、纳米带(铌酸钾)[147]、纳米线(铌酸钾)[148]和纳米管(铌酸钾)[149]。上述所有的一维铌酸盐纳米结构都是通过自下而上的方法制备的，如熔盐法和水热法等。由于其独特的三维晶体结构，一维铌酸盐纳米结构从其母体材料上脱落的报道很少。通过超声辅助液体剥离制备 $H_{1-x}Rb_xNbO_3$($x \approx 0.38$～0.45)质子化铌酸盐一维超薄纳米带[150]。纳米带的厚度小于 10nm，宽度为 50～300nm，长度为 3～10m。一维纳米材料具有较大的比表面积，表现出较高的光催化制氢活性。

4.3.5 原位煅烧法

原位煅烧法是一种低成本、简单易行的煅烧方法，以市售氧化锡颗粒为前驱体，制备具有表面氧空位的高结晶二氧化锡纳米带。二氧化锡是一种宽带隙氧化物半导体，其电导率敏感地取决于周围大气的性质。因此，二氧化锡纳米带通常被用作三端场效应晶体管配置的纳米传感元件[151-153]。通过一种简单的原位固态煅烧方法[154]，以商业上可获得的二氧化锡颗粒为前驱体，将 0.5g 氧化锡粉末和 1.0g 微晶天然石墨粉在玛瑙研钵中混合 5min，使其均匀分布。然后，将混合物装入刚玉坩埚，并用刚玉圆盘覆盖，在马弗炉中的空气气氛中以 10℃/min 的升温速率加热到 1000℃、1100℃和 1200℃，并在每个温度下保持 2h。此外，在空气中的开放坩埚中以及在高纯度氩气中也可得到二氧化锡的纳米带结构(图 4-16)。在不同温度下获得的产物被收集并用作锂离子电池的阳极活性材料，而无需进一步纯化。可以快速且低成本地制备二氧化锡纳米带，产率高达 92%，并且获得的二氧化锡纳米带具有优异的锂存储容量和循环稳定性。

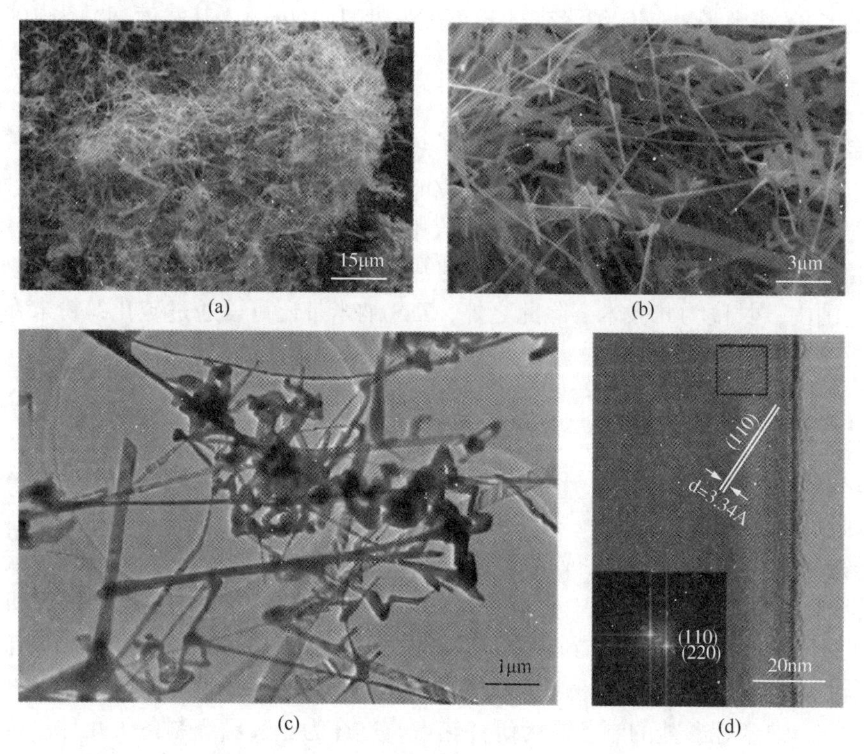

图 4-16 原位煅烧法得到的 SnO_2 纳米带[154]

4.3.6 电弧放电法

同纳米棒的制备，纳米带也可通过电弧放电的方法得到。一维(1D)双晶硫化锌纳米带作为一种具有光催化性能的纳米材料，可以通过化学气相沉积法以及热蒸发方法得到，但是上述制备方法得到的硫化锌纳米带较低的催化性能限制了其在光电器件中的应用。Wang 等人通过直流(DC)电弧放电法，以锌和硫粉末为原始材料反应[155]得到了优化的硫化锌纳米带。当 DC 等离子体电弧点燃时，电弧区的自由基轰击产生高通量的锌和硫等离子体物种。伴随着氩离子轰击，锌和硫的相互碰撞会在成核和生长阶段引起应变。当应变达到一定程度而松弛时，就很容易形成缺陷结构，最后这些缺陷结构就会导致双晶结构的形成。由于电弧放电产生高温、等离子体和离子轰击等动态极端环境，从而使硫化锌中的双晶纳米结构得到精细化，进而得到双晶硫化锌纳米带。

4.3.7 分子静电自组装法

静电自组装技术作为一种新的，简单的自下而上的纳米加工方法，与传统方法相比，在多功能性和简单性方面显示出独特的优势，基于静电相互作用的自组装技术在过去几年中已经引起了极大的关注。由于其高效、环境友好和可再现性，可以作为传统湿化学方法的有效替代技术。新奇的是，通过静电自组装法制备的多种具有纳米结构的异质结构，与空白或者随即混合的对应结构相比，导致异质结构的光催化性能显著增强。此外，以前的工作已经证实，用 3-氨基丙基-三甲氧基硅烷(APTES)对 TNB 进行改性可以提供带正电的表面，可以作为静电组件的坚固支架[156,157]。如图 4-17 所示，在 TiO_2 NBS-CdS QDs 异质结构的制备中，通过自组装策略，基于明显的静电相互作用，定制的带负电荷的 CdS 量子点被自发且均匀地锚定到 APTES 修饰的带正电荷的 TiO_2 纳米粒子框架上。此外，利用 WO_3 纳米棒作为光敏剂对 TNB 进行改性是提高 TNB 基纳米结构对流换热效率的有益手段[158]。

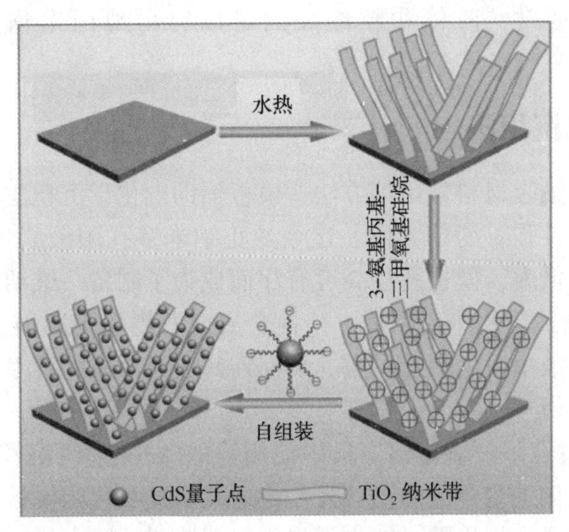

图 4-17 TiO_2 NBs-CdS 量子点异质结构自组装的示意流程图[156]

4.4 纳米环

4.4.1 电子束光刻法

电子束曝光(Electron Beam Lithography)指使用电子束在表面上制造图样的工艺，电子束光刻是无掩模光刻的一种形式，由于其可用于快速原型制作和低于 10nm 的图案形成能力而广泛用于纳米制造中。在电子束的曝光过程中，通过在目标区域中的所有像素上扫描聚焦光束来写入设计的图案。对于特定类型的几何形状，例如大面积填充的多边形结构，此扫描过程效率低下，因为内部区域需要通过紧密聚焦的光束进行顺序扫描，从而导致较长的曝光时间。

Alasdair W. Clark 等通过使用电子束光刻技术调控 Ag 开口环谐振器的纳米级几何形状[159]。首先用 Vistec VB6 UHR EWF 电子束光刻工具在 500μm 派热克斯玻璃载玻片上制造纳米结构，将图案写入总厚度约为 90nm 的双层聚甲基丙烯酸甲酯中。然后使用内部电阻加热蒸发器将 20nm 的 Ag 蒸发到图案上。从金属蒸发器中取出后，立即将样品置于温热的丙酮(50℃)中 30min，以剥离掉不需要的抗蚀剂/金属层。

4.4.2 胶体光刻法

胶体光刻使用胶体颗粒的二维(2D)阵列作为蚀刻或溅射工艺的掩模。胶体光刻具有一些优势：第一，胶体光刻是制造纳米级功能图案的经济高效的工艺，胶体光刻使用少量胶体分散液，不需要复杂的设备即可创建具有数十纳米尺度特征的图案。第二，胶体光刻是一个简单的过程，通过自组装形成模板可以容易地通过旋铸或浸涂实现。第三，仅通过改变胶体颗粒的大小即可控制胶体光刻中的特征标度，并且可以将其缩小至几十纳米。特别是，某些特殊的修改(例如粒子阵列的退火或倾斜的沉积)也可以修改特征尺寸。第四，也可以通过胶体光刻制造三维(3D)复杂结构。第五，胶体光刻适用于构图与生物传感器或生物芯片制造相关的生物材料。通常，胶体颗粒的表面可以容易地用生物连接剂如羧酸或胺基改性[160]。

4.4.3 模板-电沉积法

模板法是制备一维纳米材料常用的方法，模板辅助电化学沉积法可以方便地控制纳米管的成分和结构，可操作性强，简单方便。迄今为止纳米多孔阳极氧化铝(AAO)模板因其制备方法简单，成本价格低廉，模板孔径高度有序而成为了制备一维纳米结构材料较受欢迎的模板。AAO模板是将高纯铝片作为阳极，惰性金属或石墨作为阴极，通过加恒定电压或电流，让铝片在酸性电解液中发生氧化反应，从而在其表面形成一层由氧化铝组成的薄膜，我们称它为阳极氧化铝模板。

Wang Z K等人通过在阳极氧化铝模板中使用镍的Ar溅射再沉积工艺制成纳米环阵列。模板是使用两步阳极氧化工艺合成的。首先，将通孔多孔氧化铝模板用作蒸发模板，以定义镍点阵列。随后进行离子蚀刻步骤，该步骤将溅射再沉积的镍点材料留在孔壁周围。

参 考 文 献

[1] Sun X, Zhang H, Xu J, et al. Shape controllable synthesis of ZnO nanorod arrays via vapor phase growth [J]. Solid State Communications, 2004, 129(12): 803-807.

[2] Wang M, Ye C H, Zhang Y, et al. Synthesis of well-aligned ZnO nanorod arrays with high optical property via a low-temperature solution method[J]. Journal of Crystal Growth, 2006, 291(2): 334-339.

[3] Li D, Xia Y N. Fabrication of titania nanofibers by electrospinning[J]. Nano Letters, 2003, 3(4): 555-560.

[4] Albrecht T T, Schotter J, Kastle C A, et al. Ultrahigh-density nanowire arrays grown in self-assembled diblock copolymer templates[J]. Science, 2000, 290: 2126-2129.

[5] Cozzoli P D, Kornowski A, Weller H. Low-temperature synthesis of soluble and processable organic-capped anatase TiO_2 nanorods[J]. Journal of the American Chemical Society, 2003, 125: 14539-14548.

[6] Wang M, Ye C H, Zhang Y, et al. Seed-layer controlled synthesis of well-aligned ZnO nanowire arrays via a low temperature aqueous solution method[J]. Journal of Materials Science Meterials in Electronics, 2008, 19(3): 211-216.

[7] TakY, Yong K J. Controlled growth of well-aligned ZnO nanorod array using a novel solution method[J]. Journal of Physical Chemistry B, 2005, 109(41): 19263-19269.

[8] Rakovich Y P, Volkov Y, Donegan J F, et al. CdTe nanowire networks: Fast self-assembly in solution, internal structure, and optical propertie[J]. Journal of Physical Chemistry C, 2007, 111: 18927.

[9] Wang Z Y, Hu J, Suryavanshi A P, et al. Voltage generation from individual $BaTiO_3$ nanowires under periodic tensile mechanical load[J]. Nano Letters, 2007, 7(10): 2966-2969.

[10] Zhou Z, Sun Q, Hu Z, et al. Nanobelt formation of magnesium hydroxide sulfate hydrate via a soft chemistry process[J]. Journal of Physical Chemistry B, 2006, 110(27): 13387-13392.

[11] Dai H J, Wong E W, Lu Y Z, et al. Synthesis and characterization of carbide nanorods[J]. Nature, 2018, 375(6534): 769-772.

[12] Zhang Y J, Zhu J. Synthesis and characterization of several one-dimensional nanomaterials [J]. Micron, 2002, 33: 523-534.

[13] MagninD, Callegari V, Glinel S K, et al. Functionalization of magnetic nanowires by charged[J]. Biopolymers Biomacromolecules, 2008, 9: 2517-2522.

[14] Noyan A A, Leontiev A P, Yakovlev M V, et al. Electrochemical growth of nanowires in anodic alumina templates: the role of pore branching[J]. Electrochimica Acta, 2016, 226: 60-68.

[15] Kang L C, Cui C X, Yang W, et al. The properties and microstructure of Nd-Fe-B nanowires fabricated by electrochemical deposition using porous Alumina templates [J]. Materials Chemistry and Physics, 2020, 242: 122470.

[16] Yu Y, Luo R Y, Shang H D. Growth and photoluminescence of Si-SiO_x nanowires by catalyst-free chemical vapor deposition technique[J]. Applied Surface Science, 2016, 368: 325-331.

[17] LaocharoensukR, Sattayasamitsathit S, Burdick J, et al. Shape-Tailored porous gold Nanowires: from nano barbells to nano step-cones[J]. Acs Nano, 2007, 1(5): 403-408.

[18] DuayJ, Sherrill S A, Gui Z, et al. Self-limiting electrodeposition of hierarchical MnO_2 and $M(OH)_2/MnO_2$ nanofibril/nanowires: mechanism and supercapacitor properties[J]. Acs Nano, 2013, 7(2): 1200-1214.

[19] Guan C, Wang X, Zhang Q, et al. Highly stable and reversible lithium storage in SnO_2 nanowires surface coated with a uniform hollow shell by atomic layer deposition[J]. Nano Letters, 2014, 14(8): 4852-4858.

[20] Xiong Q H, Wang J G, Reese O, et al. Raman scattering from surface phonons in rectangular cross-sectional w-ZnS nanowires[J]. Nano Letters, 2004, 4(10), 1991-1996.

[21] Burke R A, Weng X J, Kuo M W, et al. Growth and characterization of unintentionally doped GaSb nanowires [J]. Journal of Eletronic Materials, 2010, 39(4): 355-364.

[22] Sue Y S, Pan K Y, Wei D H. Optoelectronic and photocatalytic properties of zinc sulfide nanowires synthesized by vapor-liquid-solid process[J]. Applied Surface Science, 471(2019): 435-444.

[23] LauhonL, Gudiksen M, Wang D, et al. Epitaxial core-shell and core-multishell nanowire heterostructures [J]. Nature, 2002, 420(6911): 57-61.

[24] Yuan H B, Li L, Li Z J, et al. Axial heterostructure of Au-catalyzed InGaAs/GaAs nanowires grown by metal-orginic chemical vapor deposition[J]. Chemical Physics Letters, 2018, 692: 28-32.

[25] Gao H, Sun W, Sun Q, et al. Compositional varied core-shell InGaP nanowires growth by metal-organic chemical vapor deposition[J]. Nano Letters, 2019, 19(6): 3782-3788.

[26] Guo Y N, Xu H Y, Burgess T, et al. Phase separation induced by Au catalysts in ternary InGaAs nanowires [J]. Nano Letters, 2013, 13(2): 643-650.

[27] Gao Y, Chen S, Cao D, et al. Electrochemical capacitance of Co_3O_4 nanowire arrays supported on nickel foam [J]. Journal of Power Sources, 2010, 195(6): 1757-1760.

[28] Zhang F, Yuan C, Lu X, et al. Facile growth of mesoporous Co_3O_4 nanowire arrays on Ni foam for high performance electrochemical capacitors[J]. Journal of Power Sources, 2012, 203(1): 250-256.

[29] Mei W, Huang J, Zhu L, et al. Synthesis of porous rhombus-shaped Co_3O_4 nanorod arrays grown directly on a nickel substrate with high electrochemical performance [J]. Journal of Materials Chemistry, 2012, 22 (18): 9315.

[30] Li Y, Tan B, Wu Y. Freestanding Mesoporous Quasi-Single-Crystalline Co_3O_4 Nanowire Arrays[J]. Journal of the American Chemical Society, 2006, 128(44): 14258-14529.

[31] Li Q, Sun D, Kim H. Fabrication of porous TiO_2 nanofiber and its photocatalytic activity[J]. Materials Research Bulletin, 2011, 46: 2094.

[32] Li Y, Tan B, Wu Y. Mesoporous Co_3O_4 nanowire arrays for Lithium-Ion batteries with high capacity and rate

capability[J]. Nano Letters, 2008, 8(1): 265-270.

[33] Jiang J, Liu J, Ding R, et al. Direct synthesis of CoO porous nanowire arrays on Ti substrate and their application as Lithium-Ion battery electrodes[J]. The Journal of Physical Chemistry C, 2009, 114(2): 929-932.

[34] Liu B, Zhang J, Wang X, et al. Hierarchical three-dimensional $ZnCo_2O_4$ nanowire arrays/carbon cloth anodes for a novel class of high-performance flexible Lithium-Ion batteries[J]. Nano Letters, 2012, 12: 3005.

[35] Rakhi R B, Chen W, Cha D, et al. Substrate dependent self-organization of mesoporous cobalt oxide nanowires with remarkable pseudo capacitance[J]. Nano Letters, 2012, 12(5): 2559-2567.

[36] Zhang L, Zhao K, Xu W, et al. Mesoporous VO_2 nanowires with excellent cycling stability and enhanced rate capability for lithium batteries[J]. RSC Advances, 2014, 4(63): 33332-33337.

[37] Cai Y, Liu S, Yin X, et al. Facile preparation of porous one-dimensional Mn_2O_3 nanostructures and their application as anode materials for lithium-ion batteries[J]. Physica E: Low-dimensional Systems and Nanostructures, 2010, 43(10): 70-75.

[38] SuD, Kim H S, Kim W S, et al. Mesoporous nickel oxide nanowires: hydrothermal synthesis, characterisation and applications for ithium-Ion batteries and supercapacitors with superior performance[J]. Chemistry-A European Jounal, 2012, 18: 8224.

[39] Jiang X, Wang Y, Herricks T, et al. Ethylene glycol-mediated synthesis of metal oxiden nanowires[J]. Journal of Materials Chemistry, 2004, 14(4): 695-703.

[40] Han Y, Wu X, Ma Y, et al. Porous SnO_2 nanowire bundles for photocatalyst and Li ion battery applications [J]. CrystEngComm, 2011, 13(10): 3506-3510.

[41] Liu H, Wexler D, Wang G. One-pot facile synthesis of iron oxide nanowires as high capacity anode materials for lithium ion batteries[J]. Journal of Alloys & Compounds, 2009, 487(1-2): L24-L27.

[42] Lu X, Yu M, Wang G, et al. High Energy Density Asymmetric Quasi-Solid-State Supercapacitor Based on Porous Vanadium Nitride Nanowire Anode[J]. Nano Letters, 2013, 13(6): 2628-2633.

[43] Wu C, Maier J, Yu Y. Generalizable Synthesis of Metal-Sulfides/Carbon Hybrids with Multiscale, Hierarchically Ordered Structures as Advanced Electrodes for Lithium Storage[J]. Advanced Materials, 2016, 28 (1): 174.

[44] Xia H, Wan Y, Assenmacher W, et al. Facile synthesis of chain-like $LiCoO_2$ nanowire arrays as three-dimensional cathode for microbatterie[J]. Npg. Asia. Materials, 2014, 6(9): e126.

[45] Mai L Q, Hu B, Chen W, et al. Lithiated MoO_3 nanobelts with greatly improved performance for Lithium batteries[J]. Advanced Materials, 2007, 19(21): 3712.

[46] Pei Z, Zhang X, Gao X. Shape-controlled synthesis of $LiMnPO_4$ porous nanowires[J]. Journal of Alloys & Compounds, 2013, 546: 92.

[47] Tang Y, Zhang Y, Deng J, et al. Mechanical force-driven growth of elongated bending TiO_2-based nanotubular materials for ultrafast rechargeable Lithium ion batteries[J]. Advanced Materials, 2000, 26: 6111.

[48] Corr S A, Grossman M, Furman J D, et al. Controlled reduction of vanadium oxide nanoscrolls: crystal structure, morphology, and electrical properties[J]. Chemistry of Materials, 2008, 20(20): 6396-6404.

[49] Kobayashi Y, Hata H, Salama M, et al. Scrolled sheet precursor route to niobium and tantalum oxide nanotubes[J]. Nano Letters, 2007, 7(7): 2142-2145.

[50] Shim H W, Lee D K, Cho I S, et al. Facile hydrothermal synthesis of porous TiO_2 nanowire electrodes with high-rate capability for Li ion batteries[J]. Nanotechnology, 2010, 21(20): 255706.

[51] JinZ, Meng F L, Jia Y, et al. Porous TiO_2 nanowires derived from nanotubes: Synthesis, characterzation and their enhanced photocatalytic properties[J]. Microporous and Mesoporous Materials, 2013, 181(7):

146-153.

[52] Liu J, Jiang J, Cheng C, et al. Co_3O_4 nanowire@ MnO_2 ultrathin nanosheet core/shell arrays: A new class of high-performance pseudocapacitive materials[J]. Advanced Materials, 2011, 23(18): 2076-2081.

[53] Murray C B, Kagan C R, Bawendi M G. Synthesis and characterization of monodispersed nanocrystals and close-packed nanocrystals assemblies[J]. Annual Review of Materials Science, 2000, 30(1): 545-610.

[54] Herron N, Wang Y, Eckert H. Synthesis and characterization of surface-capped, size-quantized cadmium sulfide clusters. Chemical control of cluster size[J]. Journal of the American Chemical Society, 1990, 112(4): 1322-1326.

[55] AbulikemuM, Del Gobbo S, Anjum D H, et al. Colloidal Sb_2S_3 nanocrystals: synthesis, characterization and fabrication of solid-state semiconductor sensitized solar cells[J]. Journal of Materials Chemistry A Materials for Energy & Sustainability, 2016, 4: 6809-6814.

[56] Barbé J, Eid J, Ahlswede E, et al. Inkjet printed Cu(In, Ga)S_2 nanoparticles for low-cost solar cells[J]. Journal of Nanoparticle Reasearch, 2016, 18(12): 379.

[57] Luber E J, Mobarok M H, Buriak J M. Solution-processed zinc phosphide (α-Zn_3P_2) colloidal semiconducting nanocrystals for thin film photovoltaic applications[J]. Acs Nano, 2013, 7(9): 8136-8146.

[58] Ho C T, Low K B, Klie R F, et al. Synthesis and characterization of semiconductor tantalum nitride nanoparticles[J]. The Journal of Physical Chemistry C, 2013, 114(3): 9573-9579.

[59] Liu Y, Ai K, Yuan Q and Lu L. Fluorescence-enhanced gadolinium-doped zinc oxide quantum dots for magnetic resonance and fluorescence imaging[J]. Biomaterials, 2011, 32(4): 1185-1192.

[60] Jana N R, Yu H H, Ali E M, et al. Controlled photostability of luminescent nanocrystalline ZnO solution for selective detection of aldehydes[J]. Chemical Communications, 2007, 14(14): 1406-1408.

[61] Masala S, Adinolfi V, Sun J P, et al. The Silicon: colloidal quantum dot heterojunction[J]. Advanced Materials, 2016, 27(45): 7445-7450.

[62] Bourget L, Leclercq D, Mutin P H, et al. Non-hydrolytic sol-gel routes to silica[J]. Journal of Non-Crystalline Solids, 1998, 242(2-3): 81-91.

[63] NiederbergerM, Bartl M H, Stucky G D. Benzyl alcohol and titanium tetrachloride: A versatile reaction system for the nonaqueous and low-temperature preparation of crystalline and luminescent titania nanoparticles[J]. Chemistry of Materials, 2002, 14(10): 4364-4370.

[64] NiederbergerM, Bartl M H, Stucky G D. Benzyl alcohol and transition metal chlorides as a versatile reaction system for the nonaqueous and low-temperature synthesis of crystalline nano-objects with controlled dimensionality[J]. Journal of American Chemical Society, 2002, 124(46): 13642-13643.

[65] Acosta S, Corriu R J P, Leclercq D, et al. Preparation of alumina gels by a non-hydrolytic sol-gel processing method[J]. Journal of Non-Crystalline Solids, 1994, 170(3): 234-242.

[66] Niederberger M. Nonaqueous sol-gel routes to metal oxide nanoparticles[J]. Accounts of Chemical Research, 2007, 40(9): 793-800.

[67] NiederbergerM, Garnweitner G. Organic reaction pathways in the nonaqueous synthesis of metal oxide nanoparticles[J]. Chemistry-A European Journal, 2006, 12: 7282-7302.

[68] Wang X Y, Wang X Y, Huang W G, et al. Sol-gel template synthesis of highly ordered MnO_2 nanowire arrays[J]. Journal of Power Sources, 2005, 140(1): 211-215.

[69] Tański T. Analysis of the morphology, structure and optical properties of 1D SiO_2 nanostructures obtained with sol-gel and electrospinning methods[J]. Applied Surface Science, 2019, 489: 34-43.

[70] Yao Z F, Huang K L, Liu S Q, et al. A novel method to prepare gold-nanoparticle-modified nanowires and their spectrum study[J]. Chemical Engineering Journal, 2011, 166(1): 378-383.

[71] NiuC, Meng J, Wang X. General synthesis of complex nanotubes by gradient electrospinning and controlled pyrolysis. [J]. Nature Communications, 2015, 6: 7402.

[72] Mai L, Xu L, Han C, et al. Electrospun Ultralong Hierarchical Vanadium Oxide Nanowires with High Performance for Lithium Ion Batteries[J]. Nano Letters, 2010, 10(11): 4750.

[73] Peng S, Li L, Hu, et al. Fabrication of spinel one-dimensional architectures by single-spinneret electrospinning for energy storage applications[J]. Acs Nano, 2015, 9(2): 1945-1954.

[74] Li L, Peng S, Wang J, et al. Facile Approach to Prepare Porous $CaSnO_3$ Nanotubes via a Single Spinneret Electrospinning Technique as Anodes for Lithium-Ion Batteries[J]. Acs. Applied Materials & Interfaces, 2012, 4(11): 6005.

[75] Li L, Peng S, Cheah Y, et al. Electrospun Porous $NiCo_2O_4$ Nanotubes as Advanced Electrodes for Electrochemical Capacitors[J]. Chemistry A European Journal, 2013, 199(9): 5892-5898.

[76] WiktorM, Tomasz T. Analysis of the morphology, structure and optical properties of 1D SiO_2 nanostructures obtained with sol-gel and electrospinning methods[J]. Applied Surface Science, 2019, 489: 34-43.

[77] Huang Z, Geyer N, Werner P, et al. Metal-assisted chemical etching of Silicon: A review[J]. Advanced Materials, 2011, 23: 285.

[78] Hochbaum A I, Gargas D, Hwang Y G, et al. Single crystalline mesoporous silicon nanowires[J]. Nano Letters, 2009, 9(10): 3550.

[79] Peng K, Zhu J. Simultaneous gold deposition and formation of silicon nanowire arrays[J]. Journal of Electroanalytical Chemistry, 2003, 558(1): 35-39.

[80] Peng K, Hu J, Yan Y, et al. Fabrication of single-crystalline Silicon nanowires by scratching a Silicon surface with catalytic metal particles[J]. Advanced Functional Materials, 2010, 16(3): 387-394.

[81] Qu Y, Liao L, Li Y, et al. Electrically conductive and optically active porous Silicon nanowires[J]. Nano Letters, 2009, 9(12): 4539.

[82] Mounir G, Kais D, Soumya C, et al. Enhanced photocatalytic activities of silicon nanowires/graphene oxide nanocomposite: Effect of etching parameters[J]. Journal of Environmental Sciences, 2021, 101: 123-134.

[83] Chen Y, Zhang C, Li L Y, et al. Hybrid anodic and metal-assisted chemical etching method enabling fabrication of silicon carbide nanowires[J]. Small, 2019, 15(7): 1803898.

[84] Wang Y W, Zhang L D, Liang C H, et al. Catalytic growth and photoluminescence properties of semiconductor single-crystal ZnS nanowires[J]. Chemical Physics Letters, 2002, 357(3-4): 314-318.

[85] Liu H B, Li Y L, Xiao S Q, et al. Synthesis of organic one-dimensional nanomaterials by Solid-phase reaction[J]. Journal of the American Chemical Society, 2003, 125(6): 10794-10795.

[86] Deng J, Su Y D, Liu D, et al. Nanowire photoelectrochemistry[J]. Chemical Reviews, 2019, 119(15): 9221-9259.

[87] Pan Z W, Dai Z R, Wang Z L. Nanobelts of semiconducting oxides[J]. Science, 2001, 291(5510): 1947-1949.

[88] Lee J Y, Connor S T, Cui Y. Solution-processed metal nanowire mesh transparent electrodes[J]. Nano Letters, 2008, 8(2): 689.

[89] Hu L B, Kim H S, Lee J Y, et al. Scalabl coating and properties of transparent, flexible, Silver nanowire electrodes[J]. Acs Nano, 2010, 4(5): 2955-2963.

[90] Lee E J, Chang M H, Kim Y S, et al. High-pressure polyol synthesis of ultrathin silver nanowires: Electrical and optical properties[J]. APL Materials, 2013, 1(4): 42118.

[91] He Z K, Kamali A R, Wang Z R, et al. Rapid preparation and characterization of oxygen-deficient SnO_2 nanobelts with enhanced Li diffusion kinetics[J]. Journal of electroanalytical chemistry, 2020, 871: 114276.

[92] Xu S Y, Poirier G, Yao N. PMN-PT nanowires with a very high piezoelectric constant[J]. Nano Letters, 2012, 12(5): 2238-2242.

[93] Hernandez B A, Chang K S, Fisher E R, et al. Sol-Gel template synthesis and characterization of $BaTiO_3$ and $PbTiO_3$ nanotubes[J]. Chemistry of Materials, 2002, 14: 480-482.

[94] Cai Z Y, Xing X R, Yu R B, et al. Morphology-controlled synthesis of lead titanate powders[J]. Inorganic Chemistry, 2007, 46(18): 7423-7427.

[95] Hsu M C, Leu I C, Sun Y M, et al. Template synthesis and characterization of $PbTiO_3$ nanowire arrays from aqueous solution[J]. Journal of Solid State Chemistry, 2006, 179(5): 1421-1425.

[96] Deng Y, Wang J L, Zhu K R, et al. Synthesis and characterization of single-crystal $PbTiO_3$ nanorods [J]. Materials Letters, 2005, 59(26): 3272-3275.

[97] Liu L F, Ning T Y, Rena Y, et al. Synthesis, characterization, photoluminescence and ferroelectric properties of $PbTiO_3$. nanotube arrays[J]. Materials Science & Engineering B, 2008, 149(1): 41-46.

[98] Deng H, Qiu Y C, Yang S H. General surfactant-free synthesis of $MTiO_3$(M = Ba, Sr, Pb) perovskite nanostrips[J]. Journal of Materials Chemistry, 2009, 19: 976-982.

[99] Yu G, Wang X Q, Zhu L Y, et al. Crystallization process and microstructure of solegel derived $Pb_{0.9}La_{0.1}Ti_{0.875}O_3$ fine fibers with a novel heat-treatment process[J]. Solid State Sciences, 2008, 10(7): 859-863.

[100] Zhu X H, Wang J Y, Zhang Z H, et al. Perovskite nanoparticles and nanowires: microwave-hydrothermal synthesis and structural characterization by high-resolution transmission electron microscopy[J]. Journal of the American Ceramic Society, 2008, 91(8): 2683-2689.

[101] Rørvik P M, Almli A, Helvoort A T, et al. $PbTiO_3$ nanorod arrays grown by self-assembly of nanocrystals [J]. Nanotechnology, 2008, 19(22): 225605.

[102] Yang Y, Wang X H, Zhong C F, et al. Synthesis and growth mechanism of lead titanate nanotube arrays by hydrothermal method[J]. Journal of the American Ceramic Society, 2008, 91: 3388-3390.

[103] Yang Y, Wang X H, Sun C K, et al. Photoluminescence of high-aspect-ratio $PbTiO_3$ nanotube arrays [J]. Journal of the American Ceramic Society, 2010, 91(10): 3820-3822.

[104] Ju J, Wang D J, Lin J H, et al. Hydrothermal synthesis and structure of lead titanate pyrochlore compounds [J]. Chemistry of Materials, 2003, 15(18): 3530-3536.

[105] Wang Y G, Xu G, Yang L L, et al. Preparation of single-crystal $PbTiO_3$ nanorods by phase transformation from $Pb_2Ti_2O_6$ nanorods[J]. Journal of Alloys & Compounds, 2009, 481(1-2): L27-L30.

[106] Cui Z L, Dong L F, Hao C C. Microstructure and magnetic property of nano-Fe particlesprepared by hydrogen arc plasma[J]. Materials Science & Engineering A, 2000, 286(1): 205-207.

[107] Ioan B. Nanoparticle production by plasma[J]. Materials Science & Engineering B, 1999, 68(1): 5-9.

[108] Wei Z Q, Xia T D, Bai L F, et al. Efficient preparation for Ni nanopowders by anodic arc plasma[J]. Materials Letters, 2006, 60(6): 766-770.

[109] Fang F, Futter J, Maekwitz A, et al. UV and humidity sensing properties of ZnO nanorods prepared by the arc discharge method[J]. Nanotechnology, 2009, 20(24): 245502(7pp).

[110] Li K, Wei Z Q, Zhu X L, et al. Microstucture and optical properties of ZnO nanorods prepared by anodic arc plasma method[J]. Journal of Applied Biomaterials & Functional Materials, 2018, 16(1s): 105-111.

[111] Yan X L, Sun W, Wang W, et al. Flash solid-solid synthesis of Silicon oxide nanorods[J]. Small, 2020, 16(35): 2001435.

[112] Wang F, Dong A, Buhro W E. Solution-Liquid-Solid synthesis, properties, and applications of one-dimensional colloidal semiconductor nanorods and nanowires[J]. Chemical Reviews, 2016, 116(18): 10888-10933.

[113] Kan S, Mokari T, Rothenberg E, et al. Synthesis and size-dependent properties of zinc-blende semiconductor quantum rods[J]. Nature Materials, 2003, 2(3): 155-158.

[114] Kan S H, Aharoni A, Mokari T. Shape control of Ⅲ-V semiconductor nanocrystals: Synthesis and properties of InAs quantum rods[J]. Faraday Discussions, 2004, 125: 23-38.

[115] Wang F D, Buhro W E. Determination of the rod-wire transition length in colloidal indium phosphide quantum rods[J]. Journal of the Americal Chemical Society, 2007, 129(46): 14381-14387.

[116] Ahrenkiel S P, Micic O I, Miedaner A, et al. Synthesis and characterization of colloidal InP quantum rods [J]. Nano Letters, 2003, 3(6): 833-837.

[117] Ayers T M, Fye J L, Duncan M A. Synthesis and isolation of titanium metal cluster complexes and ligand-coated nanoparticles with a laser vaporization flowtube reactor[J]. Journal of Cluster Science, 2003, 14(2): 97-113.

[118] Ard S, Dibble C J, Akin S T, et al. Ligand-coated vanadium oxide clusters: Capturing gas-phase magic numbers in solution[J]. The Journal of Physical Chemistry C, 2011, 115(14): 6438-6447.

[119] Akin S T, Liu X, Duncan M A. Laser synthesis and spectroscopy of acetonitrile/silver nanoparticles [J]. Chemical Physics Letters, 2015, 640: 161-164.

[120] Woodard M P, Akin S T, Dibble C J, et al. Laser synthesis and spectroscopy of ligand-coated chromium oxide nanoclusters[J]. The Journal of Physical Chemistry A, 2018 122(14): 3606-3620.

[121] Woodard M P, Duncan M A. Laser synthesis and spectroscopy of molybdenum oxide nanorods [J]. The Journal of Physical Chemistyr C, 2019, 123(14): 9580-9566.

[122] Vandaele K, Heremans J P, Driessche L V, et al. Continuous-feed nanocasting process for synthesis of bismuth nanowire composites[J]. Chemical Communications, 2017, 53: 12294-12297.

[123] DengX, Chen K, Tüysüz H. Protocol for the nanocasting method: preparation of ordered mesoporous metal oxides[J]. Chemistry of Materials, 2017, 29(1): 40-52.

[124] Aslan F, Tumbul A, Gkta A, et al. Growth of ZnO nanorod arrays by one-step sol-gel process[J]. Journal of Sol-Gel Science and Technology, 2016, 80(2): 389-395.

[125] Ganguli A K, Ganguly A, Vaidya S. Microemulsion-based synthesis of nanocrystalline materials[J]. Chemical Society Reviews, 2010, 39(2): 474-485.

[126] Xu R, Wang J, Li Q, et al. Porous cobalt oxide (Co_3O_4) nanorods: Facile syntheses, optical property and application in lithium-ion batteries[J]. Journal of Solid State Chemisrty, 2009, 182(11): 3177-3182.

[127] Zhang X, Cheng F, Yang J, et al. $LiNi_{0.5}Mn_{1.5}O_4$ porous nanorods as highrate and long-life cathode for Li-ion batteries[J]. Nano Letters, 2013, 13(6): 2822-2825.

[128] Yang J, Cheng F, Zhang X, et al. Porous $0.2Li_2MnO_3 \cdot 0.8LiNi_{0.5}Mn_{0.5}O_2$ nanorods as cathode materials for lithium-ion batteries[J]. Journal of Materials Chemistry A, 2014, 2(6): 1636-1640.

[129] Bai G, Dai H, Deng J, et al. The microemulsion preparation and high catalytic performance of mesoporous NiO nanorods and nanocubes for toluene combustion [J]. Chemical Engineering Journal, 2013, 219: 200-208.

[130] Liang R, Hu A, Li W, et al. Enhanced degradation of persistent pharmaceuticals found in wastewater treatment effluents using TiO_2 nanobelt photocatalysts[J]. Journal of Nanoparticle Research, 2013, 15(10): 1-13.

[131] Lin L C, Liu L, Musselman K, et al. Plasmonic-Radiation-Enhanced metal oxide nanowire heterojunctions for controllable multilevel memory[J]. Advanced Functional Materials, 2016, 26(33): 5979-5986.

[132] Li Z Q, Wang W J, Zhao Z C, et al. One-step hydrothermal preparation of Ce-doped MoO_3 nanobelts with enhanced gas sensing propertied[J]. RSC Advances, 2017, 7(45): 28366-28372.

[133] Han W, Zhao Y, Fan Q, et al. Preparation and growth mechanism of one-dimensional NdB6 nanostructures: nanobelts, nanoawls, and nanotubes[J]. Rsc Advances, 2016, 6(48): 41891-41896.

[134] Wang Z L. Functional oxide nanobelts: meterials, properties and potential applications in nanosystems and biotechnology[J]. Annual Review of Physical Chemistry, 2004, 55(1): 159-196.

[135] Pan W Z, Dai Z R, Wang Z L. Nanobelts of semiconducting oxides[J]. Science, 2001, 291(5510): 1947-1949.

[136] Wang Z L, Pan Z W, Dai Z R. Structures of oxide nanobelts and nanowires[J]. Microscopy and Microanalysis, 2003, 8(6): 467-474.

[137] Li Q, Wang C R. Fabrication of wurzite ZnS nanobelts via simple thermal evaporation[J]. Applied Physics Letters, 2003, 83(2): 359-361.

[138] Zhu Y C, Bando Y S, Xue D F. Spontaneous growth and luminescence of zinc sulfide nanobelts[J]. Applied Physics Letters, 2003, 82(11): 1769-1771.

[139] Geng F, Ma R, Ebina Y, et al. Gigantic swelling of inorganic layered materials: A bridge to molecularly thin Two-Dimensional nanosheets[J]. Journal of the American Chemical Society, 2014, 136(14): 5491-5500.

[140] Ma R, Sasaki T. Two-Dimensional oxide and hydroxide nanosheets: Controllable high-quality exfoliation, molecular assembly, and exploration of functionality[J]. Accounts of Chemical Research, 2015, 48(1): 136-143.

[141] Song Y, Ozawa T C, Ma R, et al. Accordion-like swelling of layered perovskite crystals via massive permeation of aqueous solutions into 2D oxide galleries[J]. Chemical Communications, 2015, 51(96): 17068-17071.

[142] Geng F, Ma R, Nakamura A, et al. Unusually stable ~100-fold reversible and instantaneous swelling of inorganic layered materials[J]. Nature Communications, 2013, 4: 1632.

[143] Li L, Deng J, Chen J, et al. Phase evolution in low-dimensional niobium oxide synthesized by a topochemical method[J]. Inorganic Chemistry, 2010, 49(4): 1397-1403.

[144] Guo Y, Kakimoto K I, Ohsato H. Phase transitional behavior and piezoelectric properties of $(Na_{0.5}K_{0.5})NbO_3$-$LiNbO_3$ ceramics[J]. Applied Physcs Letters, 2004, 85(18): 4121-4123.

[145] Wood B D, Mocanu V, Gates B D. Solution-phase synthesis of crystalline lithium niobate nanostructures[J]. Advanced Materials, 2008, 20(23): 4552-4556.

[146] Li L, Deng J, Chen J, et al. Wire structure and morphology transformation of niobium oxide and niobates by molten salt synthesis[J]. Chemistry of Materials, 2009, 21(7): 1207-1213.

[147] Liu J F, Li X L, Li Y D. Synthesis and characterization of nanocrystalline niobates[J]. Journal of Qiqihar University, 2003, 247(3): 419-424.

[148] Dutto F, Raillon C, Schenk K, et al. Nonlinear optical response in single alkaline niobate nanowires[J]. Nano Letters, 2011, 11(6): 2517-2521.

[149] Yan C, Xue D. Formation of Nb_2O_5 nanotube arrays through phase transformation[J]. Advanced Materials, 2008, 20(5): 1055-1058.

[150] Cheng F R, Jiang X, Zhang Z P, et al. Preparation of 1D ultrathin niobate nanobelt by the liquid exfoliation as a photocatalyst for hydrogen generation[J]. Chemical Communications. 2019, 55: 2417-2410.

[151] Kolmakov A, Klenov D O, Lilach Y, et al. Enhanced gas sensing by individual SnO_2 nanowires and nanobelts functionalized with Pd catalyst particles[J]. Nano Letters, 2005, 5(4): 667-673.

[152] FieldsL L, Zheng J P, Cheng Y, et al. Room-temperature low-power hydrogen sensor based on a single tin dioxide nanobelt[J]. Applied Physics Letters, 2006, 88(26): 697.

[153] Kalinin S V, Shin J, Jesse S, et al. Electronic transport imaging in a multiwire SnO_2 chemical field-effect transistor device[J]. Journal of Applied Physics, 2005, 98(4): 044503.

[154] He Z K, Kamali A R, Wang Z R. Rapid preparation and characterization of oxygen-deficient SnO_2 nanobelts with enhanced Li diffusion kinetics[J]. Journal of Electroanalytical Chemistry, 2020, 871: 114276.

[155] Wang Q, Li J, Zhang W, et al. Plasma-assisted synthesis of bicrystalline ZnS nanobelts withenhanced photocatalytic ability[J]. Electronic Materials Letters, 2020, 16(2): 180-187.

[156] Zhang J Y, Xiao F X, Xiao G C, et al. Assembly of a CdS quantum dot-TiO_2 nanobelt heterostructure for photocatalytic application: towards an efficient visible light photocatalyst via facile surface charge tuning [J]. New Journal of Chemistry, 2015, 39(1): 279-286.

[157] Zhang J Y, Xiao F X. Modulation of interfacial charge transfer by self-assembly of single-layer graphene enwrapped one-dimensional semiconductors toward photoredox catalysis[J]. Journal of Materials Chemistry A, 2017, 5: 23681-23693.

[158] Weng B, Wu J, Xu Y J, et al. Observing the role of graphene in boosting the two-electron reduction of oxygen in graphene-WO_3 nanorod photocatalysts[J]. Langmuir the Acs Journal of Surfaces &Collioids, 2014, 30(19): 5574-5584.

[159] Clark A W, Glidle A, Cumming D R S, et al. Plasmonic split-ring resonators as dichroic nanophotonic DNA biosensors[J]. Journal of the American Chemical Society, 2009, 131 (48): 17615-17619.

[160] Yang S M, Jang S G, Choi D G, et al. Nanomachining by colloidal lithography[J]. Small, 2010, 2(4): 458-475.

第5章　二维纳米材料

纳米材料是指特定的一维、二维或三维方向的尺寸达到纳米量级(1～100nm)的材料，它们具有表面与界面效应、小尺寸效应、量子尺寸效应和宏观量子隧道效应等特性，在一定条件下呈现出特殊性能，可以用作多种功能材料，例如吸波、催化、超导、半导体、发光等。纳米材料根据其尺寸又可分为一维、二维和三维纳米材料，其中二维纳米材料(简称“二维材料”)是电子只能在两个维度上自由移动且横向尺寸很大的材料。而厚度方向仅有一个或几个原子层厚度。与其他维度的纳米材料相比，二维材料的优势在于其高柔韧性和透明度，它在可穿戴智能器件和柔性储能器件等领域具有广阔的应用前景，且其结构与组成可调，由此衍生出的性能具有多样性[1]。本章主要介绍二维纳米材料家族中的热点材料——薄膜、二硫化钼、MXene和纳米片材料的合成和最新应用研究，并展望它们的发展趋势。

5.1　薄膜

5.1.1　简介

纳米薄膜材料是一种新型的薄膜材料，由于其特殊的结构和性能，它在功能材料和结构材料领域都具有良好的发展前景。本节主要介绍了纳米薄膜的制备方法、特性以及研究前景。纳米薄膜材料的性能比传统的薄膜材料具有更加明显的优势，特别是复合纳米薄膜材料将成为未来研究的热点。

5.1.2　纳米薄膜材料的定义及分类[2]

纳米薄膜是指尺寸在纳米数量级(1～100nm)的晶粒所构成的薄膜或将纳米晶粒薄膜镶嵌于某种薄膜中的复合膜，以及厚度在纳米数量级的单层或多层薄膜。纳米薄膜，按层数可以划分为纳米单层薄膜和纳米多层薄膜；按组分可以划分为有机纳米薄膜和无机纳米薄膜；按薄膜的构成与致密性可以划分为纳米多孔薄膜和纳米致密薄膜；按用途可划分为纳米功能薄膜和纳米结构薄膜。

5.1.3　纳米薄膜常用的制备方法

纳米薄膜的制备方法按原理可分为物理方法和化学方法两类。物理方法是指在一定的实验条件下，实验样品发生的特定的物理变化，其中没有新物质的生成，是同一种物质的不同表现形式。物理制备方法包括磁控溅射法、分子束外延法、机械剥离法和脉冲激光沉积法等方法。化学方法是指在一定实验条件下，用选定的实验样品进行特定的化学反应，反应后生成预期的实验样品，在化学过程中有新物质的生成。化学方法包括溶胶-凝胶法和化学气相沉积法等方法[3]，二维材料薄膜常见的组装方法主要有以下四种：真空抽滤法、刮涂法、喷涂法和Langmuir-Blodgett(LB)法[4]。下面将分别介绍几种常见的制备手段。

5.1.3.1 磁控溅射法

磁控溅射法制备纳米材料具有沉积速率高、温度低、易于控制制备过程等优点，是目前使用最广泛的制备方法之一。其中溅射是一种使用高能粒子轰击靶材料，使靶材料的原子或分子被溅射并沉积在衬底表面的一种技术。Hou 等[5]在 Ar/O_2 气体的气氛中使用了 $100×300mm^2$ 的 Zn 作为靶材料，使用直流磁控溅射沉积了 ZnO 薄膜。Uddin 等[6]采用水热射频磁控管系统，在 Ar 环境下，以 ZnO 为靶材料，用射频磁控管沉积出 ZnO 薄膜，沉积在聚酰亚胺/聚四氟乙烯(Polyimide/Poly Tetra Fluoroethylene，PI/PTFE)支撑层上的 ZnO 厚度大约为 120nm。Banerjee 等[7]采用低温真空溅射沉积方法，在 PET 基底上制备了纳米晶态 ZnO 薄膜[8]。磁控溅射法也用于过渡金属硫族化合物，多种金属混合溅射生长，也可以用来制备纳米棒样品。

5.1.3.2 分子束外延法

分子束外延法(MBE) 本质上是一种在超高真空(UHV)环境中通过蒸发薄膜组成元素和掺杂元素(如果生长结构需要)来实现生长的技术。可以实现从源到衬底的可控传质。在源处产生的组成物质的原子或分子通量在超高真空下以直线路径向加热的衬底移动，在那里它们彼此冷凝并相互反应，以动力学生长方式形成外延膜。加热的衬底通常被加工成原子级清洁的表面。MBE 通过对入射原子或分子束流的精确控制，甚至能够生长薄到几埃的薄膜，这就使得通过简单地使用快门控制来实现生长由多种薄层组成的超晶格结构成为可能。此外，垂直于表面的掺杂分布可以通过使用单独源的掺杂来改变和控制，其生长控制精度是传统生长技术难以实现的[9]。图 5-1 是用分子束外延法制备的二维 In_xSe_y 材料的示意图以及形貌图。

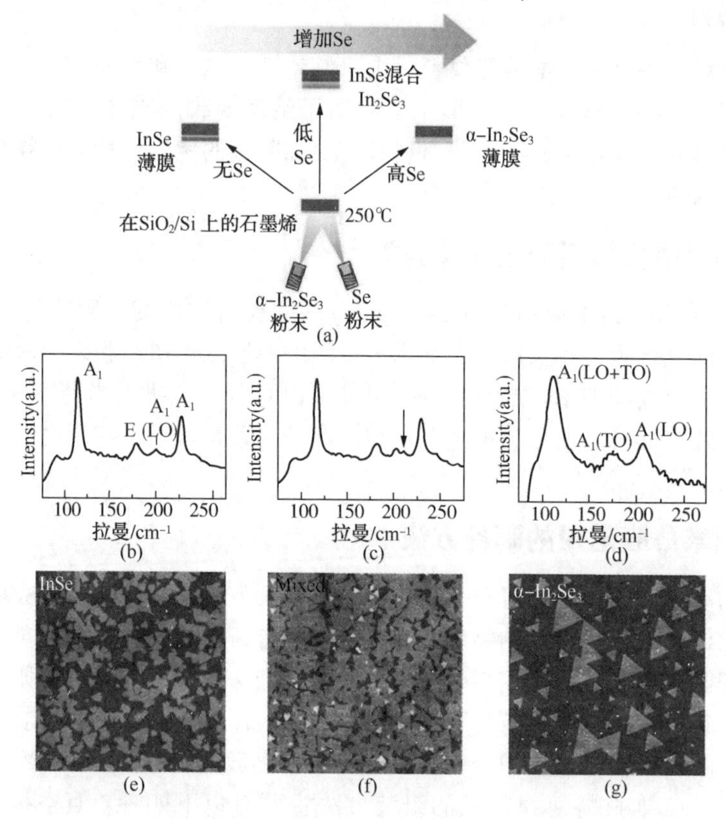

图 5-1 分子束外延法制备的二维 In_xSe_y 薄膜材料的示意图以及形貌图[10]

该方法生长速率非常慢，有利于精确控制厚度、成分和结构等。在制备二维过渡金属材料中，TMDCs 材料在垂直衬底方向没有悬空化学键，只有弱范德华力作用，因此通过衬底表面的弱范德华力作用，原则上可以在任意衬底上制备二维 TMDCs 材料。如图 5-2 所示，Xing 等[11]通过 MBE 生长技术，在碳化硅外延的双层石墨烯衬底上成功制备出具有 3×3 结构的二维 $NbSe_2$ 薄膜。

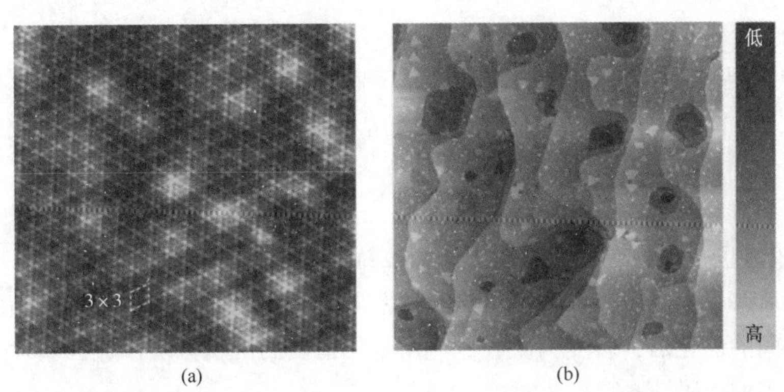

图 5-2　(a)利用分子束外延法在碳化硅外延的双层石墨烯上制备的单层 $NbSe_2$ 薄膜的 STM 扫描图(18nm×18nm)，(b)更大范围的形貌图(1.9μm×1.9μm)[11]

5.1.3.3　机械剥离法

机械剥离法(Mechanical exfoliation)是使用透明胶带(Scotch tape)剥离大块层状晶体来制造纳米薄片的常用方法。使用该技术的最初的想法是通过用透明胶带施加机械力以减弱片层之间相互作用的范德华力。在不破坏片层面内共价键的前提下，剥离得到单层或少数层的二维材料。这种方法典型的例子是石墨烯的剥离，首先将大块晶体(例如石墨)附着到透明胶带的黏合剂上，然后通过使用另一个黏合剂表面将其剥离成薄片。重复上述过程，然后将胶带粘在硅片上，单层或少数层的石墨烯被留在目标基底上[4]。图 5-3 展示了机械剥离法制备石墨烯的过程。

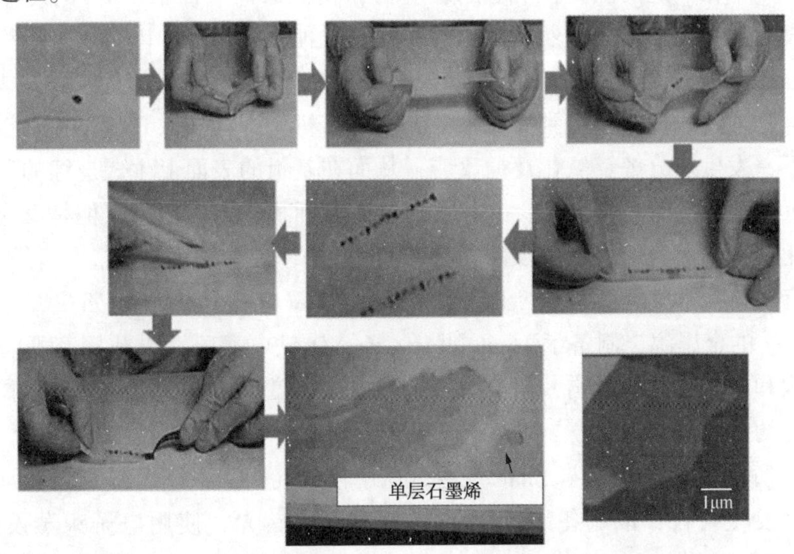

图 5-3　用透明胶带剥离高定向裂解石墨(HOPG)制备单层石墨烯的过程示意图[12]

由于过渡金属化合物的层状结构特点，该方法也被广泛用于制备二维过渡金属化合物材料，例如可以通过机械剥离方法获得各种厚度的 MoS_2 纳米片层材料。机械剥离法的优点是该方法简单直接，可同时制备单层和多层纳米晶体材料，并且所得的样品能更好地保持结构的完整性，以及具有较高的结晶度。最后，由于该法没有化学反应，因此即使通过该方法获得的二维晶体暴露于空气中数月，也可以仍然显示出良好的稳定性。但是，该方法的缺点也十分明显，它局限于块体材料的层状结构，当非层状或者层间作用力和面内作用力几乎没有的情况下，几乎得不到单层样品。而且，通过该方法获得的晶体材料直径通常小于 20μm，并且同时存在各种层数样品，这不利于大规模工业级利用，仅适于实验室研究。

5.1.3.4 溶胶-凝胶法

溶胶-凝胶法也是一种在常温低压下制备二维材料的常用方法。其基本原理是将薄膜各组元的前驱体溶解于溶剂中，形成网络结构的前驱体溶液，然后经过水解及缩聚反应转变为溶胶，一段时间的老化后，转变为凝胶，然后采用适当的沉积方法涂镀在基片上，经过热处理后，得到所需的薄膜[9]。

Lin 等[13]采用二水醋酸锌、2-甲氧乙醇和乙醇胺溶液为反应物，通过低温溶胶-凝胶法制备了 ZnO 薄膜，利用 AFM 等技术对产物进行了表征。实验结果表明 ZnO 的浓度与表面粗糙度呈正相关关系，得到的 ZnO 薄膜可作为阴极缓冲层用作柔性有机太阳能电池的重要器件。Duan 等[14]采用溶胶-凝胶法在柔性聚酰亚胺基底上成功制备了铝掺杂的 ZnO 透明导电薄膜。制备的薄膜具有致密的微结构和均匀分布的晶粒，拥有良好的附着力，而且通过真空后退火有效地提高了电导率[8]。但是溶胶-凝胶法难以获得大面积的材料，不能工业化。

5.1.3.5 化学气相沉积法

化学气相沉积法（Chemical Vapor Deposition，简称 CVD）是目前制备二维材料最为广泛的方式之一。是指在一定的温度，气态的反应物在其他保护气（例如 Ar）的运输下，加热后的固相基体表面发生化学反应，然后沉积为薄膜的一种方法。其中以金属有机物化学气相沉积（Metal Organic Chemical Vapor Deposition，简称 MOCVD）的应用最为广泛，基本原理是，金属有机化合物通过载气被输送到反应室中，金属有机化合物扩散并吸附在基板表面上，在加热的作用下，发生热分解及氧化还原反应，从而在基板的表面上生成连续的薄膜。金属有机化学气相沉积法的实验操作方便，并且可以制备大面积均匀的薄膜，但是反应原料是昂贵的有机金属化合物，而且所使用的反应物主要是有毒的易燃易爆物质，污染环境。Shimizu 等采用金属有机物化学气相沉积法，以昂贵的 $Hf(NMe_2)(C_8H_{17}N_2)$ 和 $Zr(NMe_2)(C_8H_{17}N_2)$ 分别为 Hf 和 Zr 的金属源，制备了 16nm 的 $Hf_{0.5}Zr_{0.5}O_2$ 铁电薄膜，以此探究不同退火温度对薄膜晶体结构和电学性能的影响，研究表明，当退火温度为 700℃时，薄膜的剩余极化强度达到最大值，约为 $12\mu C/cm^2$[9]。

如图 5-4 所示，在 2012 年，Zhan 等通过运用化学气相沉积技术，将金属原子和硫原子在高温下直接发生硫化，以制备二维 MoS_2 薄膜材料。首先，使用电子束蒸发技术以大约 0.1Å/s 的沉积速率，在 SiO_2/Si 衬底的表面上沉积 1~5nm 厚的 Mo 原子层。然后，硫蒸气经氩气输送到 Mo 表面，并在 750℃条件下发生反应，Mo 原子被直接硫化，最后，通过扫描电镜(SEM)观察表明，该方法可以制备出单层和少层的 MoS_2 薄膜样品。

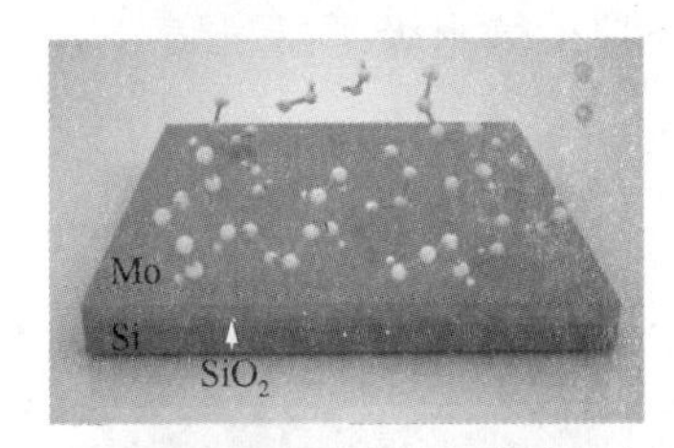

(a)在预沉积在SiO_2衬底上的Mo薄膜上引入硫

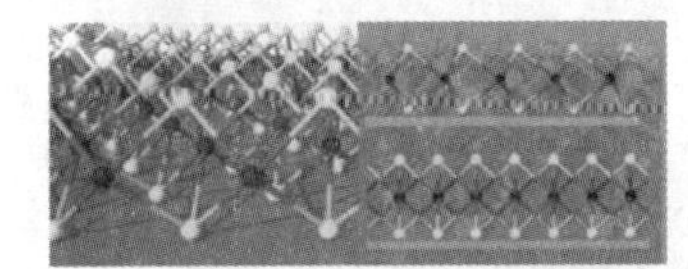

(b)直接生长在SiO_2衬底上的MoS_2薄膜

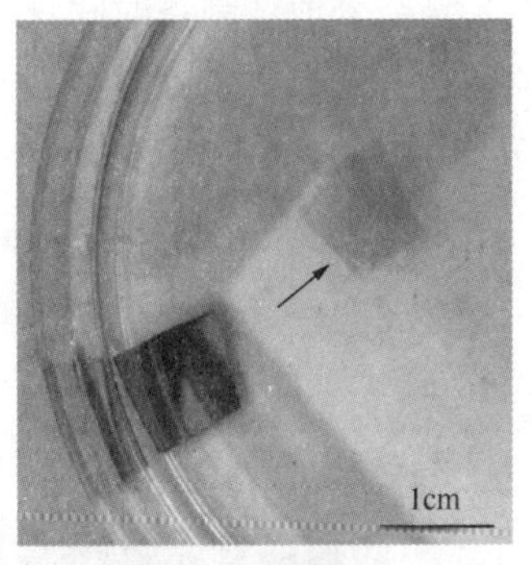

(c)SiO_2衬底(左)和剥离的少层MoS_2(右,用箭头表示)

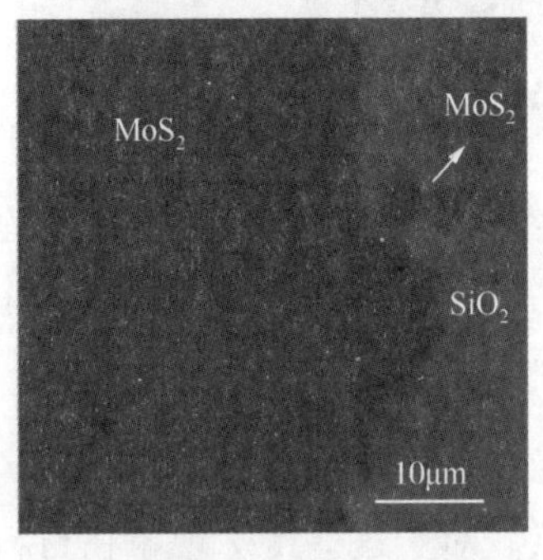

(d)在SiO_2衬底上带有MoS_2的一个局部截面的光学图像，深灰色的大部分区域是层数较少的MoS_2，浅灰色区域是用箭头标记的(1~2)层MoS_2

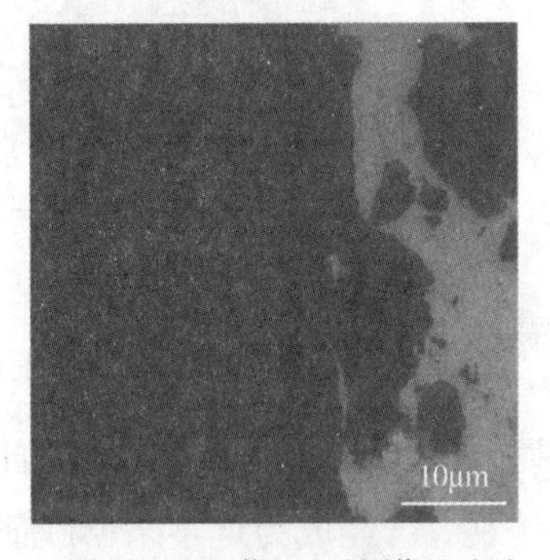

(e)对应的SEM图像，这些图像显示了一个大尺寸、均匀且连续的MoS_2原子层[15]

图 5-4　原子层状 MoS_2 的图解和形貌

5.1.3.6　真空抽滤法[4]

在真空抽滤法制备过程中，首先选择合适的超滤膜基材，然后将压差用作过滤的驱动力，以使二维材料纳米片分散液中的溶剂通过滤膜，纳米片垂直于液流方向逐层重叠以获得具有紧密堆叠的二维材料薄膜。在薄膜制备过程中，溶剂分子穿过二维材料纳米片之间的间隙，高纵横比的纳米片在静电引力和范德华力的共同作用下逐层堆叠，形成柔性层状结构的自组装薄膜。真空抽滤法对二维材料纳米片分散液的浓度和体积要求低，成膜性好，定向性高。然而，受到抽滤装置的限制，薄膜厚度越厚，溶剂分子越难以通过薄膜纳米通道，并且制备时间越长，例如制备一张厚度 10μm 的氧化石墨烯(GO)薄膜，需要花费十几小时甚至数天的时间，因此该方法仅适合于制备厚度较薄的薄膜，主要用于相关物理化学性质的研究。

5.1.3.7　Langmuir-Blodgett(LB)法[4]

LB 法是利用二维材料两亲特性来制备在液-气界面处厚度可控的二维材料薄膜的方法(图 5-5)。首先用氯仿和去离子水反复清洗，以确保容器绝对干净能保证成膜。然后从石英注射器缓慢注入二维材料纳米片分散液，该液体在水表面铺展形成薄膜，最后从浸入的基板将二维材料薄膜拉出来。LB 法二维材料纳米片铺展性和成膜性好，适用于制备纳米厚度的薄膜，但工艺复杂繁琐、制备时间长、不能制备厚度微米级薄膜。

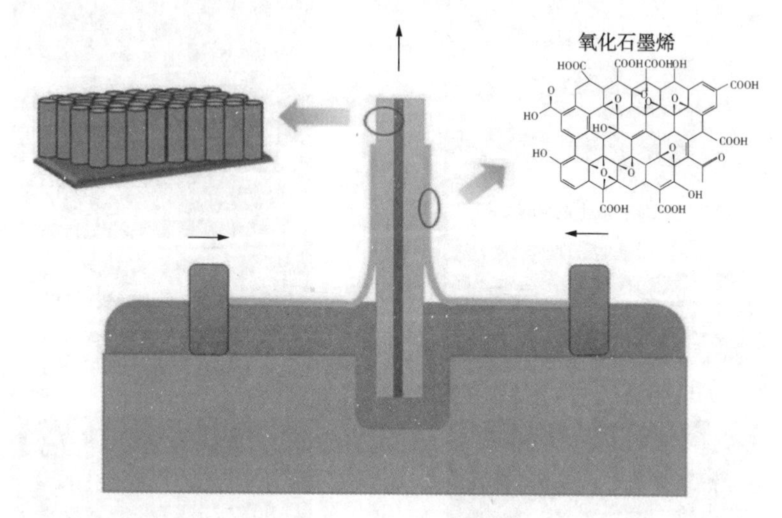

图 5-5　LB 法示意图[16]

5.1.4　纳米薄膜的性能[2]

纳米薄膜由于其组成的特殊性，因此它的性能和一些常规材料也有一定区别，尤其是超模量、超硬度效应已经成为近年来薄膜研究的热点。对于这些特殊现象在材料学理论范围内提出了一些比较合理的解释。其中 Koehler 早期提出的高强度固体的设计理论，以及后来的量子电子效应、界面应变效应、界面应力效应[17,18]等都在不同程度上解释了一些实验现象。如今，就纳米薄膜材料的力学性能研究较多的有多层膜硬度、韧性、耐磨性等。纳米薄膜材料的光学性能主要研究蓝移和宽化、光的线性与非线性等，以及它的电磁学特性和它的气敏特性。

5.2　MoS_2

5.2.1　MoS_2材料概述[19,20]

近年来，以石墨烯为首的二维材料因其优异的性能而闻名于世。迄今为止，已知的有 2000 多种二维材料。二维材料包括碳化物和氮化物(例如石墨烯、硅烯等)，二维过渡金属硫化物(2DTMDs)(例如二硫化钼，二硫化钨等)，以及碳氢化合物(例如石墨烷和硅烷等)。在二维材料中，二维过渡金属硫化物(2DTMDs)一直是人们研究的热点。它们在催化、润滑和光电领域等方面具有重要的应用。其中，二硫化钼最为突出。

二维层状纳米材料 MoS_2是典型的过渡金属硫化物之一，在自然界中储备丰富。它具有类似于石墨烯的独特的层状结构，优异的电子性能，较高的机械强度，可调节的间隙，稳定的化学性能，较大的比表面积和边缘活性高等突出优点，广泛用于光催化、电催化、电化学、吸附、传感、润滑等领域。为了尽可能多地利用二硫化钼的优异性能，设计材料的结构特别重要。复合材料融合了各种材料的优势，可以取长补短，并可以更有效地利用每种材料的特性来发现和探索更多潜在的应用价值。

5.2.2 晶体结构[20]

作为典型的二维过渡金属硫化物，二硫化钼具有石墨烯状的层状结构，层内具有 S-Mo-S 夹心结构，层间距为 6.5Å，且层间通过范德华力连接，容易分开。S 原子暴露于外部，并且对金属具有很强的吸附作用。层内的 Mo 和 S 通过牢固的共价键连接，该键稳定且不易断裂。二硫化钼属于六方晶系，其中一个 Mo 原子通过典型的过渡金属硫化物共价键连接到周围的 6 个 S 原子上。MoS_2的晶体结构如图 5-6 所示，它们是 1T 相，2H 相和 3R 相。1T 和 3R 相为亚稳相，而 2H-MoS_2为稳定的半导体相。这种结构类似于三棱柱，一个 Mo 原子与六个 S 原子形成了一个晶胞。

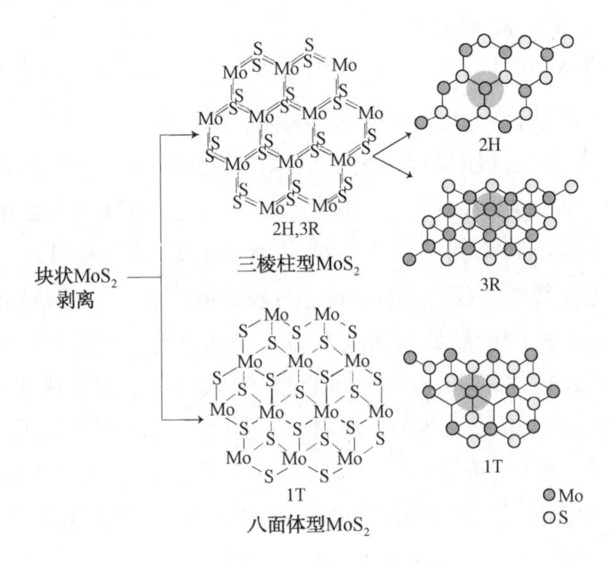

图 5-6 MoS_2的晶体结构[21]

5.2.3 物理化学性质[20]

MoS_2是一种无机物，是辉钼矿的主要成分，资源丰富。它是有金属光泽的黑色固体粉末。它不溶于水、稀酸和浓硫酸，可溶于王水和热的浓硫酸。二硫化钼的熔点 1185℃，结合力、耐压力较强，在大气温度 400℃的条件下自润滑摩擦系数大约在 0.03~0.09，莫氏硬度约为 1.0~1.5。具有稳定的热力学性质与化学性质。受 S-Mo-S 夹心结构的影响，相邻层间的键能较弱，故表面能较小；相反，内层以较强的共价键结合，因此边缘的表面能较高。MoS_2的性能受尺寸影响很大，当它的尺寸达到纳米级时，许多性能将大大改善，这表现为较强的吸附能力，较大的比表面积以及较高的反应活性和催化性能，因此，纳米级的 MoS_2具有更加广阔的应用前景。此外，带隙的可调性是 MoS_2独特的优势，块状 MoS_2半导体的间接带隙是 1.29eV，随着 MoS_2层数的减少，其带隙逐渐增加，直到单层 MoS_2转变为直接带隙，达到 1.9eV。

5.2.4 MoS_2材料的制备方法

MoS_2材料包括 0D 的纳米点/量子点、1D 的纳米管、2D 的纳米片和纳米复合材料。MoS_2纳米材料的合成方法可以大致分为两类："自上而下"和"自下而上"。自上而下的方法(也称为分步设计)通过物理/机械力或化学试剂的插层和剥离，将层状 MoS_2分解或剥离到纳米级范围。自上而下合成 MoS_2纳米材料的方法包括机械剥离法、液体/溶剂辅助剥离法、化学辅助剥离和插层法以及电化学剥离法。相反，"自下而上"的方法是将纳米级的 MoS_2组装成一个相对复杂的 MoS_2。自下而上合成 MoS_2的主要方法有水热/溶剂热法和化学气相沉积(CVD)。除了"自上而下"和"自下而上"的方法之外，还有一些其他来进行制备 MoS_2材料的方法，例如湿化学方法、物理气相沉积、热分解法等[22]。接下来，我们将针对几种常用合成方法做简单的解释。

5.2.4.1 自下而上的合成方法

水热/溶剂法是实验室制备纳米 MoS_2常用的方法之一。基本策略是以钼源(例如水合钼酸钠、乙酰丙酮钼、六羰基合钼和三氧化钼等)与硫源(硫代乙酰胺、硫脲、硫化钠、单质硫等)为前驱体，将其密封在高压反应釜内，以水(或乙醇)作为反应溶剂，在高温高压条件下，钼源与硫源进行化学反应从而制备出纳米 MoS_2。通过调节水热温度、升温速率、压强以及溶液酸碱度可以获得不同结构和形貌的纳米 MoS_2，以其形貌可调、产物均匀以及分散性好，并且成本不高等优势被广泛应用于 MoS_2纳米片的合成[23]。但是其产物为粉末状，应用受限，且水热法合成出来的产品的结晶度不高。除此之外，水热法的一大优点是还可以实现复合物的制备。Zhang 等[24]以水合钼酸胺和硫脲为原料，采用水热法制备了富氧 1T-MoS_2纳米片(DRM)和无缺陷 1TMoS_2纳米片(DFM)。然后，在乙醇溶液中用超声法将制备的 DRM 和 DFM 分别与 CdS 复合，如图 5-7(a)所示。结果表明，DRM/CdS 比 DfM/CdS 具有更高的光催化活性，这是由于其丰富的缺陷可以带来更高的光催化 HER 活性。如图 5-7(b)所示，Yuan 等[25]以 Cu-$ZnIn_2S_4$、$Na_2MoO_4 \cdot 2H_2O$ 和硫脲为原料，采用一步原位水热法合成了 2D-2D MoS_2/Cu-$ZnIn_2S_4$层状光催化剂。更重要的是，一步原位水热法的优点是 MoS_2/Cu-$ZnIn_2S_4$的 2D 结构更稳定，电荷转移速度更快。Xu 等[26]报道了以 $MoCl_5$和硫代乙酰胺(TAA)为钼源，采用原位生长溶剂热法合成 2D1T 相 MoS_2。如图 5-7(c)所示，该方法被用来诱导 2D1T 相 MoS_2在 O-g-C_3N_4表面原位生长，用于光催化析氢反应[27]。

化学气相沉积法(CVD)是制备单层和极少层 MoS_2最常用的方法。该技术需要在较高的温度下进行，通以惰性气体防氧化，原材料为含有制备材料元素的一种或几种化合物或单质，在高温下进行分解，然后在衬底表面上进行化学反应生成所需产物。化学气相沉积往往表现出最高的可控性，Lee 等[28]在 SiO_2衬底上制备包括 MoS_2纳米片在内的大量超薄 2D 纳米材料。该法制备所得的 MoS_2结晶度高、尺寸均匀且操作简单。但是由于其在高温下进行，对设备要求较高。需要指出的是，自下而上法所采用的前驱体类型、反应温度、溶剂或气氛的不同会导致这些合成的 MoS_2纳米材料的性能有很大的不同。

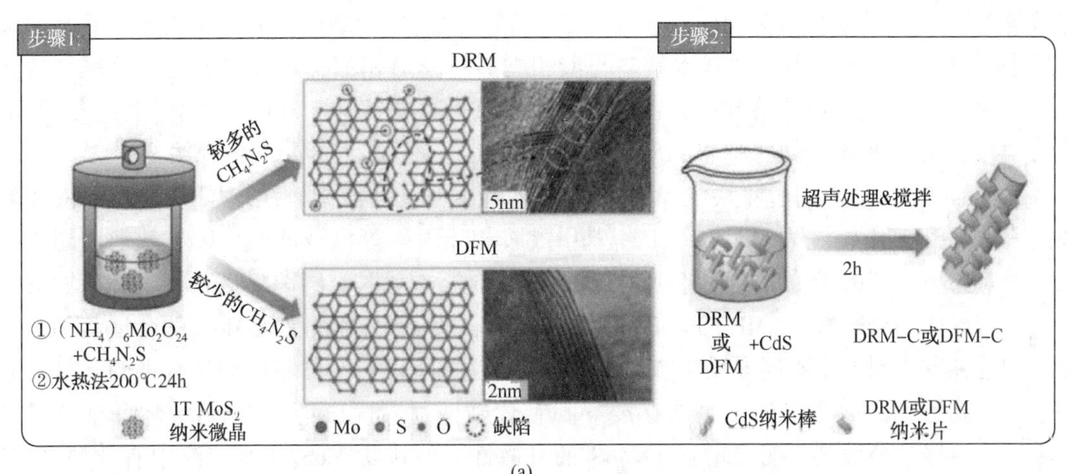

(a)

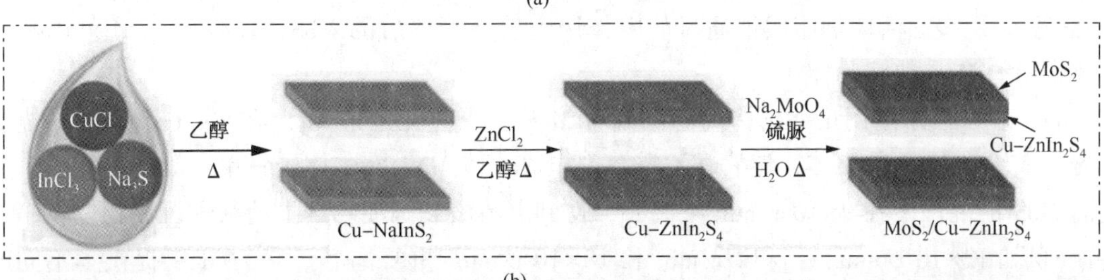

(b)

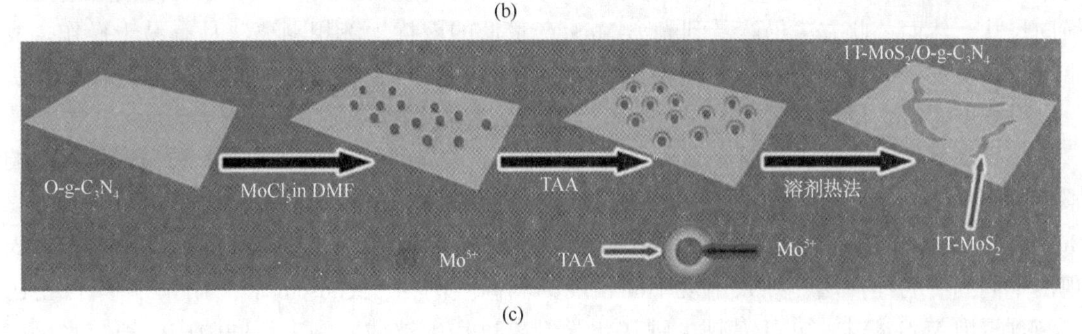

(c)

图 5-7 (a)水热合成的 DRM 和 DFM 纳米片，(b)水热合成 2D-2D $MoS_2/Cu-ZnIn_2S_4$复合光催化剂，(c)$1T-MoS_2/O-g-C_3N_4$的合成工艺[27]

5.2.4.2 自上而下的合成方法

自上而下的合成方法，包括化学剥离(例如离子插层)、液相和表面活性剂辅助的剥离以及机械剥离(如球磨和超声)，这些已经被广泛应用于间接地从块状 MoS_2中获得 MoS_2纳米片。近些年，机械剥离法也因其操作过程简单而被用于 MoS_2的剥离。它可以显著提高 MoS_2的吸附性能，同时不需要任何额外的反应或化学试剂的介入。Li 等[29]报告了 MoS_2的一种机械剥离过程。块状 MoS_2晶体可以通过多次粘贴透明带循环被剥离，形成薄的纳米 MoS_2薄片。机械剥离的 MoS_2纳米片是基础研究的理想材料，因为它们在剥离后仍保持其固有特性。然而，机械剥离不适合生产特定厚度、形状和尺寸的 MoS_2。为了解决这一问题，Castellanos-Gomez 等[30]提出了解决方案。使用激光装置扫描标记区域，在不同数量的层在标记区域中显示不同的颜色。这种激光方法可以产生用户定义的尺寸、形状和性能与原始激

光减薄 MoS_2 相当的激光减薄 MoS_2。然而，机械剥离法的产率和纯度较低，限制了其在实际应用中的应用。液相剥离法的基本策略与液相剥离石墨烯相似，不同之处在于分散剂的选择。将 MoS_2 分散到合适的溶剂中，再配以超声辅助，通过溶剂与 MoS_2 相互作用克服层间的范德华力，从而使 MoS_2 块状材料剥离成尺寸较小的少层 MoS_2 并稳定分散在溶剂中。

Nicolosi 等[31]最近通过将块状 MoS_2 材料浸入超声波浸渍液中，演示了 MoS_2 层的液体剥离过程。*N*-甲基吡咯烷酮(NMP)、二甲基甲酰胺和异丙醇等已被证明可以有效地用超声波剥离块状 MoS_2。当溶剂的表面能与块状 MoS_2 的表面能一致时，剥离焓被耗尽，剥离后的纳米片具有最佳的分散性。NMP 的表面能为 $41mJ/m^2$，是有效剥离块状 MoS_2 的合适溶剂。因此，用这种方法制备了不同厚度的 MoS_2。然而，这些溶剂中的大多数都是有毒的，尽管它们已经达到了剥离效率，但还是有必要寻找替代新的材料。Li 等[32]利用纳米纤维素纤维(NFC)这一绿色分散剂，明显增强了 MoS_2 的分散性，使块状 MoS_2 在水溶液中有效的剥离。Smith 等[33]用表面活性剂胆酸钠通过静电作用附着在剥离后的 MoS_2 纳米片上，用静电离子剥离水中的 MoS_2 块状晶体。

Yin 等[34]演示了用尺寸选择离心法制备 MoS_2，首先无定形 MoS_x 在 800℃下原位煅烧时首先生成块状 MoS_2 前驱体，然后在乙醇溶剂中对块体 MoS_2 前驱体进行单层分解。然后，剥离的 MoS_2 的混浊液在 9×10^3r/min 下离心，得到上清液和沉淀物。上清液和沉淀物以较高的转速(例如 12×10^3r/min、15×10^3r/min 和 18×10^3r/min)重复离心。它为 MoS_2 提供了不同的横向尺寸。然而，此方法仍然受到剥离 MoS_2 产量低的困扰。液相剥离法具有易于操作、成本低、环境友好、高效且容易大规模制备的优势，但是此法制备的 MoS_2 干燥时容易团聚，且剥离程度有限，很难剥离成单层，剥离产物的层数也无法精确控制，不均匀。

特别需要说明的是，锂插层剥离法因其产量高、稳定性好而被认为是一种高度可发展的整体 MoS_2 剥离方法。各种插层剂，特别是含锂化合物，包括甲基锂(Me-Li)、正丁基锂(n-Bu-Li)和叔丁基锂(t-Bu-Li)已被用于块状 MoS_2 的化学剥离。不同的有机锂化合物因为表现出不同程度的锂插层，导致出现不同程度的剥离。例如，Joensen 等[35]用正丁基锂/正己烷溶剂浸泡 MoS_2 粉末。正丁基锂的锂在化学剥离过程中被插入到夹层间隙中，锂与水反应在层间急剧生成大量的 H_2 气体，使相邻的 MoS_2 层间距扩大，削弱了 MoS_2 层间的范德华作用力。然而，使用正丁基锂作为锂化溶剂存在的主要问题是单层鳞片产率低，锂化时间超过 48h。

如图 5-8(a)所示，在锂离子电池装置中，Zeng 等[36]分别使用层状 MoS_2 块状晶体和锂箔作为阴极和阳极，锂插层化合物是在(锂插层)放电过程后生成的。随后，将锂插层化合物在乙醇或水中超声，得到单层 MoS_2。重要的是，这种方法通过观察放电曲线可以很好地控制，可以有效地分解层状块体 MoS_2 晶体，并且可以在室温下在 6h 内很容易地进行。受单层 MoS_2 的高产率的启发，Zheng 等[37]提出了包括膨胀和插层在内的两步过程。如图 5-8(b)所示，块状 MoS_2 首先在高温下被肼(N_2H_4)预先剥离，然后被氧化成 N_2H^{5+}。接下来，将 N_2、NH_3 和 H_2 气体插入到 MoS_2 膜中，使 MoS_2 的体积比其初始状态扩大 100 倍。然后，将碱(Li，Na，K)溶液插入膨胀的 MoS_2 晶体中，如图 5-8(c)所示。最后，在水中通过超声作用将膨胀的 MoS_2 晶体剥离。该方法制备了单层 MoS_2 纳米薄片，产率高(约 90%)。然而，由于使用的是含锂化合物，这种剥离方法在操作过程中可能会产生二次污染和潜在的安全隐患。

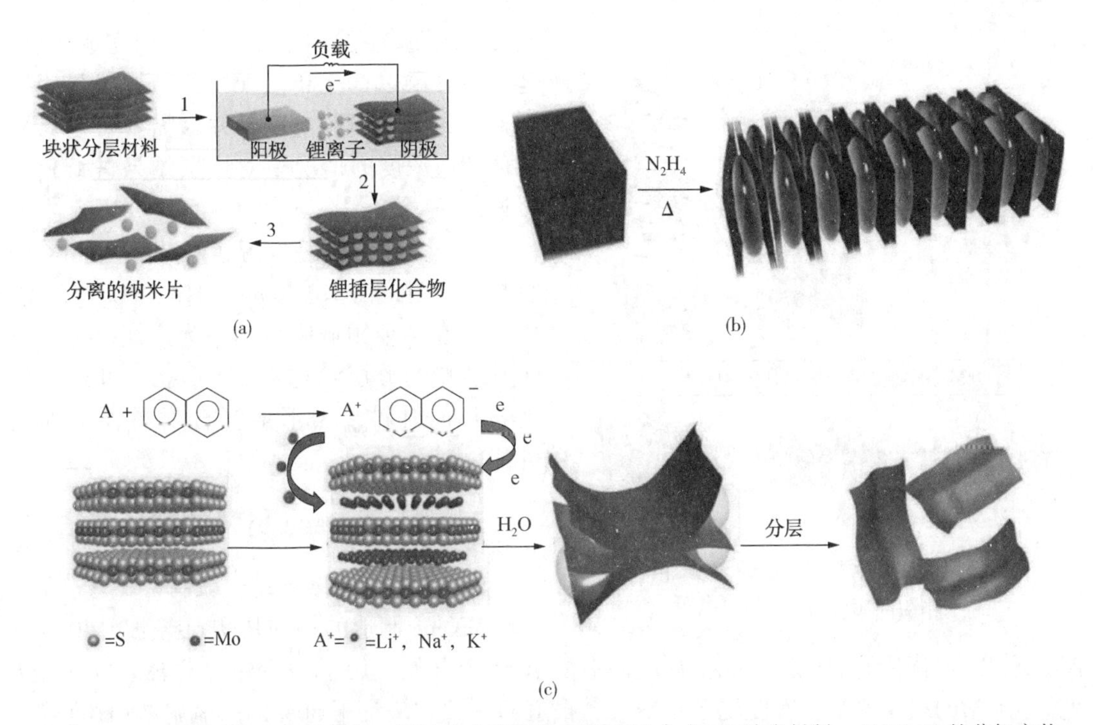

图 5-8 (a)以块状 MoS_2 为原料，通过电化学锂化和剥离法合成 2D 纳米材料，(b)N_2H_4的分解产物剥离大量的 MoS_2，(c)通过嵌入碱金属(Li，Na，K)使块状晶体在水中剥离形成单层薄片[37]

通过这些研究表明，不同的剥离方法可以制备出尺寸、厚度、结晶度和晶相等不同结构特征的超薄二维 MoS_2纳米片，这有利于在不同方面的应用。

5.3 MXene

5.3.1 MXene 材料介绍[38]

2011 年，德雷克塞尔大学的研究人员 Gogosi 和他的同事发现了一种被称为 MXene(发音为“maxines”)的新型二维过渡金属碳化物、氮化物或碳氮化物。近年来，由于 MXene 具有优秀的机械、磁性、电子和化学性质，吸引了国内外学者的广泛关注。MXene 材料的化学通式为 $M_{n+1}X_nT_x$(n=1，2 或 3)，其中化学通式中的 M 代表早期过渡金属元素，X 是碳和/或氮，T_x表示表面基团，通常 T_x代表表面官能团，包括-O，-OH 和-F。这些基团通常大量存在，并导致 Mxene 表面化学的变化。此外，单层的 MXene 纳米片的厚度取决于 MXene($M_{n+1}X_nT_x$)中的 n 值，并且通常在 0~1nm 范围内。

MXene 主要的制备工艺是通过对前驱体 MAX 相($M_{n+1}AX_n$)的 A 层进行选择性刻蚀，A 通常是元素周期表中第 12~16 族中的元素(例如 Cd，Al，Si 等)。MXene 的结构如图 5-9 所示，X 原子填充在 M 原子层的八面体位点之间构成 $M_{n+1}X_n$层，而 $M_{n+1}X_n$层与 A 原子层交错排列。通常，制造过程包括刻蚀和分层两个步骤。通过在 MAX 相中刻蚀 A 层(这可能是因为与 M—X 键相比，A 层与 M 元素的结合相对较弱)，MAX 相的形成一般由 $M_{n+1}AX_n$(n=1，

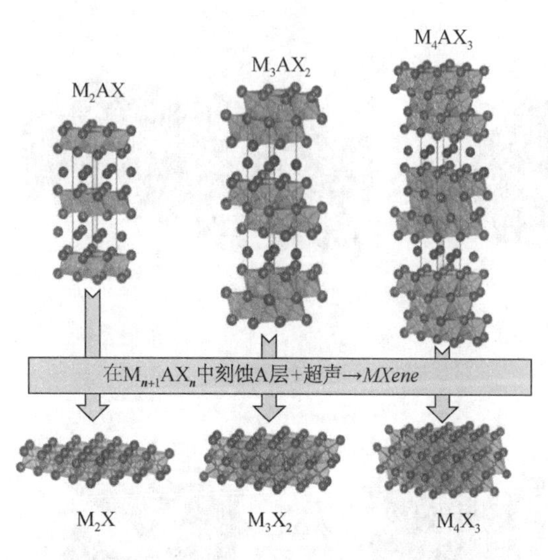

图 5-9　刻蚀后不同类型的 MAX 相和相应的 MXene 的结构[29]

2，3)变成多层的 $M_{n+1}X_n$。在刻蚀完成之后，还进行分层以产生单层 MXene，方法是用插层剂扩大层之间的空间，并在需要特定尺寸的薄片或浓度的情况下对插层结果进行超声波处理。

迄今为止，已经发现了三十多种 MXene 材料，其中，钛基 MXene(例如 $Ti_3C_2T_x$和 Ti_2CT_x等)在各个领域中应用最为广泛。此外由于其独特的分层结构和 2D 形态，可以轻松地与其他材料复合形成复合材料以增强其性能。

5.3.2　MXene 材料的制备方法

5.3.2.1　MXene 的一般制备工艺

MXene 制造的一般历史已经被几项研究彻底覆盖，根据他们的说法，MXene 的制造从 2011 年开始经历了一系列的发展，当时德雷克塞尔大学的科学家第一次发现了 MXene，报道的刻蚀方法是用 50%的浓氢氟酸(HF)溶液进行的，这是直到今天仍在使用的典型和有效的蚀刻液之一。在他们发现之后，用湿法化学刻蚀技术合成了具有不同 MAX 相元素的其他类型的多层 MXene。插层是分层步骤的一部分，随后通过在层与层之间引入大的有机化合物，如尿素、水合肼、二甲基亚砜、异丙胺和四丁基氢氧化铵来制备单层 MXene。从 2014 年开始，科学家们报道了新的蚀刻方法，这些方法不使用 HF 溶液，而是使用氟化二铵或含有 LiF 的 HCl，以满足对比 HF 溶液危险的腐蚀剂的高需求。

在 MXene 材料的制造过程中，刻蚀的目的是成功地从 MAX 相剥离 A 层。MXene 材料通常有两种刻蚀方法：HF 方法和原位 HF 方法。HF 方法包括使用不同浓度的 HF 溶液作为蚀刻液。而原位 HF 法不直接利用 HF 溶液，使用含 HF 或形成 HF 的腐蚀剂。之所以发明原位 HF 方法，是因为高浓度的 HF 溶液会因其危害而使人们暴露在相当大的风险之中[40]。当然，还有另一种不使用含氟腐蚀剂而使用其他试剂(如 NaOH 和 H_2SO_4)来刻蚀 A 层的方法，尽管在这方面还没有进行很多研究。根据使用的刻蚀剂的种类和浓度的不同，后面关于分层的章节中讨论的进一步过程可能会受到相应的影响。为了进行成功的湿法化学蚀刻工艺，合适的刻蚀剂和合成条件是必不可少的，刻蚀材料的特性也因它们的不同而有所不同。

5.3.2.2　HF 溶液刻蚀

HF 溶液是在母体 MAX 相中用于刻蚀 A 层的最常见的刻蚀剂之一。Lei 等[41]通过将 MAX 相浸泡在 HF 溶液中，A 元素(Al 是典型的例子)与刻蚀剂中的氟反应，最终在 MAX 相中被腐蚀，形成氟化铝(AlF_3)。HF 还可与多层 MXene 反应，从而使 F 作为官能团的一部分呈现在 MXene 的表面。刻蚀条件，包括 HF 溶液的浓度、温度和浸泡时间，对产生的 MXene 有很大影响，这就是为什么找到刻蚀条件的最佳组合对于获得更好的性能是必要的。Alhabeb 等[42]将刻蚀剂的浓度定为从 5%(质)到 50%(质)，时间为 5~24h，曝光时间根据浓度的不同而变化。通过 SEM、能量色散 X 射线(EDX)和粉末 X 射线衍射(XRD)证实了不同的刻蚀条件对刻蚀结果有一定的影响。通过比较 3 种不同浓度[5%(质)、10%(质)和 30%(质)]的 HF 刻蚀剂的刻蚀性能，经 SEM 图像证实，30% HF(质)溶液作为刻蚀剂的 MXene具有良好的刻蚀效果，MXene 几乎是手风琴状的结构。与 30%(质)HF 溶液相比，10%(质)和 5%(质)HF 溶液的 MXene 形貌不那么开放，在 5%(质)的情况下也几乎没有膨胀。XRD 和 EDX 分析表明，三种不同浓度的刻蚀剂都能有效地起到剥离 A 层的作用，但最高浓度的 HF 能够合成出具有明显剥离效果的 MXene 手风琴状结构和更大的表面积。Chang 等[43]发现 MAX 相在 HF 溶液中的浸泡时间也影响刻蚀过程的结果，将 Ti_3AlC_2粉末球磨 5h 后，在室温下用 40%(质)HF 溶液进行刻蚀，然后在 1350℃下烧结 2h，发现随着反应时间的延长，刻蚀后的 Mxene 层变薄，剥离 A 基团，从而增大了层间距。未处理的 Ti_3AlC_2和 HF 化产物的 XRD 谱图显示，前者的衍射峰随浸泡时间的延长有减弱的趋势，而后者的衍射峰则随浸泡时间的延长而减弱，而未处理的 Ti_3AlC_2的衍射峰随浸泡时间的延长而减弱，而 HF 化处理的产物的衍射峰随浸泡时间的延长而减弱。显然，在 2h 后没有观察到峰的变化，这可能意味着由于反应时间的延长，所得到的多层 MXene 可能具有更薄的层状形貌。

5.3.2.3 HF 原位刻蚀

由于 HF 的临界腐蚀性具有很高的风险，为了避免使用高浓度的 HF 溶液，人们发现原位 HF 刻蚀法是合成 MXene 的一种更安全的方法。这种方法指的是通常使反应中使用的试剂含有 HF 或通过反应生成 HF，从而采用与 HF 方法类似的效果，达到从 MAX 相中剥离 A 层的目的。用于原位 HF 方法的一些典型刻蚀剂通常有氟化二铵、氟化铵和 LiF/HCl 等。与 HF 相比，除危害性更小之外，还有一些其他的优点，比如，采用这种方法，我们可以同时进行刻蚀和插层，并且在制造 Mxene 的过程中可以不进行超声操作。此外，科学家们正在不断地进行研究其他新发明的刻蚀剂，比如 FeF_3/HCl，其中 LiF 被 FeF_3取代。

为了简化刻蚀过程，包括一步进行刻蚀和插层，Halim 等[44]以氟化二铵为刻蚀剂制备了 2D 薄膜 Ti_3C_2，通过将 Ti_3AlC_2浸入刻蚀剂中，发现 Al 可以通过形成$(NH4)_3AlF_6$选择性地刻蚀，并通过对氮的 X 射线光电子能谱(XPS)分析，他们得出结论：NH_3或 NH_4可以插入到刻蚀相之间，从而使层间更加宽敞。他们还发现，用氟化二铵刻蚀的 $Ti_3C_2T_x$的 c 晶格参数经 XRD 证实为 2.47nm，而用 HF 刻蚀的 $Ti_3C_2T_x$的 c 晶格参数为 1.98nm，表明 c 晶格参数增加了近 25%。他们根据这一结果得出结论，插层和刻蚀同时成功进行。

LiF/HCl 也是广泛使用的原位 HF 刻蚀剂之一，LiF 和 HCl 的浓度取决于 MXene 的所需条件。Ghidiu 等[45]用 5mol 的 LiF 和 6mol 的 HCl 腐蚀 Ti_3AlC_2中的 Al 时，A 层被腐蚀得很好，XRD 分析表明没有属于 Ti_3AlC_2的峰。当比较 c 的晶格参数时，LiF/HCl 刻蚀的 Mxene 晶格参数为 2.8nm，HF 刻蚀的 Mxene 晶格参数为 2.0nm。此外，LiF/HCl 生成的水合 MXene 的 c 晶格为 4.0nm，这可能是由于 H_2O 和溶液中的阳离子的插层作用造成的。这种 LiF/HCl 方法可以通过将超声步骤的持续时间从 4h 缩短到 30~60min，以此来缩短 MXene 的合成时间。高于 5mol 的 LiF 浓度和高于 6mol 的 HCl 浓度可用于将超声步骤的必要性降至最低。

目前，含氟离子的溶液是进行化学刻蚀 MAX 前驱体制备 MXene 材料最有效的刻蚀剂。此方法虽然有效，但有以下缺点：对人体和环境危害较大；并且惰性的-F 官能团会降低材料性能(例如电容等)。此外 HF 溶液不仅腐蚀了 Al 层，而且会刻蚀 MXene 结构中的过渡金属元素。更重要的是，某些刻蚀副产物在温和条件下不溶于任何溶剂，很难从制备的 MXene 相中除去。因此，迫切需要一种新的无氟方法来去除“A”层原子。经过研究发现，我们使用含 F^- 离子的溶液时，其中 F^- 离子会攻击并除去碱性或者两性元素而不是酸性元素(例如 Zr_2SC 中的硫元素和 V_2PC 中的磷元素)。因此，含氟离子的溶液可以刻蚀大多数“A”原子为 Al 和 Ga 的 MAX 相来合成 MXene 材料。而由于碱与两性元素 Al 的强结合能力(配合物的稳定常数：$Al(OH)_4$，$\lg\beta_4=33.3$；AlF_6^{3-}，$\lg\beta_6=19.84$)从理论上讲使用碱性溶液刻蚀“A”层元素为 Al 元素的 MAX 也是可行的。

Li 等[46]探索了使用碱性溶液刻蚀 MAX 材料以获得 MXene 的可能性。如图 5-10 所示，为了确保完全除去 Ti_3AlC_2 结构中的 Al 层，首先将 Ti_3AlC_2 粉末与 KOH 固体和少量水混合，然后研磨成浆料。在研磨过程中可能会观察到气泡(Li 等人推测为 H_2)。然后转移到高压反应釜中，并在 180℃下加热 24h。在实验中，使用 XRD 技术检测了 Ti_3AlC_2 在刻蚀和剥落过程中的相变化。与最初的 Ti_3AlC_2 前体相比，该混合产物中未发现 Ti_3AlC_2 的特征峰，最重要的是，在 XRD 光谱中清楚地发现了制备过程中 Al 的蚀刻产物 $KAlO_2$ 的(444)衍射峰。这为从 Ti_3AlC_2 结构成功提取到 Al 层提供了有力的证据。应当注意的是，与含-F 试剂的刻蚀工艺完全不同，该方法的刻蚀副产物都可以溶解在水中，并且更容易和制备的 MXene 分离。从热力学观点来看，即使在标准热力学状态下，Ti_3AlC_2 之类的 MAX 相也可以与-OH 反应。通过碱侵蚀制备 MXene 具有一个动力学难题，这可能归因于制备过程中在 Ti_3AlC_2 表面上会形成一些氧化物或者氢氧化物层，如 Al_2O_3 等。因此，即使我们使用 10%(质)的 HF 溶液去除了该氧化物覆盖层，所得到的 $Ti_3C_2T_x$ 的产率仍然非常低。

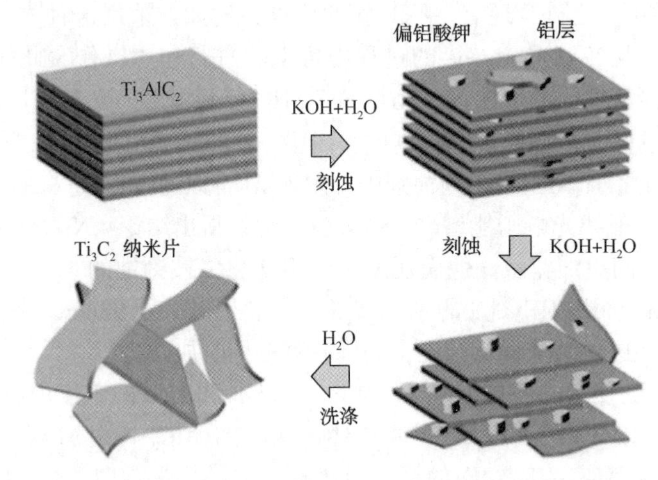

图 5-10 通过 NaOH 溶液化学刻蚀 MAX 前驱体制备 MXene 过程的示意图[46]

此外，Li 等[47]报告了一种类似拜耳法的制备工艺，这个工艺的灵感来自从铝土矿中提取铝而广泛使用的拜耳法。具体方法是：将 MAX 相浸取到 27.5mol/L 的氢氧化钠溶液，在 270℃的温度下水热反应。该方法的优势是在整个过程完全不含氟元素，并且最终产物的纯度约为 92%(质)。

5.3.2.4 分层方法

插层是在刻蚀后进行的，目前，有两种方法(机械分层和插层分层)来剥离多层 MXene。用第一种机械剥离的方法，单层 MXene 的产率很低，因为多层 MXene 具有很强的层间相互作用。通常大多数单层 MXene 是通过插层合成的，因为多层 MXene 可以容纳层间的各种离子和分子。通过在刻蚀的 MXene 的层之间引入各种离子或分子，从而扩大层之间的间距，从而导致比表面积的增加，多层 MXene 的层间距通过插层增加，因此插层 MXene 可以在除氧水中通过超声波转化为单独的片状。通常，在 HF 刻蚀之后，-OH 和-F 官能团首先成为所得到的多层 MXene 的表面的一部分。然后，一些可能的插层剂是二甲基亚砜和四烷基铵化合物，如四丁基氢氧化铵和四甲基氢氧化铵，它们中的其他阳离子可以取代一些最初的官能团，这可能会增加插层过程后生成的产物对目标污染物的选择性。LiF/HCl 是原位 HF 方法中使用的刻蚀剂之一，由于锂离子在层间的高度亲和性，它可以起到刻蚀剂和插层剂的双重作用。氟化二铵也可能具有与 LiF/HCl 类似的效果，这可归因于氨物种 NH_3 和 NH^{4+} 的嵌入。水分子有时可能是极大地扩展 c 晶格参数的插层物种之一。到目前为止，对插层效应和潜在插层剂的研究一直在稳步进行，如碱性插层剂。

超声被认为是 MXene 制造的最后一步，其目的是控制片状 MXene 的大小和浓度。事实上，有几种方法可以控制薄片的大小，其中一种方法涉及使用离心法从胶体状态下含有较小尺寸的 MXene 的溶液中分离出较大尺寸的 MXene 颗粒。另一种方法是在离心前通过超声波减小 MXene 的尺寸，使得未分层的颗粒可以被剥离，从而增加溶液中胶体 MXene 的浓度。虽然 MXene 的大小和浓度可以通过离心来控制，但单独离心被认为是一个有限的选择，对于各种可能的应用，通过超声后离心来控制浓度和大小更有效，因为它产生更高浓度或更小片状的 MXene。

5.3.3 MXene 的基本性质

晶格能量是判断晶体稳定性的重要参数。晶格能量的负值越大，晶体越稳定。Shein 等[48]用第一原理计算了能带结构，结果表明 MXene 的晶格能为负，因此 MXene 可以稳定存在。Barsoum 等[49]还提出了一种新的方法。结果表明，在 200kV 电子束辐照下，Ti_3C_2 纳米膜层比石墨烯更稳定，抗电子辐射的能力更强。Murat 等[50]通过使用广义梯度近似密度函数理论计算了二维过渡金属碳化物（例如 Ti_2C，Ti_3C_2，Ti_4C_3，V_2C，Cr_2C，Zr_2C，Hf_2C，Ta_2C，Ta_3C_2 和 Ta_4C_3）的结构性能，图 5-11(a)表示计算所用的晶胞。结果表明，MXene 具有高弹性。Ti_4C_3 和 Ta_4C_3 的机械性能比相同厚度的石墨烯好得多。同时，理论计算表明 $Ti_3C_2(OH)_2$ 单层的弹性模量约为 300GPa，小于石墨烯的弹性模量，相当于典型的过渡金属碳化物的弹性模量，但高于大多数氧化物和层状黏土的弹性模量。

Shein 等[48]用第一原理计算得出，$Ti_{n+1}C_n$ 和 $Ti_{n+1}N_n$ 的费米能级态密度是其前驱物 MAX 相的 2.5~4.5 倍。这是因为断裂的 Ti—Al 键中 Ti 的 3D 状态变为 Ti1—Ti1 的金属键状态，从而使 MXene 表现出金属特性，这与文献中的计算结果是一致的。然而，由于制备方法的局限性，目前无法获得纯净的 Mxene，而用 HF 刻蚀的 MAX 等效化学液相刻蚀方法只能制备具有-F，-HO，-O 等官能团的 MXene，这些官能团的存在将改变 MXene 的电子特性。

理论计算表明，具有-F 和-HO 官能团的 Ti_3C_2 具有明显的半导体特性，其价带和导带分别为 0.05eV 和 0.1eV[图 5-11(b)]。Mohammad Khazaei 等[51]计算出 M_2C（M=SC，Ti，V，Cr，Zr，Nb，Ta，Hf）和 MXene 中 F_2、-HO、-O 等其他官能团的 M_2N（M=Ti，Cr，Zr），并表明，Sc_2CF_2、$Sc_2C(OH)_2$、Sc_2CO_2、Ti_2CO_2、Zr_2CO_2 和 Hf_2CO_2 的带隙为 0.25~2.0eV[图 5-11(c)]，在低温下，特别是在 100K 下具有明显的热电效应；它们的塞贝克系

数非常高(≥1140μ·V/K)，而先前的文献表明 MXene 具有金属性质，这表明官能团的存在确实改变了 MXene 的电子性质。MXene 的复合材料也显示出优异的力学和电气性能。最近，Guo 等[52]报道了一种通过冷冻干燥法制备的垂直取向的碳纤维-MXene 复合泡沫材料[图 5-11(d)]，然后通过环氧树脂复合材料提高了其导热性能。其制备工艺和复合材料样品如图 5-11 所示。当碳纤维 MXene 的总填料含量为 30.2%(质)，并且 MXene 占总填料含量的 20%(质)时，协同增强效果是最明显的。如图 5-11(e)和图 5-11(f)所示。环氧复合材料的热导率达到 9.68W/mK，比纯环氧树脂的热导率高 45 倍，此外，该环氧树脂复合材料具有高的玻璃化转变温度，低的热膨胀系数和优异的力学性能，有望替代传统的高分子材料来解决电子电气设备的散热问题。综上可知，MXene 具有良好的力学和电学性能。在 MXene 复合材料中，MXene 改善了复合材料的力学和电学性能，这是储能设备最重要的因素。

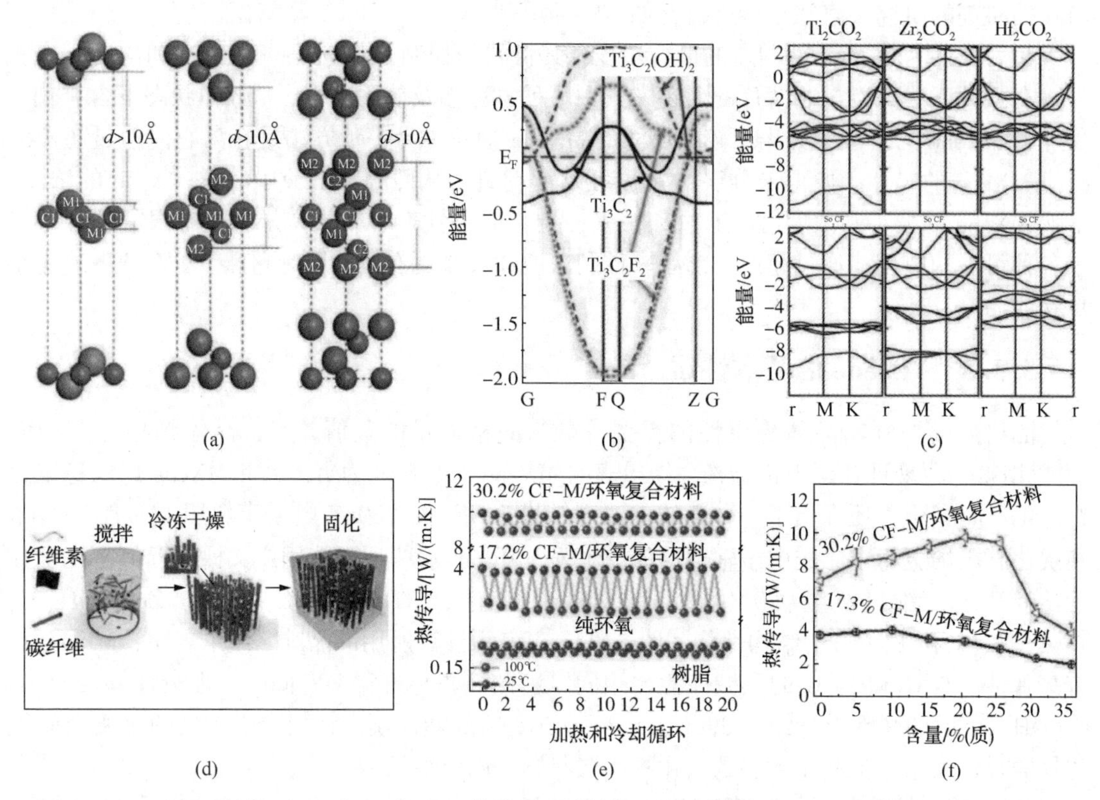

图 5-11 (a)用于计算 M_2C，M_3C_2 和 M_4C_3 的电子和弹性的 MXene 的晶胞，(b)计算的-F，-HO 官能团和裸 MXene 的能带结构，(c)半导体 MXene 体系的能带结构，(d)聚合物-CF-MXene 复合材料的合成方案，(e，f)MXene 复合材料热导率的比较[53]

5.4 纳米片

近几十年来，随着纳米科学技术的飞速发展，各种低维纳米结构因其在不同领域的潜在应用而受到人们的广泛关注。以前的纳米材料分类包括三维(3D)纳米结构，准一维(1D)纳米线和纳米管，以及“零维”(0D)纳米颗粒和量子点。但是，石墨烯的发现引入了二维(2D)

材料，这种材料具有超出纳米范围的二维，现在通常被称为纳米片。纳米片材本质上具有分子厚度和较大的横向尺寸。石墨烯作为最广为人知的2D材料，在单晶片中含有碳原子的蜂窝状晶格，单晶片的横向尺寸可能高达几毫米。与相应的3D类似物相比，2D材料具有非常高的表面积体积比，并且由于其特定的几何形状而显示出独特的形状依赖特性。到目前为止，已有文献报道了不同类型的2D材料，包括石墨烯和石墨烯氧化物、层状二卤代氧化物、层状氧化物、层状双氢氧化物(LDH)、MXene(2D过渡金属碳化物和/或氮化物)、层状沸石、2D聚合物和2D金属-有机骨架(MOF)。通过本章前几节我们介绍了二硫化钼、MXene这两种二维材料，本节中我们将围绕其他剩余的这几种不同类型的2D材料分别展开介绍。

5.4.1 石墨烯

石墨烯是一种具有 sp^2 杂化的碳原子的二维纳米结构，每个碳原子通过强C—C键连接到其他三个碳原子上，这些碳原子一起形成六方(蜂窝)结构(图5-12)。这些原子之间的平衡距离是1.42Å，石墨烯层之间的距离是3.35Å，它们之间由弱的范德华力相互作用连接。

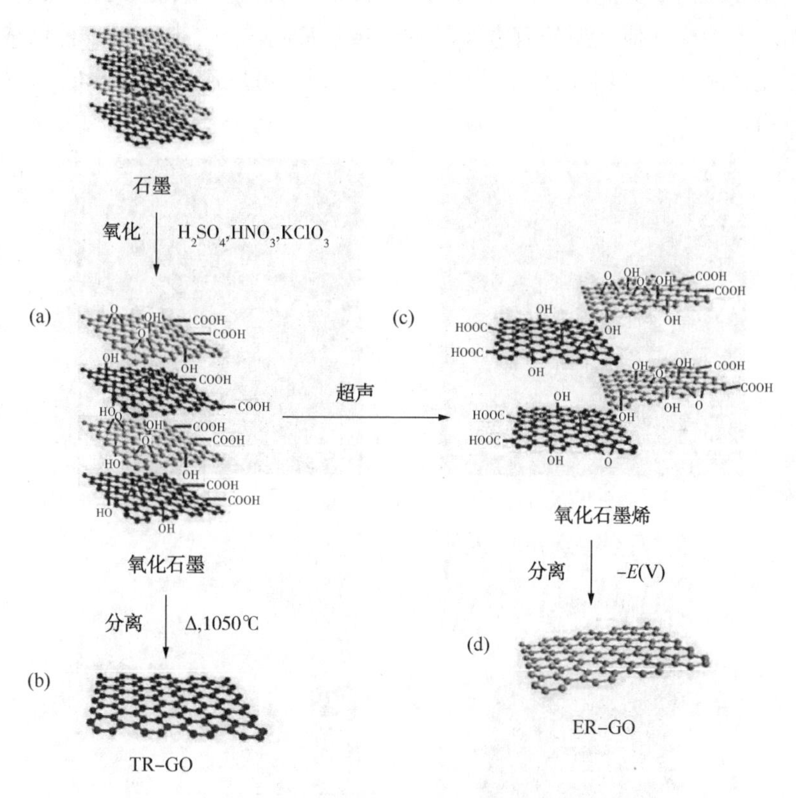

图5-12 石墨烯纳米片的结构[54]

石墨烯纳米片的大规模合成必须具有可控的尺寸、单层和形貌，因此开发有效、可控、可规模化生产石墨烯纳米片的策略对其在不同领域的应用具有重要意义。目前，人们已经设计了一些有趣的方法来获得高质量石墨烯纳米片，但是所用的方法每种都有一些不足之处。因此，我们将提供一些不同策略合成石墨烯纳米片的最新进展。

5.4.1.1 化学气相沉积制备石墨烯纳米片

第一个成功地生产单层和几层石墨烯纳米片的方法是对块状石墨的机械剥离，在这种方法中，用透明胶带剥离高度定向的热分解石墨，然后将其沉积到硅衬底上。虽然这种方法产生了尺寸在10mm范围内的最高质量的样品，但它生产出来的石墨烯无法获得高质量和高产量。除了机械剥离，还有一种广泛使用的合成方法是化学气相沉积法。Ruoff等[55]报道了一种利用甲烷和氢气的混合物作为前驱体，在铜箔上大面积合成高质量且均匀的石墨烯薄膜的方法。所获得的薄膜主要是单层石墨烯纳米片，有一小部分(不到5%)的区域具有很少的层，并且跨铜表面台阶和晶界连续[图5-13(a)和(b)]。特别值得一提的是，该工艺的主要优点之一是可以在硅衬底上的300mm铜膜上生长石墨烯纳米片，用这种方法生长出来的石墨烯纳米片也可以很容易地转移到其他衬底上，如SiO_2/Si或玻璃[图5-13(c)和(d)]。化学气相沉积工艺的改进也被用于生产高质量的石墨烯纳米片，这通常会导致条件不那么严格。例如，微波等离子体增强化学气相沉积已用于大规模生产石墨烯，但这种方法相当昂贵，而且某些衬底上可能会产生不需要的碳化物和无定形碳。Dervishi等[56]开发了一种射频催化化学沉积路线，用于大规模生产石墨烯纳米片。此方法显著降低了合成过程中的能耗，同时防止了无定形碳或其他类型的有害产品的形成。Kong等[57]提出了一种低成本和可扩展的技术，通过在多晶Ni薄膜上进行常压化学气相沉积，可以制备大面积的单层到几层的石墨烯纳米片，并

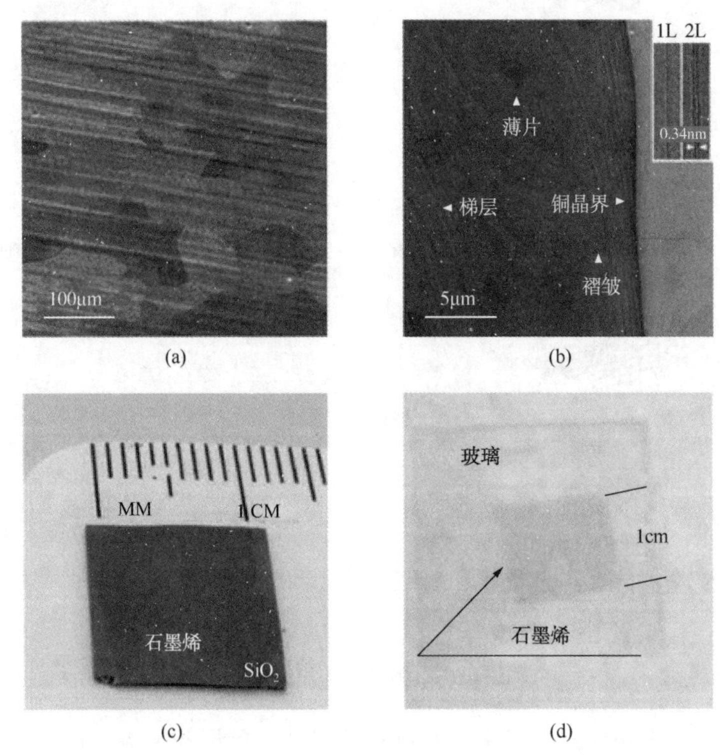

图5-13 (a)生长时间为30min的铜箔上的石墨烯纳米片的扫描图像，(b)显示Cu晶界和台阶、两层和三层的石墨烯纳米片以及石墨烯褶皱的高分辨率扫描电镜图像，(b)中的插图显示了折叠的石墨烯边缘的透射图像，1L，指的是一层；2L指的是两层，(c和d)石墨烯分别转移到SiO_2/Si衬底和玻璃板上[59]

且可以将其转移到非特定的衬底上。与以前的超高真空化学气相沉积相比，由于使用了常压条件和容易获得的镍膜，使得它们的制造工艺廉价，可大面积高产量的生产。此外，一些小组使用低温化学气相沉积工艺来代替传统的高温(1000℃)来合成高质量的石墨烯纳米片。一个典型的例子来自 Duesberg 的团队[58]，他们使用乙炔作为气体前体，在低至 750℃的温度下，通过可控的化学气相沉积策略可以获得高质量的大面积石墨烯纳米片。值得注意的是，石墨烯以乙炔为气体前体，不是因为上述碳氢气体的生长温度较低，这可能是因为断裂 C—C 键的势能垒低于 C—H 键。

5.4.1.2 在碳化硅上外延生长的石墨烯

碳化硅(SiC)外延生长是一种非常有前途的来制备晶片尺寸均匀的石墨烯纳米片层的方法，它是在真空中将单晶 SiC 衬底加热到 1200~1600℃的高温。由于硅的升华速率高于碳的升华速率，多余的碳被留在表面重新排列形成石墨烯纳米片。Shivaraman 等[60]报道了通过在 1400℃的真空条件下加热 4H-SiC 衬底 1h，在化学机械抛光的 4H-SiC 衬底的硅面上外延生长了石墨烯纳米片，与人们普遍认为的 β-SiC 的立方晶格不适合生长石墨烯纳米片相违背。此外，Seyller 等[61]提出了一种在 SiC(0001)衬底上制备石墨烯纳米片的方法，该方法通过在氩气气氛下进行非原位退火，显著提高了纳米片的质量，这与上述的真空退火不同。最近，Bao 等[62]开发了另外一种有趣的方法，使用商业多晶 SiC 颗粒代替单晶 SiC 作为衬底来制备高质量的独立单层石墨烯纳米片。一般而言，高温、超高真空或惰性气氛以及单晶衬底(大多数情况下)等对石墨烯纳米片的苛刻条件可能会限制该技术在实际中大规模的应用。

5.4.1.3 电弧放电法制备石墨烯

与化学气相沉积法相比，电弧放电法具有结晶度好、热稳定性高的优点，这是由于高等离子体温度的就地消除或愈合效应以及 H_2对不良无定形碳的刻蚀作用所致。Rao 等[63]报道了以石墨棒为阳极和阴极，放电电流在 100~150A 范围内，在 H_2/He 混合气氛中电弧放电合成石墨烯纳米片的方法。然后，Shi 的小组[64]展示了一种改进的弧光放电方法，用于在空气中获得石墨烯，而不是在 H_2/He 的混合气氛中获得石墨烯。他们发现，高压有利于石墨烯的形成，但低压有利于其他碳纳米结构的生长，包括碳纳米角和纳米球。最近，Cheng 等[65]证明，氢弧放电作为一种快速加热方法，结合液相分散和离心技术，可以从氧化石墨烯中生产出高质量的石墨烯。所得的石墨烯纳米片具有较高的电导率和热稳定性。

5.4.1.4 无底物气相合成石墨烯

目前，无底物气相法已成为合成高质量石墨烯的一种成功方法。与上述合成石墨烯的方法相比，无底物气相法需要非常复杂和苛刻的条件，它可以在环境条件下连续生产石墨烯纳米片，这涉及将液体乙醇液滴和氩气组成的气溶胶直接送入常压微波产生的氩气等离子体中。在大约 10^{-1}s 的时间，乙醇液滴在血浆中蒸发和解离，形成所需的石墨烯纳米片。例如，Dato 等[66]提出了一种在气相中使用无衬底、常压微波等离子体反应器合成石墨烯纳米片的新方法，如图 5-14(a)所示。当乙醇中碳的质量输入达到 164mg/min 时，石墨烯纳米片的生成速率为 2mg/min。此外，在超声作用下，石墨烯纳米片很容易分散在甲醇中，形成均匀的黑色悬浮液[图 5-14(b)]。图 5-14(c)显示了所获得的石墨烯纳米片的典型透射电镜图像。可以观察到连续的、皱缩的纳米薄片，从而证明了该方法的可行性。该方法虽然能有效地制备石墨烯纳米片，但其层数难以控制，且层数较少。

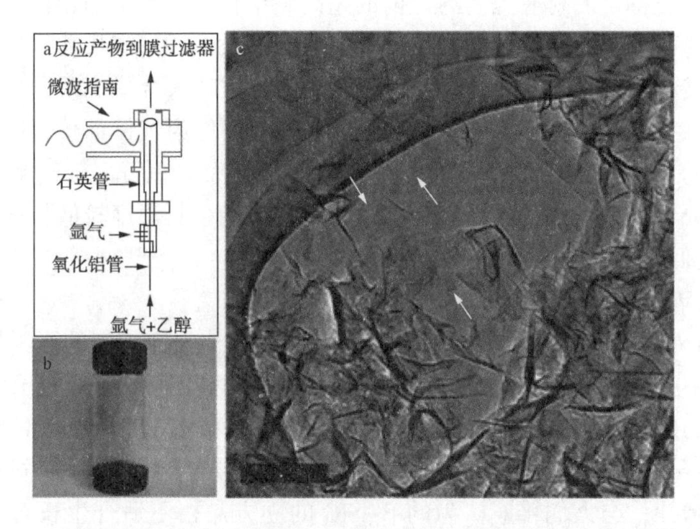

图 5-14 (a)用于合成石墨烯纳米片的常压微波等离子体反应器示意图，(b)分散在甲醇中的石墨烯纳米片照片，(c)石墨烯纳米片透射电镜图像，均匀和无特征的区域(用箭头表示)的单层石墨烯纳米片，比例尺表示 100nm[59]

5.4.1.5 氧化石墨烯的化学还原

采用热或氧化技术对天然石墨进行氧化剥离，然后进行化学还原，已被认为是低成本、规模化生产石墨烯纳米片的最有效方法之一。化学还原法的另一个优点是可以方便地在任何衬底上以单分子膜的形式沉积石墨烯纳米片，且工艺简单，从而有可能实现大规模有机器件或光伏电池或电化学器件的应用。在这种方法中，石墨的严重氧化产生了氧化石墨烯，破坏了平面内的共轭，平面上缺少了碳原子，导致边缘和平面上有了丰富的环氧化物、羟基、羰基和羧基等官能团，这些丰富的官能团削弱了氧化石墨烯层之间的范德华相互作用，使其具有亲水性。然而，由于氧化石墨烯具有较强的疏水性，氧化石墨烯还原得到的石墨烯纳米片溶解度有限，甚至不可逆地团聚，这给进一步的加工和应用带来了困难。控制一些关键实验参数对提高氧化石墨烯还原过程中石墨烯纳米片的溶解度具有重要意义。Li 等[67]发现了在化学还原过程中保持较高的 pH 值，不需要聚合物或表面活性剂稳定剂的作用，可以制备还原的石墨烯纳米片，但制得的石墨烯纳米片胶体稳定性较高，加入 NaCl 或长期存放会导致不可逆的团聚现象。近年来，两亲性功能分子如聚合物和表面活性剂等被证明可以防止石墨烯纳米片团聚，这是因为两亲性功能分子的疏水部分可以与化学还原的石墨烯纳米片形成很强的 p-p 相互作用，并且石墨烯纳米片表面的亲水侧链则通过静电和空间斥力阻止石墨烯纳米片的聚集。典型的功能分子包括芳香族四钠、1,3,6,8-吡喃四磺酸[68]、DNA[69]、共轭聚电解质[70]、1-芘丁酸[71]、木质素和纤维素衍生物[72]、卟啉[73]、离子液体[74]、非离子高分子表面活性剂[75]、环糊精(CD)[76]等。例如，Mann 等[77]首次展示了使用 ssDNA 制备浓度高达 2.5mg/mL 的单层石墨烯纳米片的稳定水悬浮液。Guo 小组[78]首次证明了使用 Cd 制备浓度>2.5mg/mL 的稳定的石墨烯纳米片悬浮液(>6 个月)。尽管所制得的 DNA-或 Cd-石墨烯杂化纳米片在水中表现出很高的稳定性，但一个不容忽视的关键问题是 DNA 或 Cd 会影响杂化纳米片的整体电导率。离子液体由于其独特的性质，如高离子导电性、极低的蒸气压、宽的液体温度范围、宽的电化学窗口、良好的热稳定性、不可燃性和可设计性等，显示出克服上述问题的潜力。Han 小组[79]报道了一种在聚合离子液体存在下将石墨烯纳米片稳定分散在 1-丁基-3-甲基咪唑六氟磷酸盐中的方法。需要注意的是，在上述化学还原方法中，通常使用联氨和 $NaBH_4$ 等有毒物质来还原氧化石墨烯。鉴于联氨具有毒性和不稳定性的危险，需探索一条可取的还原氧化石墨烯的绿色化学路线。Guo 等[80]发现，使用 L-抗坏血酸作为还原剂，在温和的条件下可以很容易地获得单层石墨烯纳米片。同时，Zhang 小组[81]报告了一种以 L-抗坏血酸为还原剂，氨基酸为稳定剂的环保型石墨烯纳米片生产方法。然后，Guo 小组[82]开发了一种绿色、简便的方法，以葡萄糖、果糖和蔗糖等还原糖作为还原剂和保护剂，以氧化石墨烯为前体合成化学转化的石墨烯纳米片。结果表明，所得石墨烯纳米片的单分散厚度约为 1.1nm[图 5-15(a)]，结晶度高，在水中表现出高的溶解性[图 5-17(b)]。新的脱水或脱氧工艺也为获得高稳定性的石墨烯纳米片提供了一条有效的途径。稳定的石墨烯纳米片悬浮液可以通过在中温(50~90℃)的强碱性条件下简单加热来快速制备。

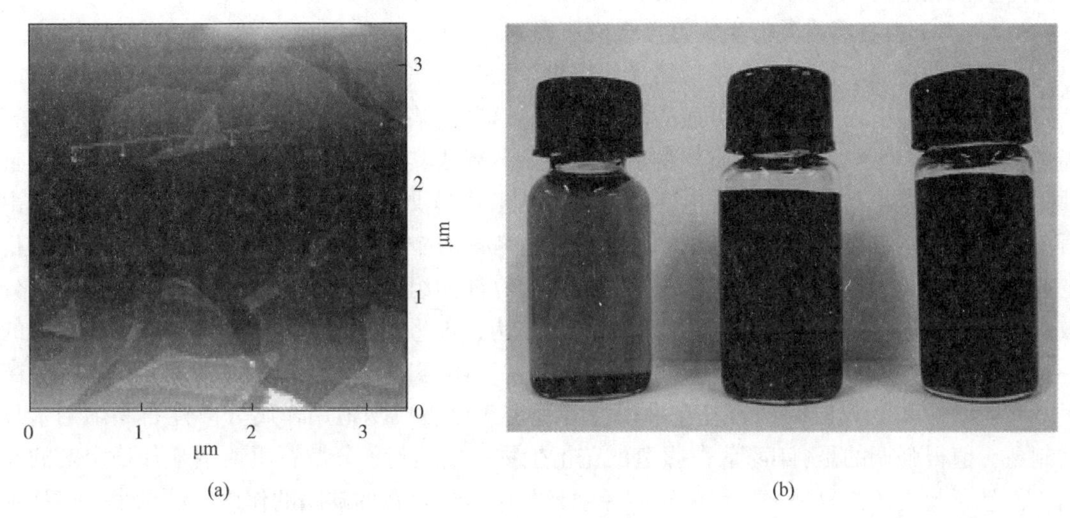

图 5-15 (a)基于葡萄糖还原法制备的石墨烯纳米片的原子力显微镜图像，(b)葡萄糖还原前(左)和后(中、右)的氧化石墨烯水分散体(0.1mg/mL)的照片，在 95℃下保持 60min(中)，在室温下保持超过 48h(右)[59]

在该体系中，氧化石墨烯悬浮液的 pH 值越高，反应越快。碱催化的脱氧反应可能在获得石墨烯纳米片中起重要作用。后来，Loh 等[83]报道了一种简单、清洁和可控的水热脱水方法，将氧化石墨烯转化为稳定的石墨烯纳米片溶液。在该体系中，超临界水在水热条件下可以起到还原剂的作用，促进脱水后 p-共轭的恢复。最近，Mullen 等[84]发展了一种以 $H_3PW_{12}O_{40}$ 为光催化剂的紫外光化学还原氧化石墨烯制备稳定的石墨烯纳米片的方法。这种绿色化学方法可以极大地改善由于阴离子 $PW_{12}O_{40}^{3-}$ 团簇作为稳定剂原位吸附而还原的石墨烯纳米片的水分分散性。更有趣的是，Tour 等[85]证明，环境细菌也可以被用作还原石墨烯的电子供体。他们发现，细菌转化的石墨烯的电导率和物理特性与化学转化的石墨烯相当。这一结果对于利用环境细菌处理石墨烯以达到生物修复的目的以及对于材料合成的绿色化学方法具有重要意义。

石墨烯在有机溶剂中的分散也特别重要，因为一些重要的应用需要在有机体系中进行，如催化反应，以及石墨烯纳米片-聚合物纳米复合材料的设计等。一些有趣的功能分子如对苯二胺(PPD)、乙二胺(EDA)和双十二烷基二甲基溴化铵(DDAB)等已被用于提高硝酸甘油在有机溶剂中的分散性。Ma 等[86]报道了一种新的、简单的制备石墨烯纳米片的方法，该方法以对苯二胺为还原剂，无需任何其他后处理。令人惊讶的是，合成的石墨烯纳米片在乙醇中非常稳定，可能是因为它吸收了对苯二胺的氧化产物而带上了正电荷。此外，Mullen 小组[87]描述了一种潜在的可扩展和环境友好的方法，使用双十二烷基二甲基溴化铵作为相转移剂来生产分散在氯仿中的石墨烯纳米片。在适当的条件下，如控制混合溶剂的极性，也可以制备石墨烯纳米片，并在有机溶剂中进一步稳定。Ruoff[88]发现化学修饰的石墨烯纳米片在各种有机溶剂体系中容易产生均匀的胶体悬浮液。此外，另一个重要的优点是某些有机溶剂可以进行高温处理，这有利于产生更少的缺陷石墨烯纳米片。例如，Dai 等[89]报道了一种溶剂热还原方法，该方法利用 *N*-甲基吡咯烷酮(NMP)的高沸点和 *N*-甲基吡咯烷酮在高温下的除氧性能来进行氧化石墨烯的脱氧，从而生成石墨烯。

5.4.1.6　由石墨或其衍生物直接合成石墨烯

虽然化学还原法为制备石墨烯纳米片提供了一条切实可靠的工艺路线，但这种还原不能消除氧化过程中引入的许多不可逆的晶格缺陷。这些缺陷破坏了能带结构，并降低了部分石墨烯纳米片独一无二的电子性质。由于剥离原始石墨或其衍生物保持了石墨的基本结构，且缺陷较少，为获得高质量、高导电性的石墨烯纳米片提供了巨大的潜力。目前，要有效地由石墨或其衍生物直接合成石墨烯纳米片，应充分考虑三个关键点或技巧：一是选择合适的稳定剂。从化学结构上看，这些稳定剂通常由两个官能团组成，一个用于吸附，另一个用于分散。为了有效地保持石墨烯纳米片良好的电子结构，理想的稳定剂的吸附部分应含有较大的p-p 共轭结构。例如，十二烷基苯磺酸钠(SDBS)、环戊二烯类两亲洗涤剂、胆酸钠、1-芘甲基胺盐酸盐和7,7,8,8-四氰基喹啉甲烷等稳定剂已被成功地用作高分散性石墨烯纳米片的制备。值得强调的是，He 等[90]报道的芘衍生物不仅起到了分散石墨烯纳米片稳定剂的作用，而且还起到了修复退火过程中石墨烯纳米片中可能存在的缺陷的作用。第二个关键技术是使用新的石墨衍生物，包括膨胀石墨、氟化石墨插层化合物(GIC)和高度有序的热解石墨(HOPG)等。Yoo 的团队[91]展示了以氟化石墨插层化合物为前驱体制备石墨烯纳米片的工艺过程。经过插层过程后，$C_2F \cdot nClF_3$呈金黄色[图 5-16(a)]，经过膨胀过程后，石墨恢复其自身颜色[图 5-16(b)]。与膨胀石墨相比，氟化石墨插层化合物具有更高的膨胀状态，这对于温和条件下直接合成石墨烯纳米片非常重要。第三个技巧是选择合适的溶剂。选择合适的溶剂的关键参数是溶剂-石墨烯纳米片之间的相互作用必须至少与石墨中堆积的石墨烯纳米片之间的相互作用相当。一些典型的溶剂如邻二氯苯(ODCB)、钠和乙醇的混合物(摩尔比为 1∶1)、全氟芳烃溶剂和离子液体等已经应用在直接分散石墨烯纳米片的方法，而且所获得的石墨烯纳米片具有较高的溶解度。Stride 等[92]报道了用温和超声分散的试剂乙醇和钠直接溶剂热合成克量级的石墨烯纳米片。然而，一般说来，由石墨或其石墨衍生物直接合成石墨烯纳米片仍有一些严重的缺点：①石墨烯纳米片的胶体悬浮液浓度仍然很低，这使得一些重要的应用变得不实用；②很难获得高产率的单层石墨烯纳米片；③使用的一些溶剂价格昂贵。

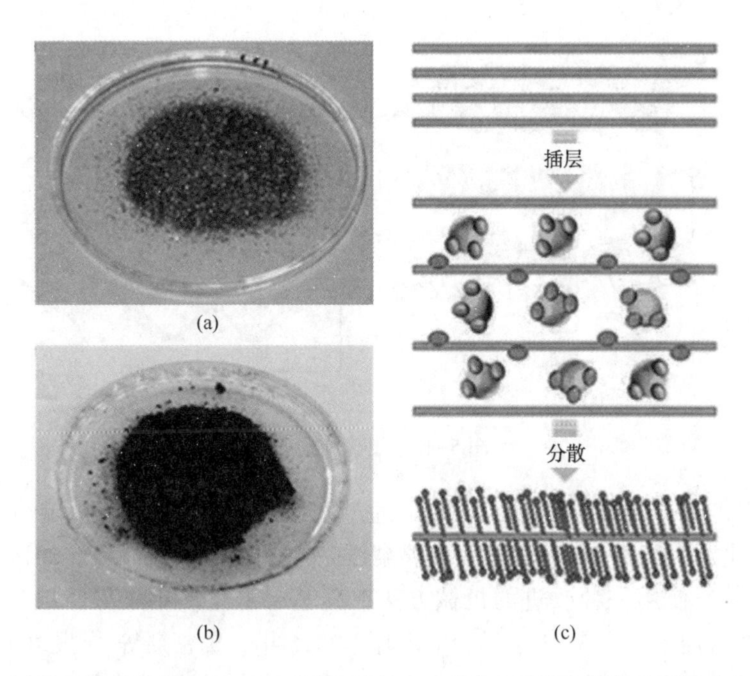

图 5-16 (a)氟化石墨插层化合物，(b)膨胀石墨，(c)分散在溶液中的膨胀石墨形成过程示意图，纯天然石墨(上)、氟化石墨插层化合物(中)和有表面活性剂分子的氟化石墨(下)[59]

5.4.1.7 电化学法合成石墨烯纳米片

电化学方法是通过调节外部电源来改变材料表面的费米能级来改变电子态的有效工具。因此，电化学还原可以为合成石墨烯纳米片和薄膜提供非常快速和温和的绿色化学过程。例如，夏等[93]报道了第一个简单、高效、低成本和环境友好的电化学方法来制备低 O/C 比的还原氧化石墨烯(ER-GO)薄膜的例子，随着电化学反应的进行，电极尖端周围出现黄棕色/黑色的近似圆形的区域。这可以归因于所得的石墨烯纳米片的碳结构中氧化石墨烯的电还原。SEM 图像显示 ER-GO 薄膜的形貌与 GO 膜相似，表明电化学处理不会改变 GO 膜的形貌。此外还发现，即使具有图案化的形貌的石墨烯纳米片薄膜也可以沉积在各种绝缘或导电的衬底表面，如柔性塑料、玻璃、玻碳(GC)和金(Au)。除了氧化石墨烯的电化学还原外，在分散剂存在下电解剥离石墨具有很好地制备高质量石墨烯纳米片的潜力。例如，罗小组[94]发明了一种在离子液体和水的辅助下制备离子液体功能化的石墨烯纳米片的方法。虽然上述电化学方法为获得高质量的石墨烯或其薄膜提供了一条绿色途径，但该方法很难大规模制备石墨烯纳米片。

5.4.2 黑磷

黑磷(BP)是大约 100 年前发现的又一种二维纳米结构，与所讨论的石墨烯类似，BP 由一种原子(磷)组成。黑磷纳米片也被称为磷烯或磷烷，其中磷原子通过共价键相连，形成具有范德华力层状的六方蜂窝结构，如图 5-17 所示。在黑磷中，相邻的两层之间的距离约为 5.3Å，这是石墨烯和 MoS_2之间的中间产物。

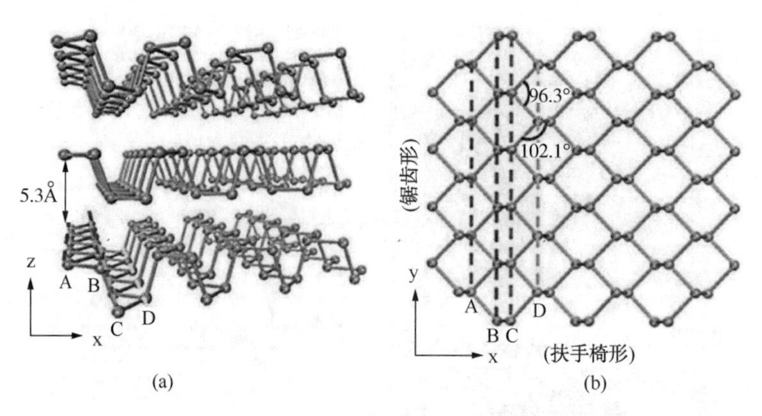

图 5-17　黑磷结构[95]

黑磷纳米片与石墨烯和 MoS_2类似，可以通过化学和物理方法制备黑磷纳米片。合成 BP 纳米结构的常用方法是由白磷和红磷在高温高压条件下制备黑磷晶体。2014 年，卡斯特拉诺斯 · 戈麦斯等[96]使用一种改进的机械方法在硅基层上生产出了黑磷纳米薄片。布伦特等[97]使用 NMP 溶剂生产了 3~5 层黑磷纳米片。2016 年，史密斯等[98]报道了用化学气相沉积法从红磷中间体制备黑磷纳米片。用于黑磷纳米片表面改性的化合物数量受到限制。聚乙二醇和多巴胺是黑磷纳米片功能化最常用的化合物。聚多巴胺改性的黑磷纳米片比未修饰的黑磷纳米片具有更好的稳定性和光热效率。通过非共价 π-π 堆积作用，芳香族 1-苯乙烯基丁酸对纳米片进行改性，提高了纳米片的物理和化学稳定性。此外，纳米片周围丰富的羧基的存在为表面修饰提供了合适的位置。

5.4.3　层状氧化物的制备

文献综述表明，自上而下的方法是低成本、可伸缩制备 2D 纳米薄片的首选方法。已有不同的二维纳米片的制备技术见诸报道，即机械力辅助剥离和化学剥离。在机械强制剥离过程中，通过溶液相超声施加机械力，断开各层之间微弱的范德华力来使块状的各层分层。所施加的力不会影响每一层的面内共价相互作用。用机械剥离法制备了 V_2O_5和 MnO_2等二维金属氧化物。但是，在大多数层状金属氧化物中，由于带负电荷的主体层，层间相互作用很强，溶液相超声不能有效地用于分层。因此，这类化合物的剥离需要合适的化学力来克服强烈的静电相互作用。因此采用化学剥离法制备了不同的二维金属氧化物结构。典型的化学剥离过程包括四个步骤。首先，通过固相反应合成层状金属氧化物母体，然后，通过初始化合物的质子化进行离子交换过程。此后，通过有机铝化合物进行插层，也就是所谓的渗透溶胀步骤。最后，进行溶液相剥离以获得单层金属氧化物。

Liu 等[100]报道了 K-水钠锰矿纳米带的合成和质子化形式的 MnO_2纳米片的分层。他们在浓氢氧化钾溶液中用水热法合成了母体 K-水钠锰石纳米带，然后用弱酸性($(NH_4)_2S_2O_8$)水溶液处理 K-水钠锰石纳米带，使初始化合物质子化。插层步骤由四丁基氢氧化铵(TBAOH)和四甲基氢氧化铵(TMAOH)水溶液。在 80r/min 的转速下轻轻摇晃 2 天，最终剥离成 MnO_2纳米片。得到的单片 MnO_2在长轴方向和横向尺寸均为微米量级，形貌与母体纳米带相似。

他们发现，$MnCl_2$和$KMnO_4$的相对剂量是影响产品大小和纯度的关键合成因素。当$Mn^{2+}/MnO^{4-}>2$时，产物被黑锰矿颗粒污染，且随着Mn^{2+}/MnO^{4-}比的增加，污染量增加。由于Mn^{2+}过量，形成了黑锰矿杂质。Omomo等[101]通过层状质子氧化锰($H_{0.13}MnO_2 \cdot 0.7H_2O$)在TBAOH溶液中的剥离，制备了2D单晶$MnO_2$单层。结果表明，在TBAOH用量较低的情况下，层状MnO_2发生了正常的插层反应，形成了高度为1.25nm的插层相。在过量的TBAOH作用下，MnO_2发生渗透溶胀，片层间距为3.5~7nm。在中等浓度的TBAOH中，会发生插层和渗透膨胀，形成具有宽X射线衍射图的样品。在另一项研究中，研究了不同金属离子存在下的二维层状MnO_2的插层/脱层行为的层间距。

通过对比研究了四甲基氢氧化铵(TMA^+)和四丁基铵(TBA^+)阳离子对锂镁石型钛酸盐($H_{1.07}Ti_{1.73}O_4 \cdot H_2O$)渗透溶胀和剥离行为的影响。研究结果表明，对于这两种阳离子，在剥离为主的区域，第一步都观察到少量堆积的单晶。但是，当使用TBA^+时，发现了很少一部分的单层纳米片，而使用TMA^+时，很少观察到单层纳米片。然而，在较高的反应时间下，最终得到了TBA^+和TMA^+的最终产物——单层纳米薄片。其他不同的金属氧化物纳米片，如MoO_2，CoO，TaO_3，钨酸铯($Cs_{6+x}W11O_{36}$)，$Ti_2Nb_2O_9$，$KCa_2Nb_3O_{10}$，铌酸钛和钽酸钛($HTiNbO_5$，HTi_2NbO_7和$HTiTaO_5$)，$K_{0.8}Ti_{1.73}Li_{0.27}O_4$和$SrNb_2O_6F^-$等用化学剥离法制备。

值得一提的是，Kim等[102]在不使用任何化学品或表面活性剂的情况下，通过控制温度，对2D材料在纯水中的直接剥离和分散进行了研究。实验结果表明，在高温下制备2D材料提高了它们在水中的分散稳定性。此外，他们还观察到，低温(30℃)剥离材料的总体产量低于高温超声剥离的材料。由于空化是2D材料在水中分散的关键因素，增加水温和降低压力可以提高颗粒溶解产率，从而提高空化程度。2D材料在纯水中的剥离和分散使其能够经济高效地大规模应用，为水基实验的研究提供了便利。

5.4.4 层状双金属氢氧化物(LDH)

5.4.4.1 层状双金属氢氧化物(LDH)介绍

过渡金属氢氧化物是一大类具有层状结构的功能材料，主要由类水镁石和类水滑石两种晶型组成。前者是众所周知的β类氢氧化物，层间距约为0.46nm[103]。当主体层中含有二价金属阳离子(M^{2+})的金属原子被高价金属原子部分取代时，为了平衡正电荷，各种阴离子和水分子都进入层间走廊，形成了类水滑石结构，即所谓的层状双氢氧化物(LDH)(图5-18)，通式为$M_{1-x}{}^{2+}M_x{}^{3+}(OH)_2A_{x/n}{}^{n-} \cdot mH_2O$，其中$M^{2+}$代表$Co^{2+}$、$Ni^{2+}$、$Mg^{2+}$、$Mn^{2+}$、$Zn^{2+}$等，而$M^{3+}$代表$Co^{3+}$、$Al^{3+}$、$Fe^{3+}$等，$x$通常在0.2~0.4之间，通过改变化学计量系数($X$)的值，可以实现LDHs和类质同构层状材料的多种化学组成。A^{n-}可以是Cl^-、CO_3^{2-}、ClO^{4-}，或者为有机阴离了，如醋酸根(CH_3COO^-)，甚至长链十二烷基硫酸根($Cl_2H_{25}SO^{4-}$，DS^-)离子[104-106]。插层阴离子和水分子产生的层间距通常大于0.70nm[107-109]。由于阴离子与带电主体层的静电结合相对较弱，它们可以通过阴离子交换过程被其他部分取代，并且这种交换通常是高度可逆的[110-114]。

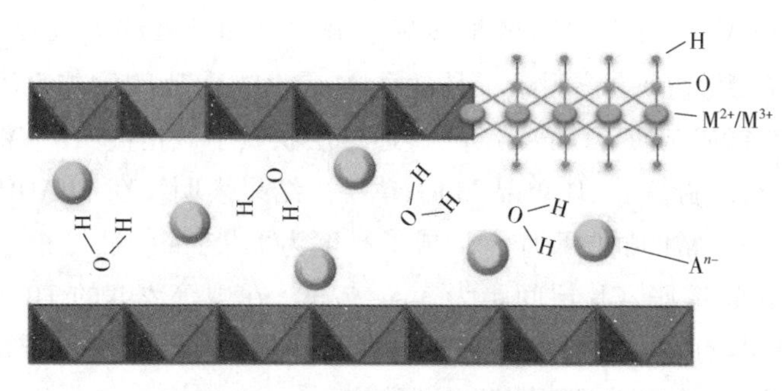

图 5-18 LDH 结构的示意图[99]

5.4.4.2 层状双金属氢氧化物(LDH)的制备方法

纳米级 LDH 片层的合成通常可分为两种方法:“自下而上”和“自上而下”。迄今为止,“自上而下”合成是最广泛应用的方法。然而,由于 LDH 的电荷密度明显高于其他层状固体的电荷密度,因此已被证明很难实现,这需要修改 LDH 层间环境,然后选择合适的溶剂。例如,LDH 与阴离子表面活性剂如十二烷基硫酸盐(DDS)的离子交换嵌入,十二烷基硫酸盐的脂肪族尾部拉长,并具有很高的支化度,因此可能会增加水镁石层间距离并削弱水镁石层间力。当将其分散在高极性溶剂中时,会发生分层/剥落,该溶剂能够使嵌入阴离子的疏水尾溶剂化。对于自下而上的合成,将传统的水性共沉淀体系引入以 DDS 为表面活性剂和 1-丁醇为辅助表面活性剂的油相中。反胶束起纳米反应器的作用,由于有限的空间和养分,可以在其中形成 LDH 单层。在以下部分中,我们总结了这些方法。

5.4.4.2.1 *在丁醇中分层*

1999 年,Adachi-Pagano 和他的同事首次报道了 LDH 的完全分层[115]。在他们的研究中,他们证明了使用 DDS 作为阴离子表面活性剂和丁醇作为分散剂对 Zn-Al-NO_3LDH 进行了完全分层。同时还研究了其他溶剂,包括水、甲醇、乙醇、丙醇和正己烷等溶剂对 Zn-Al-DDS 悬浮液的分散效果,但这些分散体系导致悬浮液不稳定,静置数小时后沉降,只有一小部分物质分散。甲醇中的分散似乎受甲醇缓慢取代水分子的动力学控制。搅拌一周后,大约 50%的 LDH 被剥离。相反,在丁醇中回流会形成半透明的胶体溶液,这种胶体溶液至少可以保持 8 个月的稳定性。每升丁醇可分散高达 1.5g 的 Zn-Al-DDS。对于高级醇,如正戊醇和正己醇,也得到了类似的结果。

需要注意的是改性的 LDH 的水合状态是关键参数。有机 LDH 化合物只有在室温下真空干燥时才会发生分层。如果使用新鲜制备的(湿)LDH 或在 80℃ 真空下完全干燥的 LDH,则该程序将失败。强烈的干燥将导致一种新的 DDS,其中包含 LDH 相具有较小的层间距 1.68nm,对应于倾斜和缠绕的 DDS 层间排列。该 LDH 表现出防剥落的密集堆积结构。一种可能的机制是,在回流条件下,沸点高于水的丁醇允许所有插层水分子迅速被溶剂分子取代。这似乎是完全剥离固体物质的关键过程。

然而,应该注意的是,并不是所有的 DDS 插入的 LDH 都可以在丁醇中分层。Singh 等[116]研究了 Li-Al LDH 与不同表面活性剂(包括双氧水、辛基硫酸钠、4-辛基苯磺酸钠和十二烷基苯磺酸钠)的插层行为。其中,只有使用 Li-Al-$C1_2H_{25}C_6H_4SO_3$和 Li-Al_2-$C_8H_{17}C_6H_4SO_3$的获得成功。他们的结论是,独特的 Li-Al LDH 的分层依赖于客体表面活性剂的结构,无论是链长还是头基部分。一般来说,烷基链是成功分层所必需的。

5.4.4.2.2 在丙烯酸酯中的分层

O'Leary等[117]研究了LDH在有机溶剂，特别是聚合物单体中的分层。当Mg-Al-DDS以1%~10%(质)的负载量加入极性丙烯酸酯单体中，然后将混合物加热至70℃，当混合物达到高剪切力时，由于LDH层被迫彼此滑动导致层间分层。搅拌20min后，24h后大部分固体仍保持悬浮状态，发现根据所用单体的不同，其行为也有所不同。在甲基丙烯酸2-羟乙酯(HEMA)中进行的反应导致了悬浮液的形成，该悬浮液在负载量高达10%(质)的情况下可稳定数周。还研究了Mg-Al-DDS-LDH在其他丙烯酸酯单体(甲基丙烯酸乙酯、甲基丙烯酸甲酯、丙烯酸乙酯、丙烯酸甲酯)中的剥离行为。最初，它们都形成了均匀的悬浮液。然而，几个小时后，它分离出两条带，一条是纯单体，另一条是单体中Mg-Al-DDS LDH的凝胶悬浮液。发现形成的两个相在几周内都是稳定的。人们相信，这项技术可以扩展到为各种应用提供分层的LDH，例如，通过在平板上旋涂分散的LDH来制备定向的LDH薄膜。

5.4.4.2.3 在四氯化碳和甲苯中分层

在DDS插入的LDH中，DDS-阴离子的脂肪族尾部表现出高度的交叉性，以便最大限度地增加客体-客体色散相互作用，根据DDS链的方向，基面间距通常扩展到2.5~3nm。Jobbágy Regazzoni[118]研究了Mg-Al-DDS在甲苯和四氯化碳中的分层。他们的研究表明，一方面，在甲苯中，疏水的片层空间发生了膨胀，使基底间距从2.63nm扩大到3.76nm。另一方面，在CCl_4的存在下，无机片层失去了它们的短程空间相关性。与001晶面布拉格反射相关的峰完全消失，表明在它们的条件下，LDH-DDS在CCl_4中的分层是一个热力学有利的过程。

然而，在最近的报道中，Naik等[119]声称LDH-DDS(Mg-Al，Co-Al，Ni-Al，Zn-Al)在甲苯中可以被剥离。通过搅拌和超声处理已知质量的具有不同体积分数(ϕ_v)的高纯度甲苯中的固体，可以对LDH-DDS系列材料进行分层。在较低体积分数($\phi_v \leq 0.005$)下，可获得清晰透明的胶体分散体。随着分散层状固体在甲苯中浓度的增加，获得了凝胶状状态。而一周后，透明的稀释分散体分为两个阶段：透明区域和凝胶状阶段。结果表明，凝胶是分散体系的优选状态。

通过分子动力学模拟研究了Mg-Al-DDS在甲苯中的剥离行为，结果表明，甲苯分子改变了固定在相对无机膜上的表面活性剂链之间的内聚性弥散相互作用，从而导致了LDH在甲苯中的剥离。甲苯分子起到“分子胶”的作用，将表面活性剂锚定的LDH薄片结合在一起，形成凝胶。

很明显，在甲苯存在下，单位表面积的相互作用能总是低于真空中的值。这一差异代表了通过甲苯分子连接到相反片层的DDS链之间的相互作用的强度，并表明甲苯分子和锚定在Mg-Al片层上的DDS表面活性剂链之间有很强的缔合作用。结合他们的实验结果，得出结论，表面活性剂插层的Mg-Al-DDS在甲苯中会自发分层，随后会形成一种手柄状微结构。

5.4.4.2.4 甲酰胺中的分层

Hibino和Jones首次报道了氨基酸插入的LDH在甲酰胺中的分层[120]。在这种方法中，氨基酸阴离子和极性溶剂的使用是关键。其分层机理是嵌入的阴离子与极性溶剂之间以及溶剂分子之间的强氢键导致大量溶剂在层间渗透，从而促进分层。Hibino 和 Jones 研究了一系列氨基酸/极性溶剂组合，包括甘氨酸、丝氨酸和 L-天冬氨酸与水、乙醇、丙酮、甲酰胺、乙二醇和二乙醚的组合。发现甘氨酸/甲酰胺是成功分层的最佳组合，这可能是由于优化了宿主、阴离子和溶剂之间的相互作用。

用共沉淀法制备了 Mg-Al-甘氨酸，其层间距为 0.81nm，然后在室温下将合成的 Mg-Al-甘氨酸分散在甲酰胺中，得到清晰的胶体分散体。反应非常迅速，几分钟内即可完成。在 XRD 中只观察到与支撑玻璃载玻片相关的宽反射，没有 LDH 布拉格反射，表明失去了原始的晶面堆积结构。然而，将 0.03g/10mL 混合物的液滴重复沉积到玻璃片上(在 25℃ 干燥)，则形成了晶体 LDH。除了 001 晶面布拉格反射外，没有其他类型的布拉格反射，这表明沉积的 LDH 片层平行于玻片表面取向。显然，分散在甲酰胺中导致了 LDH 层的分层。对于(3∶1)和(4∶1)Mg-Al-甘氨酸，每升甲酰胺最多可以分层 3.5g LDH。

Hibino[121]将该方法扩展到包括其他层间氨基酸的阴离子，以便找到其他可以分层且与聚合物有更好亲和性的 LDH(例如 Ni-Al，Co-Al，Zn-Al)。甘氨酸对聚合物的亲和力可能不足以用作 LDH 的改性剂。据报道，当使用分层的 LDH-甘氨酸时，可以用溶剂从聚合物 LDH 杂化材料中提取聚合物。在研究中，LDH 中插入 14 种氨基酸，一些氨基酸插层在甲酰胺中成功脱层，而另一些则没有。不能分层的插层氨基酸含量较高，超过电荷占有率的 15%~20%。以这种速度，紧密堆积的氨基酸很可能通过氢键彼此紧密连接，并与主体层紧密相连，因此，甲酰胺可能无法大量打开或穿透中间层。相反，氨基酸的电荷占有率没有一个明显的下限，即使是电荷占有率小于 1%的 LDH 插层也会发生分层。由于它们与聚合物具有更强的亲和力，因此这可能是制备聚合物-LDH 纳米复合材料的一种很有前途的方法。他们还证明，除了 Mg-Al-LDH 外，含有 Ni-Al、Co-Al 和 Zn-Al 等阳离子的 $M^{2+}-M^{3+}$ 体系在插入甘氨酸时，在甲酰胺中可以完全或在一定程度上发生分层。

Li 等[122]首次报道了 Mg-Al-NO_3在甲酰胺中的成功分层。在他们的实验中，将 Mg-Al-NO_3与甲酰胺混合，然后用机械震荡进行老化。剧烈摇晃后，产生一种明显透明的溶液，静置时没有观察到沉淀物。在未干燥的情况下记录的 X 射线衍射数据[图 5-19(a)和(b)]显示了在 2θ 范围内(20°~30°)有一个明显的晕圈，这归因于液体甲酰胺的散射。因此，得出的结论是：主体片层堆积得不够充分，不足以产生 X 射线的相干散射，因此必须剥离 Mg-Al-NO_3。TEM 分析证实了剥落，见图 5-19(c)。用分层 LDH 片观察到典型的二维物体，其横向尺寸通常大于 1μm，由于在分层过程中片层的断裂，与原始的 LDH 相比，纳米片失去了六边形形状并且尺寸减小。

众所周知，LDH 的层间空间存在着密集的氢键网络，层间水分子与 LDH 主体的羟基发生氢键作用，同时与层间阴离子客体配位。由于甲酰胺是强极性的，其羰基与 LDH 主体有很强的相互作用，取代了层间水分子。甲酰胺分子的另一端含有 NH_2基团，该基团可能无法与层间阴离子形成强相互作用。因此，一旦水被甲酰胺取代，这就会通过破坏强氢键网络来削弱层间吸引力，并促进分层。

此时，Wu 等[123]报道了室温下超声处理使 Mg-Al-NO_3在甲酰胺中分层的现象。将浓度

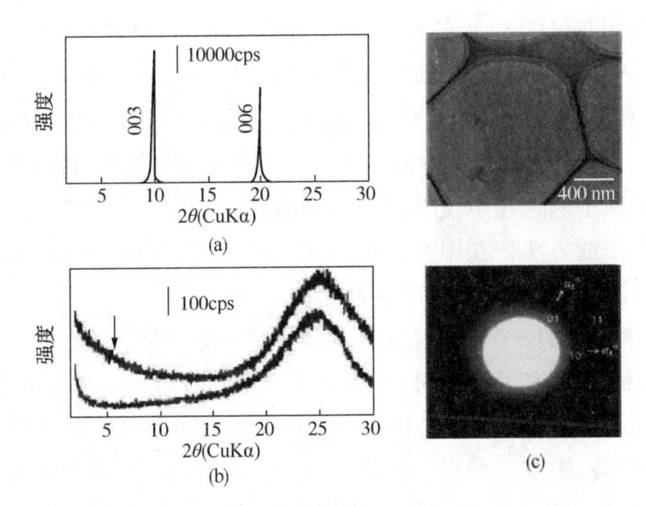

图 5-19 (a)原始的 LDH 的 XRD 图，(b)从悬浮液中离心得到的胶体聚集体的 XRD 图(上图)，底部迹线表示甲酰胺本身的空白数据，(c)LDH 纳米片的 TEM 图像(顶部)及其选定区域衍射图(底部)[122]

为 1~40g/L 的 $Mg-Al-NO_3$样品分散在甲酰胺中，为了促进剥离，使用超声水浴以 30min 的连续间隔处理这些分散液，直到分散体的浊度达到近恒定值为止。结果表明，在 1~40g/L (LDH 与溶剂体积的质量比)范围内制备的胶体分散体是稳定透明的。原子力显微镜图像显示，LDH 被剥离成单层和双层水镁石层(厚度为 0.7~1.4nm)。这些纳米片呈盘状，直径为 20~40nm。然而，在室温下静置几天到几周后，在浓度高于 5g/L 的分散体中形成透明凝胶。比较了 $LDH-NO_3$与 $LDH-CO_3$的分层，$LDH-CO_3$在甲酰胺中的悬浮液的浊度几乎保持不变，在超声处理过程中浊度在 1700~2000NTU 之间。不加有机分子直接分层在甲酰胺中的 $Mg-Al-NO_3$极大地简化了分离，不仅为含有 Ni、Co 和 Fe 等过渡金属阳离子的 LDH 的剥离打开了途径，而且 LDH 容易与氨基形成稳定的络合物。

随后，这种方法已经扩展到许多其他的 LDH，具有不同的阳离子(二价和/或三价)或不同的无机阴离子。Liu 等[124]研究了 Co-Al LDH 与多种阴离子(如 NO^{3-}、ClO^{4-}、醋酸根、乳酸根、十二烷基硫酸盐和油酸根)的插层行为，发现这些插层产物大多在甲酰胺中表现出分层行为。其中 $Co-Al-NO_3$的分层行为最佳。分层得到了定义良好的纳米薄片，其横向尺寸在微米长度范围内。甲酰胺中的分层包括两个独立的阶段：迅速膨胀到高度膨胀的阶段，然后逐渐剥落成单一的薄片。这个膨胀几乎是立即发生的，高度膨胀阶段的剥落在持续摇晃的帮助下逐渐进行。这种分层行为与观察到的层状钛酸盐和氧化锰非常相似。我们相信这种机制也适用于其他分层系统。

刘等[125]还研究了各种二价阳离子(如 Zn-Al、Zn-Co-Al、Ni-Al)对 LDH 的分层作用。这些含有一价阴离子形式的 LDH 在甲酰胺中表现出一系列的分层行为，其中 NO^{3-}插层的 LDH 的效果最好。Zn-Al 和 Zn-Co-Al 有大量未分层析出物，而 Ni-Al LDH 几乎没有析出。含锌的 LDH 的剥离度仅为 40%，远低于 Co-Al 和 Ni-Al LDH 的剥离度(近 100%)。然而，这可能是由于样品中含有羟基碳酸锌杂质的原因。Abellan 等[126]还成功地将 $Ni-Fe-NO_3$ LDH 剥离成纳米片状。

Ma 等[127]开发了一种新颖的化学合成方法用于合成和剥离 Co-Fe LDH。首先在氮气气氛下，通过六亚甲基四胺(HMT)水解使二价钴和亚铁离子的水溶液均匀沉淀，制备了微米级的类水镁石$Co_{2/3}Fe_{1/3}(OH)_2$片层。随后的氧化插层过程，在三氯甲烷($CHCl_3$)中碘(I_2)的作用下，将水镁石前驱体Co^{2+}-Fe^{2+}氢氧化物转化为水滑石Co^{2+}-Fe^{3+}LDHs，其中Fe^{2+}氧化为Fe^{3+}向八面体羟基层引入正电荷，同时碘离子插入层间空间以保持电荷中性。通过常规的离子交换过程，在甲酰胺中通过超声波处理，将容纳高氯酸盐阴离子的Co^{2+}-Fe^{3+}LDHs剥离成单层纳米片。采用类似的方法，在甲酰胺中剥离Co^{2+}-Co^{3+}-ClO_4和Co-Ni-NO_3 LDHs，得到带正电荷的$Co(OH)_2$和Co-Ni氢氧化镍纳米片。

这些胶体LDH纳米片的一个缺点是它们在老化/干燥时会重新堆叠，这进一步限制了它的实际应用。Kang等[128]研究了水洗对LDH纳米片重新堆叠的影响。样品在用水洗涤后变得不透明。仅用40mL水洗涤一次后，样品在$2\theta=24°$、36°和41°处观察到布拉格反射，表明纳米薄片可以立即在水中重新堆积。洗涤3次后，晕圈由20°~30°移至25°~45°，表明甲酰胺已被水除去。由此可见，剥离后的LDH纳米片的胶体在水中不稳定，甲酰胺的去除会导致纳米片的立即重新堆积。干燥样品的X射线衍射图谱表明，重新堆积的材料具有层状结构，其层间距为0.87nm，这与Mg-Al-NO_3的层间距相对应。

为了防止在水中重新堆积，Kang等在胶体中添加了羧甲基纤维素(CMC)以制备LDH/CMC纳米复合材料。当CMC被引入胶体中时，纳米片可以附着在CMC表面，而不破坏胶体状态。结果表明，CMC链包裹的纳米薄片在水中保持稳定的剥离状态。在40℃下烘干导致纳米片和CMC重新堆叠成层状纳米复合材料，其基本间距为1.75nm，表明CMC在层间呈双层排列。

5.4.4.2.5 *N,N*-二甲基甲酰胺-乙醇混合物中的分层

除了甲酰胺，Gordijo等[129]报道了Mg-Al-CO_3LDH在*N,N*-二甲基甲酰胺-乙醇混合溶剂中也可以分层。在他们的工作中，观察到了Mg-Al-CO_3LDH悬浮液在一定的DMF-乙醇混合溶剂中释放出CO_2。结果表明，Mg-Al-CO_3LDH在DMF中悬浮时发生脱碳，乙醇的存在促进了脱碳过程。当DMF和乙醇按等量混合(即体积比为1∶1)时，脱碳效果更明显。除脱碳过程外，用DMF处理LDH-CO_3进一步导致LDH的分层，形成胶体形态的样品。傅立叶变换红外光谱和拉曼光谱分析证实最终产物为LDH-$HCOO^-$材料，并提出了该现象的可能机制。这一过程被认为是由水合LDH的碱性中心促进DMF的水解，并将碳酸盐分解成CO_2(和H_2O)。在水解过程中产生甲酸根离子并插入水镁石层中。LDH-甲酸盐在DMF-乙醇介质中膨胀，有利于LDH纳米片胶体分散体的分离和稳定。结果表明，DMF是LDH-CO_3脱碳和剥离过程所必需的，乙醇增强DMF的水解，因为在纯酰胺存在下反应的延伸率很低。

5.4.4.2.6 在水中分层

Gardner等[130]报道了一种近乎透明的胶体LDH悬浮液，该悬浮液是由Mg-Al-甲醇常温下在水中水解而得到的。尽管在他们的工作中未使用“分层”一词，但人们认为他们研究中的LDH可能已经分层。他们通过两个步骤得到了胶体溶液：在非水介质(醇)中制备LDH的醇盐插层和LDH衍生物与水的混合。需要注意的是，要实现在水中的分层，母体醇盐-LDH必须在非水介质中合成。

后来，Hibino等[131]描述了一种在水中分层LDH的新方法。水是整个过程中使用的唯一

溶剂，得到了分层的 LDHs 的浓胶体溶液。这一新方法包括在水中制备 Mg-Al-乳酸，用水洗涤，然后在水中储存和成熟，直到它们剥离。这种简便、有效和环保的方法具有以下优点：①水是从制备 LDHs 到分层的整个过程中使用的唯一溶剂，因此在分层之前，母体 LDHs 不必从合成或洗涤介质中分离出来；②分层形成稳定胶体溶液的 LDH 含量(10~20g/L)高于先前报道的量(1.5~3.5g/L)；③在分层过程中不需要热处理。这种分层的可能机制被认为是插层乳酸和水之间的相互作用。

采用共沉淀法合成了 Mg-Al-乳酸。反应介质中的乳酸阴离子存在较大的化学计量过剩(超过 20 倍)，因此它们将优先插入到中间层。通过反复离心和更换上清水，将得到的白色 Mg-Al-乳酸浆液洗涤几次。刚洗涤时，Mg-Al-乳酸悬浮液不透明，但逐渐会变成近乎透明的胶体溶液。当水中 Mg-Al-乳酸含量为 10~20g/L 时，悬浮液需要 3~5d 才能变得半透明。随着温度的升高，分层发生的速度更快。图 5-20 中的原子力显微镜分析提供了 Mg-Al-乳酸分层成单层的证据。较大的薄片(水平方向为 100~150nm)的平均厚度约为 2.5nm。相反，较小的薄片通常显示出 0.55~0.95nm 的厚度，这几乎与 X 射线衍射测量的较小的基面间距相对应。

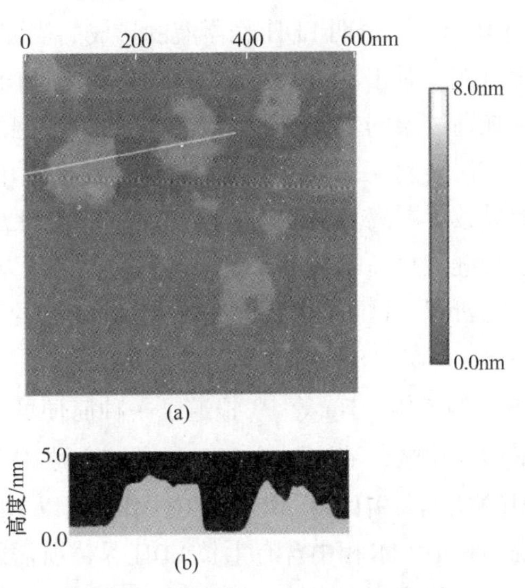

图 5-20 (a)云母基板上分层的 3∶1 Mg-Al-乳酸盐薄片的 AFM 图像，(b)图像中沿白线的高度轮廓[131]

随后，Jaubertie 等[132]合成了 Zn-Al-LDH，并尝试在丁醇和碳酸水中通过回流或超声波处理或两者兼而有之地将其分层。结果表明，正丁醇不是一种合适的分层溶剂，而在超声波作用下，在碳酸水中观察到了完全的分层。类似的实验也用于 Mg-Al-LDH。在碳酸水中分散，同时强大的超声波辅助处理会导致所有样品的分层。他们还注意到，干燥后，所有样品都会重新堆叠，以获得更有序的层叠排列。

Hou 等[133]报道了含有氨基十一烷酸的 Ni-Fe-LDH 在盐酸溶液中通过氨基质子化引起的主体-客体排斥性插层作用，成功地剥离成了基本的 LDH 纳米薄片。它利用了客体物种与无机主体层之间的静电斥力，可能适合于溶胀性差、层电荷密度高的正金属氧化物层的剥离。

Manohara 等[134]通过甲酰胺水解合成了甲酸盐插层的 Ni-Al LDH。他们发现 Ni-Al-甲酸盐在水中可以分层。当甲酸盐离子浸泡在水中时，它的水合范围(渗透膨胀)扩大，最终导致金属氢氧化层剥落成片状颗粒。当分散体蒸发时，这些纳米片会重新堆叠形成更厚的触针。具有较高水化焓的阴离子插层可以为实现层状双氢氧化物的水溶液剥离提供一种新的策略。这是使用有机溶剂的传统剥离方法的一种绿色替代品。然而，在 LDH 的层间掺入具有高水化焓的阴离子是一个重大的挑战，因为这种阴离子的嵌入涉及焓损失，必须通过其他方式来补偿。

5.4.4.2.7 二甲基亚砜和 N-甲基吡咯烷酮的部分分层

Zhao 等[135]报道，具有硝酸根抗衡阴离子或嵌入有机分子的 LDH 可以在二甲基亚砜（DMSO）中部分剥离，形成透明悬浮液。分层前，LDH 的平均厚度约为 13.2nm，相当于 15 层堆积的单层。在分层过程中，用原子力显微镜监测 LDH 厚度的变化。结果发现，LDH 厚度减小到 1.8~5.3nm。相当于 2~6 堆叠的单层。他们还研究了其他极性溶剂，包括丙酮、乙腈、四氢呋喃（THF）、二甲基甲酰胺（DMF）、乙醇和 N-甲基吡咯烷酮（NMP），并注意到 NMP 导致了透明 LDH 悬浮液的形成。当使用丙酮、乙腈和四氢呋喃时，在摇晃之后就会发生沉淀。对于 DMF 和乙醇，放置 2h 后 LDHs 发生絮凝。众所周知，在 LDHs 的层间空间中，存在通过层间水分子形成了致密的氢键网络，这些氢键既与 LDH 层的羟基发生氢键作用，又与层间阴离子客体配位。可能的机制是甲酰胺取代了层间水分子，破坏了强氢键网络，从而导致了剥离。实际上，已发现甲酰胺和二甲基亚砜能够通过氢键与高岭石表面氢键插入到层状硅酸盐高岭石中。在此过程中，二甲基亚砜和 NMP 对 LDH 的剥离可能遵循与甲酰胺类似的机理，这可能是因为它们与 LDH 层的羟基有很强的氢键作用。

5.4.4.2.8 “自下而上”方法

2005 年，Hu 等[136]报道了一种简便的一步合成 Mg-Al-LDH 单层的方法。这是第一次采用反相微乳液法制备 LDH。在该方法中，将传统的水相共沉淀体系[$Mg(NO_3)_2 \cdot 6H_2O$+$Al(NO_3)_3 \cdot 9H_2O$，pH 值≥10]引入到以 DDS 为表面活性剂，正丁醇为助表面活性剂的异辛烷油相中。水相中含有生长 LDH 晶体所需的营养物质，分散在油相中形成被 DDS 包围的液滴。这些液滴充当纳米反应器，只能为 LDH 纳米片的生长提供有限的空间和营养。因此，通过水与表面活性剂的比例可以有效地控制颗粒的直径和厚度。该系统还允许带负电荷的 DDS 链作为电荷平衡阴离子与 LDH 纳米片相互作用。图 5-21 显示了该流程的示意图。

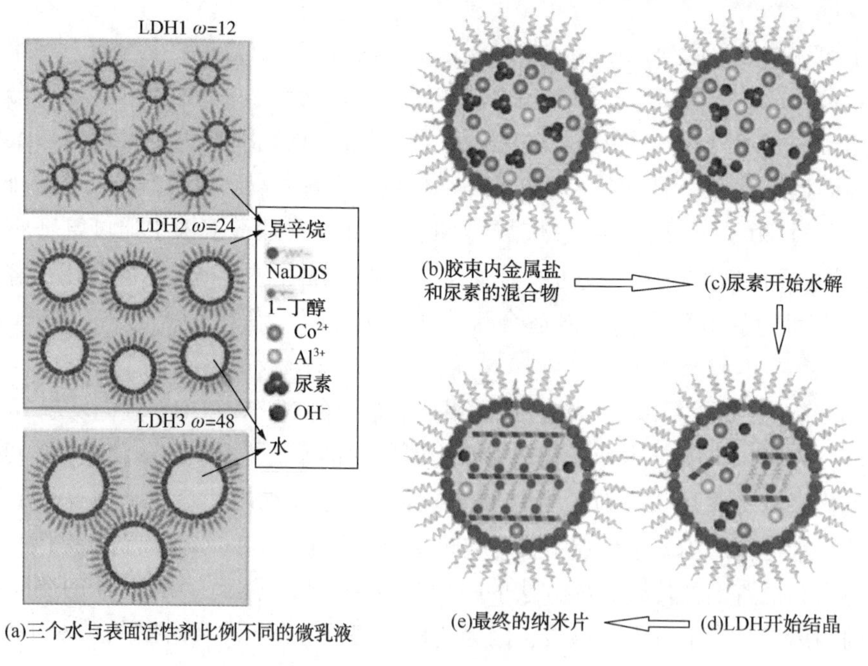

图 5-21 反相微乳液中 LDH 纳米片形成的示意图[137]

Hu 等[138]利用 XRD 和 AFM 分析证明可以用这种方法合成单层 LDH 纳米片。从离心机收集凝胶状材料后，记录了干燥时间的 X 射线衍射图谱，如图 5-22 所示。对于未干燥的样品，在 $2\theta=7.5°$和 20°处分别观察到两个宽的布拉格反射[图 5-22(b)]。然而，没有观察到 LDH 的特征基面强布拉格反射，这表明在这些反相微乳液体系中形成了高度剥离的 LDH 层。当样品在空气中干燥时，出现了显著的变化[图 5-22(c)和(d)]。在约 7.5°分裂时出现宽反射，而在 $2\theta=18°$时出现另一个弱布拉格反射。此外，在更高角度的布拉格反射强度也有所增加。图 5-22 的插图表明，在大约 $2\theta=3°$(用箭头表示)处可以辨别出微弱而宽广的反射。样品在干燥后逐渐生长，表明样品开始获得一定的结构有序性。

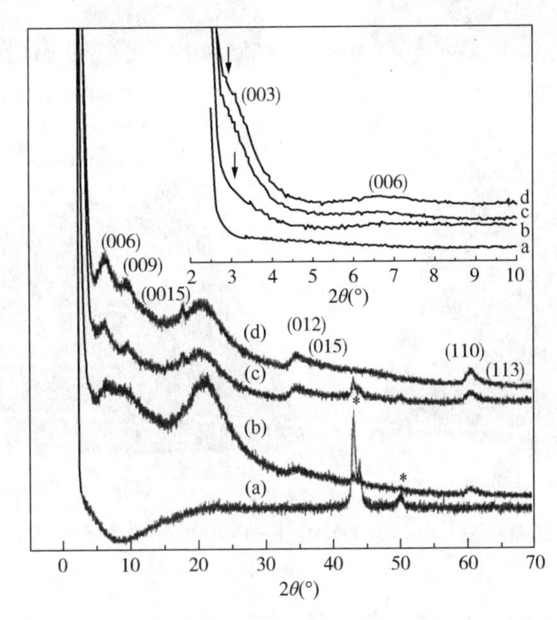

图 5-22 (a)空样品架的粉末 XRD 图，(b)通过离心分离的凝胶状产物，(c)同一产品干燥 30min 后，(d)干燥 180min，插图显示为 2.5°~10°区域[136]

通过对水/表面活性剂比(质量比)对 LDH 成核和生长的影响进行了更全面的研究。结果表明，可以合成不同尺寸的 Mg-Al-DDS LDH 颗粒，其粒径分布较窄。DDS 聚集体在油包水体系中的结构和相变被认为是调整 LDH 颗粒尺寸的驱动力。

合成的 LDH 还用 AFM 进行了表征，如图 5-23 所示。非常小的平均厚度证实了基于 XRD 图谱的结论，即每个微粒中有限的层数导致沿 c 维没有长程相干，从而导致 XRD 图谱中没有基面反射。例如，颗粒剖面分析表明，LDH-RM_2的厚度和横向宽度尺寸分别为(14.5±1.7)Å 和(574±46)Å，LDH-RM_3的厚度和横向宽度尺寸分别为(129.6±11.4)Å 和(585±58)Å。晶体学研究已经表明，Mg-Al-LDH 单层的厚度为 4.7Å。因此，在不考虑电荷平衡的 DDS 阴离子扩展层间距的情况下，LDH-RM_1和 LDH-RM_2的厚度分别为(14.8±1.2)Å 和(14.5±1.7)Å 时，最多可由 3~4 个 DDS 水镁石层组成。然而，元素分析结果表明，DDS 基团作为电荷平衡物种覆盖了片层。最后他们提出，电荷平衡的 DDS 基团在层周围形成了一个柔性的壳层，在原子力显微镜下观察到，这使得颗粒的厚度大于 4.7Å。最近，这种“自下而上”的方法已经扩展到其他 LDHs 体系，如 Ni-Al 和 Co-Al LDHs，以及其他反相微乳液体系，如十六烷基三甲基溴化铵/正丁醇/异辛烷。

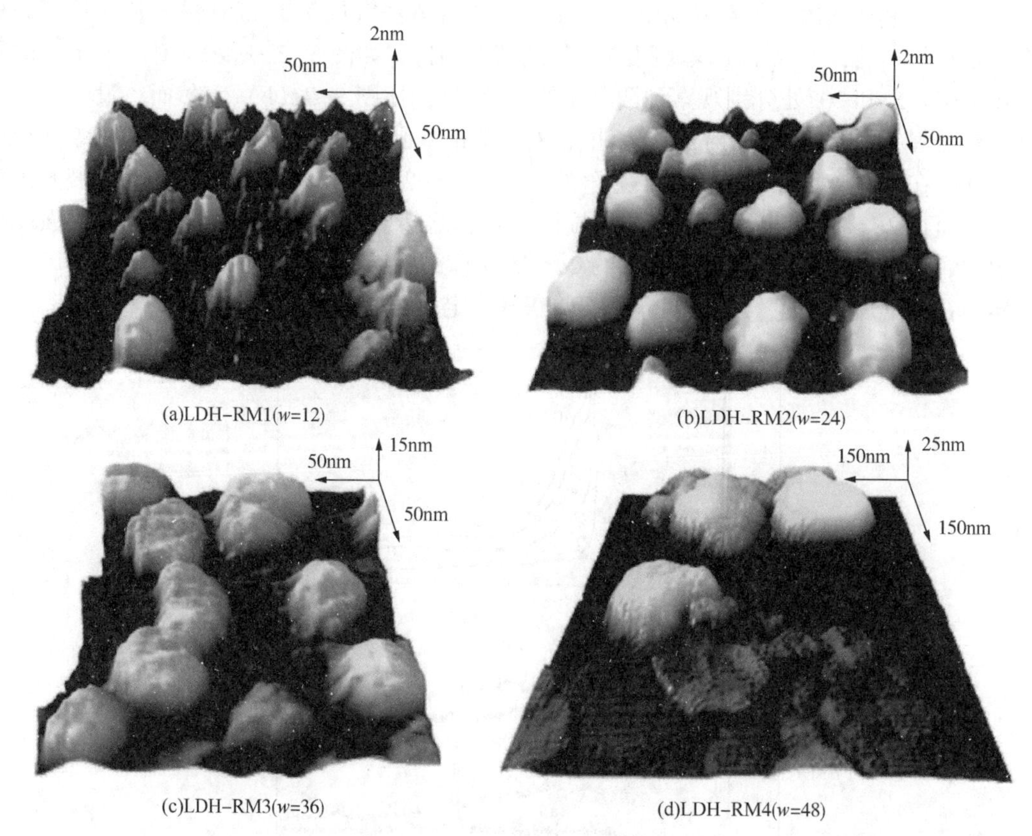

图 5-23　样品 Mg-Al-DDS LDH-RM_n(n=1~4)的三维原子力显微镜图像[138]

参 考 文 献

[1] 朱宏伟，王敏．二维材料：结构、制备与性能[J]．硅酸盐学报，2017，45(8)：1043-1053.

[2] 邱成军，曹茂盛，朱静，等．纳米薄膜材料的研究进展[J]．材料科学与工程学报，2001，4：132-137.

[3] 马义卿．SnSe 纳米薄膜超快动力学的研究[D]．哈尔滨：东北林业大学，2020.

[4] 钱希堂．二维材料薄膜的离子输运行为研究[D]．合肥：中国科学技术大学，2020.

[5] Hou R，Fu Y Q，Hutson D，et al. Use of sputtered zinc oxide film on aluminium foil substrate to produce a flexible and low profile ultrasonic transducer[J]. Ultrasonics，2016：54-60.

[6] Uddin A S M I，Yaqoob U Phan D T，et al. A novel flexible acetylene gas sensor based on PI/PTFE-supported Ag-loaded vertical ZnO nanorods array[J]. Sensors and Actuators B：Chemical，2016，222：536-543.

[7] Banerjee A N，Joo S W，Min B K. Nanocrystalline ZnO thin film deposition on flexible substrate by low-temperature sputtering process for plastic displays[J]. Journal of nanoscience and nanotechnology，2014，14(10)：7970-7575.

[8] 容萍．不同元素掺杂 ZnO 薄膜的水热制备及光催化性能研究[D]．汉中：陕西理工大学，2020.

[9] 王雪霞．溶胶凝胶法制备 Y 掺杂 HfO_2 纳米薄膜的相变及介电特性研究[D]．大连：大连理工大学，2018.

[10] Loh K P，Neto C，Poh S M，et al. Molecular-Beam epitaxy of two-dimensional In_2Se_3 and its giant electro-

resistance switching in ferroresistive memory junction[J]. Nano Letters, 2018, 18 (10): 6340-6346.

[11] Xing Y , Zhao K , Shan P , et al. Ising superconductivity and quantum phase transition in macro-size monolayer $NbSe_2$[J]. Nano Letters, 2017, 17(11): 6802-6807.

[12] Yi M, Shen Z. A review on mechanical exfoliation for the scalable production of graphene[J]. Journal of Materials Chemistry A, 2015, 3(22): 11700-11715.

[13] Lin C C, Tsai S K, Chang M Y, et al. Spontaneous growth by sol-gel process of low temperature ZnO as cathode buffer layer in flexible inverted organic solar cells[J]. Organic Electronics, 2017, 46(6): 218-225.

[14] Duan L, Zhao X, Zhang Y, et al. Fabrication of flexible Al-doped ZnO films via sol-gel method[J]. Materials Letters, 2016, 162 (1): 199-202.

[15] Lou J, Zhan Y J, Liu Z, et al. Large-Area vapor-phase growth and characterization of MoS_2 atomic layers on a SiO_2 substrat[J]. Small, 2012, 8(7): 966-971.

[16] Chen Y , Gao H , Wei D , et al. Langmuir-blodgett assembly of visible light responsive TiO_2 nanotube arrays/graphene oxide heterostructure[J]. Applied Surface Science, 2017, 392(jan. 15): 1036-1042.

[17] Shih K K, Dove D B. Ti/Ti-N Hf/Hf-N and W/W-N multilayer films with high mechanical hardness [J]. Applied Physics Letters, 1992, 61(6): 654-656.

[18] Wu T B. Effect of screening singularities on the elastic constants of composition-modulated alloys[J]. Journal of Applied Physics, 1982, 53(7): 5265-5268.

[19] 王茹，廖孟德，孙初锋. 二硫化钼的制备方法及其应用[J]. 山东化工，2020，49(23)：52-53 .

[20] 李举平. 二硫化钼基纳米复合材料的制备及其性能研究[D]. 济南：济南大学，2020.

[21] Stergiou A, Tagmatarchis N. Molecular functionalization of two-dimensional MoS_2 nanosheets[J]. Chemistry-A European Journal, 2018, 24(69): 18246-18257.

[22] 许伟. 二硫化钼的可控合成及其摩擦磨损性能研究[D]. 衡阳：南华大学，2020.

[23] Bin H, Pan X J, Xu Z X, et al. A critical review on the applications and potential risks of emerging MoS_2 nanomaterials[J]. Journal of Hazardous Materials, 2020, 399: 120357.

[24] Zhang X H, Li N, Tao X, et al. Defect-rich O-incorporated 1T-MoS_2 nanosheets for remarkably enhanced visible-light photocatalytic H_2 evolution over CdS: The impact of enriched defects[J]. Applied Catalysis, B. Environmental: An International Journal Devoted to Catalytic Science and Its Applications, 2018, 229: 227-236.

[25] Yuan Y J, Chen D, Zhong J S, et al. Interface engineering of a noble-metal-free 2D-2D MoS_2/Cu-$ZnIn_2S_4$ photocatalyst for enhanced photocatalytic H_2 production[J]. Journal of Materials Chemistry A, 2017, 5(30): 15771-15779.

[26] Xu H, Yi J J, She X J, et al. 2D heterostructure comprised of metallic 1T-MoS_2/Monolayer O-g-C_3N_4 towards efficient photocatalytic hydrogen evolution[J]. Applied Catalysis B: Environmental An International Journal Devoted to Catalytic Science & Its Applications, 2018, 220: 379-385.

[27] Liang Z Z, Shen R C, Ng Y H, et al. A review on 2D MoS_2 cocatalysts in photocatalytic H_2 production [J]. Journal of Materials Science and Technology, 2020, 56: 89-121.

[28] Lee Y H, Zhang X Q, Zhang W, et al. Synthesis of large-area MoS_2 atomic layers with chemical vapor deposition[J]. Advanced Materials, 2012, 24(17): 2320-2325.

[29] Li H, Zhang H, Yin Z Y, et al. Preparation and applications of mechanically exfoliated single-layer and multilayer MoS_2 and WSe_2 nanosheets[J]. Accounts of Chemical Research, 2014, 47(4): 1067-1075.

[30] Castellanos-Gomez A, Barkelid M, Goossens A M, et al. Laser-thinning of MoS_2: on demand generation of a single-layer semiconductor[J]. Nano Letters, 2012, 12(6): 3187.

[31] Nicolosi V, Chhowalla M, Kanatzidis M G, et al. Liquid exfoliation of layered materials[J]. Science, 2013, 340(6139): 1420-1420.

[32] Li Y, Zhu H, Shen F, et al. Nanocellulose as green dispersant for two-dimensional energy materials [J]. Nano Energy, 2015, 13: 346-354.

[33] Smith R J, King P J, Lotya M, et al. Large-scale exfoliation of inorganic layered compounds in aqueous surfactant solutions[J]. Advanced Materials, 2011, 23(34): 3944-3948.

[34] Yin L, Hai X, Chang K, et al. Synergetic exfoliation and lateral size engineering of MoS_2 for enhanced photocatalytic hydrogen generation[J]. Small, 2018, 14(14): 1704153.

[35] JoensenP, Frindt R F, Morrison S R. Single-layer MoS_2[J]. Materials Research Bulletin, 1986, 21(4): 457-461.

[36] Huang X, Zeng Z, Zhang H. Metal dichalcogenide nanosheets: preparation, properties and applications [J]. Chemical Society Reviews, 2013, 42(5): 1934-1946.

[37] Zheng J, Zhang H, Dong S, et al. High yield exfoliation of two-dimensional chalcogenides using sodium naphthalenide[J]. Nature Communications, 2014, 5: 2995.

[38] 靳兆勇. 二维 MXene 基材料的制备及应用研究[D]. 青岛: 青岛大学, 2020.

[39] Naguib M, Mochalin V N, Gogotsi Y, et al. 25th Anniversary article: MXenes: a new family of two-dimensional materials[J]. Advanced Materials, 2013, 26(7): 992-1005.

[40] Jeon M, Jun B M, Kim S, et al. A review on MXene-based nanomaterials as adsorbents in aqueous solution [J]. Chemosphere, 2020, 261: 127781.

[41] Lei J C, Zhang X, Zhou Z, et al. Recent advances in MXene: preparation, properties and applications [J]. Frontiers of Physics. 2015, 10: 276-286.

[42] AlhabebM, Maleski K, Anasori B, et al. Guidelines for synthesis and processing of 2D titanium carbide ($Ti_3C_2T_x$ MXene)[J]. Chemistry of Materials, 2017, 29(18): 7633-7644.

[43] Chang F Y, Li C S, Yang J, et al. Synthesis of a new graphene-like transition metal carbide by de-intercalating Ti_3AlC_2[J]. Materials Letters, 2013, 109: 295-298.

[44] Halim J, LukatskayaM R, Cook K M, et al. Transparent conductive two-dimensional titanium carbide epitaxial thin films[J]. Chemistry of Materials, 2014, 26(7): 2374-2381.

[45] GhidiuM, Lukatskaya M R, Zhao M Q, et al. Conductive two-dimensional titanium carbide 'clay' with high volumetric capacitance[J]. Nature, 2014, 516(7529): 78-81.

[46] Tan L, Li L, Gengnan L, et al. Highly efficiently delaminated single-layered MXene nanosheets with large lateral size[J]. Langmuir, 2017, 33(36): 9000-9006.

[47] Li T F, Yao L L, Liu Q L, et al. Fluorine-Free synthesis of high purity $Ti_3C_2T_x$(T= OH, O) via alkali treatment[J]. AngewandteChemie International Edition, 57(21): 6115-6119.

[48] Shein I R, Ivanovskii A L. Graphene-like titanium carbides and nitrides $Ti_{n+1}C_n$, $Ti_{n+1}N_n$(n=1, 2, and 3) from de-intercalated MAX phases: first-principles probing of their structural, electronic properties and relative stability[J]. Computational Materials Science, 2012, 65: 104-114.

[49] Naguib M, Mashtalir O, Carle J, et al. Two-Dimensional transition metal carbides[J]. ACS Nano, 2012, 6(2): 1322-1331.

[50] KurtogluM, Naguib M, Gogotsi Y, et al. First principles study of two-dimensional early transition metal carbides[J]. MRS Communications, 2012, 2(4): 133-137.

[51] KhazaeiM, Arai M, Sasaki T, et al. Novel electronic and magnetic properties of two-dimensional transition metal carbides and nitrides[J]. Advanced Functional Materials, 2013, 23(17): 2185-2192.

[52] Guo L C, Zhang Z Y, Li M H, et al. Extremely high thermal conductivity of carbon fiber/epoxy with synergistic effect of MXenes by freeze-drying[J]. Composites Communications, 2020, 19: 134-141.

[53] Aslam M K, Xu M W. A Mini-Review: MXene composites for sodium/potassium-ion batteries[J]. Nanoscale, 2020, 12(30): 15993-16007.

[54] Justino C I L, Gomes A R, Freitas A C, et al. Graphene based sensors and biosensors[J]. Trends in Analytical Chemistry, 2017, 91: 53-66.

[55] Li X S, Cai W W, Yang D X, et al. Large-Area synthesis of high-quality and uniform graphene films on copper foils[J]. Science, 2009, 324(5932): 1312-1314.

[56] DervishiE, Li Z, Watanabe F, et al. Large-scale graphene production by RF-cCVD method[J]. Chemical Communications, 2009, 27(27): 4061-4063.

[57] Reina A, Jia X T, Kong J, et al. Large area, few-layer graphene films on arbitrary substrates by chemical vapor deposition[J]. Nano letters, 2009, 9(1): 30-35.

[58] NandamuriG, Roumimov S, Solanki R. Chemical vapor deposition of graphene films[J]. Nanotechnology, 2010, 21(14): 145604.

[59] Guo S J, Dong S. Graphene nanosheet: synthesis, molecular engineering, thin film, hybrids, and energy and analytical applications[J]. Chemical Society Reviews, 2011, 40(5): 2644-2672.

[60] ShivaramanS, Barton R A, Yu X, et al. Free-standing epitaxial graphene[J]. Nano Letters, 2009, 9(9): 3100-3105.

[61] Emtsev K V, Bostwick A, Horn K, et al. Towards wafer-size graphene layers by atmospheric pressure graphitization of silicon carbide[J]. Nature Materials, 2009, 8(3): 203-207.

[62] Deng D H, Pan X L, Bao X H, et al. Freestanding graphene by thermal splitting of silicon carbide granules[J]. Advanced Materials, 2010, 22(19): 2168-2171.

[63] Subrahmanyam K S, Panchakarla L S, Govindaraj A, et al. Simple method of preparing graphene flakes by an arc-discharge method[J]. Journal of Physical Chemistry C, 2009, 113(11): 4257-4259.

[64] Wang Z, Li N, Shi Z, et al. Low-cost and large-scale synthesis of graphene nanosheets by arc discharge in air[J]. Nanotechnology, 2010, 21(17): 175602.

[65] Wu Z S, Ren W, Gao L, et al. Synthesis of graphene sheets with high electrical conductivity and good thermal stability by hydrogen arc discharge exfoliation[J]. ACS Nano, 2009, 3(2): 411-417.

[66] Dato A, Frenklach M, Radmilovic V, et al. Substrate-Free gas-phase synthesis of graphene sheets[J]. Nano Letters, 2008, 8(7): 2012-2016.

[67] Li D, Müller M B, Kaner R B, et al. Processable aqueous dispersions of graphene nanosheets[J]. Nature Nanotechnology, 2008, 3(2): 101-105.

[68] Dong X C, Su C Y, Zhang W J, et al. Ultra-large single-layer graphene obtained from solution chemical reduction and its electrical properties[J]. Physical Chemistry Chemical Physics, 2010, 12: 2164-2169.

[69] Patil A J, Vickery J L, Scott T B, et al. Aqueous stabilization and self-assembly of graphene sheets into layered bio-nanocomposites using DNA[J]. Advanced Materials, 2009, 21(31): 3159-3164.

[70] Qi X Y, Pu K Y, Zhang H, et al. Conjugated-polyelectrolyte-functionalized reduced graphene oxide with ex-

cellent solubility and stability in polar solvents[J]. Small, 2010, 6(5): 663-669.

[71] Bai H, Lu G W, Xu Y X, et al. Flexible graphene films via the filtration of water-soluble noncovalent functionalized graphene sheets[J]. Journal of the American Chemical Society, 2008, 130(18): 5856-5857.

[72] Yang Q, Pan X J, Huang F, et al. Fabrication of high-concentration and stable aqueous suspensions of graphene nanosheets by noncovalent functionalization with lignin and cellulose derivatives[J]. The Journal of Physical Chemistry C, 2010, 114(9): 3811-3816.

[73] GengJ, Jung H T. et al. Porphyrin functionalized graphene sheets in aqueous suspensions: from the preparation of graphene sheets to highly conductive graphene films[J]. Journal of Physical Chemistry C, 2010, 114(18): 8227-8234.

[74] Zhou X S, Wu T B, Ding K L, et al. Dispersion of graphene sheets in ionic liquid [bmim][PF_6]stabilized by an ionic liquid polymer[J]. Chemical Communications, 2010, 46: 386-388.

[75] Zhou X, Liu Z, et al. A scalable, solution-phase processing route to graphene oxide and graphene ultralarge sheets[J]. Chemical Communications, 2010, 46(15): 2611-2613.

[76] Guo Y, Guo S, Ren J, et al. Cyclodextrin functionalized graphene nanosheets with high supramolecular recognition capability: synthesis and host-guest inclusion for enhanced electrochemical performance[J]. Acs Nano, 2010, 4(9): 4001.

[77] Patil A J, Vickery J L, Scott T B, et al. Aqueous stabilization and self-assembly of graphene sheets into layered bio-nanocomposites using DNA[J]. Advanced Materials, 2009, 21(31): 3159-3164.

[78] Guo Y J, Guo S J, Ren J T, et al. Cyclodextrin functionalized graphene nanosheets with high supramolecular recognition capability: synthesis and host-guest inclusion for enhanced electrochemical performance[J]. ACS Nano, 2010, 4(7): 4001-4010.

[79] Zhou X, Liu Z. A scalable, solution-phase processing route to graphene oxide and graphene ultralargesheets [J]. Chemical Communications, 2010, 46(15): 2611-2613.

[80] Zhang J L, Yang H J, Shen G X, et al. Reduction of graphene oxide via L-ascorbic acid[J]. Chemical Communications, 2010, 46(7): 1112-1114.

[81] Chen Q, Wei W, Lin J M. Homogeneous detection of concanavalin a using pyrene-conjugated maltose assembled graphene based on fluorescence resonance energy transfer[J]. Biosensors & Bioelectronics, 2011, 26(11): 4497-4502.

[82] Zhu C, Guo S, Fang Y, et al. Reducing sugar: new functional molecules for the green synthesis of graphene nanosheets[J]. ACS Nano, 2010, 4(4): 2429-2437.

[83] Srivastava S, Kumar V, Ali M A, et al. Electrophoretically deposited reduced graphene oxide platform for food toxin detection[J]. Nanoscale, 2013, 5(7): 3043-3051.

[84] Li H L, Pang S P, Feng X L, et al. Polyoxometalate assisted photoreduction of graphene oxide and its nanocomposite formation[J]. Chemical Communications, 2010, 46: 6243-6245.

[85] Salas E C, Sun Z, Lu T A, et al. Reduction of graphene oxide via bacterial respiration[J]. Acs Nano, 2010, 4(8): 4852-4856.

[86] Chen Y, Zhang X, Yu P, et al. Stable dispersions of graphene and highly conducting graphene films: a new approach to creating colloids of graphene monolayers[J]. Chemical Communications, 2009, 30(30): 4527-4529.

[87] Liang Y Y, Wu D Q, Feng X L, et al. Dispersion of graphene sheets in organic solvent supported by Ionic Interactions[J]. Advanced Materials, 2009, 21(17): 1679-1683.

[88] Park S, An J, Jung I, et al. Colloidal suspensions of highly reduced graphene oxide in a wide variety of organic solvents[J]. Nano Letters, 2009, 9(4): 1593-1597.

[89] Wang H L, Robinson J T, Li X L, et al. Solvothermal reduction of chemically exfoliated graphene sheets [J]. Journal of the American Chemical Society, 2009, 131(29): 9910-9911.

[90] Zhang M, Parajuli R R, Mastrogiovanni D, et al. Production of graphene sheets by direct dispersion with aromatic healing agents[J]. Small, 2010, 6(10): 1100-1107.

[91] Yoo JB, et al. One-step exfoliation synthesis of easily soluble graphite and transparent conducting graphene sheets[J]. Advanced Materials, 2010, 21(43): 4383-4387.

[92] ChoucairM, Thordarson P, Stride J A. Gram-scale production of graphene based on solvothermal synthesis and sonication[J]. Nature Nanotechnology, 2009, 4: 30-33.

[93] Guo H L, Wang X F, Qian Q Y, et al. A green approach to the synthesis of graphene nanosheets[J]. Acs Nano, 2009, 3(9): 2653-2659.

[94] Liu N, Luo F, Wu H, et al. One-step ionic-liquid-assisted electrochemical synthesis of ionic-liquid-functionalized graphene sheets directly from graphite [J]. Advanced Functional Materials, 2010, 18(10): 1518-1525.

[95] KhaledianS, Abdoli M, Shahlaei M, et al. Two-dimensional nanostructure colloids in novel nano drug delivery systems [J]. Colloids and Surfaces A: Physicochemical and Engineering Aspects, 2020, 585, 124077.

[96] Castellanos-Gomez A, Vicarelli L, Prada E, et al. Isolation and characterization of few-layer black phosphorus[J]. 2D Materials, 2014, 1(2): 025001.

[97] Edward A L, Jack R B, Nicky S, et al. Production of few-layer phosphorene by liquid exfoliation of black phosphorus[J]. Chemical communications, 2014, 50, 13338-13341.

[98] Smith J B, Hagaman D, Ji H F. Growth of 2D black phosphorus film from chemical vapor deposition [J]. Nanotechnology, 2016, 27(21): 215602.

[99] SafarpourM, Arefi-Oskoui S, Khataee A. A review on two-dimensional metal oxide and metal hydroxide nanosheets for modification of polymeric membranes[J]. Journal of Industrial and Engineering Chemistry, 2019, 82: 31-41.

[100] Liu Z, Ma R, Ebina Y, et al. Synthesis and delamination of layered manganese oxide nanobelts[J]. Chemistry of Materials, 2007, 19(26): 6504-6512.

[101] Omomo Y, Sasaki T, Watanabe M, et al. Redoxable nanosheet crystallites of MnO_2 derived via delamination of a layered manganese oxide[J]. Journal of the American Chemical Society, 2003, 125(12): 3568-3575.

[102] Kim J, Kwon S, Cho D H, et al. Direct exfoliation and dispersion of two-dimensional materials in pure water via temperature control[J]. Nature Communications, 2015, 6: 8294.

[103] Ma R, Liu Z, Takada K, et al. Tetrahedral Co(Ⅱ) coordination in α-type cobalt hydroxide: rietveld refinement and X-ray absorption spectroscopy[J]. Inorganic Chemistry, 2006, 45(10): 3964-3969.

[104] Wang Q, O'Hare D. Recent advances in the synthesis and application of layered double hydroxide (LDH) nanosheets[J]. Chemical Reviews, 2012, 112(7): 4124-4155.

[105] Williams G R, O'Hare D. et al. Towards understanding, control and application of layered double hydroxide chemistry[J]. Journal of Materials Chemistry, 2006, 16: 3065-3074.

[106] Mishra G, Dash B, Pandey S. et al. Layered double hydroxides: A brief review from fundamentals to application as evolving biomaterials[J]. Applied Clay Science, 2018, 153: 172-186.

[107] Yuan P, Zhang N, Zhang D, et al. Fabrication of nickel-foam-supported layered zinc-cobalt hydroxide nanoflakes for high electrochemical performance in supercapacitors[J]. Chemical Communications, 2014, 50(76): 11188-11191.

[108] Zhong Y S, Chen G, Liu X H, et al. Layered rare-earth hydroxide nanocones with facile host composition modification and anion-exchange feature: topotactic transformation into oxide nanocones for upconversion[J]. Nanoscale, 2017, 9: 8185-8191.

[109] Qu J, Zhang Q W, Li X W, et al. Mechanochemical approaches to synthesize layered double hydroxides: a review[J]. Applied Clay Science, 2016, 119(2): 185-192.

[110] Liang J B, Ma R Z, Lyi N, et al. Topochemical synthesis, anion exchange, and exfoliation of Co-Ni layered double hydroxides: a route to positively charged Co-Ni hydroxide nanosheets with tunable composition[J]. Chemistry of Materials, 2010, 22(2): 371-378.

[111] Fei H H, Oliver S R J. Copper hydroxide ethanedisulfonate: a cationic inorganic layered material for high-capacity anion exchange[J]. AngewandteChemie, 2011, 50(39): 9066-9070.

[112] Ma R Z, Sasaki T. Nanosheets of oxides and hydroxides: ultimate 2D charge-bearing functional crystallites[J]. Advanced Materials, 2010, 22(45): 5082-5104.

[113] Hu L F, Ma R Z, Ozawa T C, et al. Exfoliation of layered europium hydroxide into unilamellar nanosheets[J]. Chemistry an Asian Journal, 2010, 5(2): 248-251.

[114] Liu X H, Ma R Z, Bando Y, et al. High-Yield preparation, versatile structural modification, and properties of layered cobalt hydroxide nanocones[J]. Advanced Functional Materials, 2014, 24(27): 4292-4302.

[115] Adachi-Pagano M, Forano C, Besse J P. Delamination of layered double hydroxides by use of surfactants[J]. Chemical Communications, 2000(1): 91-92.

[116] Singh M, Ogden M I, Parkinson G M, et al. Delamination and re-assembly of surfactant-containing Li/Al layered double hydroxides[J]. Journal of Materials Chemistry, 2004, 14(5): 871-874.

[117] O'Leary S, O'Hare D, Seeley G. Delamination of layered double hydroxides in polar monomers: new LDH-acrylate nanocomposites[J]. Chemical Communications, 2002: 1506-1507.

[118] Jobbágy M, Regazzoni A E. Delamination and restacking of hybrid layered double hydroxides assessed by in situ XRD[J]. Journal of Colloid and Interface Science, 2004, 275(1): 345-348.

[119] Naik V V, Ramesh T N, Vasudevan S. Neutral nanosheets that gel: exfoliated layered double hydroxides in toluene[J]. Journal of Physical Chemistry Letters, 2011, 2(10): 1193-1198.

[120] Hibino T, Jones W. New approach to the delamination of layered double hydroxides[J]. Journal of Materials Chemistry, 2001, 11(5): 1321-1323.

[121] Hibino T. Delamination of layered double hydroxides containing amino acids[J]. Journal of Materials Chemistry, 2004, 15(25): 653-656.

[122] Li L, Ma R, Ebina Y, et al. Positively charged nanosheets derived via total delamination of layered double hydroxides[J]. Chemistry of Materials, 2005, 17(17): 4386-4391.

[123] Wu Q, Olafsen A, Vistad B, et al. Delamination and restacking of a layered double hydroxide with nitrate as counter anion[J]. Journal of Materials Chemistry, 2005, 15(44): 4695-4700.

[124] Liu Z, Ma R, Osada M, et al. Synthesis, anion exchange, and delamination of Co-Al layered double hydroxide: assembly of the exfoliated nanosheet/polyanion composite films and magneto-optical studies[J]. Journal of the American Chemical Society, 2006, 128(14): 4872-4880.

[125] Liu Z, Ma R, Ebina Y, et al. General synthesis and delamination of highly crystalline transition-metal-

bearing layered double hydroxides[J]. Langmuir, 2007, 23(2): 861-867.

[126] Abellán G, Coronado E, Martí-Gastaldo C, et al. Hexagonal nanosheets from the exfoliation of Ni^{2+}-Fe^{3+} LDHs: a route towards layered multifunctional materials[J]. Journal of Materials Chemistry, 2010, 20(35): 7451-7455.

[127] Ma R, Liu Z, Takada K, et al. Synthesis and exfoliation of Co^{2+}- Fe^{3+} layered double hydroxides: an innovative topochemical approach[J]. Journal of the American Chemical Society, 2007, 129(16): 5257-5263.

[128] Kang H L, Huang G L, Ma S L, et al. Coassembly of inorganic macromolecule of exfoliated LDH nanosheets with cellulose[J]. Journal of Physical Chemistry C, 2009, 113(21): 9157-9163.

[129] Gordijo C R, Constantino V R L, Silva D D O. Evidences for decarbonation and exfoliation of layered double hydroxide in *N*, *N* -dimethylformamide-ethanol solvent mixture[J]. Journal of Solid State Chemistry, 2012, 180(7): 1967-1976.

[130] Gardner E, Huntoon K M, Pinnavaia T J. Direct synthesis of alkoxide-intercalated derivatives of hydrocalcite-like layered double hydroxides: precursors for the formation of colloidal layered double hydroxide suspensions and transparent thin films[J]. Advanced Materials, 2001, 13(16): 1263.

[131] Hibino T, Kobayashi M. Delamination of layered double hydroxides in water[J]. Journal of Materials Chemistry, 2005, 15: 653-656.

[132] Jaubertie C, Holgado M J, San Román M. S, et al. Structural characterization and delamination of lactate-intercalated Zn, Al-layered double hydroxides[J]. Chemistry of Materials, 2006, 18(13): 3114-3121.

[133] Hou W, Kang L, Sun R, et al. Exfoliation of layered double hydroxides by an electrostatic repulsion in aqueous solution[J]. Colloids & Surfaces A Physicochemical & Engineering Aspects, 2008, 312(2-3): 92-98.

[134] Manohara G V, Kunz D A, Kamath P V, et al. Homogeneous precipitation by formamide hydrolysis: synthesis, reversible hydration, and aqueous exfoliation of the layered double hydroxide (LDH) of Ni and Al [J]. Langmuir, 2010, 26(19): 15586-15591.

[135] Zhao Y, Yang W, Xue Y, et al. Partial exfoliation of layered double hydroxides in DMSO: a route to transparent polymer nanocomposites[J]. Journal of Materials Chemistry, 2011, 21: 4869-4874.

[136] Hu G, Wang N, O'Hare D, et al. One-step synthesis and AFM imaging of hydrophobic LDH monolayers [J]. Chemical Communications, 2006(3): 287-289.

[137] Wang C J, Wu Y A, Jacobs R M J, et al. Reverse micelle synthesis of Co-Al LDHs: control of particle size and magnetic properties[J]. Chemistry of Materials, 2011, 23(2): 171-180.

[138] Hu G, Wang N, O' Hare D, et al. Synthesis of magnesium aluminium layered double hydroxides in reverse microemulsions[J]. Journal of Materials Chemistry, 2007, 17(21): 2257-2266.

第6章　微孔材料

6.1　分子筛

首先，我们要明确分子筛与沸石的概念区别。一般来说，沸石包含于分子筛大类中，沸石的学名为“硅铝酸盐分子筛”，又称为结晶硅铝酸盐，是以硅和铝为骨架元素的分子筛。而分子筛是具有类似沸石的，分子大小级别的孔道结构(能够筛分分子)但骨架元素组成不是或者不仅仅是硅铝的多孔材料，具有类似结构的磷酸盐和纯硅酸盐等也称为类沸石材料。

6.1.1　分子筛的发展过程

从天然沸石发展到人工合成沸石[1,2]。最早在1756年微孔天然硅铝酸盐被人们发现。随着地质勘测和矿物研究工作的进行，被发掘的天然沸石的种类也越来越多，人们对天然沸石的特征和性质研究越来越深入。研究发现天然沸石不仅具有离子交换能力，还具有对特定物质的吸附性能，人们便将天然沸石作为吸附剂或者干燥剂，用于产品的分离精制的生产过程中。但是天然沸石含量并不能满足工业生产的大量需求，因此合成人工沸石以代替天然沸石是其发展的必然阶段。我国于1959年成功合成了X型分子筛和A型分子筛，随后又合成了Y型分子筛和丝光沸石，并投入了工业生产[3]。合成的沸石相比于天然沸石具有纯度高、孔径均一、离子交换性好等众多优势，但因为一些天然沸石的开采成本低，且经过简单的加工工序便可投入使用，所以天然沸石的价格低于合成沸石。因此，在农业、轻工业或者环保领域，沸石需求量大，但质量要求不高的使用环境中，天然沸石是优于人工合成沸石的选择。

从低硅沸石发展到高硅沸石[4]。20世纪50年代到80年代，是一段沸石分子筛全面发展的时期。在此期间，低硅铝比(硅铝比=1.0~1.5)和中等硅铝比(硅铝比=2.0~5.0)的沸石分子筛到高硅铝比(硅铝比=10~100)甚至全硅铝比的沸石分子筛得到了全面开发和应用。随着对高硅沸石分子筛的研究，研究人员开发了二次合成高硅化的沸石分子筛，一些中等硅铝比的沸石可以通过脱铝补硅、水蒸气超稳化等二次合成途径，制备出无法直接合成的高硅沸石，例如毛沸石、超稳Y型沸石、BEA、高硅丝光沸石、斜发沸石。

从硅铝酸盐分子筛到磷酸铝分子筛与微孔磷酸盐。1982年U.C.C.公司的科学家成功地开发合成出了一个全新的分子筛家族——磷酸铝分子筛 $AlPO_4$-n(n为编号)[5]。这个全新的分子筛家族不仅包含微孔到大孔的孔道结构，还将包括主族金属、过渡金属以及非金属元素在内的13种元素(Li、Be、B、Mg、Si、Ga、Ge、As、Ti、Mn、Fe、Co、Zn)引入分子筛骨架，生成具有24种独立开放骨架的六大微孔化合物，因配位数和金属种类繁多，能够形成多元素的衍生物，致使这个全新分子筛大家族具有数百种微孔化合物。但是这类微孔化合物大多需要模板剂或结构导向剂参与合成。这里的模板剂主要起到了空间填充作用和平衡电荷作用，典型的合成案例是含十二元环直孔道的 $AlPO_4$-5。

从12元环微孔到超大微孔。超大微孔(extra-large-micropore)一般是超过12元环的微孔孔道。ChesterA W 等人在1988年，成功合成了第一个具有18元环圆形孔口的磷酸铝 VPI-5——$(H_2O)_{42}[Al_{18}P_{18}O_{72}]$，推动了具有超大微孔分子筛的合成研究。随后，1991年，Estermann 等研究人员成功合成了具二十元环三维结构的 Cloverite(CLO)磷酸镓，我国徐如人等人在1992年成功合成了具有二十元环的超大微孔磷酸铝 JDF-20，这一突破，开启了超大微合成化学的新纪元。

6.1.2 分子筛的晶体结构

微孔晶体材料具有无限可能的优异性能，例如吸附和扩散性、离子交换性、催化活性、反应选择性等，它们在化学反应中发挥的作用性能均源于它们独特的微孔结构特征。学习微孔晶体材料的结构化学，能够使我们在实验的合成过程中更好地设计调整材料。

6.1.2.1 初级结构单元

分子筛的初级结构(又称一级结构单元)是 TO_4四面体，T 原子通常是指 Si、Al 或 P 原子，也有可能是少数情况下引入的其他杂原子，如 B、Be、Ga、Ti 等。正是这些 TO_4之间通过共享桥氧原子连接而形成的骨架组成了分子筛。因此$[SiO_4]$、$[AlO_4]$或$[PO_4]$等四面体是构成分子筛骨架的最基本的结构单元，即初级结构单元。在这些四面体中，Si、Al 和 P 等都是以高价氧化态的形式存在的，每个 T 原子都与4个氧原子通过采取 sp^3杂化轨道与氧原子成键[图6-1 (a)]，在分子筛骨架中每个氧原子连接2个 T 原子[图6-1(b)]，这样的分子筛骨架具有理想的(4；2)-拓扑连接。但也有分子筛结构中，存在着五配位或六配位的 T 原子，除了与四个桥氧配位外，骨架结构中还存在额外的 H_2O 或 OH^-配位。例如在 $AlPO_4$-21 中[6]，其骨架由 $AlO_4(OH)_2$八面体的边共享二聚体组成，这些二聚体通过顶点连接到 $A1O_4(H_2O)(OH)$八面体和 PO_4四面体。

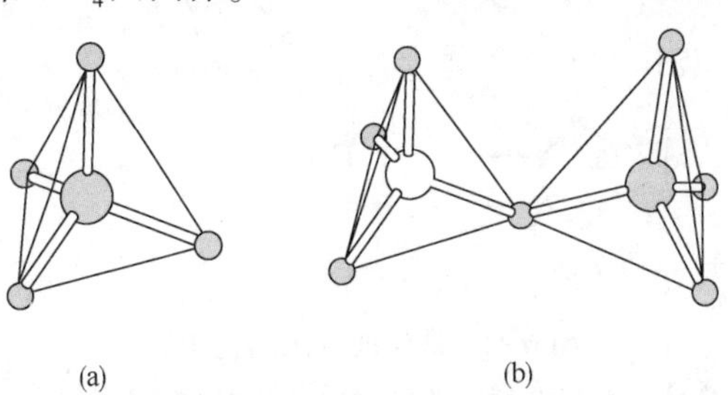

图6-1 (a) TO_4四面体，(b) TO_4之间通过氧原子桥连[6]

TO_4四面体的电荷性质影响分子筛骨架构成。$[SiO_4]$四面体为电中性，$[AlO_4]$带一个负电荷，$[PO_4]$带一个正电荷。因此，硅铝酸盐分子筛(骨架由$[SiO_4]^0$和$[AlO_4]^-$构成)具有阴离子骨架结构，骨架中的负电荷需要额外的阳离子平衡，阳离子和吸附水位于孔道中。而由$[PO_4]^+$和$[AlO_4]^-$四面体构成的磷酸铝分子筛 $AlPO_4$-n 骨架具有电中性，不需要额外的阳离子来平衡骨架电荷，只有吸附水或模板剂分子存在于孔道中[7]。

这里需要强调，分子筛的结构通常会遵循 Lowenstein 规则，即四面体位置上两个铝原子不能相邻。由此，在磷酸盐及取代的磷酸盐(4；2)-拓扑连接的骨架结构中，铝不能与二价或三价金属原子相邻，磷不能与磷或硅原子相邻。

6.1.2.2 次级结构单元

次级结构单元首先是由 Meier 等[8-9,11]和 Smith[10]提出的，有限的结构单元被称为次级结构单元，具体来说就是 TO_4四面体通过共享氧原子桥连，形成大小不同的多元环状结构，这类结构被称为次级结构单元(secondary building units，SBU)，分子筛的骨架则是由这些结构单元连接形成不同拓扑结构构成的。当前，有 23 种 SBU 被国际分子筛协会收录(图 6-2)[12]。

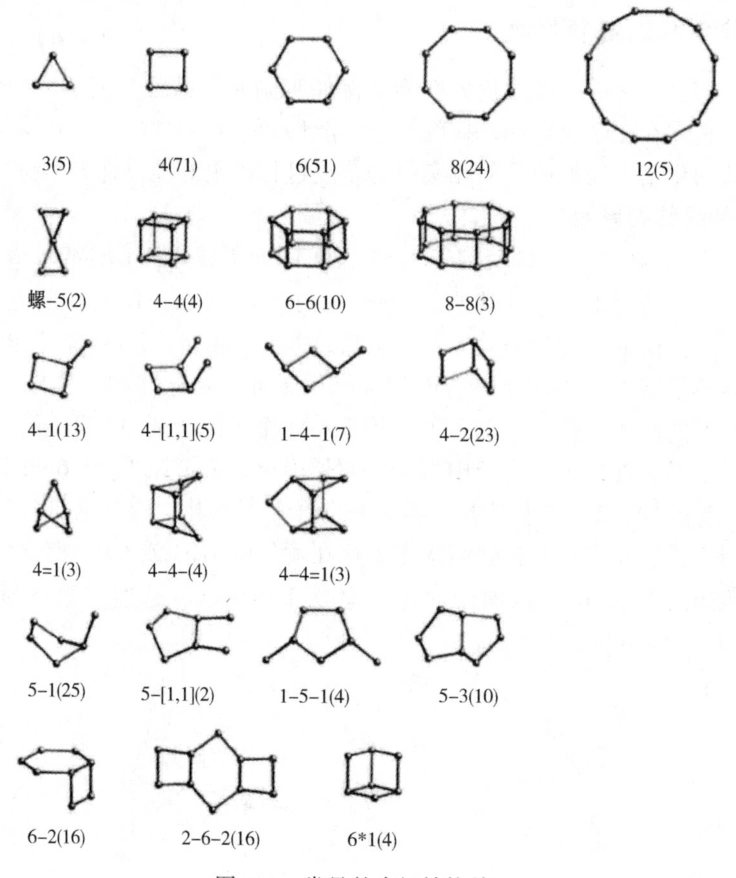

图 6-2 常见的次级结构单元

(每种 SBU 下的符号代表其类型，括号之中是 SBU 在已知结构中出现的概率)[12]

次级结构单元中的 T 原子最多可达 16 个。不过要强调的是，一个晶胞含有的次级结构单元总是整数个，次级结构单元总是非手性的，即是说被分离出的具有最高对称性的次级结构单元既不是右手性的，也不是左手性的。确定次级结构单元是假定整个骨架由一种类型的次级结构单元构成的[11, 13]。所以次级结构单元只是理论意义上的拓扑构筑单元，用它们可以很好地描述骨架的结构，但不能认为它们就是或等同于分子筛晶化过程中在溶液或凝胶中真实存在的物种。

6.1.2.3 组成构筑单元

分子筛骨架中还存在一些特殊的组成单元，国际分子筛协会(IZA)结构委员会在 2007

年以后将其命名为组成构筑单元(Composite Building Units，CBU)，并采用组成构筑单元对分子筛骨架结构进行描述。J. V. Smith 早先曾总结了一些分子筛骨架中的构筑单元，也整理了假想三维四连接结构的构筑单元[13]，此后研究人员在此基础上又扩展了构筑单元的数量[14]。如今国际分子筛协会结构数据库共列举了其中的 49 种[12]。

组成构筑单元与次级结构单元不同，可以是手性的，并且可以不用唯一构筑组成整个骨架结构。且组成构筑单元没有一致的连接方式，同一种组成构筑单元可以通过不同的连接方式形成不同的骨架结构，不同的分子筛骨架也可能有相同的组成构筑单元，一个分子筛骨架中更是存在多种组成构筑单元。

6.1.2.4 特征的链和层状结构单元

在分子筛骨架中，除了特别的组成构筑单元，还有一些特征的链状结构单元构成。图 6-3展示了最为常见的三种链状结构，它们分别是双锯齿形链(dsc)，双之字形链(dzc)，双机轴链(dcc)，除了以上三种外，还有短柱石链(nsc)，双短柱石链(dnc)和 Pentasil 链[12]。其中 dsc、dzc 和 dcc 三条双链结构都是由 4 元环通过边共享连接组成的，不同之处在于四面体上第四个连接点的取向不同。磷酸铝 AlPO-n 骨架结构中通常含有短柱石链和双短柱石链，而硅酸盐结构中则不存在。此外，Pentasil 链是高硅分子筛家族种的一个特征链[15]。

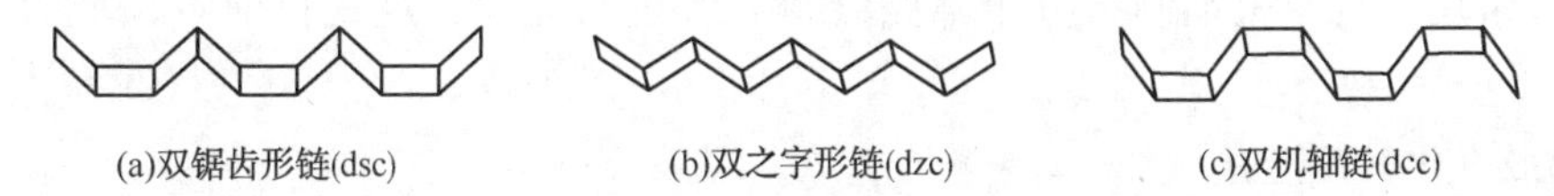

图 6-3 常见的链状结构单元

一些分子筛骨架结构复杂，用简单的 SBU 和 CBU 不能准确描述，因此有时也可以用一些二维、三连接的网层来描述[10]。三维连接的骨架结构可以看作是由平行堆积的二维连接网层通过上(U)下(D)取向的顶点间相互连接而形成的。如图 6-4 所示，GIS 类型骨架结构中存在 4.8^2 二维网层[9]。每个 8 元环中的一半顶点在层上，另一半在层下。与其他构成结构一样，同一种网层会出现在不同的骨架结构中，所以不同的分子筛骨架能够用同一种网层结构描述，只是有时层状结构单元中的顶点指向不同罢了。

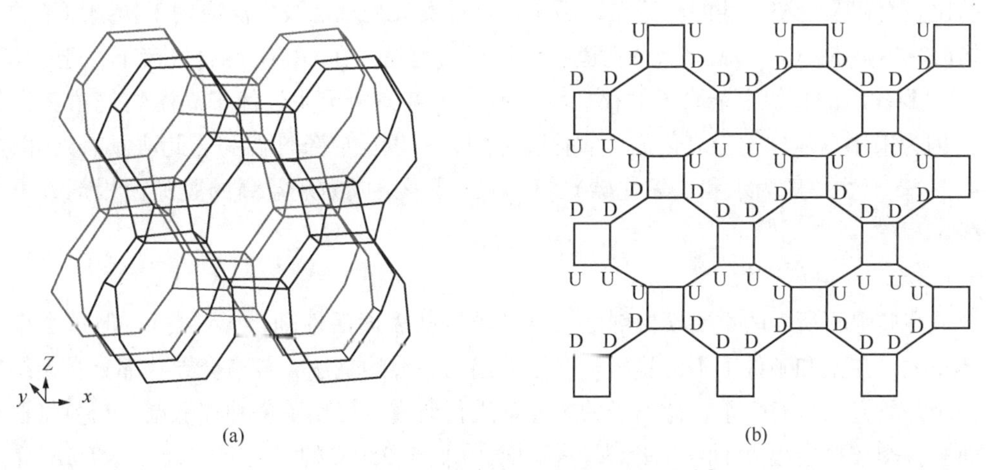

图 6-4 (a)GIS 骨架结构，(b)网层结构[9]

6.1.3 微孔分子筛的制备、修饰和改性

本节最初我们明确了分子筛和沸石之间的概念区别，从分子筛制备合成过程中，能够更加清晰两者之间的区别。分子筛是将具有微孔骨架结构的化合物通过高温灼烧或化学反应、溶剂萃取等途径，脱去模板剂，或者进行骨架修饰、离子交换、孔道修饰等二次合成方法获得的具有特定孔道结构与性能的多孔材料。因此，微孔化合物，诸如沸石、微孔磷酸盐、磷酸铝，等等，它们的晶化合成是分子筛制备的核心。

6.1.3.1 高温灼烧法

为将模板剂脱出分子筛骨架，最常采用的是高温下灼烧法，一般在 550 ℃灼烧就能将有机分子氧化分解脱离骨架。但高温灼烧是强放热反应，反应条件若是控制不当，就容易造成分子筛骨架结构的部分破坏例如，用 550 ℃灼烧 的 BEA 型沸石[16]，脱去模板剂后，其结晶度将降低 25%~30%。研究人员发现，在脱模板剂时杂原子或 Al 会脱离骨架，导致表面酸性与相关催化性能的变化等[17]。因而如何控制与改进灼烧条件，如灼烧温度与时间的控制，气氛的选择与流动力学的控制以及在热分解过程细致研究的基础上，开发新的灼烧途径等，促使这条最常用的脱模板剂制备分子筛路线得到改进与完善，这是目前本领域的一个研究前沿[3]。

6.1.3.2 化学反应法

借助外加化学试剂与无机微孔晶体孔道及腔中的有机客体模板剂分子在温和条件下反应，以制备结构完整且孔道畅通分子筛的“脱模”方法。化学试剂以及化学反应的选择，一般应考虑到反应条件温和，产物易于分离。

6.1.3.2.1 氧化脱模

早期，研究人员提出臭氧处理法，在室温下采用紫外线灯(6.8W，254nm 与 180nm)处理 MCM-41 样品 24h[18]，脱去模板表面活性剂十六烷基三甲基溴化铵(CTAB)。此方法处理的样品与在空气中以 1℃/min 升温速率达到 550℃下灼烧的 MCM-41 样品比较，前者具有更大的比表面积及更窄一些的孔分布。后来，这种臭氧处理法被广泛应用于含杂原子的微孔化合物(B-ZSM-5、Co-ZSM-5 等)孔道中模板剂的脱除，在 O_2/O_3混合气流下，于 210℃加热 3h，得到样品的骨架中杂原子的存在状态基本不变，情况明显优于高温灼烧法获得的样品[3]。因为采用臭氧这类强氧化剂，氧化能力强，所以反应条件温和。此法具有处理方便，对环境友好(产物一般为水和二氧化碳)等优点，是一条成本效益高的脱除模板剂分子的技术路线。

6.1.3.2.2 氨解脱模

合成高硅沸石所需的重要模板剂之一就是季铵盐表面活性剂(TAA^+类)，但这类模板剂分子体积大，在温和条件下不易脱出。但是前述的高温灼烧法，普遍会导致部分骨架结构的损坏，于是研究人员对于季铵盐离子的热分解进行研究，提出了一种在低温下与氨气逐步反应从而脱去季铵盐模板离子的方法[19]。例如，在低至 250℃的温度下，氨气与 TMA^+作用生成单胺和二甲胺，轻松从超笼中脱出，方钠石 TMA^+离子需要不超过 400℃的温度才能降解。尽管这种处理在一定程度上提高了 Si/Al 比，但对结构的破坏很小。由于沸石孔的大小决定

了能够从沸石空腔中逸出的分子类型，因此 TMA^+ 在 NaTMA-Y 和 NaTMA-A 高硅方钠石中产生的降解产物 $(CH_3)_3NH$ 因为尺寸过大难于脱出。因此，此方法还需进一步研究改进。

6.1.3.3 溶剂萃取法

相较于高温灼烧法与化学反应法，溶剂萃取法考虑了模板剂的回收。放大到工业生产中，一些模板剂较为昂贵，分子筛的生产成本将会提高。因此研究人员尝试将脱模与模板剂回收相结合，设计绿色生产工艺。

最早应用溶剂萃取法，将模板剂或结构导向剂(SDA)从分子筛孔道中萃取回收的研究工作，是 D. D. Whitehurst 应用于介孔材料 M41S 中萃取回收其中的表面活性剂开始的[20]，直至目前，溶剂萃取已成为从介孔分子筛中回收表面活性剂的重要方法之一。然而此法用于微孔分子筛孔道中就存在诸多困难，主要原因是 SDA 分子的尺寸与孔道相仿，SDA 分子与微孔间存在强的相互作用，单纯萃取效果甚微。改进后的萃取法，主要是适当扩大分子筛孔道孔径，以便 SDA 分子在孔道种方便扩散，从孔口萃出；或用相应化学试剂与萃取剂一起起协同萃取作用，通过调变萃取液酸碱性，减弱 SDA 分子与骨架间的相互作用。在 20 世纪九十年代，M. E. Davis 等人[21]应用溶剂萃取法，从 β 型沸石中脱 TEAF 获得相当成功；随后又用类似的方法从与 β 型沸石具有同晶结构的微孔锌硅酸盐中脱 TEAOH 获得成功[22]，紧接着，研究人员又比较细致地研究了具有中孔的 MFI 骨架结构与大孔 β 型沸石的骨架结构中 SDA 的萃取规律[23]。溶剂萃取法发展到现在，已经取得了一定的进展。

6.1.4 微孔分子筛的应用领域和发展前景

微孔分子筛最初的应用是作为吸水剂，用于干燥气体、固体。经过多年的探索与研究，研究人员发现了具有离子交换性能后，分子筛作为净水剂净化工业废水，作为吸附剂吸附工业废气，逐渐在吸附分离、离子交换等领域发挥作用。随着沸石分子筛催化性能的发现，对分子筛的应用迈向了一个全新的阶段[24-25]。在石油加工、石油化工与精细化工和环境化工等化工领域，分子筛作为催化剂、分离材料以及离子交换材料，发挥着极为重要的作用。随着科技的进步与发展，分子筛的应用领域也在不断地拓宽。现如今，分子筛在环保、农业、医药、生命科学等诸多领域中发挥着重要作用，具有广阔的研究空间应用前景[26]。

分子筛从组分元素与骨架结构的多样性来看，尚有很大的发展空间。然而至今为止真正已用于工业规模的仅不到二十种。不过，根据前述结构与性能的多样性和可调控性，在此基础上能够发展且开拓出大批以微孔物质为基体的先进功能材料[3]。在未来的二十年中，由于分子筛新催化领域的开拓，双功能以至多功能分子筛催化剂会取得更多的进步，将进一步推动分子筛在催化与吸附分离应用领域的大发展[27-30]。

6.2 金属有机骨架(MOF)

6.2.1 MOF 简介

金属有机骨架(Metal-Organic Frameworks，MOFs)，已成为一种广泛的晶体材料，具有超高孔隙度(可达 90%的自由体积)和巨大的内表面积，超过 6000m^2/g。这些特性，再加上其结构的有机和无机成分的非凡多变性，使 MOFs 成为清洁能源中的潜在应用，最重要的是作为氢气和甲烷等气体的储存介质，以及满足各种分离需求的高容量吸附剂[27]。在膜、薄膜器件、催化和生物医学成像中的额外应用越来越重要。从根本上讲，MOFs 集中体现了化学结构的美和有机和无机化学相结合的力量，这两个学科通常被认为是不同的。自 1990 年以来，这一化学领域经历了几乎无与伦比的增长，这不仅体现在发表的研究论文数量之多，而且还体现在研究范围不断扩大。

MOFs 的特征之一是其拓扑多样性和美观的结构，其中许多来源于自然界中的矿物。设计具有特定性能和功能的目标结构代表了材料科学家的永恒愿望。要从自然中对美丽的结构进行逆向工程，第一步是理解潜在的几何原理。O′Keeffe 和 Yaghi 通过将 MOFs 的晶体结构分解成其底层拓扑网络来演示这种方法，从而为随后对其他 MOF 结构的描述和设计奠定了基础。

目前，基于 MOFs 的尖端研究与功能器件的生产密切相关，主要是由于其优异的比表面积和使用现成和廉价的反应物制备的可能性。多年来，针对每种材料及其结构，对合成方法进行了微调。研究人员目前能够成功地开发 MOF 材料，将基础科学扩展到应用领域。通过这种方式，科学家们更加专注于为现实世界的问题制定解决方案，并明确支持清洁能源技术(特别强调气体的净化、储存和运输)。MOF 的研究也扩展到新的领域，如生物医学、磁性、电导率、膜的制造、或光基器件。

6.2.2 MOF 的合成

生产 MOF 的过程从仔细选择 PBU 开始。选定的多溴联苯单元无疑对 MOF 的最终结构和性质起着非常重要的作用。然而，还必须考虑其他几个合成参数(例如压力、溶剂、pH 值、反应时间和温度)和方法。视最终目的而定，可以采用几种不同的合成方法来制备多维 MOFs。目前，我们注意到，低能耗对工业生产更有吸引力。

制备所需材料作为大单晶体的可能性通常是一项困难但重要的任务，这影响了最终选择哪种方法。在许多情况下，根据预期的最终目的，可以对同一材料使用广泛的方法(例如，当科学家不仅打算分离大单晶，而且还打算减少用于应用的晶粒尺寸时)。表 6-1 总结了每种合成方法的主要优缺点。

表 6-1 MOF 合成方式中优点(↑)和缺陷(↓)总结

合成途径	优点/缺陷	文献
缓慢扩散	↑能够制备大的单晶； ↑反应条件温和，通常在环境条件下； ↓反应过程缓慢，反应时间在几天、几周甚至几个月； ↓制备所得材料量少	[31]
水(溶剂)热	↑反应温度范围大(80~250℃)； ↑可以通过调节加热和冷却速率，控制晶体生长； ↑易于转化为工业生产； ↓生产设备成本高； ↓反应能耗高； ↓反应时间需几天	[32]

续表

合成途径	优点/缺陷	文献
电化学	↑用于工业生产 HKUST-1MOF 材料； ↑快速，清洁； ↓应用范围窄，目前只用于制备 HKUST-1MOF 材料	[33]
机械化学	↑无溶剂合成方法； ↑无需压力和温度能耗； ↓难以分离单晶，以用于 X 射线衍射研究； ↓通常获得双相位材料	[34]
微波辅助加热	↑简单且节能； ↑结晶时间短，产率高； ↑能够控制形态、颗粒分布，以及相位选择； ↑反应参数多样化，控制要素多； ↓难以分离大的单晶； ↓还未能完成工业产业转换	[35]
超声	↑高效隔离纯相材料； ↑短时间反应内，粒径和形貌均匀； ↑适用于制备纳米尺寸级别的 MOF； ↓超声波阻碍了大的单晶形成的微晶的 X 射线衍射研究	[36]
一锅法	↑在环境条件下，最简单的制备方式； ↑能够使用常规加热板提高温度； ↑中低能耗； ↑能够有效分离不同粒径 MOF(几纳米~几百微米)； ↓在高温高压条件下，分离出的材料重现性差	[37]

6.2.3 MOF 的研究与应用

在 MOFs 的结构中存在有机和无机 PBU 允许它们在几个不同的领域中的潜在应用，这是由于这两种不同成分的共生组合所产生的性能的改善。

孔隙度：无疑是最理想的特性，以便能够容纳化学实体，例如在储存与能源有关的气体(例如 H_2和 CH_4)、捕获 CO_2、去除有毒气体分子和纳入生物活性物种等方面。在这方面，观察到了关于孔隙/笼尺寸的巨大演变导致几年来衍生出几个高度多孔的 MOF 结构(图 6-5)。

催化活性：将对人类和环境有危险的化学物种转化为更安全或对工业有兴趣的化学物种。

发光：由振动或电子激发的物种发射辐射产生的现象。

磁性：这取决于金属中心和有机连接体的性质和空间关系，以及由配体-金属配位产生的组织水平。

电化学：涉及电子在电极-电解质界面上的储存或转移。MOFs 是锂基电池正极和金属表面缓蚀剂的潜在材料。

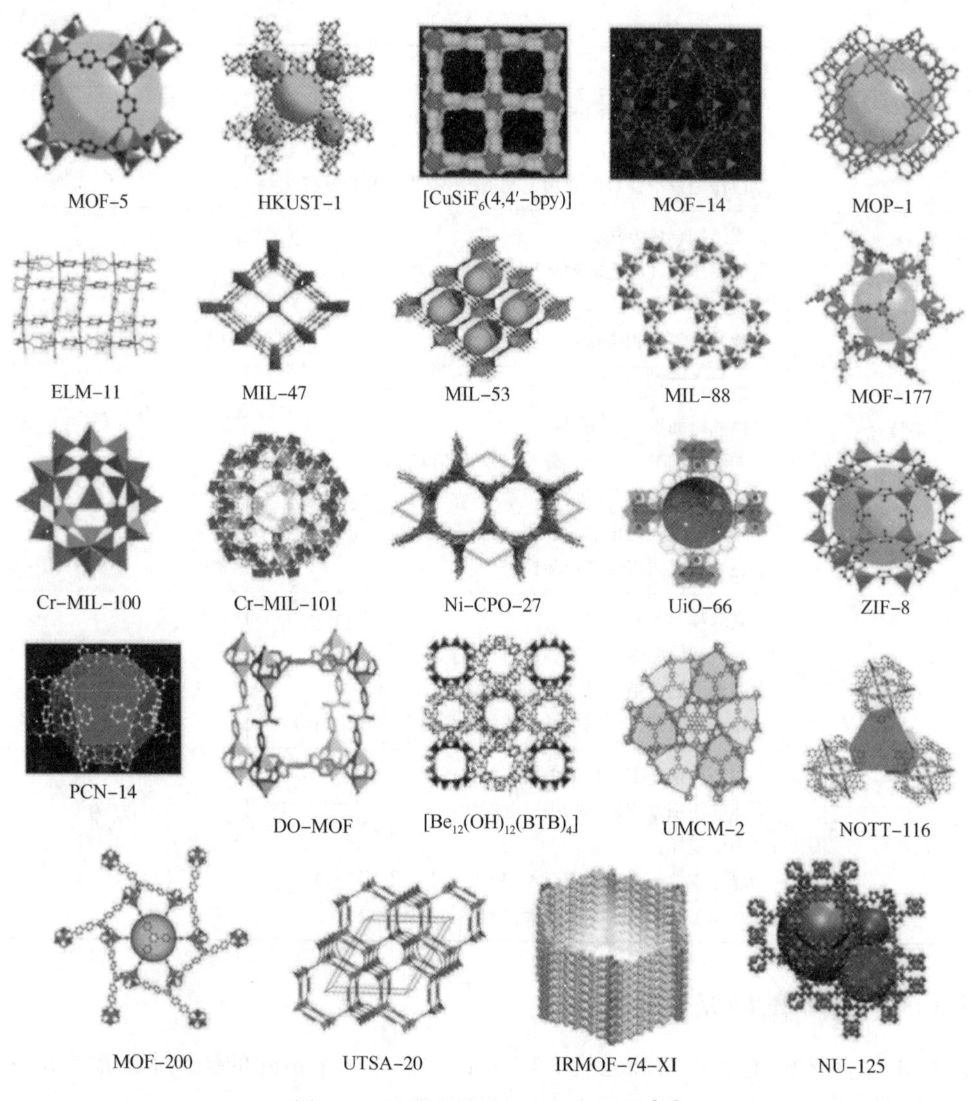

图 6-5　几种已报道的 MOF 结构图[38]

6.2.3.1　氢气和甲烷储存

21 世纪化学家面临的主要挑战之一是能源储存。一方面，氢(H_2)是一种环境友好的能源载体和清洁燃料。另一方面，甲烷(CH_4)作为天然气的组成部分，由于其丰富和燃烧过程相对清洁，似乎也是一种有吸引力的燃料。H_2 和 CH_4 都是常见的化石燃料的优秀和现实的替代品。因此，迫切需要以廉价、安全和方便的方式储存和使用它们作为燃料。

已知的几个 MOFs 家族的储氢能力，例如 IRMOFs，MILs，ZIFs，NOTT，PCNS 和 SNU 已经得到了广泛的研究。小孔径(为了允许 H_2 与 MOF 壁的相互作用)和配位不饱和金属中心的掺入(结合 H_2)是保持 H_2 的两个重要要求。然而，还采取了其他方法来改善 H_2 的吸收：①后合成过程；②孔隙特征的变化；③使用在不同溶剂中制备的已知 MOF 材料的混合晶体；④使用极化有机连接剂。

近年来，复合材料和核壳 MOF 纳米晶被生产出来，以增强储氢能力[39-40]。研究人员采用简便的反应播种方法制备了 Pd@ HKUST-1 复合材料：Pd 纳米立方体晶体作为 MOF 生长的种子位点(图 6-6)。纳米颗粒是通过使用 HKUST-1 和乙醇的前驱体(三甲酸和 Cu^{2+} 阳离子)的溶液涂覆的。氢气压力-合成等温线和固态氘核磁共振(NMR)实验表明，涂覆 HKUST-1MOF 材料的 Pd 纳米颗粒比未涂覆的纳米晶具有两倍的储氢能力。核壳纳米粒子是通过将微孔 UIO-66 掺入介孔 MIL-101 材料(作为种子)中分离出来的，这两种 MOFs 都保持了它们的固有形态。在制备 UiO-66 的混合物(在 DMF 和甲酸中含有 $ZrCl_4$、1，4-苯二甲酸)中加入 MIL-101 的种子颗粒，以产生杂化纳米 MIL-101@ UiO-66 材料。与相纯 MIL-101 和 UiO-66 相比，核壳 MIL-101@ UIO-66 吸收 H_2 的能力分别增加了 26%和 60%。

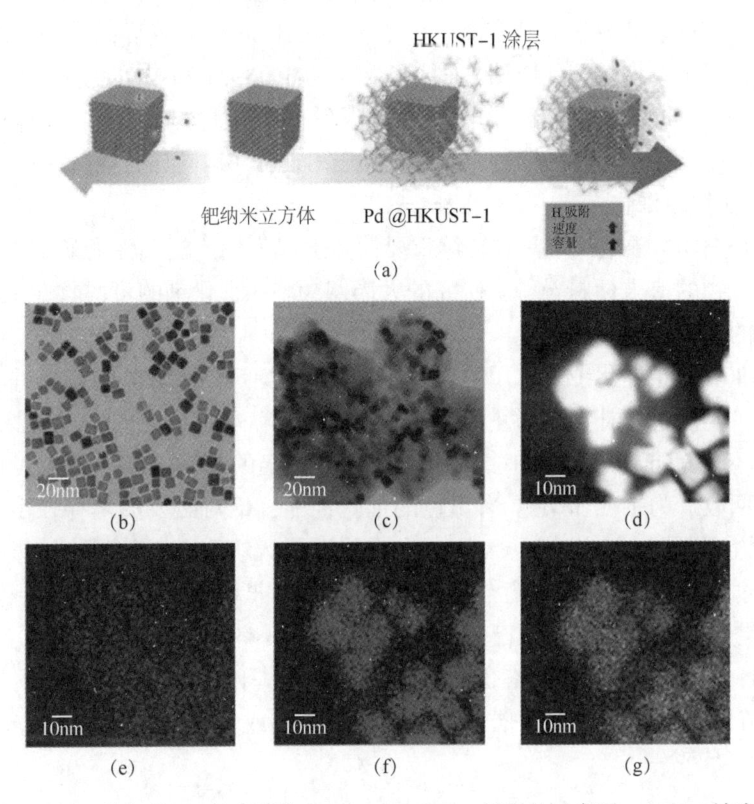

图 6-6 (a)用于储氢的 Pd 纳米颗粒和 Pd@ HKUST-1 材料的示意图，(b)Pd 纳米粒子和(c)Pd@ HKUST-1 的 TEM 图像；(d)HAADFSTEM 图像的 pd@ HKUST-1；(e)Cu、(f)Pd 和(g)Pd@ HKUST-1 的 EDX 映射图[41]

6.2.3.2 CO_2 捕获

二氧化碳是造成温室效应的主要气体。据报道，在过去的半个世纪中，大气中的二氧化碳浓度从约 310μL/L 增加到 380μL/L 以上，即使在接下来的 40 年中二氧化碳排放稳定，到 2050 年也有望达到 550μL/L[41-42]。这些值是工业和化石可燃物燃烧过程中大量释放二氧化碳的结果。因此，已经开发出几种隔离/减少 CO_2 的方法。减少 CO_2 排放包括三个主要的分离程序。基于多孔 MOF 的材料已成为一种新型的功能性 CO_2 吸附剂。这些化合物应具有孔隙度大；热稳定性；源自含氮杂环的有机配体的存在；孔中存在与CO_2相互作用并促进吸附的官能团等某些特定的特性和要求，以用作有效的CO_2吸附剂。除了这些功能，降低 MOF 的生产成本是设想其可能的工业可用性的另一个重要要求。

6.2.3.3 去除有害和有毒化学品

有害和有毒化学物质向环境中的释放是国际关注的焦点，最近引起了全世界科学家的关注。在过去的几年中，已经进行了许多使用多孔材料的研究，而 MOF 化合物作为去除这些化学物质的极好替代品出现了。

研究人员发现了六种 MOF 和 IRMOF(MOF-5，IRMOF-3，MOF-74，MOF-177，MOF-199 和 IRMOF-62)作为八种有害气体的选择性吸附剂的性能[43]。使用每种 MOF 作为吸附剂，对所有气体进行了动力学突破实验。将数据与 Calgon BPL 碳样品(一种常见的活性炭，以几种掺杂形式用于许多保护性应用)进行了比较。MOF-74 和 MOF-199(均具有不饱和配位的金属位点)和 IRMOF-3(具有$-NH_2$基团)在吸附有害气体方面显示出强大的能力。MOF-199 还显示出对所有测试气体和蒸气都等于或大于 Calgon BPL 碳的良好效率。

6.2.3.4 非均相催化

催化无疑是 MOFs 领域一个具有持续重要性和引起人们广泛关注的研究领域。对固体和可回收催化化合物的追求标志着科学研究的大周期，多相催化剂的可回收性是由于经济和环境原因而追求的主要目标之一。

沸石是工业非均相催化中最常用的材料。具有催化活性的 MOF 的制备并非旨在取代沸石材料，相反，是为了填补迄今为止尚未实现的对于这些材料研究的许多重要空白。由于已显示出几种有趣的 MOF，它们在许多有机溶剂中是稳定的固体材料，因此可以轻松地进行催化分析后的回收。为了使 MOF 具有出色的催化性能，绝对必要的是存在由金属或有机分子(或两者)产生的活性催化位点。因此，将官能团插入多孔 MOF 的能力以及明确定义的通道(允许尺寸和形状选择性)的存在使这些材料成为非均相催化的极佳候选者[44]。为了增强 MOF 的催化性能，研究人员已采用了两种主要策略：一种是合成 MOFs 多孔内表面的后合成修饰；还有的是将金属络合物结合到有机配体和孔/通道中的潜力[45]。抑或是使用多孔 MOF 结构作为基质来支持催化的金属纳米颗粒或其他化合物(例如多金属氧酸盐)的封装。

6.3 共价有机骨架(COFs)

自 2005 年被 Yaghi 等报道后，共价有机骨架(Covalent Organic Frameworks，COFs)作为一种新型的多孔有机材料，引起了研究人员的广泛关注[46]。COFs 是一种共价多孔结晶聚合物，它可以通过强共价键将有机精细地集成到具有原子精度的有序结构中[47]。与传统的结晶多孔固体[如金属-有机骨架(MOFs)和无机沸石]相比，COFs 具有精确的定制功能和预先设计的结构，能够实现特定功能的化学和结构控制。此外，COFs 具有可调谐孔径和结构、永久孔隙率、高比表面积和热稳定性、低密度等特点。定制功能与定义明确的结晶多孔结构相结合，为 COF 材料提供了在各种前景广阔的应用中的潜在优势，包括储能和储气、吸附、光电、药物输送、分离、感应和催化。

COF设计的基本重点集中在结构规律性和孔隙率以及功能化COFs。与建筑单元通过配位键自组装构建结晶MOFs相比，通过共价键构建结晶COFs要困难得多。根据构件尺寸，COFs可分为二维(2D)或三维(3D)COFs。在二维COFs中，共价键的框架被限制在二维板上，并将其进一步叠加，形成分层的重叠结构，呈现周期柱。这种柱状堆积结构提供了一种独特的方法来构建有序的产品π系统，这种系统很难通过传统的共价和/或非共价方法来构建。在堆叠方向上的电荷载流子传输可以通过2D COFs中的有序列来促进，这意味着2D COFs具有开发用于光伏和光电应用的新型光功能和π-电子材料的潜力。通过比较，通过含有sp^3硅烷或碳原子的构建块，二维COFs可以将它们的框架扩展到三维[48]。三维COFs表现出低密度(低至0.17g/cm^3)、各种开放位点以及高比表面积(在某些情况下大于4000m^2/g)。这些特性使三维COFs成为储气库的理想选择[49]。

6.3.1 COFs类型

根据其结构性质和建筑单元，COFs可分为三种主要类型，包括含硼COFs、三嗪基COFs和亚胺基COFs[29]。含硼COFs可根据其形成分为两类：一类是通过两个或多个建筑单元的共凝聚形成的COFs，另一类是通过单个建筑单元的自凝聚形成的COFs。含硼COFS通常具有高Brunauer-Emmett-Teller(BET)比表面积、低密度和良好的热稳定性(高达450~600℃)的特点。但是，大多数合成的含硼COF在水中或潮湿空气中不稳定。

基于三嗪的COFs也可以称为共价三嗪基骨架(CTFs)，是由Antonietti和Thomas首创的离子热条件下对芳香族腈进行三聚化所得到的含氮的多孔有机框架[50]。CTF通常具有较低的结晶度，但与含硼的COF相比，具有出色的化学和热稳定性[51]。大量的氮原子可能使CTF作为催化剂载体具有潜在的应用前景。

根据—C═N—键的不同共价形成方式，当前合成的基于亚胺的COF可分为两种类型[52]。一种是肼-联，通过肼和醛的共缩合反应形成[53]，另一类是通过胺和醛的共缩合构建的“Schiff base”类[54]。亚胺基COFs具有与含硼COFs相当的结晶度，但与CTFs相比具有优越的结构规律性[55]。此外，亚胺基COFs对水不敏感，在大多数有机溶剂中稳定。由于骨架内的氮原子，亚胺基COFs可能与一系列金属离子螯合[56]。因此，它们可以潜在地用作金属离子感测材料。除了上述三种主要类型外，还有一些其他类型的COFs，例如酸酐型，吩嗪谱系，苯并咪唑谱系，苯并恶唑谱系，硼嗪谱系，方酸型，烯烃谱系COFs等。图6-7显示了不同类型的COFs的构造。

6.3.2 COFs的设计原则

与MOF的情况类似，可以通过网状化学原理设计要合成的COF材料。在MOF和COF设计过程中，设计的基本问题都应集中在孔隙率和结构规则性上。在这方面，对于MOF设计的系统已经获得了很多经验，这些经验也同样适用于COF合成。但是，通过配位键构建晶体MOF的建筑单元自组装要比通过共价键构建晶体COF的自组装要容易得多。因此，还可以借助无机沸石的设计原理。此外，设计过程还应注意为某些应用程序构建功能性COF的其他设计问题。

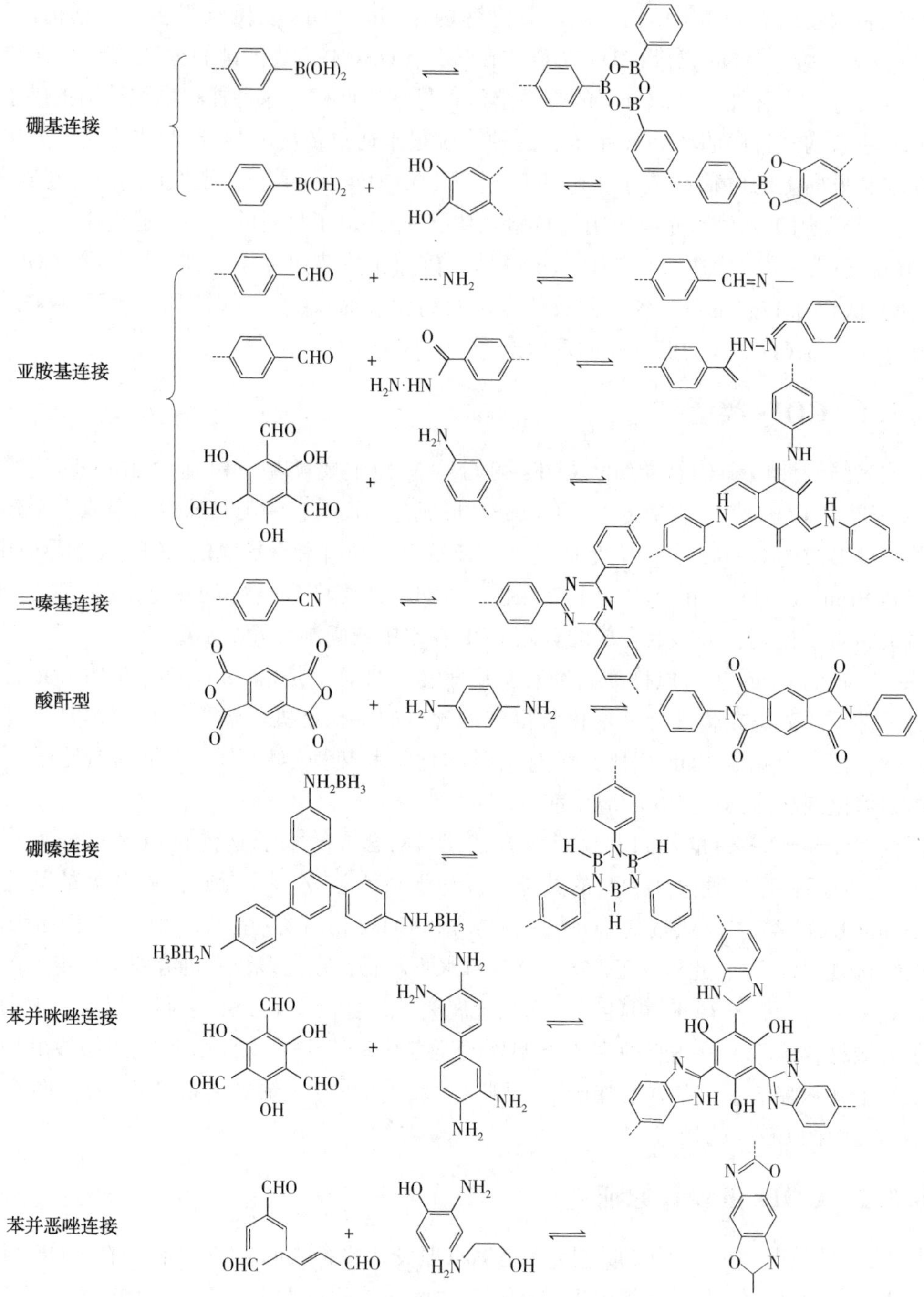

硼基连接

亚胺基连接

三嗪基连接

酸酐型

硼嗪连接

苯并咪唑连接

苯并恶唑连接

图 6-7　参与 COF 形成的多功能链接

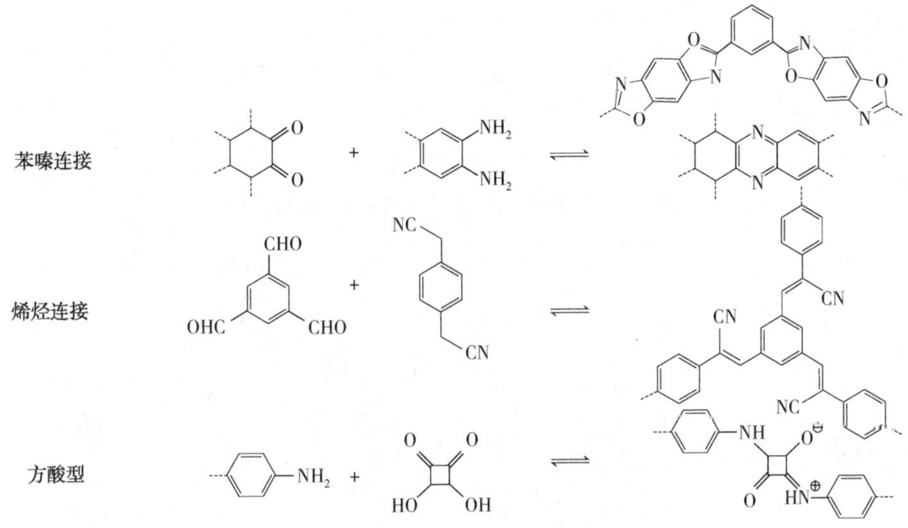

苯嗪连接

烯烃连接

方酸型

图 6-7 参与 COF 形成的多功能链接(续)

6.3.2.1 孔隙度

与其他多孔有机聚合物一样，构建 COF 材料的第一个关注点是孔隙度问题。在这方面，应用于其他共价键结合的多孔固体的设计策略可以适应 COF 的合成。例如，用于合成微孔沸石和中孔(有机)二氧化硅的模板方法采用结构导向剂来组装构件[58]。例如，用于合成微孔沸石和中孔(有机)二氧化硅的模板方法使用结构导向剂来组装构件，从合成材料中提取模板将提供多孔结构。另一种策略是使用刚性建筑单元来创建多孔结构。例如，通过偶联反应从刚性单体成功地合成了一系列共轭多孔聚合物[59]。迄今为止，大多数多孔 COFs 材料的合成都通过设计刚性建筑单元以创建扩展的多孔结构来应用后一种策略。因此，建筑单元的分子长度将决定 COFs 的孔径，而构筑单元的形状将决定多孔结构的拓扑结构。在大多数情况下，形成的连接基团是硼氧烷、三嗪、亚胺，它们都是刚性的，具有平面几何形状。为了有效地构造多孔结构，如大多数 MOFs 结构和无定形多孔有机材料中所发现的那样，具有刚性芳香族部分的建筑单元是优选。

6.3.2.2 结构规律性

显然，孔隙度问题不一定保证 COF 合成中的结晶形成。事实上，正如大多数在多孔有机聚合物中发现的那样，强共价键的形成往往会产生无序的材料。因此，与非晶态有机聚合物不同的是，结构规律性的控制成为设计合成 COFs 的关键问题。

能构造规则孔隙结构的先决条件是合理设计刚性建筑单元并仔细选择合成反应。共价键的可逆形成很可能在合成结晶 COF 中非常重要，就像在沸石合成中一样[60]。但是，即使已经满足了这些先决条件，具有结构规则性的 COF 的合成仍然不能保证结果。科研人员已经证明了这个问题，即当在可逆的环三聚反应中使用刚性但扭曲的丁腈建筑单元时，却获得了无定形的多孔材料[61]。这说明为了共价键的可逆形成，应考虑建筑单元的形状和角度的匹配。

讨论最简单的情况作为示例，其中所应用的建筑单元之一是线性的。当此线性建筑单元与另一个线性建筑单元发生反应时，构造的材料也应该是线性的(图 6-8)。当它与角度为 120°或 90°的材料反应时，六边形(图 6-9)或四边形(图 6-10)将分别假定获得 2D COF 结构。因此，当它与四面体结构的单体反应时，将提供预测的 3D COF 结构(图 6-11)。

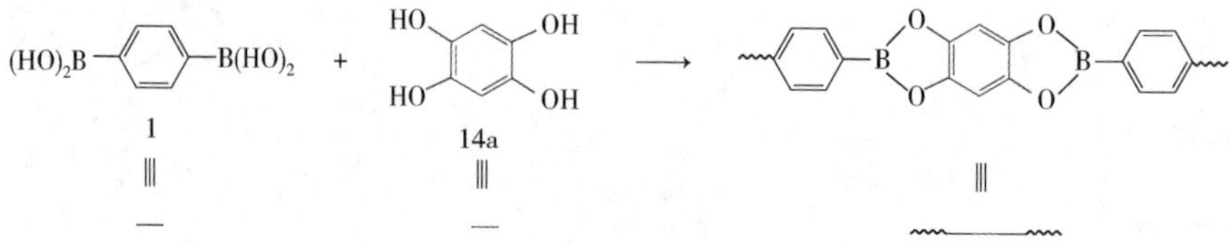

(HO)₂B—⟨⟩—B(HO)₂ + HO, OH, HO, OH ⟶

1 14a

图 6-8 线性建筑单元的线性材料的组装[62]

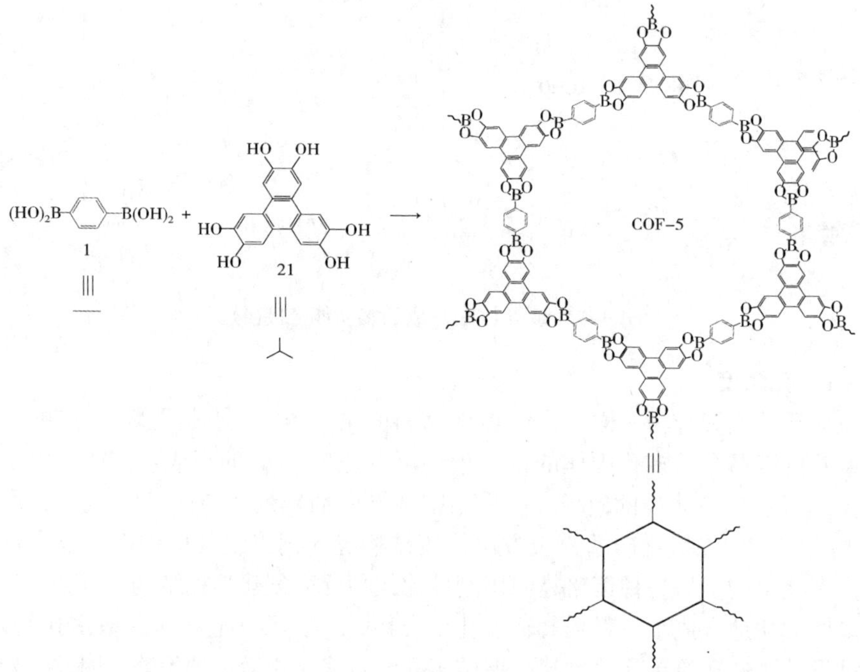

(HO)₂B—⟨⟩—B(OH)₂ + HO OH HO OH HO OH ⟶ COF-5

1 21

图 6-9 从线性和三角形建筑单元中组装二维六角形 COF(以 COF-5 为例)[63]

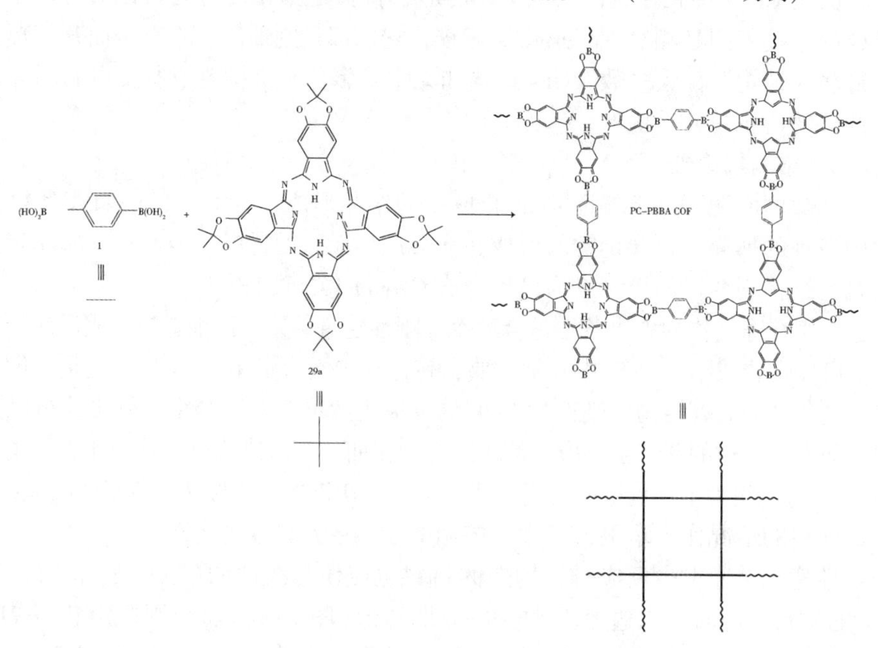

图 6-10 以 Pc-PBBA COF 为例，从线性和四方建筑单元组装二维四方 COF[64]

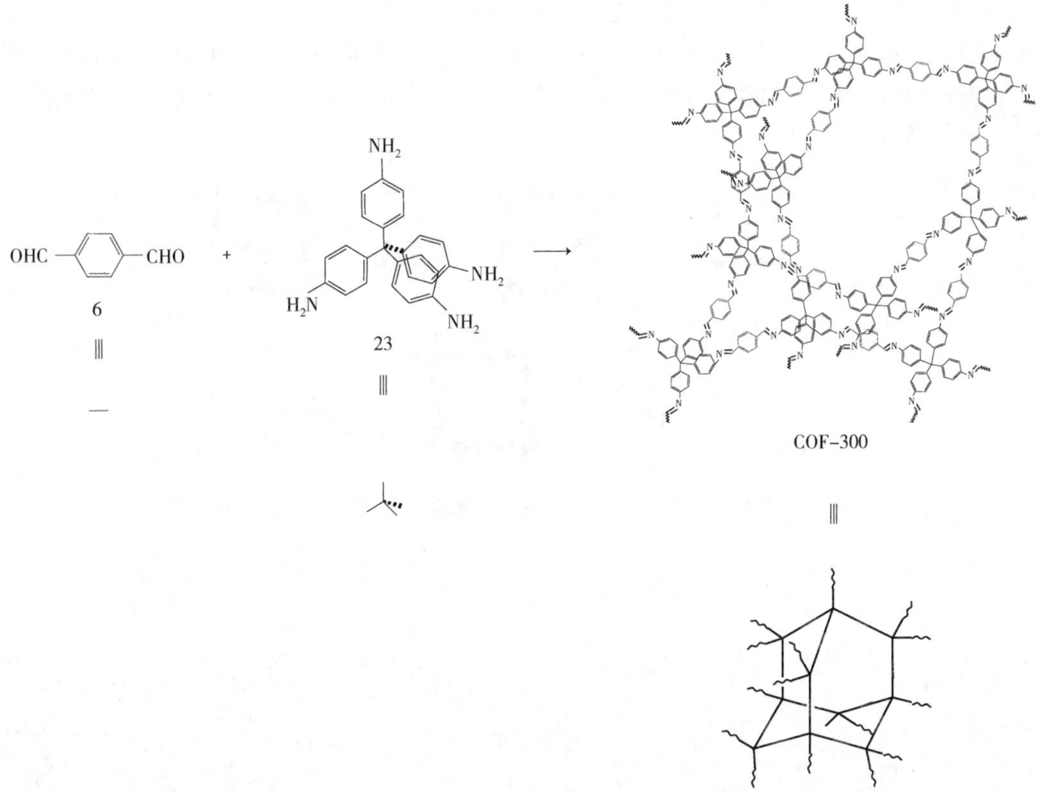

OHC—⟨⟩—CHO + ... → COF-300

6 ... 23

图 6-11 从线性和四面体结构的建筑单元组装三维 COFs(以 COF-300 为例)[65]

由此而论，已经通过相对较弱的相互作用(例如氢键或金属配位键)形成晶体结构的晶体工程设计原理也适用于晶体 COF 材料。

6.3.2.3 功能性

上面提到的基本原理集中在结晶多孔 COF 材料的设计合成的周期性和孔隙率上。然而，为了构造用于某些应用的功能性 COF，应当引起对如何将功能性部分引入 COF 网络的进一步关注。图 6-12 描绘了用于此目的的一般策略，与用于构造其他功能材料的策略相似。

最常用的一种是后合成策略(图 6-12 中的途径 A)，该策略通过随后的修饰(例如配位结合或化学转化)将功能性部分引入给定的 COF 网络中[66]。图 6-13 展示了可以通过 Cu(I)催化的 N_3-COF-5 与各种炔烃的反应获得一系列三唑官能化的 COF。尽管悬垂的功能部分可能不均匀地分布并且结晶的 COF 结构可能受到干扰，但合成后策略为具有可变性质的功能性 COF 的设计合成提供了通用途径，可用于进一步的应用。随后研究人员还通过在室温下用 $Pd(OAc)_2$对 COF-LZU1 进行简单的后处理，合成了 Pd(Ⅱ)配位的 COF-LZU1 材料[67]。所获得的 Pd/COF-LZU1 被证明是 Suzuki-Miyaura 耦合反应的高效的催化剂。

另一种自下而上的方法(图 6-12 中的途径 B)是构造功能 COF 的一种直接但较困难的方法。在这种情况下，功能部分必须在 COF 合成之前直接包含在设计的建筑单元中。明显的优点是可以达到功能部分的均匀分布，并且可以进一步改善合成 COF 的水热或化学稳定性。为此，周期性和孔隙率的设计原理应同时满足功能性要求。因此，这给功能性建筑单元的合成和功能性 COF 的结构规则性维护带来了更多麻烦。尽管如此，自下而上的策略在构建用于气体(氨)存储[68]和光电应用的功能性 COF 方面已经取得了巨大的成功[69]。在这方面，研究人员希望进一步发展实用的自下而上的策略，以实现面向功能性 COF 的多样性合成。为了实现此目标，必须整体考虑建筑单元的刚度、形状和功能，以及合成反应和结晶 COF 构造的最佳条件。

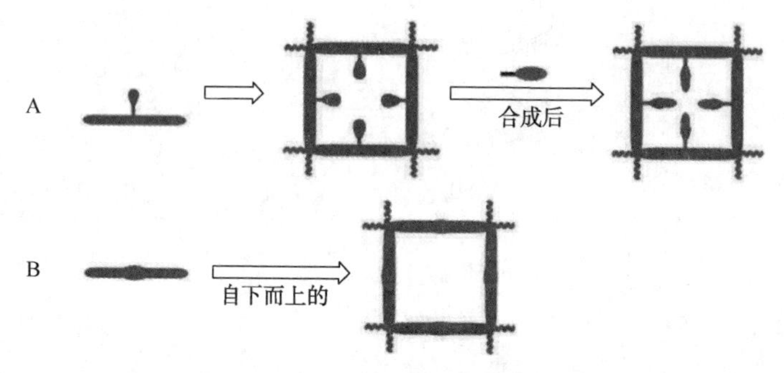

图 6-12 功能 COF 材料设计合成的一般策略，椭圆形代表功能部分[66]

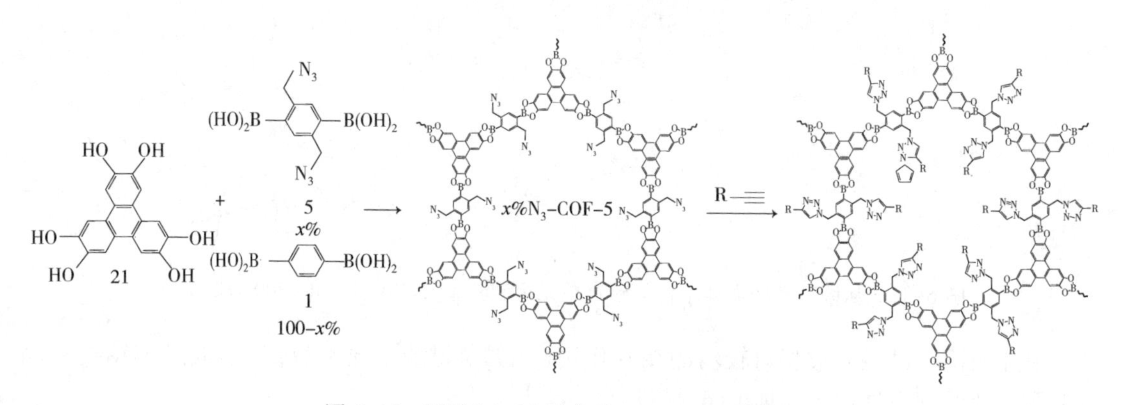

图 6-13 通过“click”反应对 N_3-COF-5 孔表面进行后修饰，构建功能化的 COF[72]，建筑单元 5 在原始混合物中的百分比(x%)可在 5%~100%之间

6.3.3 COFs 合成策略

COF 粉体的合成策略研究已经非常成熟，除此之外，COF 薄膜因为其在传感领域的普遍应用而开始崭露头角。对于 COF 薄膜合成策略的研究也逐渐被人们关注。本小节将分别对 COF 粉体和薄膜的合成策略进行简要的讨论和总结。

6.3.3.1 COFs 粉体合成

自从 Yaghi 团队首次成功地使用溶剂热法合成 COF 粉体以来，多个研究团队试图通过各种策略来扩大合成的可能性。在这里，简要讨论 COF 粉末的合成方法，包括溶剂热、离子热、微波和室温方法。

6.3.3.1.1 溶剂热合成

溶剂热合成法是合成 COFs 最常用的方法。类似于高压釜中无机沸石的合成，使用溶剂热法合成 COF 粉末通常需要 2~9d，需要在密闭容器中加热(80~120℃)。溶剂热合成 COF 粉体可能受某些因素的影响。首先，密闭容器内的温度是一个重要因素，可显著影响反应输出。Yaghi 和他的同事发现，真空管路中的最佳压力为 150 mTorr[63]。此外，缩合反应的溶剂的选择是至关重要的，因为它控制着反应物的溶解度。最后，不同反应参数影响的反应速率也是合成具有结构规律的 COF 粉体的关键因素。

6.3.3.1.2 离子热合成

2008 年，Thomas 团队首次采用离子热法合成了结晶多孔 COFs[61]。在 400 ℃的熔融 $ZnCl_2$中，通过对腈类建筑单元(如 1，4-二氰苯)进行环聚体化得到 CTFs。合成的 CTFs 具有显著的热稳定性和化学稳定性，结晶度高。在该反应中，熔融的 $ZnCl_2$盐不仅作为溶剂，而且作为可逆环三聚反应的催化剂，起着关键作用。

与溶剂热法合成的 COF 粉体相比，CTF 粉体在苛刻的反应条件下进行的可逆环化反应在结晶度控制方面存在缺陷。此外，由于反应温度高，限制了建筑单元的范围，离子热合成的应用到目前为止仍然非常有限。

6.3.3.1.3 微波合成

微波加热加速化学反应法在合成反应中得到了广泛的应用。研究发现微波可以用来合成结晶 MOF 材料。因此，研究人员在 2008 年开发了一种快速的微波辅助合成 COF 材料的方法[71]。在 20min 内通过微波加热合成 COF-5，比溶剂热合成快 210 倍，反应时间为 72h。此外，微波合成 COF-5(2019 m^2/g)的 BET 比表面积略高于密闭容器(1590 m^2/g)中溶剂热合成的 BET 比表面积。微波加热使合成过程比溶剂热法更清洁、更快地实现，为进一步大规模应用提供了新的可能性。

6.3.3.1.4 室温合成

室温合成主要包括两种方法。一种方法是涉及通过机械化学(MC)研磨进行合成。例如，先前报道的用研钵和研棒在室温下进行手动研磨，实现了无溶剂，快速的 COFs 的 MC 合成[表示为 TpPa-1(MC)和 TpPa-2(MC)][72]。另一种方法是在室温条件下，在溶液中进行 COFs 的合成。例如在室温下，使用 1，4-苯二胺和 1，3，5-苯三甲醛(BTCA)之间的直接反应合成了 COFs[73]。

与使用相同单体的常规溶剂热法相比，所获得的 COFs 由于具有较高的结晶度而具有较高的热稳定性和表面积。尽管有许多实例证明了在环境条件下合成 COFs 的可行性，但推广这些合成路线以扩大 COF 的潜在应用仍然是一个挑战。

6.3.3.2 COF 薄膜合成

上述合成方法用于生产 COFs 粉体。然而，COFs 粉末通常是不溶的，这可能限制了它们在某些环境下的应用，例如在设备中的接口掺入。因此，用有序和结晶薄膜制备 COFs 的新策略对于其进一步的实际应用是非常必要的。类似于 MOF 薄膜，COF 薄膜的合成策略包括自下而上策略和自上而下策略。

6.3.3.2.1 自下而上策略

自下而上的方法是一种重要的策略，使 COFs 能够在界面聚合或沉积在具有可控表面和厚度的特定衬底上[74]。在不同界面或不同衬底上制备 COF 薄膜的主要方法有四种：①水热条件下衬底上取向的薄膜；②界面聚合；③连续流动条件下的合成；④室温蒸气辅助转化。

6.3.3.2.1.1 水热条件下衬底上取向的薄膜

最先报道的，研究人员首先在铜(SLG/Cu)，SiC(SLG/SiC)和 SiO_2(SLG/SiO_2)衬底上支撑的单层石墨烯(SLG)上获得了取向 COF 薄膜[77]，这些底衬为 COF 生长提供与表面有利的

π-π 相互作用。在工作中，作者发现支撑基板对薄膜的质量（如厚度和均匀性）产生了很大的影响［图 6-14(a)］。与 SLG/Cu 相比，在相同的反应时间下，在 SLG/SiO_2上合成的 COF 薄膜更薄。

后来，研究人员在掺杂铟的氧化锡（ITO）的玻璃基板上获得薄取向的苯并二噻吩 COF（BDT-COF）薄膜[75]，薄膜厚度在 150 nm 左右。此外，作者还在其他多晶无机衬底，包括 NiO/ITO 涂层的 Au 和高质量的玻璃衬底上制备出了 BDT-COF 薄膜。研究人员发现，与先前的想法相反，π-π 相互作用不是取向膜生长的必要原因。

除了上述两个例子外，其他一些衬底也被广泛应用于定向 COF 薄膜生长，包括金属（Ag 和 Au）衬底、硅衬底、高有序热解石墨（HOPG）衬底、氟掺杂氧化锡（FTO）衬底、三维石墨烯衬底和玻璃衬底。

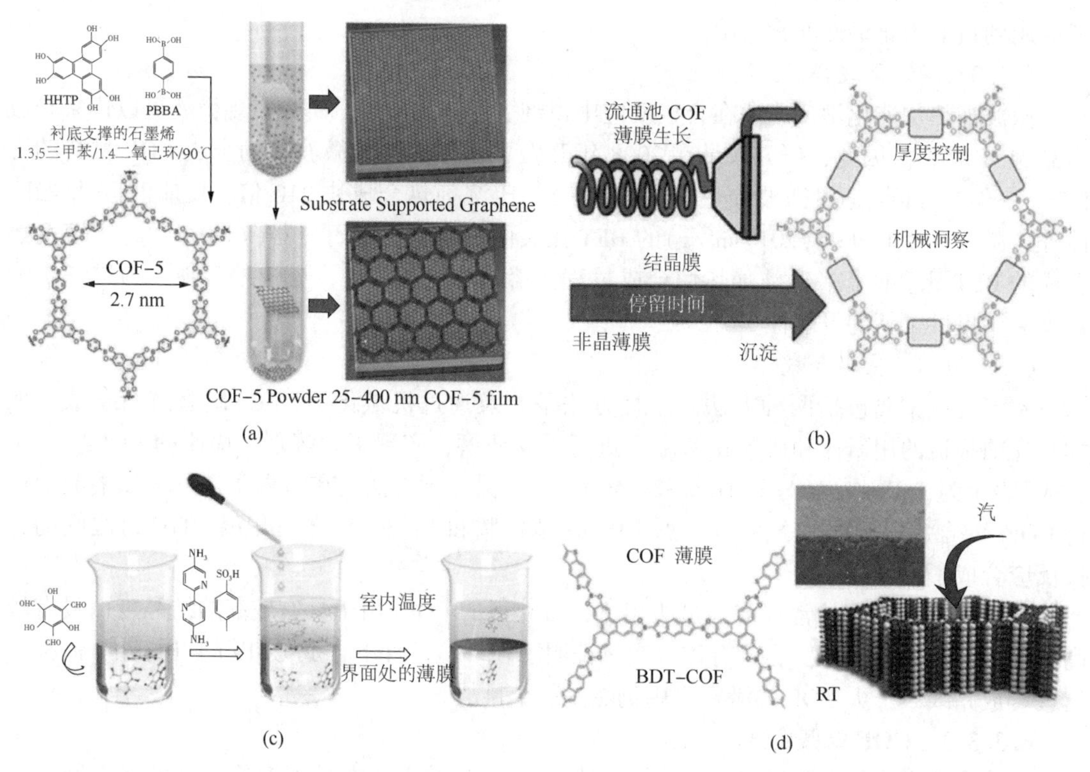

图 6-14 (a)在 SLG 衬底上生长 COF-5 薄膜合成示意图[77]；
(b)连续流动条件下合成 COF-5 薄膜的示意图[79]；
(c)TP-BPY COF 薄膜界面合成示意图[80]，(d)室温蒸汽

6.3.3.2.1.2 界面合成

界面合成是一种广泛应用于制备石墨烯纳米片和聚酰胺纳米薄膜等聚合物薄膜的方法[80]。在这种策略中，界面是单体相互反应的地方。因此，研究人员提出，COF 的生长被限制在一个狭窄的界面区域，导致薄膜的形成。COF 薄膜的合成涉及三个界面：液体/液体界面固体/蒸气界面和液体/空气界面。

以液/液界面合成为例，如图 6-14(c)所示，Dey 等成功地获得了一系列大型薄膜[80]。在这项工作中，向水中添加了 2,2'-联吡啶-5,5'-二胺（Bpy）-*p*-对甲苯磺酸（PTSA）盐，

并加入三苯芘(TP)溶于水层下的二氯甲烷中。在室温下，反应时间为72h，可以得到具有高度结晶性的自立式TP-Bpy薄膜。

6.3.3.2.1.3 在连续流动条件下的合成

在2016年，Dichtel团队在连续流动条件下获得了致密而光滑的COF薄膜，这与传统的静态生长过程不同[图6-14(b)][77]。在本工作中，由于以前的研究工作对聚合过程的控制不佳，Dichtel等此次采用了流动电池合成了2D COF薄膜。此外，研究人员还评价了成膜与反应条件(流量、反应混合物组成、停留时间和反应温度)的关系。

6.3.3.2.1.4 室温蒸汽辅助转换法

在2015年，研究人员提出了一种基于温和的室温蒸汽辅助转化的合成方法，该方法受脆弱和不稳定的建筑构件对苛刻条件的敏感性的启发[图6-14(d)]。[79]在室温下放置72 h后，可以得到厚度为7.5 μm的COF层。而且，研究人员证明可以通过调节液滴浓度和体积来实现厚度控制。例如，当液滴的体积减少到先前浓度的2/5且其他条件保持不变时，可以实现厚度为2 μm的COF薄膜。在此基础上，通过将液滴体积的浓度改变为先前体积的1/3，可以获得厚度为300 nm的均匀的BDT-COF膜。这类出色的方法可以在敏感基板上和易碎的前体上合成COF薄膜，这将在未来得到更广泛的应用。

6.3.3.2.2 自上而下的策略

与上述自下而上的策略相反，自上向下的方法是简单地从块体材料中制备独立的单层/几层COF薄膜，而不是在指定的界面或衬底上生长薄膜[81]。在本部分中，将简要讨论自顶向下的策略，包括机械分层、自剥落、化学剥落和溶剂辅助剥落。

6.3.3.2.2.1 溶剂辅助剥离法

作为最常用的剥落方法，近年来已有许多关于COF薄膜溶剂辅助剥落的报道。选择一个有代表性的例子来证明这种简单但有效的方法。Berlanga团队首次通过溶剂辅助法合成了10~25层分层共价有机骨架纳米片(CONS)[图6-15(a)][82]。研究人员在合适的溶剂的帮助下，通过超声处理削弱了COF层之间的π-π相互作用。溶剂在层状COFs的剥落中起着关键作用，不仅稳定了形成的纳米片，而且剥落了层状COFs。

6.3.3.2.2.2 机械分层

根据先前的研究工作，研究人员报道了获得COF薄膜的机械分层方法[图6-15(b)][83]。通过室温机械化学方法合成TpPa-1和TpPa-2粉末时，发现剥落的COF层也存在[84]。随后，研究人员证明了机械磨削可以打破COF层之间强烈的π-π相互作用，从而导致COF剥落。在这一知识的启发下，研究人员在相同的条件下进一步合成了一系列TpBD和TpPa COF薄膜。所得COF薄膜的厚度为3~10nm，对应于大约10~30 COF层。此外，与它们的母体COFs相似，这些制备的COF薄膜在碱性和酸性溶液中都保持稳定[85]

6.3.3.2.2.3 化学剥离法

由于剥离COF薄膜的厚度控制困难和分散稳定性差，科研人员提出了一种制备COF薄膜的化学剥落方法[86]。在此方法中，在COF骨架中引入*N*-己基马来酰亚胺导致COF层之间的π-π相互作用较弱，成功地合成了剥离的DaTp COF纳米片，所得COF薄膜的厚度为5~6nm。此外，还进行了三个不同悬浮液的平行实验，以证明COF薄膜厚度的可控性。可以发现，一方面，较低的浓度导致薄膜变薄，另一方面，较高的浓度导致薄膜变厚。

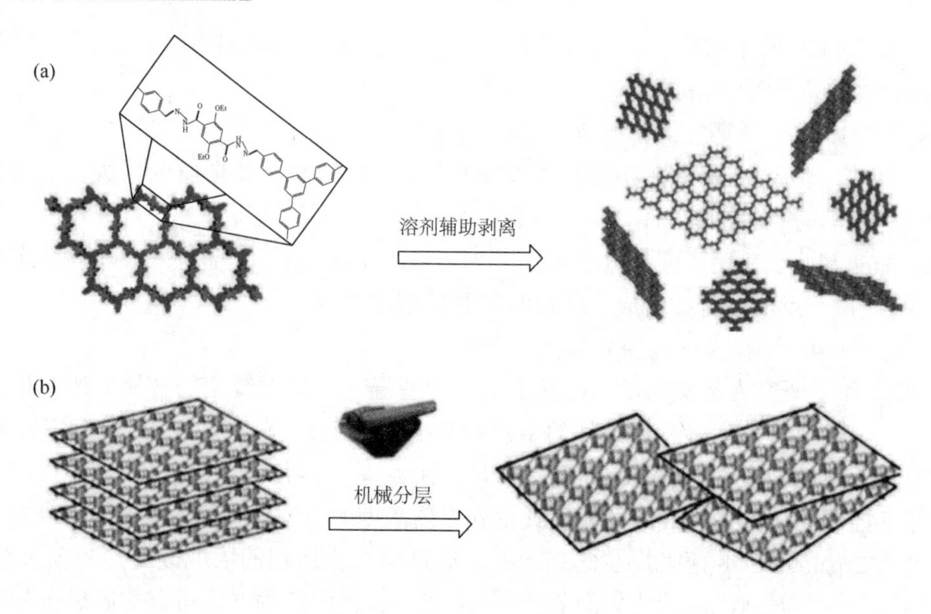

图 6-15 (a)溶剂辅助剥落 COF-43 的方案[82]，(b)TpPa COF 机械分层的示意图[83]

6.3.3.2.2.4 自我剥离

与上述基于外力或者环境作用剥离的方法相比，用于合成 COF 薄膜的自剥落方法更可能依赖于设计良好的构件来通过内力引起剥离。例如，有研究报告提出引入三茂烯单位可以减少已准备好的 COF 层之间的 π-π 相互作用[87]。最近，也有研究人员提出将胍类单位纳入 COF 主干，以制备自去角质的离子 COF 薄膜。利用该方法可以得到 2~5 nm 厚度的 COF 薄膜[88]。

6.3.4 COFs 应用

根据前述的设计原则，可以获得具有定制功能的功能 COF 材料的多样性。这些 COF 材料具有可调谐的化学和物理性质，是进一步应用的新候选材料，如在气体储存、光电和催化方面。本节总结了功能性 COF 材料的应用进展。

6.3.4.1 气体储存

6.3.4.1.1 氢气储存

减少空气污染的需求和对能源日益增长的需求导致人们寻求新的清洁能源。由于其清洁的燃烧和高的化学能密度，氢一直被视为传统化石燃料的理想替代品，尤其是在汽车应用中。对于商业上将氢用作动力源而言，有效和安全地储存氢是其推广应用的主要瓶颈之一。因此，大量研究集中在多孔材料的储氢上。研究人员也尝试了将 COF 材料应用于储氢的可能性。

通常，当在相同条件下测量时，具有较大表面积的 COF 具有较高的氢吸收能力。例如，BET 表面积为 1263 m^2/g 的 COF-18A 在具有不同烷基链长度的类似 2D COF 中显示出最高的氢吸收[在 1 bar(1 bar=10^5Pa)，77 K 下为 1.55%(质)][89]。相反，表面积为 105 m^2/g 的 COF-11A 在 1 bar 和 77 K 下显示出 1.22%(质)的氢吸收。在这种情况下，由于表面积更大，3D COF 可能具有更好的储氢潜力和较低的密度。实际上，许多研究都集中在预测和测量 3D

COF 的氢吸收量上[48]。例如，3D COF-102 材料在饱和时(35 bar，77 K)显示出 7.24%(质)的最高氢吸收，略高于无定形 PAF-1[7.0 %(质)][90]。值得注意的是，无定形 PAF-1 在所有多孔有机聚合物中具有最高的 BET 表面积(5600 m^2/g)[34]，而结晶 3D COF-102 的 BET 表面积为 3620 m^2/g。[91]。科研人员提出，通过将起伏不定的大环环三亚甲基苯并入 2D COF 中，可以提高储氢能力。所获得的 CTC-COF 在低压(1.05 bar)下显示出比具有相似结构的二维 COF 更高的氢吸收[1.12%(质)]。在这种条件下，CTC-COF 的氢吸收值甚至接近 3D COF 材料的氢吸收值[92]。

美国能源部(DOE)设定的目标是，在-40~60℃的工作温度下，最大压力为 100 atm(1atm=101325Pa)的情况下，到 2017 年氢存储量为 5.5%(质)。但是，已经开发的多孔材料的大部分氢吸收量的测量温度为77K，远离实际应用所需的理想温度范围。然而，对 COF 系统的理论研究表明，在 273~298 K 的温度范围内，氢气的存储实际上是可行的[93]，特别是对于金属掺杂的 COF。例如，从理论上已经预测到，掺杂锂的 COF 应具有改善的储氢能力，这归因于拟议的 H_2和 Li 原子之间键的形成[48]。计算得出，COF-105 和 COF-108 掺杂 Li 的氢吸收量[在 298 K 和 100 bar 下分别为 6.84%(质)和 6.73%(质)]，优于 MOF 材料和未掺杂的 COF。尽管实验和理论结果为将 COF 用作理想的储氢方法提供了启示，但实现这一目标的 COF 材料的实际应用仍遥遥无期。

6.3.4.1.2 甲烷储存

甲烷是天然气的主要成分，与传统的化石燃料相比，甲烷既丰富又便宜。目前美国 DOE 的甲烷存储目标是在 35 bar 和 298 K 下达到 180(体积比)。为了以实用的方式将甲烷放入驾驶汽车中，需要开发有效且安全的存储系统[94]。因此，许多 COF 材料的甲烷储存能力被广泛研究。与氢存储的情况类似，3D COF 中的甲烷存储容量高于 2D COF 中的甲烷存储容量。例如，3D COF-102(187mg/g)和 COF-103(175 mg/g)在 35 bar 和 298 K 时甲烷的质量吸收高于 2D COF-5(89 mg/g)，但略低于 3D MOF PCN-14(在 290 K 下为 253 mg/g)[95]。尽管这些 COF 材料中的甲烷存储能力或多或少达到了 DOE 目标，但在合成 COF 材料方面降低成本和工作量，以方便实际应用，仍然具有极大的挑战。

6.3.4.1.3 二氧化碳储存

如今，化石燃料燃烧所排放的二氧化碳是导致全球变暖的主要因素。因此，如何有效地捕获和储存二氧化碳是研究的紧迫问题。人们已经广泛地使用各种多孔材料(例如，多孔碳、二氧化硅和 MOF)对 CO_2的存储进行了研究。还尝试使用 COF 材料作为存储介质。典型的是在 55 bar 和 298 K 时 COF-102 对于 CO_2的最大值为 1200 mg/g。正如在其他多孔材料(如 ZIFs)中所证明的那样[96]，将功能性部分结合到 COF 中可能成为增强其 CO_2储存能力的首选。

6.3.4.1.4 氨储存

氨广泛用于工业应用中，例如氮肥生产中。对于商业运输和应用，经常需要压缩的液氨。但是，液氨由于其毒性和腐蚀性而难以处理。因此，氨在吸附剂中的有效和可扩展的储存是解决该问题的实用方法。

近来，Yaghi 团队报道了含硼的 COF-10 具有极高的氨吸收率[65]。COF-10 在 298K 和 1bar 的总氨吸收能力为 15mol/kg，在所报道的多孔材料中最高，例如 Amberlyst 15(11mol/kg)，13X 沸石(9mol/kg)和 MCM-41(7.9mol/kg)。此外，能够以可逆的方式释放和吸收

COF-10 的氨吸收，而总吸收容量却略有降低(4.5%)。研究人员发现 COF-10 的分层形态在吸附循环中被破坏，但原子的连接性和周期性得到了很好的维持。COF-10 中氨的异常高吸收可以通过形成经典的氨-硼烷配位键来解释(图 6-16)。这项研究是一个在功能应用中应用 COF 材料的很好例。

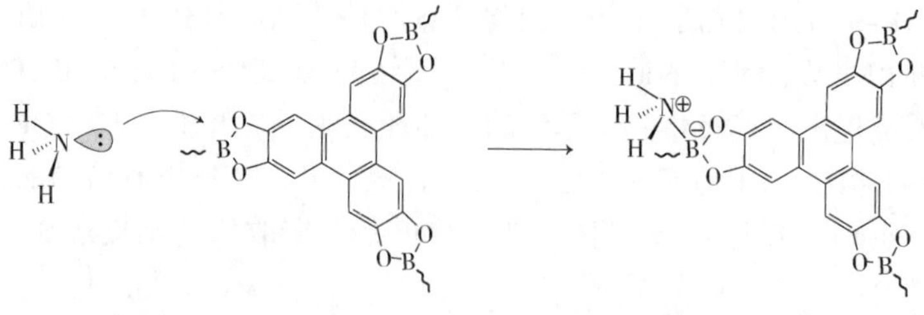

图 6-16　氨在 COF-10 上吸附后的氨-硼相互作用[68]

6.3.4.2　光电应用

通过将某些光电部分嵌入明确定义的框架中，功能性 COF 材料可以拥有独特的光学和电学特性。江东林团队通过合成官能化的 COF 来进行进一步的光电应用，从而开创了该研究的先河。PPy-COF 是通过 2-2，7-二硼酸(PDBA，21)的自缩合获得的[67]，而 TP-COF 是通过 2，3，6，7，10，11-六羟基联苯(HHTP，3)和 PDBA 21 的共缩合获得的(图 6-17)[97]。PPy-COF 和 TP-COF 都具有 BET 表面积分别为 $868m^2/g$ 和 $932\ m^2/g$ 的 2D 偏光结构。值得注意的是，TP-COF 具有很高的发光强度，能够将光子从紫外光收集到可见光区域。此外，由于三亚苯基和芘单元的偏光排列，TP-COF 表现出 p 型半导体特性。类似地，在框架中聚芘的偏光排列下，PPy-COF 显示出与 PDBA 固体相当的荧光位移。PPy-COF 具有导电性，显示出对电辐射具有快速响应的光电导性。

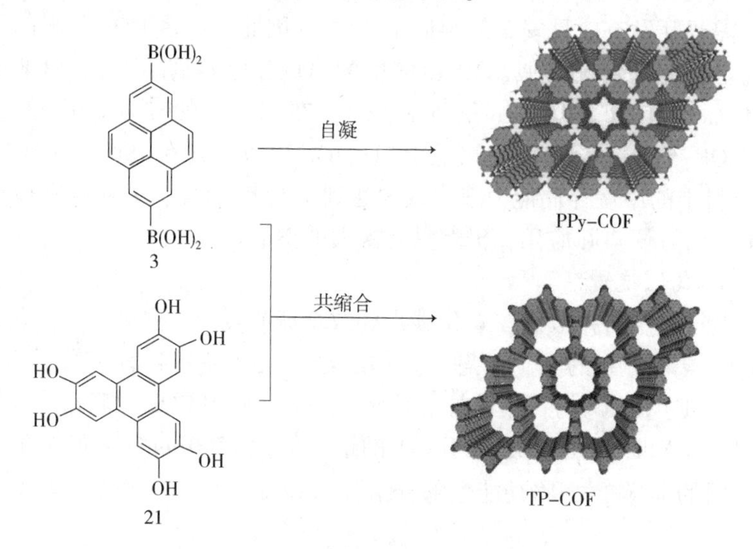

图 6-17　PPy-COF 和 TP-COF 的建筑单元和扩展结构[69,97]

随后，研究人员实现了 COF 材料在高效催化中的首次应用(图 6-18)[69]。通过使用席夫碱金属络合物作为均相催化剂，研究人员对由亚胺连接的 COF 材料(COF-LZU1)进行了合成。简单构建单元 18 和 9。COF-LZU1 的 2D 黯淡分层结构使相邻层中的氮原子距离为 3.7Å，适用于金属离子的强配位。因此，在室温下通过简单的 $Pd(OAc)_2$ 处理合成了 Pd(Ⅱ)配位的 COF-LZU1。通过 PXRD、固态 NMR 和 XPS 分析进一步验证了结构保鲜性和牢固的 Pd(Ⅱ)掺入所获得的 Pd/COF-LZU1 中。

测试 Pd/COF-LZU1 催化 Suzuki-Miyaura 偶联反应的催化活性能够发现，反应物的广泛范围，反应产物的优异收率(96%~98%)以及催化剂的高稳定性和易回收性，说明了其优异的催化性能。值得注意的是，与含 Pd(Ⅱ)的 MOF 相比[98]，Pd/COF-LZU1 需要较少的催化剂负载，较短的反应时间并显示较高的反应产率。Pd/COF-LZU1 催化剂的优异活性应归因于其独特的结构。黯淡的分层结构和相邻层中氮原子之间的距离提供了 COF-LZU1 作为结合催化位点的坚固支架。直径为 1.8 nm 的常规通道可确保有效访问这些活性部位，并能快速散装大体积产品。

尽管这是利用 COF 材料进行催化的最先示例，但所使用的设计策略可能会发现在催化各种反应甚至在苛刻的反应条件下合成功能性 COF 材料的其他应用，在这一领域的进一步发展具有启示性。

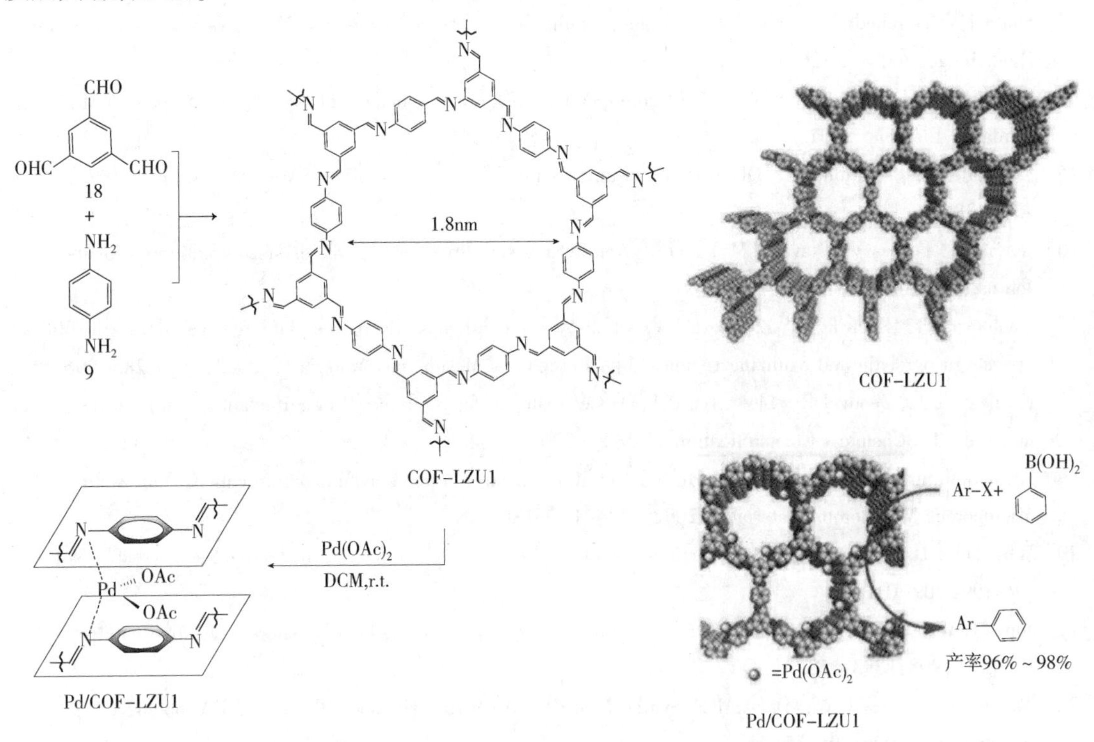

图 6-18 COF-LZU1 和 Pd/COF-LZU1 的化学结构和扩展结构[67]

参 考 文 献

[1] Barrer R M. Hydrothermal chemistry of zeolites[M]. London：Academic Press，1982.

[2] 中国科学院大连化学物理研究所分子筛组．沸石分子筛[M]．北京：科学出版社，1978.

[3] 徐如人，庞文琴，霍启升，等．分子筛与多孔材料化学 [M]. 2 版．北京：科学出版社，2014.

[4] Rees L V C. Proceedings of the Fifth International Conference on Zeolites[M]. London：Heyden &. Son，1980：760-780.

[5] Wilson S T，Lok B M，Flanigen E M. Crystalline metallophosphate compositions：US，4310440[P] 1982-01-12.

[6] Bennett J M, Cohen J M, Artioli G, Pluth J J, Smith J V. Crystal structure of $AlPO_4$-21, a framework aluminophosphate containing tetrahedral phosphorus and both tetrahedral and trigonal-bipyramidal aluminum in 3-, 4-, 5-, and 8-rings[J]. Inorganic Chemistry, 1985, 24 (2): 188-193.

[7] Wilson S T, Lok B M, Messian C A, et al. Aluminophosphate molecular sieves: a new class of microporous crystalline inorganic solids[J]. Journal of the American Chemical Society, 1982, 104: 1146-1147.

[8] Meier W M. Monograph on"Molecular Sieves"[M]. London: Society of Chemical Industry, 1968: 10-27.

[9] Meier W M, Olson D H. Atlas of zeolites and related materials[M]. London: Buerworths, 1987: 5.

[10] Smith Joseph V. ChemInform Abstract: Topochemistry of Zeolites and Related Materials. Part 1. Topology and Geometry[J]. Chemical Reviews, 1988, 19(27): 149-182.

[11] Meier W M, Baerlocher C. Zeolite Type Frameworks: Connectivities, Configurations and Conformations [J]. Springer Berlin Heidelberg, 1999, 2: 141-161.

[12] Baerlocher Ch, McCusker L B. Database of zeolite structure. http://www. iza-structure. org/data-bases.

[13] Smith J V. Tetrahedral frameworks of zeolites, clathrates and related materials[M]. Germany: Springer Berlin Heidelberg, 2000: 1-266.

[14] Koningsveld H. Compendium of zeolite framework types. Building schemes and type characteristics [M]. Amsterdam: Elsever, 2007.

[15] Kokotailo G T, Lawton S L, Olson D H, et al. Structure of synthetic zeolite ZSM-5[J]. Nature, 1978, 272: 437-438.

[16] Corma A, Fornes V, Navarro M T, et al. Acidity and stability of MCM-41 crystalline aluminosilicates [J]. Journal of Catalysis, 1994, 148: 569.

[17] Pachtova´ O, Kocirik M, Zikanova´ A, et al. A comparative study of template removal from silicalite-1 crystals in pyrolytic and oxidizing regimes[J]. Microporous Mesoporous Materials, 2002, 55: 285-296.

[18] Keene M T J, Denoyel R, Llewellyn P L. Ozone treatment for the removal of surfactant to form MCM-41 type materials[J]. Chemical Communications, 1998: 2203-2204.

[19] Kresnawahjuesa O, Olson D H, Gorte R J, et al. Removal of tetramethylammonium cations from zeolites [J]. Microporous Mesoporous Materials, 2002, 51: 175-188.

[20] Whitehurst D D. Method to recover organic templates from freshly synthesized molecular sieves: US, 5143879 [P]1992-09-01.

[21] Jones C W, Tsuji K, Davis M E. Organic-functionalized molecular sieves as shape-selective catalysts [J]. Nature, 1998, 393: 52.

[22] Takawaki T, Beck L W, Davis M E. Synthesis of CIT-6, a zincosilicate with the *BEA topology[J]. Topics in Catalysis, 1999, 9: 35-42.

[23] Jones C W, Tsuji K, Takewaki T, et al. Tailoring molecular sieve properties during SDA removal via solvent extraction[J]. Microporous Mesoporous Materials, 2001, 48: 57-64.

[24] 王岩. 分子筛在国内石油化工行业的应用[D]. 大庆：东北石油大学, 2017.

[25] 沈晓洁. 沸石分子筛的发展及在石油化工中的应用[J]. 辽宁化工, 1997(3): 139-140.

[26] 李昆, 程宏飞. 沸石分子筛的合成及应用研究进展[J]. 中国非金属矿工业导刊, 2019(03): 1-6.

[27] Zhou H C, Long J R, Yaghi O M. Introduction to metal-organic frameworks[J]. Chemical Reviews, 2012, 112: 673-674.

[28] Rosi N L, Eckert J, Eddaoudi M, et al. Hydrogen storage in microporous metal-organic frameworks [J]. Science, 2003, 300: 1127-1129.

[29] Li J R, Kuppler R J, Zhou H C. Selective gas adsorption and separation in metal-organic frameworks [J]. Chemical Society Reviews, 2009, 38: 1477-1504.

[30] Sumida K, Rogow D L, Mason J A, et al. Carbon dioxide capture in metal-organic frameworks[J]. Chemical Reviews, 2012, 112: 724-781.

[31] Chen X Y, Zhao B, Shi W, Xia J, et al. Microporous metal-organic frameworks built on a Ln_3 cluster as a six-connecting node[J]. Chemistry of Materials, 2005, 17: 2866-2874.

[32] Shen L J, Wu W M, Liang R W, et al. Highly dispersed palladium nanoparticles anchored on UiO-66(NH_2) metal-organic framework as a reusable and dual functional visible-light-driven photocatalyst[J]. Nanoscale, 2013, 5: 9374-9382.

[33] Mueller U, Schubert M, Teich F, et al. Metal-organic frameworks—prospective industrial applications [J]. Journal of Materials Chemistry, 2006, 16: 626-636.

[34] MacGillivray L R. Metal-organic frameworks: design and application[M]. John Wiley & Sons, 2010.

[35] Coronado E, Minguez Espallargas G. Dynamic magnetic MOFs[J]. Chemical Society Reviews, 2013, 42: 1525-1539.

[36] Morsali A, Monfared H H, Janiak C. Ultrasonic irradiation assisted syntheses of one-dimensional di(azido) -dipyridylamineCu (II) coordination polymer nanoparticles[J]. Ultrason. Sonochem, 2015, 23: 208-211.

[37] Sudik A, Cote A P, Wong-Foy A G, et al. A Metal-organic framework with a hierarchical system of pores and tetrahedral building blocks[J]. Angewandte Chemie International Edition, 2006, 45: 2528-2533.

[38] Silva P, Vilela S M, Tome J P, et al. Multifunctional metal-organic frameworks: from academia to industrial applications[J]. Chemical Society Reviews, 2015, 44 (19): 6774-6803.

[39] Kim J, Yeo S, Jeon J D, Kwak S Y. Enhancement of hydrogen storage capacity and hydrostability of metal-organic frameworks (MOFs) with surface-loaded platinum nanoparticles and carbon black[J]. Microporous and Mesoporous Materials, 2015, 202: 8-15.

[40] Li G Q, Kobayashi H, Taylor J M, I et al. Hydrogen storage in Pd nanocrystals covered with a metal-organic framework[J]. Nature Materials, 2014, 13: 802-806.

[41] Liu J, Thallapally P K, McGrail B P, et al. Progress in adsorption-based CO_2 capture by metal-organic frameworks[J]. Chemical Society Reviews, 2012, 41: 2308-2322.

[42] Wang Q, Luo J Z, Zhong Z Y, et al. A. CO_2 capture by solid adsorbents and their applications: current status and new trends[J]. Energy & Environmental Science, 2011, 4: 42-55.

[43] Britt D, Tranchemontagne D, Yaghi O M. Metal-organic frameworks with high capacity and selectivity for harmful gases[J]. Proceedings of the National Academy of Sciences of the United States of America, 2008, 105: 11623-11627.

[44] Fang Q R, Yuan D Q, Sculley J, et al. Functional mesoporous metal-organic frameworks for the capture of heavy metal ions and size-selective catalysis[J]. Inorganic Chemistry, 2010, 49: 11637-11642.

[45] Tanabe K K, Cohen S M. Engineering a metal-organic framework catalyst by using postsynthetic modification [J]. Angewandte Chemie International Edition, 2009, 48: 7424-7427.

[46] Wang H, Zeng Z, Xu P, Li L, et al. Recent progress in covalent organic framework thin films: fabrications, applications and perspectives[J]. Chemical Society Reviews, 2019, 48: 488-516.

[47] Kandambeth S, Dey K, Banerjee R. Covalent organic frameworks: chemistry beyond the structure[J]. Journal of the American Chemical Society, 2019, 141: 1807-1822.

[48] Cao D, Lan J, Wang W, Smit B. Lithium-doped 3D covalent organic frameworks: high-capacity hydrogen storage materials[J]. Angewandte Chemie International Edition, 2009, 48: 4730-4733.

[49] Fang Q, Wang J, Gu S, K et al. 3D porous crystalline polyimide covalent organic frameworks for drug delivery[J]. Journal of the American Chemical Society, 2015, 137: 8352-8355.

[50] Li Y, Zheng S, Liu X, et al. Conductive microporous covalent triazine-based framework for high-performance

electrochemical capacitive energy storage [J]. Angewandte Chemie International Edition, 2018, 57: 7992-7996.

[51] Dey S, Bhunia A, Esquivel D, et al. Covalent triazine-based frameworks (CTFs) from triptycene and fluorene motifs for CO_2 adsorption[J]. Journal of Materials Chemistry A, 2016, 4: 6259-6263.

[52] Yue J Y, Liu X H, Sun B, et al. The on-surface synthesis of imine-based covalent organic frameworks with non-aromatic linkage[J]. Chemical Communications, 2015, 51: 14318-14321.

[53] Stegbauer L, Schwinghammer K, Lotsch B V. A hydrazone-based covalent organic framework for photocatalytic hydrogen production[J]. Chemical Science, 2014, 5: 2789-2793.

[54] Haase F, Troschke E, Savasci G, et al. Inhibition of Poly(A)-binding protein with a synthetic RNA mimic reduces pain sensitization in mice[J]. Nature Communications, 2018, 9(1): 10.

[55] Uribe-Romo F J, Hunt J R, Furukawa H, et al. A crystalline imine-linked 3-D porous covalent organic framework[J]. Journal of the American Chemical Society, 2009, 131: 14570-4571.

[56] DeBlase C R, Silberstein K E, Truong T T, Abrun˜a H D, Dichtel W R. β-Ketoenamine-linked covalent organic frameworks capable of pseudocapacitive energy storage[J]. Journal of the American Chemical Society, 2013, 135: 16821-16824.

[57] Liu X G, Huang D L, Lai C, Zeng G G, Qin L, Wang H, Yi H, Li B S, et al. Recent advances in covalent organic frameworks (COFs) as a smart sensing material[J]. Chemical Society Reviews, 2019, 48: 5266-5302.

[58] Davis M E. Ordered porous materials for emerging applications[J]. Nature, 2002, 417: 813.

[59] Cooper A I. Conjugated Microporous Polymers[J]. Advanced Materials, 2009, 21: 1291.

[60] Mastalerz M. The next generation of shape-persistant zeolite analogues: covalent organic frameworks [J]. Angewandte Chemie International Edition, 2008, 47: 445.

[61] Kuhn P, Antonietti M, Thomas A. Porous, covalent triazine-based frameworks prepared by ionothermal synthesis[J]. Angewandte Chemie International Edition, 2008, 47: 3450.

[62] Rambo B M, Lavigne J J. Defining self-assembling linear oligo(dioxaborole)s[J]. Chemistry Materials, 2007, 19: 3732.

[63] Cote A P, Benin A I, Ockwig N W, et al. Porous, crystalline, covalent organic frameworks[J]. Science, 2005, 310: 1166.

[64] Spitler E L, Dichtel W R. Lewis acid-catalysed formation of two-dimensional phthalocyanine covalent organic frameworks[J]. Nature Chemistry, 2010, 2: 672.

[65] Ding S-Y, Wang W. Covalent organic frameworks (COFs): from design to applications[J]. Chemical Society Reviews, 2013, 42: 548-568.

[66] Wang Z, Cohen S M. Postsynthetic modification of metal-organic frameworks[J]. Chemical Society Reviews, 2009, 38: 1315.

[67] Ding S-Y, Gao J, Wang Q, et al. Construction of covalent organic framework for catalysis: Pd/COF-LZU1 in suzuki-miyaura coupling Reaction[J]. Journal of the American Chemical Society, 2011, 133: 19816.

[68] Doonan C J, Tranchemontagne D J, Glover T G, Hunt J R, Yaghi O M. Exceptional ammonia uptake by a covalent organic framework[J]. Nature Chemistry, 2010, 2(3): 235-238.

[69] Wan S, Guo J, Kim J, et al. A belt-shaped, blue luminescent, and semiconducting covalent organic framework[J]. Angewandte Chemie International Edition, 2009, 48(18): 3207-3207.

[70] Nagai Guo Z, Feng X, et al. Pore surface engineering in covalent organic frameworks[J]. Nature Communications, 2011, 2: 536.

[71] Makhseed S, Samuel J. Hydrogen adsorption in microporous organic framework polymer[J]. Chemical Commu-

nications, 2008(36): 4342.

[72] Crowe J W, Baldwin L A, Mcgrier P L. Luminescent covalent prganic frameworks containing a homogeneous and heterogeneous distribution of dehydrobenzoannulene vertex units[J]. Journal of the American Chemical Society, 2016, 138(32): 10120-10123.

[73] Shiraki T , Kim G, Nakashima N. Room temperature synthesis of a covalent organic framework with enhanced surface area and thermal stability and application to nitrogen-doped graphite synthesis[J]. Chemistry Letters, 2016, 44(11): 1488-1490.

[74] Anichini C, Czepa W, Pakulski D, et al. Chemical sensing with 2D materials[J]. Chemical Society Reviews, 2018, 47: 4860-4908.

[75] Colson J W, Woll A R, Mukherjee A, et al. Oriented 2D covalent organic framework thin films on single-layer graphene[J]. Science, 2011, 332: 228-231.

[76] Medina D D, Werner V, Auras F, et al. Oriented thin films of a benzodithiophene covalent organic framework [J]. ACS Nano, 2014, 8: 4042-4052.

[77] Bisbey R P, DeBlase C R, Smith B J, et al. Two-dimensional covalent organic framework thin films grown in flow[J]. Journal of the American Chemical Society, 2016, 138: 11433-11436.

[78] Dey K, Pal M, Rout K C, et al. Selective molecular separation by interfacially crystallized covalent organic framework thin films[J]. Journal of the American Chemical Society, 2017, 139: 13083-13091.

[79] Medina D D, Rotter J M, Hu Y, et al. Room temperature synthesis of covalent-organic framework films through vapor-assisted conversion[J]. Journal of the American Chemical Society, 2015, 137: 1016-1019.

[80] Cai X, Luo Y, Liu B, et al. Preparation of 2D material dispersions and their applications[J]. Chemical Society Reviews, 2018, 47: 6224-6266.

[81] Clarke C J, Tu W C, Levers O, et al. Green and sustainable solvents in chemical processes[J]. Chemical Reviews, 2018, 118: 747-800.

[82] Berlanga I, Ruiz-Gonza´lez M L, Gonza´lez-Calbet J M , et al. Delamination of layered covalent organic frameworks[J]. Small, 2011, 7: 1207-1211.

[83] Chandra S, Kandambeth S, Biswal B P, Lukose B, Kunjir S M, Chaudhary M, Babarao R, Heine T, Banerjee R. Chemically stable multilayered covalent organic nanosheets from covalent organic frameworks via mechanical delamination[J]. Journal of the American Chemical Society, 2013, 135: 17853-17861.

[84] Biswal B P, Chandra S, Kandambeth S, Lukose B, Heine T, Banerjee R. Mechanochemical synthesis of chemically stable isoreticular covalent organic frameworks[J]. Journal of the American Chemical Society, 2013, 135: 5328-5331.

[85] Wang S, Wang Q, Shao P, Han Y, Gao X, Ma L, et al. Exfoliation of covalent organic frameworks into few-layer redox-active nanosheets as cathode materials for lithium-ion batteries[J]. Journal of the American Chemical Society, 2017, 139: 4258-4261.

[86] Khayum M A, Kandambeth S, Mitra S, et al. Chemically delaminated free-standing ultrathin covalent organic nanosheets[J]. Angewandte Chemie, 2016, 128: 15833-15837.

[87] Kahveci Z, Islamoglu T, Shar G A, et al. Targeted synthesis of a mesoporous triptycene-derived covalent organic framework[J]. CrystEngComm, 2013, 15: 1524-1527

[88] Mitra S, Kandambeth S, Biswal B P, et al. Self-exfoliated guanidinium-based ionic covalent organic nanosheets (iCONs)[J]. Journal of the American Chemical Society, 2016, 138: 2823-2828.

[89] Tilford R W, et al. Tailoring Microporosity in Covalent Organic Frameworks[J]. Advanced Materials, 2008, 20(14): 2741-2746.

[90] Ben T, Pei C, Zhang D, et al. Gas storage in porous aromatic frameworks (PAFs)[J]. Energy &

Environmental Science, 2011, 4: 3991.

[91] Furukawa H, Yaghi O M. Storage of hydrogen, methane, and carbon dioxide in highly porous covalent organic frameworks for clean energy applications[J]. Journal of the American Chemical Society, 2009, 131: 8875.

[92] Yu J-T, Chen Z, Sun J, et al. Cyclotricatechylene based porous crystalline material: Synthesis and applications in gas storage[J]. Journal of Materials Chemistry, 2012, 22: 5369.

[93] Tylianakis E, Klontzas E, Froudakis G E. Multi-scale theoretical investigation of hydrogenstorage in covalent organic frameworks[J]. Nanoscale, 2011, 3: 856.

[94] Wu H, Gong Q, Olson D H, et al. Commensurate adsorption of hydrocarbons and alcohols in microporous metal organic frameworks[J]. Chemical Reviews, 2012, 112: 836.

[95] Ma S, Sun D, Simmons J M, et al. Metal-organic framework from an anthracene derivative containing nanoscopic cages exhibiting high methane uptake[J]. Journal of the American Chemical Society, 2007, 130: 1012.

[96] Banerjee R, Furukawa H, Britt D, et al. Control of pore size and functionality in isoreticular zeolitic imidazolate frameworks and their carbon dioxide selective capture properties[J]. Journal of the American Chemical Society, 2009, 131(11): 3875.

[97] Wan S, Jia G, Kim J, et al. A photoconductive covalent organic framework: self-condensed arene cubes composed of eclipsed 2D polypyrene sheets for photocurrent generation[J]. Angewandte Chemie International Edition, 2009, 48(30): 5439-5442.

[98] Xamena F, Abad A, Corma A, et al. MOFs as catalysts: activity, reusability and shape-selectivity of a Pd-containing MOF[J]. Journal of Catalysis, 2007, 250: 294.

第 7 章　介孔材料

介孔材料可以分为有序和无序两种，对于有序介孔固体，孔型可分 3 类：定向排列的柱形(通道)孔、平行排列的层状孔、三维规则排列的多面体孔(三维相互连通)。而无序介孔材料中的孔型，形状复杂、不规则并且互为连通，孔型常用墨水瓶形状来近似描述，细颈处相当于孔间通道。按照化学组成分类，介孔材料一般划分为硅基和非硅基。硅基介孔材料主要包括硅酸盐和硅铝酸盐等，主要用作催化剂的载体、吸附和有机大分子的分离。非硅基介孔材料主要包括过渡金属氧化物、磷酸盐和硫酸盐等[1]。

7.1　介孔硅材料

7.1.1　介孔硅材料的发展[1-3]

1992 年，Mobil 公司的科学家们采用有序的阳离子型季铵盐表面活性剂为模板剂，制备了一系列比表面积大、孔道规则排列并且孔径可调的 M41-S 系列介孔硅纳米材料，并以 MCM-n 命名，孔的大小可以通过改变表面活性剂烷基链长来加以控制从而突破了沸石分子筛合成的传统概念，因此近年来有关此类材料的研究引起了各国研究人员的浓厚兴趣[2]。随后 Stucky 和赵东元课题组[3]采用三嵌段共聚物作为有机结构导向剂(模板剂)得到介孔分子筛 SBA 系列介孔材料，它包括 SBA-3(二维六方结构)、SBA-15(二维六方结构)、SBA-16(立方结构)等多种不同结构的物质，提高了材料性能，进一步扩展了应用范围。

7.1.2　介孔硅的分类和结构

硅基介孔材料可分为纯硅介孔材料和掺杂其他元素的介孔材料两大类。纯硅介孔分子筛材料包括 MCM、SBA、FSM、HMS、MSU 等结构[4]。

7.1.2.1　M41S 系列介孔材料[2,3]

由 Mobil[5]合成的介孔材料的 M41S 系列有以下类型：MCM-41(二维六方晶相)、MCM-48(立方晶相)、MCM-150 的结构(层级结构)，如图 7-1 所示。正离子表面活化剂在热水条件下用作碱性介质的结构模板。用过 s^+、I^-组装，最后用溶剂提取回收模板。得到的 M41S 系列有以下特征：①孔直径大(>2nm)，细孔径分布极窄；②规则的细孔道路以纳米尺度排列整齐；③有原型的非结晶石孔壁，在子尺度的细孔壁中，原子是随机排列的。

7.1.2.2　SBA-n 系列介孔材料[3,4]

SBA-n 系列介孔材料主要有立方相的 SBA-1、SBA-11、SBA-16，三维六方相的 SBA-2，二维四方相的 SBA-8 以及二维六方相的 SBA-15(图 7-2)等。与 M41S 系列相比，SBA-n 系列介孔材料孔径更大、价格较低、污染较少。

Stucky 和赵东元课题组[6]采用三嵌段共聚物作为有机结构导向剂(模板剂)得到介孔分

子筛 SBA 系列介孔材料，SBA-15 介孔材料的孔径在 4.6~30 nm 之间可调，孔壁较厚，具有较好的机械和水热稳定性。

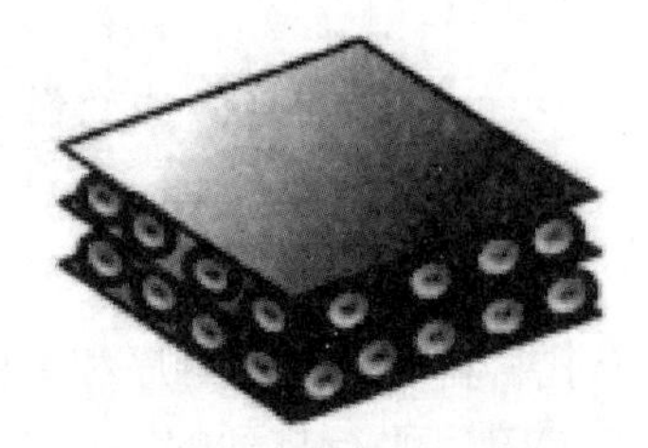

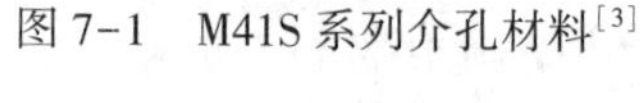
(a) MCM-41(2D六方,空间群 p6mm)　(b) MCM-48(立方,空间群 1a3d)　(b) MCM-50(层状,空间群 p2)

图 7-1　M41S 系列介孔材料[3]

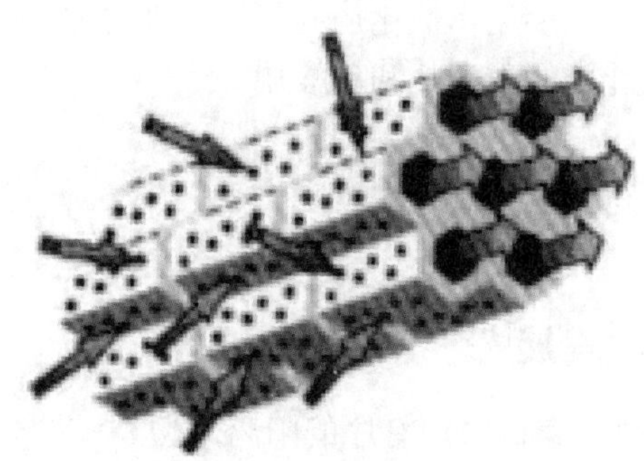

图 7-2　SBA-I5 介孔材料[2]

7.1.2.3　FDU 系列介孔材料[4,7]

FDU 系列介孔硅材料主要有 FDU-1、FDU-2、FDU-5、FDU-11、FDU-12、FDU-14、FDU-15、FDU-16 等。

其中最有代表的是复旦大学赵东元教授课题组以三嵌段高分子刚体表面活性剂 $EO_{39}BO_{47}EO_{39}$ 为结构导向剂制备的 FDU-1，通过改变温度和 pH 值等变量来改变介孔孔道等性能。中心的立方，2D 六角和跛脚对称性是使用疏水性聚(丁苯氧化物)二块和三块共聚体作为结构导剂合成的。这种具有大笼结构、均匀球体形态、热液稳定性高的新中孔材料，对大分子的电化学、催化和分离具有十分重要的价值。FDU-5 一般采用挥发自组装方法，在加入少量有机添加剂的乙醇体系中制备，其为立方晶系，具有三维交叉孔道结构，与 MCM-48 相同，但孔径更大，结构见图 7-3。

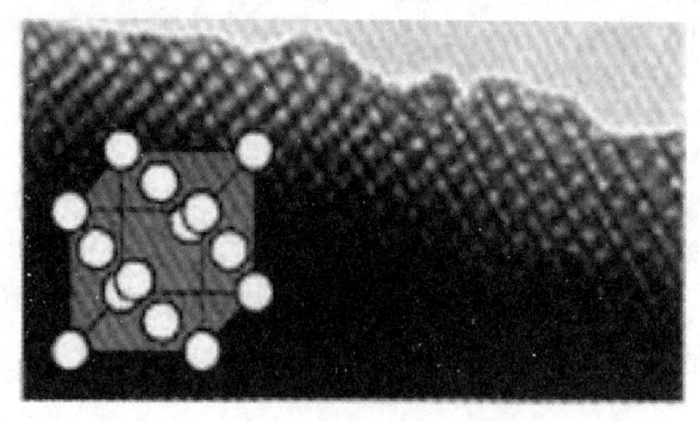

图 7-3　FDU 系列介孔材料[8]

7.1.2.4　HMS 系列介孔材料

HMS 系列介孔材料具有接近六方的一维短程有序孔道结构，孔壁相对较厚，孔径分布均匀且狭窄，在 2~10 nm 之间。由于其对反应物、产物分子具有非常优异的扩散性能，因而很适合作催化剂及其载体[4]。与 HMS 使用带电荷的表面活性剂合成的 M41S 分子筛的亚组相比，HMS 具有以下优点：较小的散射区

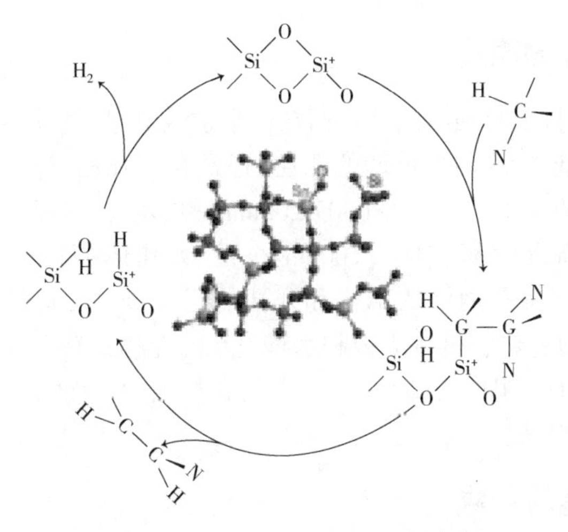

图 7-4 HMS 系列介孔材料[10]

域尺寸，较均匀的壁提率，较厚的中膜结构和较高的孔隙率，可减少使用模板与硅源的前体氢键结合，有助于降低产品成本。

Nancy Martín 等[9]用溶胶法使用四乙基正硅酸盐(TEOS)和多二甲胺(DDA)作为有机模板合成了表面积大、孔径为 2nm 的六边形结构的六方介孔二氧化硅(HMS)，结构见图 7-4。

7.1.2.5 MSU 系列介孔材料

MSU 系列介孔材料主要有 MSU-X、MSU-G、MSU-H、MSU-S 及 MSU-V 等。相对于一维孔道结构的 M41S、SBA 系列介孔材料以及微孔分子筛材料，MSU 系列介孔材料具有优越的高温水热稳定性，可使较大尺寸的客体分子在其孔道内扩散并迅速传输，由此在催化、吸附等方面具有独特的优势，因而是很有潜力的一类介孔材料[4,11]。

特别令人感兴趣的是研究以蠕虫状多孔结构为特征的 MSU 型材料的形成机制。四乙基正酸酯(TEOS)为前体的两步合成，在非离子表面活性剂、三聚氰胺 T-15-S-12、用于水解 TEOS 的盐酸和氟化钠催化冷凝剂的情况下进行[11]，这种孔道结构非常有利于客体分子在其内部扩散，消除扩散限制，结构见图 7-5。

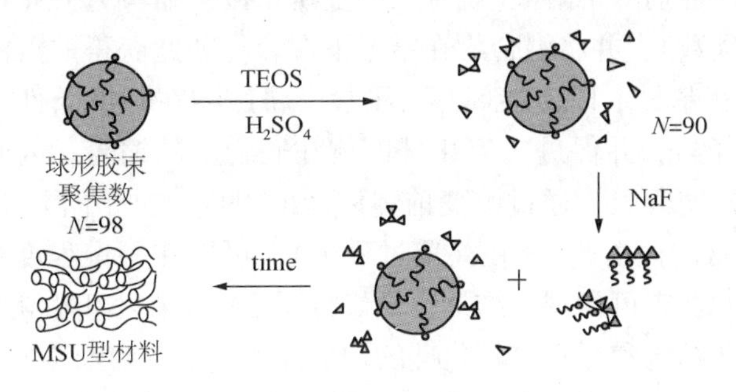

图 7-5 MSU 系列介孔材料[11]

7.1.2.6 ZSM 系列介孔材料

ZSM 介孔中主要是以 ZSM-5[12]为主，ZSM-5 分子筛是五元环型高硅分子筛，由八个五元环构成基本结构单元，具有“Z”字形的十元环通道。由于其比表面积大，吸附能力强，热和水热稳定性高，在催化、有机合成和石油化工等领域具有重要的应用。

美国爱荷华州立大学的 Anton Petushkov 等[13]合成了一种可控制孔径大小的分等级的纳米晶体 ZSM-5 分子筛。该材料在 140℃ 条件下 12~24h，通过单一模板一步合成，孔径在 6~200nm内可调，结构见图 7-6[2]。

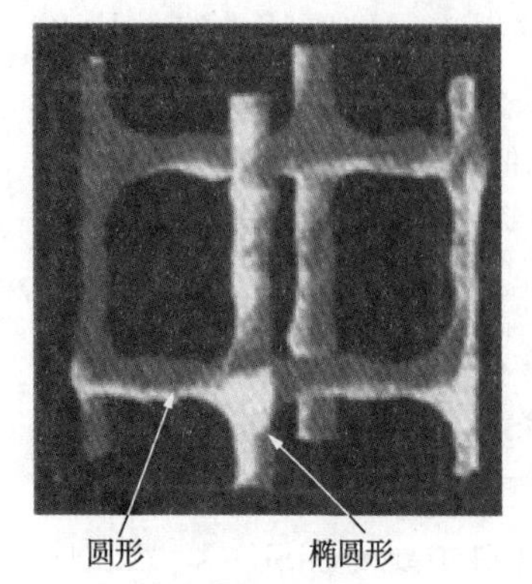

图 7-6 ZSM-5 单元格的结构[14]

7.1.3 介孔硅的性质

介孔二氧化硅材料因其独特的特性而在各个领域引起了极大的兴趣。结构特性包括均匀且可调的孔径(通常在 2~6nm 范围内)，均匀且可调的纳米粒子大小(50~200nm)和形状，表面功能化的可能性，高表面积($700\sim1000m^2/g$)，大孔体积($>0.9cm^3/g$)，并具有控制孔网络的结构和开孔的门控机制。而且这些纳米载体对 pH、热、机械应力和水解引起的降解具有抵抗力。具有双功能表面，因为它们具有内表面和外表面，而且其制造简单且具有成本效益。

7.1.4 介孔硅的合成

当前的介孔二氧化硅材料的合成方法主要基于使用表面活性剂作为结构导向剂。合成方法包括溶胶-凝胶法，微波合成法，水热合成法，模板合成法，改进的气凝胶法，软硬模板法，快速自组装法等[15]。

7.1.4.1 溶剂蒸发法

在最初的研究中，二氧化硅表面活性剂介孔结构材料的薄膜是通过如下所谓的溶胶-凝胶程序制备的，四甲氧基硅烷(缩写为 TMOS，用作二氧化硅源)在环境温度和酸性条件下被亚化学计量的水部分水解。最初，混合物是乳液，但随着水解的进行，它变成了均匀透明的溶液。然后加入表面活性剂的水溶液(烷基三甲基溴化铵，缩写为 C_nTAB，其中 n 表示表面活性剂的烷基链中的碳数)，并将混合物在室温下混合。如此获得的溶液可以通过使用旋转(或浸涂)涂布机涂布在基材上以使溶剂蒸发平稳。将产物在环境条件下干燥，以除去溶剂(水和来自 TMOS 的甲醇)，并促进二氧化硅前体在底物上的缩合。因此，成功地在基板上制备了亚微米厚度的透明薄膜。通过改变前体溶液的组成(添加甲醇的量)，基材的纺丝比(旋涂的情况下)和基材的撤出速度(在涂覆过程中)，可以在一定程度上控制厚度。为了避免薄膜从基底上剥离并获得可再现的结果，最好将厚度控制在小于微米的尺寸范围内。由于操作简便以及所得介孔结构和介孔二氧化硅的均质性和质量，溶剂蒸发法成为制造二氧化硅表面活性剂介孔结构材料的通用技术。后来，该方法通常被称为“蒸发诱导自组装(EISA)”过程[16-21]。溶剂蒸发法(或 EISA)已用于制备介孔二氧化硅的宏观气泡、纤维和球形颗粒。

7.1.4.2 溶剂沉积法

在诸如云母、石墨、二氧化硅和烷硫醇基金等固体基质上观察到了“表面活性剂”酸性前体溶液中二氧化硅表面活性剂介孔结构材料的形成[22,23]。以下是典型的合成步骤，将基质放入含有四乙氧基硅烷(简称 TEOS)、水、HCl 和 $C_{16}TAC$ 的酸性溶液。将基材倒置在溶液中，以防止大量沉淀物黏附到薄膜表面，在室温或在水热条件下在升高的温度下生长膜。反应后，收集膜并浸泡以除去残留的前体和在基材上形成的颗粒。TEOS 浓度应低，以避免在基材上形成膜之前发生胶凝。

7.1.4.3 合成法[15]

通常在水热合成中，将表面活性剂与酸或碱性催化剂一起用作模板剂。然后将无机物质添加到溶液中以产生水凝胶，将其置于高压釜中[24]。通常，当处理反应前体时，使用高压和高温。前体将被分离，有机物将被去除。该方法需要更长的反应时间。微波合成法是制备介孔硅纳米材料的一种新型方法。与水热合成法相比，该法更加简单且耗时更短。其优点是加热均匀、高效节能、无热差、晶化时间短、可精确调控合成等[25]。赵杉林等[26]以溴代十六烷基吡啶为模板剂、硅溶胶为硅源，采用微波合成法制备了 MCM-41，产物高度结晶。

7.1.4.4 模块法

已经开发了基于硬模板和软模板利用以及去除的各种类型的合成策略。首次提出了一种新颖的双模板策略，该方法使用氨基酸离子液体四甲基铵甘氨酸([N1111][Gly])和超分子有机凝胶 *N*-月桂酰-谷氨酸二正丁酰胺制备具有空心三角棱柱形态的介孔二氧化硅(GP-1)作为共同模板，在最佳条件下构建了形态均匀、比表面积高的空心三棱柱状介孔二氧化硅管。

模板分为软性或硬性两种，它们在结构创建过程中充当主干，从而确保了可重复性。溶胶-凝胶法通常是这种合成策略的基础，在烷氧化硅前体的陪伴下，模板周围会形成网络。在硬模板技术中，原位制备中孔材料或固体纳米晶体。该模板的孔壁范围为 2~50nm[27]。

7.1.4.5 其他方法

在 20 世纪 90 年代，采用脉冲激光沉积(PLD)技术在基材上沉积二氧化硅[28]。据报道，前体的 PLD 和随后的水热处理导致了介孔二氧化硅薄膜的孔垂直于基材[29]。Nishiyama 等研究了基质上二氧化硅表面活性剂介孔结构的形成；使用前体溶液在基材上涂覆二氧化硅前体，然后进行氨气处理以使烷氧基硅烷水解和缩合在基材上，是有效制膜的方法[30]。TEOS 蒸汽在预沉积的表面活性剂层上的渗透也很有效。在基材上制备二氧化硅表面活性剂介孔结构材料。

7.1.5 介孔硅的结构多样性

关于介孔硅的结构多样性的研究一直在稳步增长，并且在过去的 20 年中呈指数级增长。迄今为止，研究人员已经通过采用各种模板来合成表现出不同形态的介孔硅。具体而言，模板的选择对介孔硅的制备具有重要影响，因为其结构和性质在很大程度上影响介孔硅的介观结构，其中最重要的是表面活性剂的选择[31]。

7.1.5.1 表面活性剂模板

7.1.5.1.1 阳离子表面活性剂

阳离子表面活性剂具有良好的溶解性、较高的临界胶束温度以及对酸和碱环境的适应性，因此被广泛用于有序介孔材料的合成[32,33]。目前，使用最广泛的阳离子表面活性剂模板是十六烷基三甲基溴化铵(CTAB)。迄今为止，CTAB 已被用作合成具有不同形态和结构以及螺旋度的 CMSN 的模板。1998 年，Ozin 研究小组[34]首先采用阳离子表面活性剂 CTAB 来获得具有六角形螺旋通道的中孔材料。对于分子几何驱动模型，研究者从理论上揭示硅酸盐液晶种子中存在不同类型的拓扑缺陷(即特定类型的位错或位错缺陷)，这是引发和引导特定介孔二氧化硅生长的关键。随后，金等[35]认为具有螺旋结构的二氧化硅纳米管能够通过严格调节搅拌速度来控制手性，并采用泰勒涡旋法来确定不同的雷诺数(*Re*)。具体而言，泰勒・沃特克斯产生的稳定剪切力是获得螺旋形介孔二氧化硅的关键因素。为了更好地控制介孔硅材料的形态，Han 等[36]使用 CTAB 作为模板，在不同浓度的浓氨水的碱性作用下，成功合成了一系列具有不同螺旋度和螺旋形态的介孔材料。在此基础上，提出了一个由熵驱动的模型，以阐明 CMSNs 的手性起源机理。在此，介孔材料的螺旋形貌变化和变形程度与氨浓度呈正相关。接下来，周等[37]通过实验进一步证实，熵的减少对于螺旋形成至关重要。为了阐明介孔材料的形成机理，Lu 等[38]使用不带任何添加剂的 CTAB 合成了具有不同纵横比的手性 MCM41 介孔二氧化硅纳米棒。在深入研究的界面作用模型的基础上，定向连接(即 CMSN 初级粒子之间的头对头交联)发挥了显著甚至关键的作用。同样，龚等[39]还证明了定向连接和逐渐扭曲的特殊生长过程对于介孔材料的螺旋形成至关重要。

7.1.5.1.2 阴离子表面活性剂

尽管阳离子表面活性剂在 CMSNs 合成中显示出显著优势，但其毒性不可忽视。随后，阴离子表面活性剂因其无毒和仿生手性识别功能等而受到大多数研究者的青睐。但是，与阳离子表面活性剂模板(例如 CTAB)不一致的是，上述阴离子表面活性剂模板不能形成它们和二氧化硅源之间的静电排斥力的有序介观结构[40]。目前，广泛用于合成介孔材料的阴离子表面活性剂模板是氨基酸衍生物。早在 2004 年，Che [41]的研究小组就使用 C14-L-丙氨酸和 C14-L-丙氨酸钠盐创新地开发了直径 130~180nm，长度 1~6μm 的扭曲六角棒状手性介孔二氧化硅。作为模板，季铵盐或氨基硅烷作为 CSDA。还可以通过表面活性剂的不同排列和由胶束状态变化驱动的中间相的离子化程度以及阴离子表面活性剂和 CSDA 界面之间疏水性的增强来确定介孔材料的螺旋形态。近来，表现出扭曲的棒状结构的氨基修饰的 CMSNs 被 C14-L-丙氨酸引导[42]。还暗示静电吸引，氢键和疏水相互作用，尤其是 C14-L-丙氨酸中的—COO—和 APTES 中的—NH^{3+}之间的静电相互作用，在协作过程中至关重要地促进了二氧化硅源的螺旋堆积以产生光学活性。此外，吕等[43]通过采用一系列氨基酸衍生物(即 C14-D-苯丙氨酸和 C14-L-苯甘氨酸/脯氨酸/异亮氨酸)，合成了具有六角棱柱螺旋的四种不同的手性介孔二氧化硅(CMS1，CMS2，CMS3 和 CMS4)。

7.1.5.1.3 非离子表面活性剂

研究人员逐渐优先考虑非离子表面活性剂，它们显示出化学结构多样，价格低廉，无毒，可生物降解，丰富的相行为和较低的临界胶束温度的优点，从而有助于合成介孔材料[44]。目前，合成介孔材料的常见非离子表面活性剂是指手性配位嵌段聚合物。Paik 等[45]表明，从结果可知，具有可控制的孔径和高的比表面积的 CMS 微球，缬氨酸的特定对映体优选被吸附。接着，通过采用聚(环氧乙烷)-D/L-天冬氨酸[PEO45-b-(D/L)]，合成了具有较大孔径、较高比表面积和较高手性选择性系数的材料。简而言之，以非离子表面活性剂为模板合成介孔材料具有很大的潜力。然而，仍需要探索将非离子表面活性剂作为无毒且可生物降解的天然模板来合成 CMSN。

7.1.5.2 有机凝胶模板

两亲性胆固醇凝胶，即有机凝胶模板，已广泛应用于合成多孔材料。有机凝胶模板能够在适当的分子相互作用条件下形成螺旋状聚集体，并且被证明是指导二氧化硅源生长的有效模板。在 2000 年，Jung 等[46]最初应用手性二胺环己基有机凝胶体系作为模板来引导有机凝胶纤维-具有螺旋结构的无机二氧化硅纳米载体。研究者认为模板方法具有形成各种二氧化硅结构的多功能性。后来，王等[47]报道了使用一对以 C12-D/L-缬氨酸和十一碳酸钠作为阴离子有机胶凝模板合成的两亲性阴离子对映体(D/L-$C12ValC_{10}COONa$)用 C12-D/L-缬氨酸和十一碳酸钠作为阴离子有机胶凝模板的合成。

7.1.6 介孔硅材料的应用

7.1.6.1 生物医学应用

7.1.6.1.1 药物输送

自1998年首次报告以来，具有较大表面积和孔体积的CMSN可以作为多种治疗剂的有效载体[48-50]。随着药学的飞跃发展，研究人员已经开始合理地利用CMSN的结构特征和生物学效应，并致力于通过使用CMSN来开发各种药物递送系统。此外，CMSN可对体内手性环境做出特异性反应并具有生物学优势可作为优选的药物递送平台。众所周知，孔结构会显著影响药物的吸附。与MSN相比，包含卷曲通道的CMSN可以容纳更多的药物分子[51]，作为难溶性药物的载体具有广阔的前景。例如，Li等[52]利用CMSNs作为药物载体，成功地将消炎药消炎痛装载到CMSNs的中孔中。在此过程中，CMSNs表现出较高的载药量，可以在空间限制下有效地将吲哚美辛晶体转变为非晶态。对药物溶解度和释放的影响随着CMSN的出现，它们可以成为有效递送药物的新选择。大量研究报告称，CMSNs能够完成递送水溶性差的药物的任务，这表现出控释行为的优势并提高了药物的生物利用度。CMSN作为有前途的药物输送平台，具有多种有益特性，例如手性结构，表面易修饰，通道曲率高，孔网络可及性高，药物储存能力强以及潜在的手性等。

7.1.6.1.2 作为生物成像剂

由于MSN的亲水性表面，这些中孔结构变得在水溶液中分布良好。此外，MSN的高表面积/孔体积可以为多种功能提供隔室，这构成了MSN作为各种医学成像应用的有希望的选择[53-54]。还已经报道了MSN由于其小的粒径而具有高的光学透明性。通过在体外和体内用各种荧光染料修饰这些材料，有许多关于MSN生物成像应用的报道。为了测量胞浆和内体溶酶体区域的细胞内pH值，Tsou和同事[55]制备了一种修饰的MSN，其具有两种不同的pH敏感染料：异硫氰酸荧光素(FITC)和若丹明B异硫氰酸罗丹明(RITC)。使用上转换纳米粒子和量子点方法可以实现基于MSN的生物成像方法。这两种技术的讨论如下：①上转换纳米粒子(UCNP)是指进行光子上转换的纳米级粒子，它们通常由掺有镧系元素或锕系元素的过渡金属组成，因此优选用于生物成像和生物传感。它们还具有在光伏和安全方面的潜在应用，例如危险材料的红外检测。② 量子点(QD)是用于检测单分子和对活细胞成像的强大探针，尽管有关于QDs的生物成像和生物传感应用的报道，但使用量子点进行生物分子的受控和靶向检测仍然是一个挑战。据报道，一种多功能设计可用于协同治疗，包括药物释放控制，磁热疗和光热疗法，它由石墨烯量子点(GQD)作为盖帽和局部光热发生器，以及磁性中孔二氧化硅纳米粒子(MMSN)作为药物载体和磁性热种子。姚及其同事研究了MMSND/LGQDs纳米粒子的结构，药物释放行为，磁热疗能力，光热效应和协同治疗效率。结果表明，粒径为100 nm的磁性MSND/LGQD可以负载阿霉素(DOX)，并在低pH值下触发DOX释放。

7.1.6.1.3 在组织工程中的应用

再生医学的成功治疗将涉及针对干细胞和生境中其他细胞的多种因素组合，并根据干细胞与生境相互作用的动态在不同时间应用。纳米粒子可以实现高精度[56]。由于它们的高化学柔韧性，MSNs被设计用于细胞靶向摄取以及各种药物的时间和空间控制的药物递送[57]。在干细胞支架中掺入这种精制的药物递送载体为生物线索的靶向和受控递送提供了可能性。

MSN 在组织工程中的应用将允许先进技术的发展，以跟踪干细胞，指导干细胞移植(诊断/成像)并获得干细胞信号的受控和靶向递送(治疗)。组织工程中有关 MSN 的大多数研究都集中在成骨分化和骨组织形成方面。组织工程中 MSN 的最早报道之一是通过植入技术的逐层组装将 MSN 附着在钛基底上。改性的表面改善了破骨细胞的生物学行为[58]。产生了各种二氧化硅复合材料支架和颗粒，以增强药物递送动力学，从而获得有效且持续的药物释放。MSN 在组织工程中的应用将推动该技术设计的新发展，并引入用于分析生物功能和行为的新方法和模型。药物发现和分子干细胞研究的进步将进一步促进 MSN 研究和医学应用。组织工程使不同学科之间的研究相互联系，这将促进药物领域 MSN 技术的发展传递，诊断和分子传感，这反过来又产生了新的工具，可增强对干细胞生物学和基于干细胞的组织工程的了解[59]。

7.1.6.2 环境应用(吸附)

7.1.6.2.1 去除有机化合物

释放挥发性有机化合物[苯、甲苯、羧酸、甲醇、甲醛(H_2CO)、丙酮、三氯乙烯、二氯甲烷、全氯乙烯、异戊烷、异己烷等]会不断破坏空气和水的质量，这对人体健康具有危险，为了改善我们周围环境的质量，有必要不断过滤掉挥发性有机化合物。因此，已经研究了各种固体吸附剂，例如金属有机骨架(MOF)，沸石，活性炭和二氧化硅，以去除周围环境中的 VOC。然而，这些吸附剂具有选择性低，吸附能力低，再生困难和可回收性差的缺点。因此，大多数这些吸附剂都不适合实际应用。因此，需要表面化学工程来改善这些固体吸附剂的性能[60]。胺官能化的二氧化硅和碳可通过形成亚胺来去除 H_2CO。但是，CO_2容易吸附到 NH_2基团上，因此会降低 H_2CO 的选择性和胺官能化材料的吸附能力。同时，二氧化硅和碳上的极性 OH 基仅与极性 VOC 相互作用。二氧化硅和碳上的 OH 基与极性 VOC 之间的强氢键可提高二氧化硅和碳的 VOC 吸附能力。通常，极性官能团适用于吸附极性 VOC，而非极性官能团适用于吸附非极性 VOC。具有极性和非极性基团的载体可以有效地吸附两种类型的 VOC。尽管二氧化硅具有高的表面积，大的孔体积和宽的孔径分布，但其功能化对于调节其吸附性能很重要。野村等用胺官能化的二氧化硅捕获空气中的醛，实验在空气中进行[61]。最近，Chen 等[62]在干燥条件下，苯基和正辛基官能化的二氧化硅比其他二氧化硅 NM(包括 SBA-15，KIT-6，silicalite-1n)表现出明显更好的吸附能力和解吸效率。随着官能团从苯基变为正辛基，二氧化硅的平衡吸附容量从 44%增加到 67%。其可以归因于正辛基的疏水性比苯基的疏水性高。另外，正辛基基团比苯基更具有线性(拥挤较少)。除了良好的吸附能力外，催化剂还应表现出可回收性。苯基官能化的中空二氧化硅在 50%的湿度下在六个动态吸附-解吸循环中显示出可回收性。Zhou 等[63]使用胺官能化的 SBA-15 型球形中孔二氧化硅吸附甲苯。为了测量样品的 H_2CO 吸附能力，将空气流通过装有 2，4-二硝基苯肼截留溶液的过滤器。未官能化的二氧化硅显示出比胺官能化的二氧化硅低得多的 H_2CO 吸附能力。胺官能化后，二氧化硅样品的 H_2CO 穿透率显著增加。除了良好的吸附能力外，固体吸附剂材料还应表现出可重复使用性，并且应易于回收。

7.1.6.2.2 重金属吸附

重金属是另一类通常被吸附剂去除的有毒物质。在最近的一项研究中，使用二乙烯基苯将植物衍生的可持续 Noleyl-1，3-二氨基丙烷表面活性剂胶束进行了交联[64]。此类材料插入了介孔二氧化硅的孔中。这些材料又通过与由二胺组成的头部连接而被用来吸附重金属。

用于制造这些复合系统的一种方法涉及预组装，首先将胺官能团在水中交联，然后用作结构导向剂。该步骤导致形成二氧化硅聚合物胺复合中孔材料。第二种方法涉及组装后方法，其中胺的胶束是用于形成中孔二氧化硅的模板。然后用二乙烯基苯进行原位交联步骤以形成中孔复合材料，由于这些介孔材料中功能性胺基的可及性，Cu^{2+}和Pb^{2+}离子均能成功吸附。

7.1.6.2.3 CO_2的捕集和吸附

CO_2的捕获和存储是防止CO_2积累的一种有效策略。含水胺(例如单乙醇胺，二乙醇胺和其他多胺)已用于捕获二氧化碳。但是，在再生过程中，胺吸附剂不稳定，会降解成小的有毒化学物质。水性胺吸附剂的最佳替代方法是使用固体吸附剂。固体吸附剂比液体矿具有许多优势。固体吸附剂需要较少的能量来再生捕获介质，易于处理，即使在存在水分的情况下，在高温下仍具有良好的捕获能力和良好的热稳定性，并且对二氧化碳气体具有良好的选择性。为了增加吸附二氧化碳的能力，已将碱土金属氧化物等基本材料掺入到中孔材料中[65]，用于此目的的中孔载体是有序的中孔二氧化硅。有序中孔二氧化硅中同时使用了氧化镁和氧化钙体系。CO_2的吸附是在环境条件下于高温下进行的。通过遵循蒸发诱导自组装(EISA)方法，将使用普朗尼克表面活性剂P123的溶胶-凝胶法用于酸中。吸附研究是在低温、环境和高温条件下分别进行的。CO_2的吸附能力是通过程序升温对中孔材料进行解吸而完成的。在低温和环境温度下研究的吸附剂显示出0.63~2.61 mmol/g的高容量，在高温下具有3.11~4.71 mmol/g的极高吸附容量。低温和环境温度下进行吸附的机理是由于CO_2微孔中的物理吸附。120℃对CO_2的极高吸收归因于CO_2的化学吸附。在实现高的CO_2吸附能力方面，介孔系统的几个理想参数与组织良好的介孔结构，非常高的表面积，这些系统的表面功能以及在CO_2的化学和物理相互作用方面的稳定性有关。

7.1.6.3 催化

介孔二氧化硅可作为催化剂或载体。近年来，由于易于定制催化工艺的特性，中孔二氧化硅被认为是催化剂领域最有前途的材料之一[1,5,6]，中孔二氧化硅本身很难用作催化剂；然而，结合一些异原子可以改变二氧化硅的微酸性特性。因此，在合成步骤或合成后，将一些异原子(如Al、Zr、Ti、Nb或Ta)与之结合，可以为多孔二氧化硅提供酸位点[66,67]。这些异原子的合并必须进行调节，因为在合成步骤中加入这些异原子的比例很高，会影响多孔二氧化硅的凝结，导致特定表面积较低。同样，在多孔二氧化硅形成后添加高比例的这些异原子也会影响其纹理特性，因为这些异原子可以部分阻断多孔结构，使很大一部分孔隙不可用。同样，碱性土，特别是碱性土的结合，可以为这些多孔材料提供基本位点，扩大这些中孔二氧化硅的反应范围[68]。

最近，Lou集团[69]报道了有效的电催化剂，其通过将基于Pt的团簇限制在HER的中空介孔碳球(Pt5/HMCS)主体中而制成。在合成和催化过程中，固定在碳载体介孔通道中的Pt簇可以在去除配体和电化学制氢过程中稳定高活性的Pt簇。结果表明，最优设计的Pt负载为5.08 %(质)的Pt5/HMCS电催化剂显示出比商业Pt/C的Pt负载为20 %(质)更高的电催化活性。

7.1.6.4 其他应用

7.1.6.4.1 介孔二氧化硅作为硬模板

介孔二氧化硅的多孔结构可以用作模板，以合成具有明确定义的形态(例如介孔二氧化硅的3D结构的函数)的碳结构。Ryo等进行了第一个研究，从含蔗糖的MCM-48合成有序多孔碳，称为 CMK-1。虽然，其他模板也经常被使用。多孔二氧化硅中孔尺寸随催化条件的变化将是获得具有有趣应用前景的高度多孔碳质结构的关键因素。通常，多孔结构用碳源如蔗糖、糠醇、丙烯或有机树脂浸渍。然后，将复合物热解以获得碳基质。下一步，使用强力条件(HF 或 NaOH)通过浸提去除硅质结构。降低合成这些碳质结构成本的一种替代方法是使用硅酸钠，这是一种更经济的硅来源。

7.1.6.4.2 电池

硅(Si)是具有极高比容量(4200 mAh/g)的代表性合金型材料，具有作为 LIB 阳极的巨大潜力[70-72]。但是，Si 的体积膨胀很大(约 400%)在合金化反应($Si + 4.4Li \longrightarrow Li_{4.4}Si$)中导致硅阳极粉化，随后容量快速衰减。使用介孔结构的 Si 阳极可以克服该缺点。已经表明，硅海绵中的中孔可以有效地适应锂化过程中硅的体积膨胀。结果，基于总电极质量，中孔硅海绵阳极的容量高达 750mAh/g，在 1000 次循环中的容量保持率> 80%，证明了良好的持久循环性[73]。

7.2 介孔碳材料

7.2.1 介孔碳材料的发展

历史上，Ryoo 等合成了有序介孔碳(OMC)，首次使用介孔二氧化硅作为硬模板[74]，从那时起，人们就开始关注 MC 材料的制备及其应用研究。早期的工作主要集中在通过使用介孔二氧化硅作为支架的合成及其应用上[75-77]，快速发展的真正阶段已经开始，因为 Dai 等的贡献通过共聚物分子阵列和碳前体的自组装发现了一种新的制备方法，和 Zhao 等[78-80]由于 MC 的改性和改善是通过掺入埋入孔壁或捕获在通道内的无机成分而发生的，因此，所谓的改进型多氯联苯在很大程度上推动了碳基电极或催化剂在其潜在应用中的发展[81-83]。清洁能源技术的显著增长最近激发了对储能的研究[84-86]。OMC 的应用弥补了传统微孔材料(如活性炭和沸石)在传质和比表面积方面的不足，也为开发多孔材料和其他方面(如合成新的纳米材料)提供了动力[87-89]。

7.2.2 介孔碳材料的结构[90]

OMC 通常由模板法生产，包括单晶体、坝段形、纤维形、纳米形、小囊泡形和薄膜形具有长程有序的介孔结构，并可设计成六边形、立方、板层或蠕虫状介孔结构，具有高比表面积[91]。

Ryoo 等[74]率先合成了 OMC，记为 CMK-1，是具有 Ia3d 对称性的 MCM-48 模板的逆转，并由两个断开交织的三维孔隙组成多孔结构。CMK-1 具有高吸氮-脱氮比表面积(1500~1800m^2/g)，大孔隙总体积高达 0.9~1.2cm^3/g，平均孔径约为 3 nm，远大于 MCM-48，这说明 OMC 并不是简单复制，在 MCM-48 框架拆卸过程中发生了结构变化。可通过改变介孔二氧化硅模板，方便控制有序结构。例如，利用具有 Ia3d 对称性的 MCM-48 和 FDU-5 二氧化硅模板，分别合成了 I4Ia 对称性碳和 Ia3d 对称性碳，利用 Pm3n 和 p6mm 结构的 SBA-15 模板，可分别合成立方 Pm3n 对称性的 CMK-2 碳和 2D 六边形对称性的 CMK-3 碳及 CMK-5 碳[92-95]。

7.2.3 介孔碳材料的性质[90]

由于OMC存在三维有序介孔结构，在能量存储方面有巨大的吸引力。OMC显示高表面积，可达$2910m^2/g$[92]，可调的孔径及良好的传质效率。软模板法可为孔隙和/或孔壁中的其他部分引入客体分子，改善性能。研究表明，OMC的电阻低于碳纳米管，可作为电极和电解质间的良好电子通路。然而，它在实际应用中受到许多参数的影响，包括电解质性质和溶剂分子大小等。碳材料已从简单的碳化纤维素生物质或煤前驱体，发展到可调节尺寸、孔结构的材料，并进一步发展到掺杂其他元素或形成杂化材料，实现精确控制纳米材料的合成和生长，并伴随许多新的功能出现。虽然这些材料的实验室规模合成已经成熟，但高品质碳纳米材料的制备还需不断完善，使其更有效和更环保，达到商业化。

7.2.4 介孔碳材料的合成

OMC和杂原子掺杂的OMC通常通过使用模板策略来制备。两种成熟的模板技术(例如硬模板和软模板方法)用于OMC和杂原子掺杂的OMC的合成。

7.2.4.1 OMC的硬模板方法

硬模板方法被认为是合成OMC的最直接方法之一[92]。通过使用中孔无机材料(例如中孔二氧化硅和沸石)作为硬模板的纳米浇铸技术，可以轻松地引入碳材料中的有序中孔。通过这种简单的技术，通过使用不同的多孔模板，以及材料和结构参数，已经制备了具有不同结构特性的各种中孔碳。尽管已经制备了许多材料，但是由于材料的结构和形态与它们的最终织构参数相关，因此已经引起了人们的极大关注。要控制最终OMC的形态，必须控制模板材料的形态。Schuster等使用苯酚和甲醛混合物的前体和球形二氧化硅作为硬模板，通过纳米模板法制备具有双峰孔径分布，平均孔径在6nm和3.1nm且动力学直径为300nm的球形OMC纳米颗粒[96]。该材料显示出高的比表面积，为$2445m^2/g$，最大内部孔体积高达$2.32cm^3/g$。在这种情况下，二氧化硅硬模板的形状已通过使用具有密堆积蛋白石结构的400nm PMMA球获得。这种独特的结构已被复制到最终的纳米多孔碳样品中。

在硬模板合成策略中[97]，使用一种预先形成的硬模板，特别是基于二氧化硅的有序介孔结构，并将碳前体浸渍到孔体积中。碳化后，硬模板被蚀刻掉，留下负向复制的OMC。模板的3D互连多孔结构通常被认为是此过程所必需的。使用具有圆柱形孔结构的SBA-15二氧化硅介孔分子筛作为模板的成功是由于侧壁中存在互连的微孔。值得一提的是，除了基于溶液的浸渍以将前体填充到模板的孔体积之外，化学气相沉积还能够填充孔体积。

7.2.4.1.1 模板候选

二氧化硅基有序介孔结构(例如MCM，SBA，FDU，MSU-H和HMS系列)有助于多种OMC结构的合成，例如具有多个对称性的立方结构，面心立方，体心立方和2D六角形结构。一些努力也集中在使用胶体纳米颗粒(NPs)的合成后的有序结构作为硬模板上。现在，OMC孔径主要由NP尺寸决定，因此可以轻松地在较大范围内调节孔径[98]。二氧化硅NP，聚合物珠(例如聚苯乙烯球)等均可使用。氧化铁纳米颗粒很有趣[99]，因为铁可以在较低的温度下(<1000℃)催化诱导石墨化[100]。

二氧化硅基模板的主要优点是介孔的高度有序结构，但关键的缺点是必须进行酸处理才能去除模板。强酸处理确实会影响碳表面及其功能。这类似于碳纳米材料化学气相沉积后去除催化剂和催化剂载体所需的不希望有的酸处理[101]。尽管形成的缺陷可能在电化学系统中有用，但有序结构的材料在原子尺度上损失了。还引入了其他模板，例如 MgO[102-104]，可以使用轻酸处理将其除去，但中孔的均匀性不及基于二氧化硅的模板水平。但是，这种模板的另一个显著优点是扩大材料生产的实际可行性。

7.2.4.1.2　碳前体

在高温碳化和石墨化过程中，前体的分子结构将决定结构骨架的收缩和骨架中微孔生成的可能性，因此，形成了 OMC 的形态和 SSA。常用的前体可分为具有疏松分子结构的那些，例如糖，蔗糖和糠醇，以及具有致密芳族结构的那些，例如沥青，pyr，聚丙烯腈。使用后一类前体，OMC 可以以最小的框架收缩，较高的机械强度和可忽略的微孔率复制硬模板的反向图像。相反，如果使用结构疏松的前体，骨架收缩将增加中孔尺寸，尤其是在骨架中会产生微孔，从而导致双峰孔径分布和更大的 SSA。当使用 SBA-15 二氧化硅模板时，由于模板孔壁中的微孔，也可能在 OMC 中产生微孔[105,106]。

尽管二氧化硅是制备 OMC 的理想模板，但是模板的去除是费时的，其他介孔模板可以具有一些优势。如果 OMC 的目标应用是在电化学系统中，那么材料是极好的模板。由于牺牲了所使用的模板，这种基于硬模板的策略在成本上有其固有的局限性。但是，它确实具有几个突出的优点。浸渍机制提供了相对容易的过程，以精确地复制硬模板的负像，并且硬模板的性质确保了热解过程对结构规则性和有序性的损害较小。该方法的另一个突出优点是更容易将硬模板内形成的 OMC 进行石墨化处理。

7.2.4.2　OMC 的软模板方法

软模板法已广泛用于合成各种介孔材料，包括沸石，二氧化硅，无机金属氧化物和介孔碳。可以通过自组装嵌段共聚物表面活性剂和碳前体的方法直接合成 OMC，而不是通过蚀刻来牺牲模板[107-109]。该方法的优点是无需模板去除步骤，即有点破坏性。用这种方法可以容易地合成 3~7nm 的中孔的 OMC。碳前驱物与表面活性剂之间的相互作用决定了软模板的自组装，从而决定了孔结构。该策略源于 M41S 系列二氧化硅材料的开拓性工作。复合胶束的自组装产生有序的介孔结构碳。除去软模板并进一步碳化剩余的前体聚合物，可得到具有确定的对称性和孔径的 OMC。

自从软模板 OMC 逐步组装方法的有报道以来[107]，袁教授的研究小组[110]已经全面审查了使用这种方法合成 OMC 方面的巨大进步。以球形[111]的形式合成了各种 OMC，rhomb-十二面体[112]，线[113]和带[114]薄膜[107]或整体式材料[115]。通过超分子组装软表面活性剂模板的策略可以通过蒸发诱导自组装(EISA)或水热过程来实现。嵌段共聚物和甲阶酚醛树脂的 EISA 是一种灵活的方法，因为它可以将甲阶酚醛树脂的交联和热聚合过程与自组装过程分开。在溶剂蒸发表面上形成有序的介孔结构，因此可以生产 OMC 膜。已使用此方法制备了具有 2D 六角形、层状、3D 双连续、体心立方和其他结构的不同 OMC[116]。使用水代替有机溶剂是一种替代方法[117]，其中表面活性剂驱动的自组装和碳前体聚合发生合作过程。这样的水性路线提供了更好的再现性，并且适合于大规模生产。据报道，水热过程还制造了 OMC[110,115]。

具有表面活性剂再循环的直接合成为大规模生产提供了机会。该策略的挑战在于，当前可用的软模板选项主要限于嵌段共聚物和酚醛树脂的前体。嵌段共聚物将最小孔径限制为约 3nm 两亲分子作为模板以探索较小的孔径。通过比较这两种不同方法合成的 OMC，可以发现软模板 OMC 具有厚的孔壁和连续的骨架，因此可以在苛刻的热处理和氧化处理中提供稳定的功能。但是，硬模板 OMC 易于石墨化，而软模板 OMC 则很难[118]。

可以通过合成后修饰来改变 OMC 的形态(包括比表面积，孔径和体积)。KOH 活化是工业上用于在活性炭中产生微孔的常用方法[119-121]。根据活化条件(温度、浓度等)，所产生的微孔可以相互融合形成中孔或形成微孔。在后一种情况下，微孔可以在中孔之间建立捷径桥，这对电化学性能是有益的[122]。这种活化方法可使 OMC 的比表面积增加一倍。

7.2.5 介孔碳材料的功能化和改性

直接合成和后合成处理两种方法已用于功能化 OMC。前者可以在很宽的条件下工作，并能以高负载量和相对均匀的官能团分布生产碳，尽管获得的结构顺序似乎更糟。后者在引入官能团方面表现出高度的可变性。但是，通过一种方法制备多功能的 MC 仍然是一个主要挑战。因此，直接合成与合成后处理相结合可能是实现此目标的有效方法[123]。然而，所有 MC 在化学官能化方面均表现出相当不活跃的表面，并且在高温碳化过程中含氧基团的数量减少了。因此，它们的进一步化学修饰并不简单。但是，这些官能团的数量可以通过随后与酸或臭氧的氧化反应[124,125]来增加，或者通过用含有 N 和 S 等杂原子的不同官能团取代这些基团来增加[126,127]。

7.2.5.1 表面处理

介孔碳的表面改性已被认为是构建用于特定任务的碳材料的有用策略，因为各种有机基团都可以附着在其表面上。此外，极性基团的引入可以有利于碳表面对于极性溶剂的润湿性。对于不具有含氧基团的中孔碳，在受控条件下进行表面氧化可引入各种基于氧的有机基团，例如酮、羧酸、羧酸酐、醚、苯酚、内酯和内酯基，可通过共价键进一步改性[128]。多种活性气体(例如氧气、臭氧、一氧化二氮、一氧化氮)或氧化剂(例如硝酸、过氧化氢、次氯酸盐、过硫酸盐)发生相互作用，配位、静电或氢键相互作用可导致碳骨架的表面氧化[129]。硝酸或过氧化氢溶液是该工艺的常用反应物，因为这些氧化易于控制，避免了碳壁的过度腐蚀或多孔结构的塌陷。例如，可以通过硝酸的浓度、反应温度或反应时间来调节表面氧化程度。

实际上，具有磺酸基团的中孔碳的官能化导致了一系列多孔酸材料的产生。人们对于酸促进的精细化学品的生产非常感兴趣。在化学工业中使用液态酸的传统方法通常会导致大量的酸废物，从绿色化学的角度来看，这是不希望发生的。通过浓 H_2SO_4进行的苛刻的磺化过程通常导致中孔结构的破坏。作为一个有吸引力的替代方案，Tang 和同事显示了软模板 OMC 的磺化反应，其中苯磺酸含有由 4 个氨基苯磺酸与亚硝酸异戊酯反应而原位生成的芳基[130]。适度的共价接枝条件可以保留有序的介孔碳的结构。磺化 OMC 可以促进油酸和甲醇的酯化。因此，具有表面 SO_3H 基团的 OMC 是用于环保催化的有前途的固体酸。

用重氮化合物进行化学修饰(重氮化)也是将有机基序接枝到 OMC 表面的有效方法。通过重氮化过程获得的活性苯基自由基中间体可以与碳表面反应。Li 等[131]报道了由特定的重氮化合物对 OMC(例如 CMK-5)进行表面功能化，该化合物由 4-取代的苯胺和亚硝酸异戊酯原位生成。可以将含有氯、酯和烷基的不同有机分子以 0.9~1.5 μmol/m^{2}的接枝密度引入这些 OMC 的表面。Dai 集团[132]还开发了一种基于重氮盐的 IL，用于通过热分解或电化学还原重氮离子对 OMC 进行表面改性。

7.2.5.2 纳米复合材料

用有机分子或无机金属或金属氧化物纳米颗粒对多孔结构进行功能化可以为母体材料带来新的特性。这将扩大OMC在各种领域的应用潜力，包括吸附、分离、传感、能量存储和转化以及催化。具有均匀孔和高比表面积的高度有序的多孔结构将为装饰具有不同功能的表面提供足够的空间，这将有助于增强各种应用的特性。然而，在介孔内没有任何团聚地制造这些功能性是非常具有挑战性的，因为这些功能性的均匀分布是在某些特定应用中提高这些材料的性能的关键。关于金属、金属氧化物、合金、金属络合物、石墨烯和胺或胺络合物以及蛋白质功能化的OMC的研究已见诸报道[133]。

7.2.5.3 介孔杂原子掺杂碳

最近，人们在用杂原子修饰中孔碳的表面或/和主链上进行了很多努力，以开发功能性中孔碳。给电子和吸电子杂原子，例如B、N、或S已被掺入碳基体中，具有多种独特的性能。

杂原子掺杂赋予碳材料以酸性/碱性的特征。例如，结构氮会引起局部碱性，而硼掺杂会导致酸性增加。实际上，掺杂碳材料的酸性/碱性特性使其适合于非均相催化。戴和同事[134]通过磷酸活化制备了掺磷的OMC。作为固体酸催化剂，该物质在异丙醇脱水成丙烷中具有活性。Liu的研究小组通过用$(NH_4)_2HPO_4$作为磷源的浸渍方法修饰了OMC(CMK-3)，P掺杂的CMK-3在无氧条件下显示出丙烷脱氢为丙烯的良好活性[135a]。此外，在酚醛-F127体系的聚合反应中，可以使用磷酸和其他无机酸的不同混合物实现P掺杂到OMC中[135b]。F2在高温下具有高活性，而O_2的F_2活化可导致氟化的OMC材料。可以理解的是，杂原子改性会影响碳材料的物理性质。例如，氮掺杂可以增加碳的电导率，同时，富电子原子使相应的能带结构变窄。近年来，已证明杂原子掺杂的碳材料对燃料电池阴极中的ORR具有活性[136]。氮掺杂的碳尤其表现出出色的催化活性，并且在选择性和耐久性方面优于商用Pt/C。因此，氮掺杂碳被认为是该工艺的有前景的替代材料。

7.2.5.4 碳质感设计

如何设计和构造多孔碳的孔结构、微晶结构和表面化学性质是特定应用的重要任务。事实证明，诸如通过$ZnCl_2$，KOH，CO_2和NH_3进行活化处理的方法，通过为纳米多孔碳提供微孔性，尤其是那些具有高度发达的介孔结构的碳，可以有效地扩展其应用潜力。然而，在许多情况下，这些活化处理可能导致骨架坍塌甚至破坏中孔结构，从而破坏了原始纳米结构的独特性，并将其应用于某些领域。在各种应用领域中，都要求对碳表面进行亲水化处理，因为它可以使用水性/极性溶剂作为反应和/或分散介质。在表面修饰中，氧化处理是最方便，最常用的方法之一。在设计MC组织结构的方法中，控制MC材料的孔径和分布的实现是拓宽多孔材料应用的基石。通过采用溶胀剂或高分子量两亲嵌段共聚物，改变了通道的控制和设计，并优化了其原始性能，从而使MC材料更适合其潜在应用。

7.2.6 介孔碳材料的应用

由于具有不同官能团的纳米多孔碳可以提供有趣的化学和物理性质，因此这些材料被有效地用于各种应用。

7.2.6.1 电化学储能

7.2.6.1.1 用于超级电容器

高表面积炭一直是双层电容器(aka 超级电容器)的首选。制备具有极高表面积的碳并不难，但并非所有表面积都是电化学可及的。因此，大多数碳基超级电容器的比电容低于其理论容量。OMC 可以为电解质溶液中与带电离子的界面相互作用提供有序的基质。但是，这要根据中孔的大小。如果它们太小，则离子将不能在其中自由扩散；如果它们太大，则比表面积会很低。实际上，应根据形成双层的电活性物质的大小，电荷和结构，针对特定的超级电容器调整中孔[137]。Gogotsi 和 Simon[138]阐述了 OMC 的比电容对孔径的依赖性。通常，具有足够大孔隙的 OMC 的比表面积约为 1000 m^2/g，因此比电容可与其他类型的碳材料相比。

7.2.6.1.2 电池

7.2.6.1.2.1 锂离子电池

一方面，碳质材料无论是作为活性材料还是导电剂在锂离子电池的阳极和阴极中的重要作用都是显而易见的。

锂离子电池的大多数电极材料导电性差。碳是一种很好的导电剂，但它也阻止了锂的扩散。例如，$LiFePO_4$是一种很有前途的阴极材料，但它需要一种导电剂才能达到可接受的电导率，以将电荷从氧化还原部位转移到集电器。$LiFePO_4$/OMC 是通过一锅法合成的[139]。在这个方向上，OMC 为采用新颖的候选物铺平了道路，这些候选物不是实用的独立系统[140]。OMC 的 3D 结构包含电池电极材料的绝佳基质性能[141]。OMC 支架为制备电活性纳米复合材料提供了极好的基质，既可以用作阳极材料，也可以用作阴极材料。这些纳米复合材料中的大多数是通过原位孔填充方法制备的。在这种情况下，材料密度和机械稳定性足以满足实际应用。在这个方向上，OMC 体系结构至关重要，因为锂离子的扩散是决定速率的步骤。据报道，嵌入具有较大孔和较薄孔壁的 OMC 中的 Sn 纳米颗粒的锂电池性能更好。

7.2.6.1.2.2 金属硫电池

金属硫电池由于其高的比容量而导致了令人难以置信的高能量密度，因此最近引起了相当大的关注。这些类型的电池的主要挑战是硫阴极。由于硫是不导电的，因此应使用导电剂制备阴极。像类似的电池系统一样，碳是导电剂的首选，并且已使用多种形式的碳来制造 Li-S 阴极[142,143]。八硫(环-S_8)是硫的常见同素异形体，其还原在放电过程中，向 Li_2S 最终产物中添加锂是一个逐步过程，生成可溶于电解质的 Li_2S_n($n=4\sim8$)多硫化物中间体。溶解的多硫化物在硫阴极和锂阳极之间穿梭并在其上反应，从而在电池内部产生“化学捷径”。这种穿梭现象会导致活性材料不可逆转的损失，容量衰减，自放电和阳极蚀刻，以及其他许多不利影响。对于硫阴极而言，这是最艰巨的挑战。Nazar 和她的同事在 2009 年首次将 OMC/S 制备为有前途的 Li-S 电池阴极材料[144]。这个想法的有趣特征是，如果孔的尺寸合适，则硫可被截留在 OMC 结构中。这项工作通过在阳极基质中物理捕获和化学结合多硫化物，开创了 Li-S 电池开发的新纪元。

7.2.6.1.2.3 作为电催化剂载体

电催化剂通过降低反应活化能和降低活化阻挡层消耗的过量能量来参与电化学反应。它们在电化学燃料(H_2，CO，CH_4等)的生产和能量产生(例如燃料电池)中起着关键作用。广泛的电化学系统已将 Pt 或类似的贵金属或过渡金属氧化物用作电催化剂。在这些系统中，催化剂载体的作用至关重要，以使催化剂合理分散，从而提高系统效率并减少所需的昂贵催化剂的量。碳由于其导电性和高比表面积而成为理想的催化剂载体，中孔结构是最佳选择，其原因有二：催化剂的同时合成可导致以中孔为模板形成均匀的纳米颗粒；以及催化剂纳米颗粒可以均匀地分布在中孔结构上。然而，碳/催化剂纳米复合材料的制备并不像看起来那样容易[145,146]。初步研究表明，OMC 分散 Pt 纳米颗粒的能力要高于类似的碳纳米材料。这种被命名为 OMC 的催化剂有望用于各种应用，尤其是燃料电池。微孔的形态基本上是使金属催化剂在电化学可及的情况下能够良好分散的理想方式排列的。除金属纳米颗粒在 OMC 支架中的物理包埋以外，化学相互作用还可以改善 OMC 支撑的 Pt 的催化活性。带有氧基团的 OMC 可以在保留原始有序结构的同时帮助锚定 Pt 催化剂。

负载型金属催化剂，不仅要控制纳米粒子的大小和形状，而且要考虑载体与金属的相互作用。金属纳米粒子最主要的缺点是团聚倾向，可通过软模板路线掺入 OMC 并保持有序介孔结构，也可通过硬模板法实现。这种负载型催化剂，金纳米颗粒高度分散，具有更好的催化活性。碳材料本身也可作为催化剂，与工业催化剂相比，碳材料 OMC 可在温和条件下进行脱氢反应，具有高选择性和活性。反应过程中形成的表面碱性氧官能团，被认为是活性位点，用 HNO_3激活 OMC，可获得一种稳定的无金属催化剂，在丙烷直接脱氢时，无任何辅助蒸气，便具有高选择性和稳定性[90]。

7.2.6.2　吸附分离

吸附是纳米多孔碳最常规的应用，这是因为其表面积大，孔径分布可调且均匀。尽管具有纳米多孔性的优势，但显然，迄今为止，纯化过程(否则称为分离)仍然是一项艰巨的任务。因此，显然需要开发先进的纳米结构以用于有效的吸附和分离应用。

7.2.6.2.1　用于气体捕获和储存

由于通过各种人为因素导致的大气中二氧化碳浓度的增加，致使全球变暖而导致剧烈的气候变化，这不可避免地是当今时代的主要环境危机之一。碳基材料，特别是具有高度发达的结构参数的有序介孔碳基吸附剂，被认为是解决工业 CO_2排放问题的潜在解决方案。吸附剂有效捕集 CO_2所需的两个关键参数包括高比表面积和碳表面上存在含氮官能团[147]。

Wang 等[148]使用 SBA-15 作为模板捕获二氧化碳，通过硬模板程序合成了有序介孔碳 CMK-3. 277。他们报道了 $1115m^2/g$ 的表面积和 $1.11cm^3/g$ 的孔体积的材料在高浓度下吸附了 42mmol/g 的 CO_2。要注意的是，使用预先用水吸收的 CMK-3 可以观察到很高的 CO_2吸收率，而干燥的 CMK-3 可以将其降低到 18.5mmol/g。观察到吸附热为 55kJ/mol，这表明 CMK-3 和 CO_2之间有很强的物理吸附。

如前所述，在用 KOH 活化后，OMC 的质地特性得到了显著改善。特别地，活化后微孔的数量可以显著增加。Bao 等[149]报道，存在直径为 0.5 nm 的超微孔是增强源自聚吡咯的氮掺杂分层碳的 CO_2吸附和 CO_2/N_2选择性的关键因素，他们比较了 500℃和 800℃下制得的 N 掺杂碳的 CO_2吸附统计数据。尽管后者具有显著高的表面积，但仍显示出相对较少的 CO_2吸附量，这违背了通常的理论：高表面积会导致较高的 CO_2吸附。最终，低温碳化以保护超微孔的扩展和保留含氮官能团被认为是高 CO_2吸附的最关键参数之一。

氢是替代化石燃料的一种很有前途的可再生无污染能源，储氢材料尤为关键。存在的问题是虽然碳基材料吸附有许多优势，但纯碳吸氢容量很低。当金属颗粒分散在活性炭孔隙中时，可大大提高储氢能力。例如，氢吸附可通过包覆镍纳米颗粒作为氧化还原位点来改进，同时，多孔碳中加入镍也有利于储氢，然而，镍和氮的结合对储氢容量有害。此外，在高温下用 KOH、CO_2或水蒸气活化 OMC，由于促进了微孔碳结构生成，可大大提高储氢性能。作为自然界最丰富的生物聚合物，基于螯合机理，壳聚糖存在丰富的氨基和仲羟基基团，被广泛用于吸附过渡金属、贵金属和稀有金属离子，钴螯合壳聚糖溶液作为合成有序介孔碳的碳前驱体，钴嵌入所制备的材料中，显著提高了氢气的吸附能力[90]。

迄今为止，已经开发了各种技术用于分离和纯化气体，如低温精馏、吸收、膜分离和吸附。其中，吸附由于高效、易控制和低成本而广受欢迎。从 CH_4中分离出 O_2和 N_2，对天然气升级非常重要；从空气或氮气中，捕捉和去除 CO_2和甲烷，有利于控制温室气体排放。Deng 等报道了一种新型多功能 OMC 材料，具有高选择性和大容量吸附分离 CO_2/CH_4、CH_4/N_2、CO_2/N_2混合物的能力。此外，一些介孔碳复合膜也表现出良好的性能[90]。

7.2.6.2.2 有机物吸附

吸附已被证明是从水中去除污染物的有效技术，其中关键因素是开发经济有效的吸附剂。介孔碳特别适合于有机化合物的吸附，因为这些吸附剂主要是疏水性的，从而增加了对有机污染物的亲和力[150,151]。这些污染物的来源多种多样，从工业、制药到农业等。中孔碳的独特物理和化学性质，例如大的比表面积，大的孔体积，孔径控制和疏水性的调节在吸附应用中是有利的。中孔(2~50 nm)的存在对于各种大型有机分子(如有机染料、药物、酶、腐殖酸等)的吸附过程至关重要。它可以增加最大吸附容量并改善吸附动力学。介孔碳与芳族污染物之间的良好相互作用使其成为基于碳材料的传感器的理想选择。因此，进一步提高材料性能(例如表面积和孔体积)和/或控制表面几何形状是增强传感性能的关键[152]。

有机染料这些工业污染物可能会通过阻止光在水体中的渗透或转移而诱发诱变活性或对水生生物造成负面影响，使用市售的活性炭可以成功地去除它们。但是，较大的有机染料例如使用介孔碳可更有效地去除甲基橙(MO)或若丹明 B(RhB)OMC 。介孔碳具有出色的材料性能，可用作有机污染物的吸附剂。与小无序的微孔活性炭相比，中孔的存在可以吸附较大的被吸附物，并且通常可以提高吸附速率。迄今为止，大多数研究使用硬模板化的介孔碳作为吸附剂。由于孔的可调谐性和孔径分布，较新开发和更有效的软模板介孔碳的合成可能导致新的有趣的吸附应用。当吸附大染料分子时，碳的比表面积与吸附容量呈正相关。通过混合硬模板和软模板合成步骤的概念，以及将 TEOS 添加到软模板合成中，产生了具有显著更高的比表面积的中孔碳，从而导致染料吸附增加。吸附物和吸附剂孔径之间的空间效应或结构匹配是吸附过程中的第二重要因素。当吸附物变得非常大时，例如腐殖酸或溶菌酶，将需要非常大的孔径，可以通过软模板技术轻松获得。很大污染物的吸附能力通常不再与比表面积相关，而与中孔碳的孔径和体积相关。较大的孔径和体积会增加对大型污染物的吸附能力。有机化合物的吸附也是静电和非静电相互作用之间的相互作用，静电和非静电相互作用取决于在不同 pH 值下吸附剂和被吸附物的电荷[90]。

7.2.6.3 催化

对化石燃料消费的需求不断增长，几乎耗尽了化石燃料；因此，必须寻找和开发可再生能源，以防止化石燃料对环境的污染并减轻温室气体的排放。作为替代能源，许多可再生能源正在兴起和开发中，以替代耗尽的能源。其中，氢燃料由于具有无毒，充电速度快，稳定性高等特点，在催化中是一个受关注的领域。为了产生氢，已经使用了两种众所周知的途径，即脱氢和脱水。但是，后一种途径会释放出有毒的一氧化碳(CO)，这对环境非常危险，在制氢过程中应采取严格的控制措施。催化领域中持续存在的主要问题是产物的分离和催化剂的可重复使用性。因此，有必要制造与反应温度和反应介质的 pH 高度配合的有效多相催化剂。

朱等[153]报道了用氢氧化钠辅助还原的方法，用钯纳米颗粒沉积纳米孔碳以合成多相催化剂。这里使用氢氧化钠是因为金属均匀地分散在纳米孔碳的表面上，并且氢氧化钠的还原作用导致甲酸的分解产生了氢而没有 CO 副反应。N 掺杂的纳米多孔碳也用 AgPd 沸石骨架进行表面功能化以分解甲酸。这两个报告清楚地表明，纳米多孔碳比用 Pd 沸石装饰的沸石骨架更具优势。氧化在纳米孔碳的表面改性中起关键作用。Velasco 等[154]证明了纳米孔碳表面上的氧官能团可以增强孔内光的光电化学转化。光活性的增强是由于表面活性氧基团在光化学反应中的有效利用。

7.3 介孔氧化物材料

7.3.1 介孔氧化物的介绍

通常，通过表面活性剂与金属离子之间的相互作用形成有序的介孔金属氧化物。根据表面活性剂和金属源离子的比例和排列方式的不同，可以合成具有各种结构(六方结构、立方结构，层状结构等)的各种有序介孔金属氧化物材料。金属离子具有可变的价态，有序的介孔结构使这些材料具有许多优异的性能，广泛的应用引起了广泛的关注和研究。这种有序介孔材料具有比表面积和孔体积极高，孔结构规则，孔径分布窄，孔径连续可调，热稳定性好等特点，广泛应用于各种电极材料中[155,156]。

7.3.2 介孔氧化物的分类

有序的介孔金属氧化物由于其强大的化学活性，规则的结构，高的比表面积和许多其他优点而成为许多领域的研究重点。近年来，已经报道了许多介孔材料的制备方法，并且合成了各种有序介孔金属氧化物，例如 Co_4O_3、Al_2O_3、TiO_2、CeO_2、NiO_2、Cr_2O_3等。制备方法的不断改进使我们可以获得更多种类的有序介孔材料。

7.3.3 介孔氧化物的合成

7.3.3.1 沉淀法制备

沉淀法常用于制备催化剂。根据沉淀方式的不同，可分为单组分沉淀法、共沉淀法、均匀沉淀法、超均匀沉淀法等。Su 等[157]制备了以 KIT-6 为模板的三维(3D)Cu 掺杂介孔 CeO_2和以 SBA15 为模板的二维(2D)Cu 掺杂介孔 CeO_2，纳米铜-CeO_2通过沉淀反应合成。他们研究了组成相同但孔结构不同的掺杂 Cu 的 CeO_2催化剂对 CO 氧化的影响。结果表明，由于 3D 纳米 Cu-CeO_2具有 3D 孔结构，大的比表面积和丰富的表面氧种类，因此具有更优异的催化活性和对 CO 催化的稳定性。Sun 等[158]采用新的沉淀法，以铈-氧化锆固溶体为促进剂，制备了一系列核-壳结构的 $Ce_{0.75}Zr_{0.25}O_2$-Al_2O_3，采用共沉淀法和浸渍法制备了催化剂，并进行了比较钯的分散性、热稳定性和催化活性。结果表明，不同的制备方法可以形成不同的钯分散体。不同制备方法的钯分散示意图如图 7-7 所示。

Xin 等[159]使用双模板策略，通过湿氨渗透沉淀法制备了大孔/中孔金属氧化物和复合氧

化物 Ce_aTiO_x（a 表示 Ce/Ti 原子比），其组分均匀分布。结果表明，该复合氧化物在 NH_4-选择性催化还原 NO_x 方面具有较好的活性。这也证实了孔径对催化反应的贡献，并且该方法也可以推断为多种有序介孔复合金属氧化物的制备方法（Mn、Cr、Ti、La、Y、Sn、Zn、Ni 和 Co）。

从以上可以看出，在沉淀法制备催化剂的过程中，催化剂的性能受到许多因素的影响，例如原料的种类和浓度，沉淀剂的选择，共沉淀组分的比例，沉淀温度，pH 值等会影响催化剂的化学组成，粒径，比表面积，因此通过沉淀控制理想有序介孔材料的关键是控制制备条件。

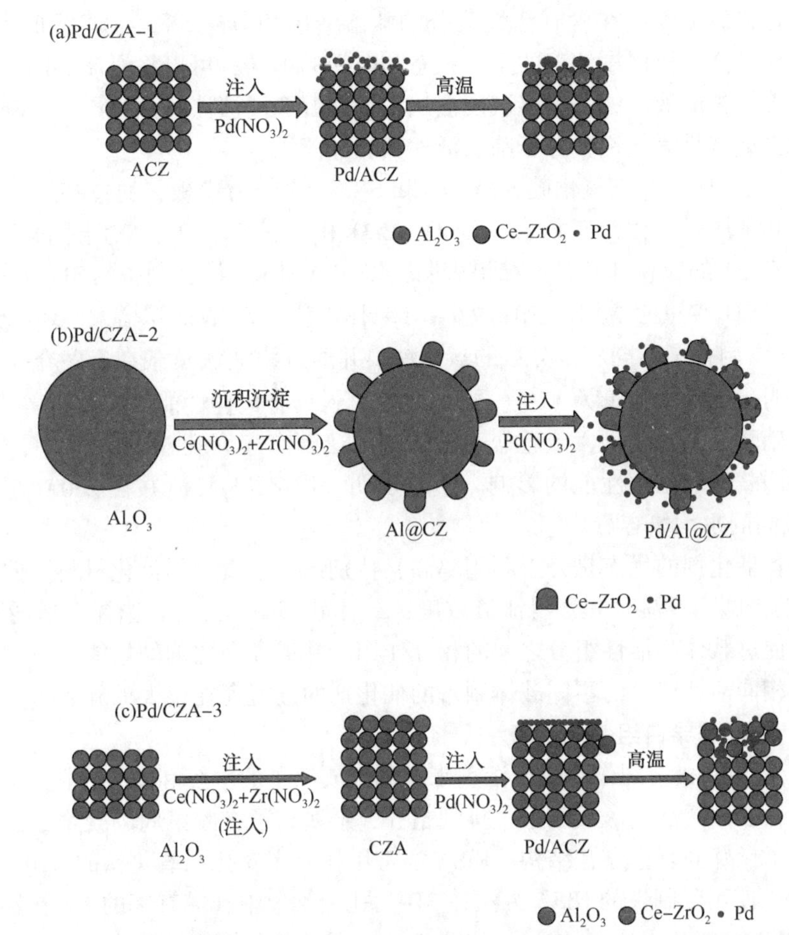

图 7-7　钯分散体不同制备方法的简要模式[159]

7.3.3.2　溶胶-凝胶法制备

溶胶-凝胶法是这样一种过程，其将原料分散在溶液中，形成活性单体，然后聚合形成溶胶，通过诸如分离和干燥之类的过程获得纳米粒子。胶体颗粒可以通过离了聚集或通过分散大物质而形成。后处理后，我们可以获得无定形沉淀的。该方法特别适用于氧化铝或二氧化硅负载的催化剂。Amini 使用环氧丙烷作为胶凝剂，分别以 $FeCl_3 \cdot 6H_2O$ 作为 Fe 前体，水作为溶剂[160]和 $Fe(NO_3)_3 \cdot 9H_2O$ 作为 Fe 前体，乙醇作为溶剂[161]，通过溶胶-凝胶法合成了不同 Cu/Fe 摩尔比的有序介孔 Fe-Cu 混合金属氧化物纳米粒子，并研究了这些纳米粒子在低温下 CO 转化的催化性能。实验表明，FeCu 15 个样品在低温下具有最高的比表面积和催化活性，CuO 和纯 Fe_2O_3 具有协同作用，显著提高了催化活性。Sobhani 等[162]用不同量的生物明胶通过水溶胶-凝胶法制备了有序的介孔 γ-氧化铝（γ-Al_2O_3），记为 G0、G2、G4、G6。

用溶胶-凝胶法制备的有序介孔材料简单有效。通过引入新的元素形成复合催化剂是提高催化剂性能的有效途径，有序介孔结构明显提高了催化效率。孔结构的大小，不同的制备方法和原料的量都是影响催化剂性能的重要因素。

7.3.3.3 浸渍法制备

浸渍方法是将载体浸渍在含有活性成分的盐溶液中的方法。浸渍方法通常包括两个要素：浸渍溶液和载体。根据浸渍液的量、状态和时间的不同，可以将浸渍法进一步分为过量溶液浸渍法，等体积溶液浸渍法，多次浸渍法，初期湿润浸渍法，蒸汽浸渍法和浸渍法、以此类推。通常，载体是氧化铝、分子筛、活性炭和硅藻土。

龚等[163]使用有序介孔二氧化硅 SBA-16 和 SBA-15 作为模板，通过初始湿浸渍法合成了各种有序介孔金属氧化物，如 Co_3O_4、NiO、CeO_2 和 $Ce_{0.7}Cu_{0.3}O_2$，它们通过更改模板的水热温度控制了 Co_3O_4 的粒径和孔径。结果表明，以 SBA-16 为模板制备的 3D 有序介孔 Co_3O_4 催化剂，随着 Co_3O_4 含量的增加，粒径减小，长期稳定性、比表面积增大，还原性能最强。

帕尔马等[164]制备了不同质量分数的氧化铁，并通过浸渍法负载在有序介孔 SiO_2 纳米颗粒上。研究表明，氧化铁含量为 17%（质）的复合材料具有最佳性能。Furtado 等[165]通过浸渍法将锌、铜、硝酸铁、氯化物、硫酸盐和碳酸盐浸渍到有序介孔 MCM-41 中，并研究了不同金属盐对相同载体的催化性能的影响。结果表明，用 $ZnCl_2$ 浸渍并在 250℃ 处理的 MCM-41 样品具有最高的平均氨容量。

浸渍法制备催化剂的优点是元素利用率高，特别适用于贵金属催化材料。催化剂性能与浸渍条件（辅助措施、浸渍时间、浸渍液浓度，载体状态等）有关。选择合适的载体可以简化模塑过程，促进载体与活性组分之间的相互作用，并提高催化剂的性能。由相同载体的不同活性组分或相同活性组分的不同载体制备的催化剂的性能存在很大差异。

7.3.3.4 蒸发诱导自组装法制备

EISA 是指使用有机溶剂作为反应溶剂来抑制金属离子的水解和团聚，随着溶剂的蒸发，浓度不断增加，表面活性剂形成胶束，排列整齐，金属离子在胶束周围凝聚除去表面活性剂模板后，形成了良好的有序介孔结构。EISA 通常用作有序介孔二氧化钛的合成。

Wang 等[166]使用限制性的 EISA 方法在 3D 大孔碳支架中合成有序的大/中多孔纳米结构 TiO_2（由 HOMMT-500 表示），合成过程如图 7-8 所示。前驱体溶液渗入 PS 胶体晶体模板的缝隙中，并在煅烧后形成大孔碳支架（步骤 1）。将获得的大孔碳支架浸入含有三嵌段共聚物 F127 和 TBOT 的 TiO_2 前体溶液中（步骤 2）。在溶剂蒸发的作用下，F127/TiO_2 复合材料在大孔碳支架中自组装。最后，煅烧后形成具有高晶体锐钛矿结构的 HOMMT，以提高结晶度并除去模板（步骤 3）。表征结果表明，HOMMT-500 具有高度结晶的锐钛矿结构，具有高度有序的中孔（11 nm）和良好的大孔连接（475~1350 nm），比表面积达到 235~159 m^2/g，孔体积达到 0.74~1.10cm^3/g，可以快速与反应物接触。分级的中孔结构设计是单个孔径的十倍。

Li 等[167]使用 EISA 方法制备了具有不同煅烧温度（400℃、500℃、600℃ 和 700℃）的 Al_2O_3。Cu-Mn 双金属催化剂由 Al_2O_3 担载。用 P123 和铝的前体在溶剂蒸发的作用下自组装，并通过时效和煅烧制备 Al_2O_3 载体。通过浸渍 Cu、Mn 的前体制备以氧化铝为载体的双金属催化剂。结果表明，在 400℃煅烧条件下，催化剂对 CO 的催化活性最高。

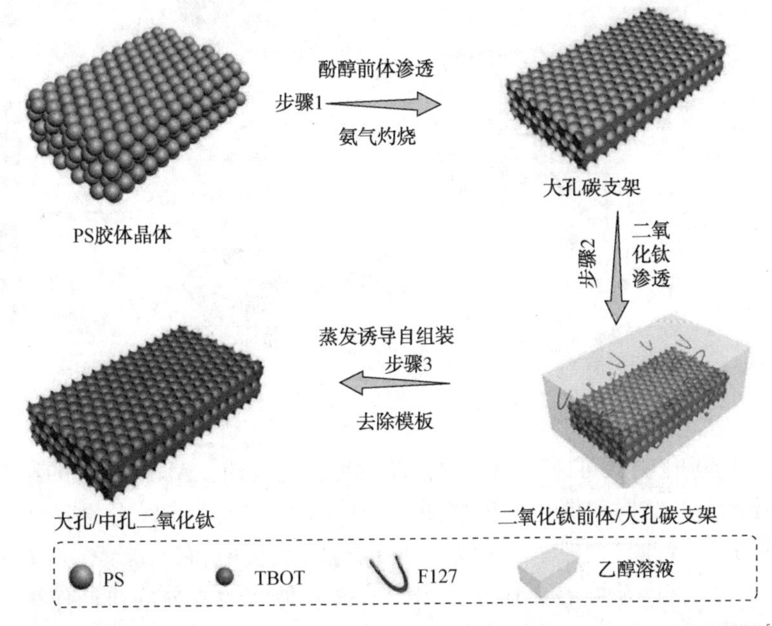

图 7-8 通过限制自组装策略示意性形成分层有序的大孔/中孔 TiO_2 纳米结构[166]

7.3.3.5 水热和溶剂热法制备

水热合成法是指在一定温度和压力条件下，通过水溶液中的化学反应形成稳定的化合物，反应温度通常在 100～1000℃之间，压力在 1MPa～1GPa 的范围内，反应器是高压釜、反应罐等。水热方法可用于有序介孔金属氧化物的改性。

Wu 等[168]使用嵌段共聚物模板在 180℃下对 Si 和 Ti 进行水热处理，合成了碳掺杂的高度有序的介孔 SiO_2-TiO_2 纳米复合材料(C-OMS@ TiO_2-Xs)。分析结果表明，高结晶度的 TiO_2 均匀分散在 SiO_2 中，碳原子掺杂在 TiO_2 晶格中，从而提高了对可见光的响应范围。该方法为 TiO_2 及其衍生物的开发和应用提供了思路。Han 等[169]合成了各种形式的 Ce［$Co(CN)_6$］，并研究了水热温度对催化剂形态的影响，合成过程和 SEM 如图 7-9 所示。首先，将 $Ce(CH_3COO)_3$ 和聚乙烯吡咯烷酮(PVP)溶解在乙醇水溶液中，缓慢添加到溶解的 K_3［$Co(CN)_6$］中，搅拌混合后，转移至 25℃、100℃、200℃的高压反应器中，沉淀将在 24h 后分离。煅烧后，形状相似。通过测试和分析，在 3D 有序介孔玫瑰花形催化剂 $CeCoO_x$ ($CeCoO_x$-200)中，存在更多的氧空位，更大的孔径，更多的活性成分以及对甲苯燃烧的更好的催化活性。完全转化温度(T100)为 200℃，耐湿性和稳定性良好。

湿化学中的一种重要方法是水(溶剂)热法。该方法具有工艺简单，溶液中离子混合均匀，分散性好，结晶度高，尺寸可调等优点。催化剂的大小、形态、活性与溶剂的类型、前体、反应温度有关。该方法也是改性催化剂和制备复合催化剂的有效方法。

7.3.4 介孔氧化物的改性策略

负载或掺杂是提高催化剂性能的最常用方法。徐等[170]制备了掺杂有不同钴-镍比的

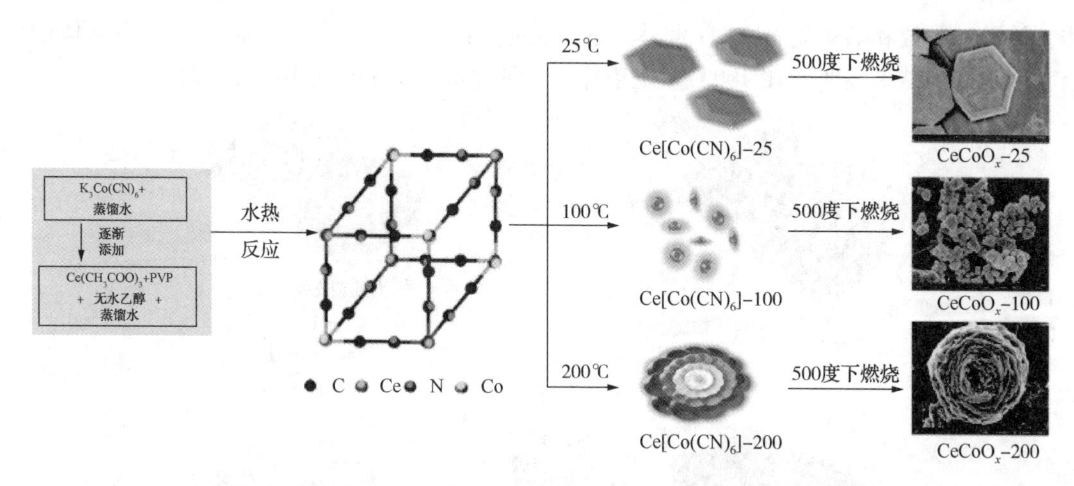

图 7-9　形成三种 $CeCoO_x$ 催化剂[169]

Al_2O_3有序介孔复合氧化物，可以为金属颗粒提供足够的表面，Al_2O_3骨架的结合阻止了金属颗粒的烧结。催化剂的结构和催化原理如图 7-10 所示。CH_4和 CO_2分别在活性中心和载体上被活化，并形成高活性自由基。自由基之间的碰撞使反应得以继续，从而形成了 CO 和 H_2。活性成分产生的自由基可能会相互溢出。发挥多种活性成分的协同作用。表征结果表明，掺杂的催化剂对 CH_4的 CO_2重整具有更强的性能。

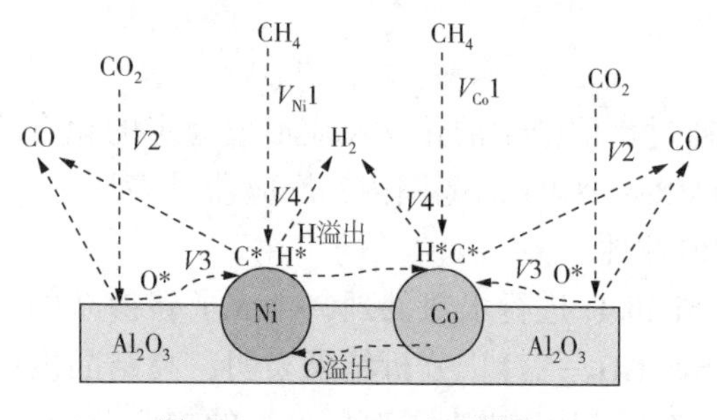

图 7-10　Co-Ni 双金属催化剂中拟议的协同作用机理[175]

Lin 等[171]使用石墨烯涂覆有序的介孔金属氧化物(SnO_2、Mn_3O_4)，形成核-壳结构。与纯金属氧化物相比，该复合材料的电性能和稳定性有了很大的提高。Koo 等[172]使用 Al_2O_3柱掺杂 Co_3O_4，他们发现当 Al_2O_3含量为 5%(质)时，Al_2O_3-Co_3O_4有很强的相互作用，并保留了高度有序的介孔结构。可以看出，单一材料的性能很难满足我们的需求。材料的改性不仅需要改进制备工艺，还需要尝试制备复合材料，充分发挥各种材料的协同作用。

7.3.5　介孔氧化物的应用

7.3.5.1　在氧化碳催化转化中的应用

有序的介孔材料在碳氧化物的催化转化中具有重要的应用。一氧化碳是一种重要的大气污染物，会对人类造成严重伤害。二氧化碳是一种重要的温室气体。因此，开发稳定有效的碳氧化物催化转化催化剂非常重要。龚等[173]通过热分解方法制备了有序介孔 CuO-CeO_2催化剂。性能分析表明，通过在 650℃下煅烧 4h 可以得到活性最高的催化剂 $Cu_{0.3}Ce_{0.7}O_2$，这对 CO 氧化性能具有重要意义，研究者还发现随着煅烧温度的升高，相互作用 CuO 和 CeO_2之间的结合力变强，产生更高程度分散的 CuO 团簇和氧空位，但是太高的温度(750℃)则会产生相反的作用。关于有序介孔催化剂催化的 CO_2和 CH_4重整的研究也很多。王等[174]通过 EISA 和两步煅烧的方法合成了具有均匀孔径、高比表面积和大孔体积的有序介孔 TiO_2。中孔结构使活性成分存在于孔结构中，有助于气体的扩散和活化，气体分子的顺畅流动改善了电子空穴的分离和传输。TiO_2具有较高的CO_2光催化还原活性，其CO_2转化率分别为无序介孔TiO_2和市售TiO_2的51倍和73倍。Li等[175]合成具有不同Zr含量的中孔Al_2O_3，然后浸渍含镍的硝酸溶液以制备用于甲烷的低温二氧化碳重整的镍基催化剂。结果表明，添加Zr有助于有序介孔骨架的稳定性和CO_2的分解。当Zr/(Zr + Al)的摩尔比为0.5%时，Ni/0.5ZrO_2-Al_2O_3催化剂的活性最高。在650℃下反应16h后，二氧化碳转化率降低了约10%。

7.3.5.2 在VOCs催化转化中的应用

VOC是常见的空气污染物，随着行业的快速发展，VOC的类型和排放量不断增加，例如甲醛、甲苯、二甲苯、苯乙烯等。有序介孔金属氧化物催化剂被广泛用于VOC的去除。Sinha等[176]通过阳离子超分子模板法制备了稀土金属氧化物。该材料具有3D有序介孔结构，在室温下表现出很强的甲苯去除能力。浸渍Pt后，该材料去除甲苯的能力进一步提高(约58%)。Ryu等[177]用有序介孔Al_2O_3作为基质，用甲苯模拟VOC气体负载了各种金属氧化物。他们研究了晶相和孔结构对催化剂的影响。同时，他们讨论了在室温下与臭氧的氧化反应，该研究发现Mn/γ-Al_2O_3具有最高的催化活性，甲苯和臭氧的去除率分别为98.94%和89.39%。Masunga等[178]通过抗表面活性剂胶束法合成了具有单分散纳米颗粒聚集体的有序介孔氧化锰、氧化钴和混合锰氧化钴。进行了苯乙烯的选择性氧化，结果表明催化剂结构稳定，氧化锰对苯乙烯的选择性最高，杂锰钴氧化物对苯乙烯的活性最高。

7.3.5.3 在NO_x催化转化中的应用

去除氮氧化物的方法很多，其中，稀土类低温反硝化催化剂对NO_x的去除效果好。除了催化剂的组成之外，催化剂的结构也是影响催化剂性能的重要因素。詹等[179]用KIT-6作为硬模板制备了有序介孔WO_3(X)-CeO_2(X表示摩尔比)。Wang等[180]做了类似的工作，他们通过纳米浇铸法制备了一系列有序的介孔CuM/CeO_2(M=Fe、Co和Mn)催化剂。结果表明，合成的催化剂孔径分布窄(3~8nm)，比表面积高(146~193m^2)，CuCo/CeO_2性能更好，NO脱附温度低，氧空位丰富，活性高。在很宽的温度范围内，在200℃下，NO_x的转化率超过80%。Ravat等[181]通过水热法合成了含有Pd、Pt、Rh、Ir的介孔MCM-41分子筛，并应用于CO还原NO，研究表明，CO还原NO的催化活性依次为Rh>Ir> Pd> Pt，RhMCM-41的尺寸较小，并且在低温下具有很大的活性。

7.3.5.4 其他应用

除了在上述应用中引入有序的介孔金属氧化物外，有序的介孔金属氧化物还可以用于甲醇的催化氧化[182]，光催化[183]和催化酯交换反应。Wang等[184]通过自组装法制备了一系列有序的介孔硫酸盐氧化锆(OMSZ)，表征结果表明该催化剂为六方有序结构，比表面积达到183m^2/g。废煎炸油酯交换反应的催化活性在200℃下反应6h，收率达到92%。Wang等[185]通过纳米浇铸法合成以SBA-16或KIT-6为模板的有序介孔NiO(m-NiO-s和m-NiO-k)，并通过柠檬酸法合成大量NiO(b-NiO-c)。

介孔结构在催化过程中在反应、扩散、吸附、活化和迁移方面显示出明显的优势。制备工艺的改进和元素的掺杂可以改善有序介孔材料性能，进一步扩大有序介孔材料在催化领域的应用。然而，有序介孔氧化物催化剂还面临一些问题，例如结构稳定性差，介孔通道容易堵塞，生产成本高以及催化机理还不够清楚等。因此，有必要改进制备工艺并开发新方法[186]。

参 考 文 献

[1] 赵丽，余家国，赵修建，等. 介孔纳米结构材料的研究与发展[J]. 稀有金属材料与工程，2004，33(1)：5-10.

[2] 王冲，罗劭娟，任艳群，等. 硅基介孔材料研究进展[J]. 化学工程，2011，39(12)：21-25.

[3] 孙永军. 介孔材料的研究进展[J]. 山东建筑大学学报，2009，24(4)：362-368.

[4] 古丽米娜，姚建曦，李晓天，等. 硅基、非硅基介孔材料的研究进展[J]. 材料导报，2013，27(9)：25-28.

[5] Kresge C T，Leonowicz M E，Roth W J J，et al. Ordered mesoporous molecular sieves synthesized by liquid-crystal template mechanism[J]. Nature，1992，359(6397)：710-712.

[6] Zhao D，Feng J，Huo Q，et al. Triblock copolymer syntheses of mesoporous silica with periodic 50 to 300 angstrom pores[J]. Science，1998，279(5350)：548-552.

[7] Yu C，Yu Y，Zhao D. Highly ordered large caged cubic mesoporous silica structures templated by triblock PEO-PBO-PEO copolymer[J]. Chemical Communications，2000，7：575-576.

[8] Huang L，Yan X，Kruk M. Synthesis of ultralarge-pore FDU-12 silica with face-centered cubic structure [J]. Langmuir，2010，26(18)：14871-14878.

[9] Nancy Martín，Alejandro López-Gaona，Viniegra M，et al. Synthesis and characterization of a mesoporous HMS and its use as support of platinum catalysts[J]. Reaction Kinetics Mechanisms & Catalysis，2010，101(2)：491-500.

[10] Wang G，Zhang H，Zhu Q，et al. Sn-containing hexagonal mesoporous silica (HMS) for catalytic dehydrogenation of propane：An efficient strategy to enhance stability[J]. Journal of Catalysis，2017，351：90-94.

[11] Lebeau B，Zana R，Lesaint C，et al. Fluorescence probing investigation of the mechanism of formation of MSU-type mesoporous silica prepared in fluoride medium[J]. Langmuir：The ACS Journal of Surfaces and Colloids，2005，21(19)：8923-8929.

[12] Liu F，Willhammar T，Wang L，et al. ZSM-5 zeolite single crystals with b-axis-aligned mesoporous channels as an efficient catalyst for conversion of bulky organic molecules[J]. Journal of the American Chemical Society，2012，134(10)：4557-60.

[13] Petushkov A，Yoon S，Larsen S C. Synthesis of hierarchical nanocrystalline ZSM-5 with controlled particle size and mesoporosity[J]. Microporous & Mesoporous Materials，2011，137(1-3)：92-100.

[14] Sonwane C G，LI Q. Molecular simulation of RMM：ordered mesoporous SBA 15 type material having microporous ZSM-5 walls[J]. J Phys Chem(B)，2005，109 (38)：17993-17997.

[15] 魏亚青，吕江维，任君刚，等. 介孔硅纳米材料的制备及其在药物缓控释中的应用进展[J]. 化学与生物工程，2019，36(11)：1-7.

[16] Ogawa M，Igarashi T，Kuroda K. Preparation of transparent silica-surfactant nanocomposite films with controlled microstructures[J]. Bulletin of the Chemical Society of Japan，2006，70(11)：2833-2837.

[17] Ayral A，Balzer C，Dabadie T，et al. Sol-gel derived silica membranes with tailored microporous structures [J]. Catalysis Today，1995，25(3-4)：219-224.

[18] Klotz M，André Ayral，Guizard C，et al. Silica coating on colloidal maghemite particles[J]. Journal of Colloid & Interface Science，1999，220(2)：357.

[19] Melosh N A，Davidson P，Feng P，et al. Macroscopic shear alignment of bulk transparent mesostructured silica[J]. Journal of the American Chemical Society，2001，123(6)：1240.

[20] Anderson M T，Martin J E，Odinek J G，et al. Effect of methanol concentration on CTAB micellization and on the formation of surfactant-Templated Silica (STS)[J]. Chemistry of Materials，1998，10(6)：1490-1500.

[21] Anderson M T , Martin J E , Odinek J G , et al. Synthesis of periodic mesoporous silica thin films[J]. MRS Online Proceeding Library Archive, 1996, 431: 217-223.

[22] Yang H , Coombs N , Mamicheafara S , et al. Synthesis of oriented films of mesoporous silica on mica[J]. Nature, 1996, 379(6567): 703-705.

[23] Clark Wooten M K , Koganti V R , Zhou S , et al. Synthesis and nanofiltration membrane performance of oriented mesoporous silica thin films on macroporous supports[J]. Acs Appl Mater Interfaces, 2016, 8(33): 21806-21815.

[24] A W G , A B Z , B H G , et al. The catalytic oxidation of isoamyl alcohol on modified hexagonal mesoporous silicas (HMS)[J]. Catalysis Communications, 2017, 98: 57-60.

[25] 陈平，王晨，王瑶，等. MCM-41 介孔分子筛合成与改性的研究进展[J]. 硅酸盐通报，2017，36(9)：3024-3029.

[26] 赵杉林，张扬健，孙桂大，等. MCM-41 沸石分子筛的微波合成与表征[J]. 石油化工，2014，28(3)：139-141

[27] Hu Y , Sun L , Tang S. Controllable synthesis of mesoporous silica with ionic liquid-supramolecular organogel cotemplate[J]. Crystal Growth & Design, 2020, 20(10): 6400-6406.

[28] Wei W , Yang Z. Template synthesis of hierarchically structured composites[J]. 2008, 20(15): 2965-2969.

[29] Jr K , Scott A S , Gimon-Kinsel M E , et al. Oriented films of mesoporous MCM-41 macroporous tubules via pulsed laser deposition[J]. Microporous & Mesoporous Materials, 2000, 38(1): 97-105.

[30] Nishiyama N , Tanaka S , Egashira Y , et al. Enhancement of structural stability of mesoporous silica thin films prepared by spin-coating[J]. Chemistry of Materials, 2002, 14(10): 4229-4234.

[31] Nishiyama N , Tanaka S , Egashira Y , et al. Vapor-phase synthesis of mesoporous silica thin films[J]. Chemistry of Materials, 2003, 15(4): 1006-1011.

[32] Gou K , Wang Y , Xie L , et al. Synthesis, structural properties, biosafety and applications of chiral mesoporous silica nanostructures[J]. Chemical Engineering Journal, 2020, 421: 127862.

[33] Sakamoto Y , Kaneda M , Terasaki O , et al. Direct imaging of the pores and cages of three-dimensional mesoporous materials[J]. Nature, 2000, 408: 449-453.

[34] Tan B , Dozier A , Lehmler H J , et al. Elongated silica nanoparticles with a mesh phase mesopore structure by fluorosurfactant templating[J]. Langmuir, 2004, 20(17): 6981-6984.

[35] Yang H , Ozin G A , Kresge C T. The role of defects in the formation of mesoporous silica fibers, films, and curved shapes[J]. Advanced Materials, 1998, 10(11): 883-887.

[36] Kim W J , Yang S M. Helical mesostructured tubules from taylor vortex-assisted surfactant templates[J]. Advanced Materials Deerfield Beach Then Weinheim, 2001, 13(15): 1191-1195.

[37] Han Y , Zhao L , Ying J Y. Entropy-driven helical mesostructure formation with achiral cationic surfactant templates[J]. Advanced Materials, 2007, 19(18): 2454-2459.

[38] Zhou L , Hong G , Qi L , et al. Seeding-growth of helical mesoporous silica nanofibers templated by achiral cationic surfactant[J]. Langmuir, 2009, 25(11): 6040-6044.

[39] 路平超. 手性/空心棒状介孔纳米二氧化硅的制备[D]. 天津：天津大学，2015.

[40] Gong J , Lu P , Dong W , et al. Synthesis and formation mechanism of chiral mesoporous silica using achiral surfactant as template[J]. Journal of Tianjin University(Science and Technology), 2016, 49(8): 785-789.

[41] Che S , Garcia-Bennett A E , Yokoi T , et al. A novel anionic surfactant templating route for synthesizing mesoporous silica with unique structure[J]. Nature Materials, 2003, 2(12): 801-805.

[42] Che S , Liu Z , Ohsuna T , et al. Synthesis and characterization of chiral mesoporous silica[J]. Nature, 2004, 429(6989): 281-284.

[43] Wang Y, Ke J, Gou K, et al. Amino functionalized mesoporous silica with twisted rod-like shapes: Synthetic design, in vitro and in vivo evaluation for ibuprofen delivery[J]. Microporous and Mesoporous Materials, 2019, 294: 109896.

[44] Wan-Qi Xiong, Lv Y, Peng B, et al. Enantioselective resolutions by high-performance liquid choromatography using chiral inorganic mesoporous silica[J]. Separation Science Plus.

[45] Brunacci A, Jouanique-Dubuis C. Organic light emitting material formulation[P]. EP: EP1883124 A1, 2008-01-30.

[46] Paik P, Gedanken A, Mastai Y. Enantioselective separation using chiral mesoporous spherical silica prepared by templating of chiral block copolymers[J]. Acs Applied Materials & Interfaces, 2009, 1(8): 1834.

[47] Jung J H, Ono Y, Hanabusa K, et al. Creation of both right-handed and left-handed silica structures by solgel transcription of organogel fibers comprised of chiral diaminocyclohexane derivatives[J]. Journal of the American Chemical Society, 2000, 122(20): 5008-5009.

[48] Wang L, Li Y, Wang H, et al. Nanofabrication of helical hybrid silica nanotubes using anionic gelators[J]. Materials Chemistry & Physics, 2010, 124(1): 609-613.

[49] Zhou J, Zhu F, Li J, et al. Concealed body mesoporous silica nanoparticles for orally delivering indometacin with chiral recognition function[J]. Materials Science and Engineering: C, 2018, 90: 314-324.

[50] Guo Y, Gou K, Yang B, et al. Enlarged pore size chiral mesoporous silica nanoparticles Loaded Poorly Water-Soluble Drug Perform Superior Delivery Effect[J]. Molecules, 2019, 24(19): 3552.

[51] Wang Y, Ke J, Gou K, et al. Amino functionalized mesoporous silica with twisted rod-like shapes: synthetic design, in vitro and in vivo evaluation for ibuprofen delivery[J]. Microporous and Mesoporous Materials, 2019, 294: 109896.

[52] Wang X, Li C, Fan N, et al. Amino functionalized chiral mesoporous silica nanoparticles for improved loading and release of poorly water-soluble drug[J]. Asian Journal of Pharmaceutical Sciences, 2019, 14(4): 405-412.

[53] Li J, Guo Y, Li H, et al. Superiority of amino-modified chiral mesoporous silica nanoparticles in delivering indometacin[J]. Artificial Cells, 2017: 1-10.

[54] Xie M, Shi H, Ma K, et al. Hybrid nanoparticles for drug delivery and bioimaging: Mesoporous silica nanoparticles functionalized with carboxyl groups and a near-infrared fluorescent dye[J]. Journal of Colloid & Interface Science, 2013, 395(Complete): 306-314.

[55] Du X, Li X, Xiong L, et al. Mesoporous silica nanoparticles with organo-bridged silsesquioxane framework as innovative platforms for bioimaging and therapeutic agent delivery[J]. Biomaterials, 2016: 90-127.

[56] Tsou C J, Hung Y, Mou C Y. Hollow mesoporous silica nanoparticles with tunable shell thickness and pore size distribution for application as broad-ranging pH nanosensor[J]. Microporous & Mesoporous Materials, 2014, 190: 181-188.

[57] Rosenholm J M, Mamaeva V, Sahlgren C, et al. Nanoparticles in targeted cancer therapy: mesoporous silica nanoparticles entering preclinical development stage[J]. Nanomedicine, 2012, 7(1): 111-120.

[58] Rosenholm J M, Meinander A, Peuhu E, et al. Targeting of porous hybrid silica nanoparticles to cancer cells[J]. Acs Nano, 2009, 3(1): 197-206.

[59] Hu Y, Cai K, Luo Z, et al. Layer-by-layer assembly of β-estradiol loaded mesoporous silica nanoparticles on titanium substrates and its implication for bone homeostasis[J]. Advanced Materials, 2010, 22(37): 4146-4150.

[60] Kim T H, Kim M, Eltohamy M, et al. Efficacy of mesoporous silica nanoparticles in delivering BMP-2 plasmid DNA for in vitro osteogenic stimulation of mesenchymal stem cells[J]. Journal of Biomedical Materials

Research Part A, 2013, 101A(6): 1651-1660.

[61] Krishnamurthy A, Adebayo B, Gelles T, et al. Abatement of gaseous volatile organic compounds: a process perspective[J]. Catalysis Today, 2020, 350(15): 100-119.

[62] Nomura A, Jones C W. Airborne aldehyde abatement by latex coatings containing amine-functionalized porous silicas[J]. Industrial & Engineering Chemistry Research, 2015, 54(1): 263-271.

[63] Chen J, Sun C, Huang Z, et al. Fabrication of functionalized porous silica nanocapsules with a hollow structure for high performance of toluene adsorption-desorption[J]. ACS Omega, 2020, 5(11): 5805-5814.

[64] Hu W C, Zhao Y Q, Yang Y, et al. Microwave-assisted extraction, physicochemical characterization and bioactivity of polysaccharides from Camptotheca acuminata fruits[J]. International journal of biological macromolecules, 2019, 133: 127-136.

[65] Canlas C P, Pinnavaia T J. Silica mesophases intercalated by cross-linked micelles of a sustainable oleyl diamine surfactant and metal ion uptake properties thereof[J]. New Journal of Chemistry, 2016, 40(5): 4406-4413.

[66] Gunathilake C, Jaroniec M. Mesoporous calcium oxide-silica and magnesium oxide-silica composites for CO_2 capture at ambient and elevated temperatures[J]. Journal of Materials Chemistry A, 2016, 4: 10914-10924.

[67] Han Y, Xiao F S, Wu S, et al. A novel method for incorporation of heteroatoms into the framework of ordered mesoporous silica materials synthesized in strong acidic media[J]. Journal of Physical Chemistry B, 2001, 105(33): 7963-7966.

[68] Wu S, Han Y, Zou Y C, et al. Synthesis of heteroatom substituted SBA-15 by the "pH-adjusting" method [J]. Chemistry of Materials, 2004, 16(3): 486-492.

[69] Wu Z Y, Jiang Q, Wang Y M, et al. Generating superbasic sites on mesoporous silica SBA-15[J]. Chemistry of Materials, 2006, 18(19): 4600-4608.

[70] Bhat W F, Bhat I A, Bhat S A, et al. In vitro disintegration of goat brain cystatin fibrils using conventional and gemini surfactants: Putative therapeutic intervention in amyloidoses[J]. International Journal of Biological Macromolecules, 2016, 93: 493-500.

[71] Yang J, Zhu G, Zhang F, et al. Engineering the distribution of carbon in silicon oxide nanospheres at the atomic level for highly stable anodes[J]. Angewandte Chemie, 2019, 131: 6741-6745.

[72] Liu N, Lu Z, Zhao J, et al. A pomegranate-inspired nanoscale design for large-volume-change lithium battery anodes[J]. Nature Nanotechnology, 2014, 9(3): 187-192.

[73] Sun Y, Liu N, Cui Y. Promises and challenges of nanomaterials for lithium-based rechargeable batteries [J]. Nature Energy, 2016, 1(7): 16071.

[74] An W, Gao B, Mei S, et al. Scalable synthesis of ant-nest-like bulk porous silicon for high-performance lithium-ion battery anodes[J]. Nature Communications, 2019, 10(1): 1447.

[75] Chen T, Wang T, Wang D J, et al. Synthesis of ordered large-pore mesoporous carbon for Cr(VI) adsorption[J]. Materials Research Bulletin, 2011, 46(9): 1424-1430.

[76] Lu A H, Schmidt W, F Schüth. Simplified novel synthesis of ordered mesoporous carbon with a bimodal pore system[J]. New Carbon Materials, 2003, 18(3): 181-185.

[77] Tae-Wan, Kim, In-Soo, et al. A Synthetic Route to Ordered Mesoporous Carbon Materials with Graphitic Pore Walls[J]. Angewandte Chemie International Edition, 2003, 42(36): 4375-4379.

[78] Vinu A, Streb C, Murugesan V, et al. Adsorption of cytochrome c on new mesoporous carbon molecular sieves[J]. Journal of Physical Chemistry B, 2003, 107(33): 8297-8299.

[79] Chen T, Wang T, Wang D J, et al. Synthesis of ordered large-pore mesoporous carbon for Cr(VI) adsorption[J]. Materials Research Bulletin, 2011, 46(9): 1424-1430.

[80] Xing R, Liu Y, Wu H, et al. Preparation of active and robust palladium nanoparticle catalysts stabilized by diamine-functionalized mesoporous polymers[J]. Chemical Communications, 2008, 47(47): 6297-6299.

[81] Xing R, Liu Y, Wu H, et al. Preparation of active and robust palladium nanoparticle catalysts stabilized by diamine-functionalized mesoporous polymers[J]. Chemical Communications, 2008, 47(47): 6297-6299.

[82] Huang Y, Miao Y E, Tjiu W, et al. High-performance flexible supercapacitors based on mesoporous carbon nanofibers/Co_3O_4/MnO_2 hybrid electrodes[J]. RSC Advances, 2015, 5(24): 18952-18959.

[83] Wang H, Xu Q, Zheng X, et al. Synthesis mechanism, enhanced visible-light-photocatalytic properties, and photogenerated hydroxyl radicals of PS@CdS core-shell nanohybrids[J]. Journal of Nanoparticle Research, 2014, 16(12): 1-15.

[84] Xu J, Wu F, Wu H T, et al. Three-dimensional ordered mesoporous carbon nitride with large mesopores: Synthesis and application towards base catalysis[J]. Microporous and Mesoporous Materials, 2014, 198: 223-229.

[85] Yuan D, Zeng F, Yan J, et al. A novel route for preparing graphitic ordered mesoporous carbon as electrochemical energy storage material[J]. Rsc Advances, 2013, 3(16): 5570-5576.

[86] Chang P Y, Huang C H, Doong R A. Ordered mesoporous carbon-TiO_2 materials for improved electrochemical performance of lithium ion battery[J]. Carbon, 2012, 50(11): 4259-4268.

[87] Viva F A, Bruno M M, Franceschini E A, et al. Mesoporous carbon as Pt support for PEM fuel cell[J]. International Journal of Hydrogen Energy, 2014, 39(16): 8821-8826.

[88] Xu J B, Zhao T S. Mesoporous carbon with uniquely combined electrochemical and mass transport characteristics for polymer electrolyte membrane fuel cells[J]. Cheminform, 2012, 3(12): 16-24.

[89] Bian X, Zhu J, Liao L, et al. Nanocomposite of MoS_2 on ordered mesoporous carbon nanospheres: A highly active catalyst for electrochemical hydrogen evolution[J]. Electrochemistry Communications, 2012, 22(none): 128-132.

[90] 闵宇霖，李和兴，吴彬. 低维纳米碳材料[M]. 北京：科学出版社，2018：1-238.

[91] Wu R, Xia G, Shen S, et al. Soft-templated $LiFePO_4$/mesoporous carbon nanosheets (LFP/meso-CNSs) nanocomposite as the cathode material of lithium ion batteries[J]. Rsc Advances, 2014, 4(41): 21325-21331.

[91] Fang Y, Gu D, Zou Y, et al. A low-concentration hydrothermal synthesis of biocompatible ordered mesoporous carbon nanospheres with tunable and uniform size[J]. Angewandte Chemie, 2010, 122(43): 8159-8163.

[92] Ryoo R, Joo S H, Jun S, et al. Ordered mesoporous carbon molecular sieves by templated synthesis: the structural varieties[J]. Studies in Surface Science and Catalysis, 2001, 135(1): 150-150.

[93] Yang C M, Weidenthaler C, Spliethoff B, et al. Facile template synthesis of ordered mesoporous carbon with polypyrrole as carbon precursor[J]. Chemistry of Materials, 2005, 17(2): 147-164.

[94] Jun S, Joo S H, Ryoo R, et al. Synthesis of new, nanoporous carbon with hexagonally ordered mesostructure[J]. Journal of the American Chemical Society, 2014, 122(43): 10712-10713.

[95] Kim S S, Pinnavaia T J. A low cost route to hexagonal mesostructured carbon molecular sieves[J]. Chemical Communications, 2001, 23(23): 2418-2419.

[96] Jörg, Schuster, Guang, et al. Spherical ordered mesoporous carbon nanoparticles with high porosity for lithium-sulfur batteries[J]. Angewandte Chemie International Edition, 2012, 51(15): 3591-3595.

[97] Lu A H, Schueth F. Nanocasting: A versatile strategy for creating nanostructured porous materials[J]. Advanced Materials, 2006, 18(14): 1793-1805.

[98] Chai G S, Yoon S B, Yu J S, et al. Ordered porous carbons with tunable pore sizes as catalyst supports in direct methanol fuel cell[J]. The Journal of Physical Chemistry B, 2004, 108(22): 7074-7079..

[99] Jiao Y, Han D, Liu L, et al. Highly ordered mesoporous few-layer graphene frameworks enabled by Fe_3O_4

nanocrystal superlattices[J]. Angewandte Chemie, 2015, 127(19): 5794-5794.

[100] Kim C H , Lee D K , Pinnavaia T J. Graphitic mesostructured carbon prepared from aromatic precursors. [J]. Langmuir the Acs Journal of Surfaces & Colloids, 2004, 20(13): 5157-5159.

[101] Eftekhari A , Jafarkhani P , Moztarzadeh F . High-yield synthesis of carbon nanotubes using a water-soluble catalyst support in catalytic chemical vapor deposition[J]. Carbon, 2006, 44(7): 1343-1345.

[102] Jacek, Przepiórski, Justyna, et al. Effect of some thermally unstable magnesium compounds on the yield of char formed from poly(ethylene terephthalate)[J]. Journal of Thermal Analysis & Calorimetry, 2012, 107: 1147-1154.

[103] Yan Y , Cheng Q , Pavlinek V , et al. Controlled synthesis of mesoporous carbon nanosheets and their enhanced supercapacitive performance[J]. Journal of Solid State Electrochemistry, 2013, 17(6): 1677-1684.

[104] He X , Li R , Qiu J , et al. Synthesis of mesoporous carbons for supercapacitors from coal tar pitch by coupling microwave-assisted KOH activation with a MgO template[J]. Carbon, 2012, 50(13): 4911-4921.

[105] Kruk M , Jaroniec M , Kim T W , et al. Synthesis and characterization of hexagonally ordered carbon nanopipes[J]. Chemistry of Materials, 2003, 15(14): 2815-2823.

[106] Lu A H , Schmidt W , Spliethoff B , et al. Synthesis of ordered mesoporous carbon with bimodal pore system and high pore volume[J]. Advanced Materials, 2003, 15(19): 1602-1606.

[107] Wan Y , Shi Y , Zhao D . Supramolecular aggregates as templates: ordered mesoporous polymers and carbons[J]. Chemistry of Materials, 2008, 20(3): 932-945.

[108] Liang C , Hong K , Guiochon G A , et al. Synthesis of a large-scale highly ordered porous carbon film by self-assembly of block copolymers [J] . Angewandte Chemie International Edition, 2004, 43 (43): 5785-5789.

[109] Meng Y , Gu D , Zhang F , et al. Ordered mesoporous polymers and homologous carbon frameworks: amphiphilic surfactant templating and direct transformation [J] . Angewandte Chemie, 2010, 44 (43): 7053-7059.

[110] Ma T Y , Liu L , Yuan Z Y . Direct synthesis of ordered mesoporous carbons[J]. Chemical Society Reviews, 2013, 42: 3977-4003.

[111] Fang Y , Gu D , Zou Y , et al. A low-concentration hydrothermal synthesis of biocompatible ordered mesoporous carbon nanospheres with tunable and uniform size [J] . Angewandte Chemie, 2010, 122 (43): 8159-8163.

[112] Zhang F , Gu D , Yu T , et al. Mesoporous carbon single-crystals from organic-organic self-assembly. [J]. Journal of the American Chemical Society, 2007, 129(25): 7746-7747.

[113] Steinhart M , Liang C , Lynn G W , et al. Direct synthesis of mesoporous carbon microwires and nanowires [J]. Chemistry of Materials, 2007, 19(10): 2383-2385.

[114] Wang K , Birjukovs P , Erts D , et al. Synthesis and characterisation of ordered arrays of mesoporous carbon nanofibres[J]. Journal of Materials Chemistry, 2009, 19: 1331-1338.

[115] Liu L , Wang F Y , Shao G S , et al. A low-temperature autoclaving route to synthesize monolithic carbon materials with an ordered mesostructure[J]. Carbon, 2010, 48(7): 2089-2099.

[116] Meng Y , Gu D , Zhang F , et al. A Family of highly ordered mesoporous polymer resin and carbon structures from organic self-assembly[J]. Chemistry of Materials, 2006, 18(18): 4447-4464.

[117] Zhang F , Meng Y , Tu B , et al. A facile aqueous route tosynthesize highly ordered mesoporous carbons with open pore structures[J]. Studies in Surface Science & Catalysis, 2007, 170: 1856-1862.

[118] Eftekhari A , Fan Z . Ordered mesoporous carbon and its applications for electrochemical energy storage and conversion[J]. Materials Chemistry Frontiers, 2017, 1: 1001-1027.

[119] Stein A , Wang Z , Fierke M A . Functionalization of porous carbon materials with designed pore architecture [J]. Advanced Materials, 2009, 21(3): 265-293.

[120] Otowa T , Nojima Y , Miyazaki T . Development of KOH activated high surface area carbon and its application to drinking water purification[J]. Carbon, 1997, 35(9): 1315-1319.

[121] Roldan S , Villar I , Ruiz V , et al. Comparison between electrochemical capacitors based on NaOH-and KOH-activated carbons[J]. Energy Fuels, 2010, 24(6): 3422-3428.

[122] Swartz A L , Azuh O , Obeid L V , et al. Developing an experimental model for surgical drainage investigations: an initial report[J]. American Journal of Surgery, 2012, 203(3): 388-391.

[123] Malakooti R , Rostami-Nasab M , Mahmoudi H , et al. Synthesis of 2-substituted benzimidazoles and 2-aryl-1 H -benzimidazoles using $[Zn(bpdo)_2 \cdot 2H_2O]^{2+}$/MCM-41 catalyst under solvent-free conditions [J]. Reaction Kinetics, Mechanisms and Catalysis, 2014, 111(2): 663-677.

[124] Azzi R V , Alves Dênio Eduardo, Dalmúzio Ilza, et al. Tailoring activated carbon by surface chemical modification with O, S, and N containing molecules[J]. Materials Research, 2003, 6(2): 123-127.

[125] Contescu A , Contescu C , Putyera K , et al. Surface acidity of carbons characterized by their continuous pK distribution and boehm titration[J]. Carbon, 1997, 35(1): 83-94.

[126] Tamai H , Shiraki K , Shiono T , et al. Surface functionalization of mesoporous and microporous activated carbons by immobilization of diamine [J] . Journal of Colloid and Interface Science, 2006, 295 (1): 299-302.

[127] Jarrais B , Silva A R , Freire C . Anchoring of vanadyl acetylacetonate onto amine-functionalised activated carbons: catalytic activity in the epoxidation of an allylic alcohol[J]. 2005, 2005(22): 4582-4589.

[128] Stein A , Wang Z , Fierke M A . Functionalization of porous carbon materials with designed pore architecture [J]. Advanced Materials, 2009, 21(3): 265-293.

[129] Alexander Schaetz, Martin, et al. Carbon modifications and surfaces for catalytic organic transformations[J]. ACS Catalysis, 2012, 2(6): 1267-1284.

[130] Zhang M , Sun A , Meng Y , et al. High activity ordered mesoporous carbon-based solid acid catalyst for the esterification of free fatty acids[J]. Microporous and Mesoporous Materials, 2015, 204: 210-217.

[131] Li Z , Yan W , Dai S . Surface functionalization of ordered mesoporous carbons--a comparative study. [J]. Langmuir the Acs Journal of Surfaces & Colloids, 2005, 21(25): 11999.

[132] Ardakani M M , Akrami Z , Kazemian H , et al. Electrocatalytic characteristics of uric acid oxidation at graphite-zeolite-modified electrode doped with iron (Ⅲ)[J]. Journal of Electroanalytical Chemistry, 2006, 586(1): 31-38.

[133] Benzigar M R , Talapaneni S N , Joseph S , et al. Recent advances in functionalized micro and mesoporous carbon materials: synthesis and applications[J]. Chemical Society Reviews, 2018, 47(8): 2680-2721.

[134] Mayes R T , Fulvio P F , Ma Z , et al. Phosphorylated mesoporous carbon as a solid acid catalyst[J]. Physical Chemistry Chemical Physics, 2011, 13(7): 2492-2494.

[135] a) Yu J K , Wang Y H , Xing G Z , et al. Characteristics of bulk liquid undercooling and crystallization behaviors of jet electrodeposition Ni-W-P alloy[J]. Bulletin of Materials Science, 2015, 38(1): 157-161; b)A P F F , A R T M , A J C B , et al. "One-pot" synthesis of phosphorylated mesoporous carbon heterogeneous catalysts with tailored surface acidity[J]. Catalysis Today, 2012, 186(1): 12-19.

[136] Gong K , Du F , Xia Z , et al. Nitrogen-doped carbon nanotube arrays with high electrocatalytic activity for oxygen reduction[J]. Science, 2009, 323(5915): 760-764.

[137] Yoon S , Oh S M , Lee C W , et al. Pore structure tuning of mesoporous carbon prepared by direct templating method for application to high rate supercapacitor electrodes[J]. Journal of Electroanalytical Chemistry,

2011, 650(2): 187-195.

[138] Gogotsi Y , Simon P . True performance metrics in electrochemical energy storage[J]. Science, 2011, 334(6058): 917-918.

[139] Sun S , Ghimbeu C M , Raphaël Janot, et al. One-pot synthesis of $LiFePO_4$-carbon mesoporous composites for Li-ion batteries[J]. Microporous and Mesoporous Materials, 2014, 198: 175-184 .

[140] Jung H , Shin J , Chae C , et al. FeF_3/Ordered mesoporous carbon (OMC) nanocomposites for lithium ion batteries with enhanced electrochemical performance[J]. Journal of Physical Chemistry C, 2013, 117(29): 14939-14946.

[141] Zhang W , Hou X , Shen J , et al. Magnetic PSA-Fe_3O_4@C 3D mesoporous microsphere as anode for lithium ion batteries[J]. Electrochimica Acta, 2015, 188: 734-743.

[142] Han S C , Song M S , Lee H , et al. Effect of multiwalled carbon nanotubes on electrochemical properties of lithium/sulfur rechargeable batteries [J] . Journal of the Electrochemical Society, 2003, 150 (7): A889-A893.

[143] Joongpyo, Shim, Kathryn, et al. The lithium/sulfur rechargeable cell[J]. Journal of the Electrochemical Society, 2002, 149(10): 1321.

[144] Ji X , Lee K T , Nazar L F . A highly ordered nanostructured carbon-sulphur cathode for lithium-sulphur batteries[J]. Nature Materials, 2009, 8(6): 500-506.

[145] Pocard N L , Alsmeyer D C , Mccreery R L , et al. Nanoscale platinum(0) clusters in glassy carbon: Synthesis, characterization, and uncommon catalytic activity [J]. Journal of the American Chemical Society, 1992, 114(2): 769-771.

[146] Hutton H D , Pocard N L , Alsmeyer D C , et al. Preparation of nanoscale platinum(0) clusters in glassy carbon and their catalytic activity[J]. Cheminform, 1994, 25(12): 1727-1738.

[147] Lakhi K S , Park D H , Singh G , et al. Energy efficient synthesis of highly ordered mesoporous carbon nitrides with uniform rods and their superior CO_2 adsorption capacity [J]. Journal of Materials Chemistry A, 2017, 5(31): 16220-16230.

[148] Zhou J , Su W , Sun Y , et al. Enhanced CO_2 sorption on ordered mesoporous carbon CMK-3 in the presence of water[J]. Journal of Chemical & Engineering Data, 2016, 61(3): 1348-1352.

[149] To J W F , He J , Mei J , et al. Hierarchical N-doped carbon as CO_2 adsorbent with high CO_2 selectivity from rationally designed polypyrrole precursor[J]. Journal of the American Chemical Society, 2016, 138(3): 1001-1009.

[150] Niu Z , Kabisatpathy S , He J , et al. Synthesis and characterization of bionanoparticle—Silica composites and mesoporous silica with large pores[J]. Nano Research, 2009, 2(6): 474-483.

[151] Wu Z , Zhao D . Ordered mesoporous materials as adsorbents[J]. Chemical Communications, 2011, 47(12): 3332-3338.

[152] Ariga K , Minami K , Shrestha L K . Nanoarchitectonics for carbon-material-based sensors[J]. Analyst, 2016, 141(9): 2629-2638.

[153] Yin N , Jiang T , Yu J , et al. Study of gold nanostar@SiO_2@CdTeS quantum dots@SiO_2 with enhanced-fluorescence and photothermal therapy multifunctional cell nanoprobe[J]. Journal of Nanoparticle Research, 2014, 16(3): 2306-2390.

[154] Velasco L F , Alicia Gomis-Berenguer, Lima J C , et al. Tuning the surface chemistry of nanoporous carbons for enhanced nanoconfined photochemical activity[J]. Chemcatchem, 2015, 7(18): 3012-3019.

[155] Khare R , Bose S. Carbon nanotube based composites-A review[J]. Journal of Minerals & Materials Characterization & Engineering, 2005, 4(1): 31-46.

[156] Teng Y F, Li Y D, Zhang Z Q, et al. One-step controllable synthesis of mesoporous $MgCo_2O_4$ nanosheet arrays with ethanol on nickel foam as an advanced electrode material for high performance supercapacitors[J]. Chemistry-A European Journal, 2018, 24(56): 14982-14988.

[157] Su Y, Lang J, Cao N, et al. Morphological reconstruction and photocatalytic enhancement of $NaTaO_3$ nanocrystals via Cu_2O loading[J]. Journal of Nanoparticle Research, 2015, 17(2): 1-9.

[158] Sun M, Hu W, Cheng T, et al. A novel insight into the preparation method of $Pd/Ce_{0.75}Zr_{0.25}O_2-Al_2O_3$ over high-stability close coupled catalysts[J]. Applied Surface Science, 2018, 467-468.

[159] Xin Y, Jiang P, Yu M, et al. A universal route to fabricate hierarchically ordered macro/mesoporous oxides with enhanced intrinsic activity[J]. Journal of Materials Chemistry A, 2014, 2(18): 6419-6425.

[160] Ehsan Amini, Mehran Rezaei, Mohammad Sadeghinia. Low temperature CO oxidation over mesoporous $CuFe_2O_4$ nanopowders synthesized by a novel sol-gel method[J]. Chinese Journal of Catalysis, 2013, 34(9): 1762-1767.

[161] Amini E, Rezaei M. Preparation of mesoporous Fe-Cu mixed metal oxide nanopowder as active and stable catalyst for low-temperature CO oxidation[J]. Chinese Journal of Catalysis, 2015, 10: 1711-1718.

[162] A M S, A H T, B M D C, et al. Preparation of macro-mesoporous γ-alumina via biology gelatin assisted aqueous sol-gel process-ScienceDirect[J]. Ceramics International, 2019, 45(1): 1385-1391.

[163] Gong H F, Zhao Y X, Zhu J J, et al. Templating synthesis of metal oxides by an incipient wetness impregnation route and their activities for CO oxidation[J]. New Journal of Chemistry, 2015, 39(12): 9380-9388.

[164] Alvise, Parma, Isidora, et al. Structural and magnetic properties of mesoporous SiO_2 nanoparticles impregnated with iron oxide or cobalt-iron oxide nanocrystals[J]. Journal of Materials Chemistry, 2012, 22(36): 19276-19288.

[165] Furtado A M B, Wang Y, Glover T G, et al. MCM-41 impregnated with active metal sites: Synthesis, characterization, and ammonia adsorption[J]. Microporous & Mesoporous Materials, 2011, 142(2-3): 730-739.

[166] Wang R C, Lan K, Liu B B, et al. Confinement synthesis of hierarchical ordered macro-/mesoporous TiO_2 nanostructures with high crystallization for photodegradation[J]. Chemical Physics, 2018, 516: 48-54.

[167] Li L, Han W, Dong F, et al. Controlled pore size of ordered mesoporous Al_2O_3-supported Mn/Cu catalysts for CO oxidation[J]. Microporous & Mesoporous Materials, 2017, 249: 1-9.

[168] Liu C, Liu F J, Peng J J, et al. New insights into high temperature hydrothermal synthesis in the preparation of visible-light active, ordered mesoporous SiO_2-TiO_2 composited photocatalysts[J]. Rsc Advances, 2017, 11(32): 27782-27786.

[169] Han W, Zhao H, Dong F, et al. Morphology-controlled synthesis of 3D, mesoporous, rosette-like $CeCoO_x$ catalysts by pyrolysis of $Ce[Co(CN)_6]$ and application for the catalytic combustion of toluene[J]. Nanoscale, 2018, 10(45): 21307-21319.

[170] Xu L, Wang F, Chen M, et al. Carbon dioxide reforming of methane over cobalt-nickel bimetal-doped ordered mesoporous alumina catalysts with advanced catalytic performances[J]. ChemCatChem, 2016, 8(15): 2536-2548.

[171] Lin R, Yue W, Niu F, et al. Novel strategy for the preparation of graphene-encapsulated mesoporous metal oxides with enhanced lithium storage[J]. Electrochimica Acta, 2016, 205: 85-94.

[172] Koo H M, Ahn C I, Lee D H, et al. Roles of Al_2O_3 promoter for an enhanced structural stability of ordered-mesoporous Co_3O_4 catalyst during CO hydrogenation to hydrocarbons[J]. Fuel, 2018, 225(AUG. 1): 460-471.

[173] Gong X , Wang W W , Fu X P , et al. Metal-organic-framework derived controllable synthesis of mesoporous copper-cerium oxide composite catalysts for the preferential oxidation of carbon monoxide[J]. Fuel, 2018, 229(OCT. 1): 217-226.

[174] Wang T , Meng X , Li P , et al. Photoreduction of CO_2 over the well-crystallized ordered mesoporous TiO_2 with the confined space effect[J]. Nano Energy, 2014, 9: 50-60.

[175] Li J J , Wang X F , Huo D Q , et al. Colorimetric measurement of Fe^{3+} using a functional paper-based sensor based on catalytic oxidation of gold nanoparticles[J]. Sensors & Actuators B Chemical, 2017, 242: 1265-1271.

[176] Sinha A K , Suzuki K. Preparation and characterization of novel Mesoporous lanthanide-transition metal mixed oxides[J]. International Journal of Applied Ceramic Technology, 2010, 2(6): 476-481.

[177] Ryu H W , Song M Y , Park J S , et al. Removal of toluene using ozone at room temperature over mesoporous Mn/Al_2O_3 catalysts[J]. Environmental Research, 2019, 172(MAY): 649-657.

[178] Masunga, Ngonidzashe, Tito, et al. Catalytic evaluation of mesoporous metal oxides for liquid phase oxidation of styrene[J]. Applied Catalysis, A. General: An International Journal Devoted to Catalytic Science and Its Applications, 2018, 552: 154-167.

[179] Zhan S , Zhang H , Zhang Y , et al. Efficient NH_3-SCR removal of NO_x with highly ordered mesoporous $WO_3(X)$-CeO_2 at low temperatures[J]. other, 2017, 203: 199-209.

[180] Wang X , Wen W , Su Y , et al. Influence of transition metals (M = Co, Fe and Mn) on ordered mesoporous CuM/CeO_2 catalysts and applications in selective catalytic reduction of NO_x with H_2[J]. Rsc Adv, 2015, 5(77): 63135-63141.

[181] Ravat V , Mantri D B , Selvam P , et al. Platinum group metals substituted MCM-41 molecular sieves: Synthesis, characterization and application as novel catalysts for the reduction of NO by CO[J]. Journal of Molecular Catalysis A Chemical, 2009, 314(1-2): 49-54.

[182] Tang J , Wang T , Sun X , et al. Effect of transition metal on catalytic graphitization of ordered mesoporous carbon and Pt/metal oxide synergistic electrocatalytic performance[J]. Microporous & Mesoporous Materials, 2013, 177(Complete): 105-112.

[183] Liu M , Guo X , Hu L , et al. Front Cover: Fe_3O_4/Fe_3C@ Nitrogen-Doped Carbon for Enhancing Oxygen Reduction Reaction (ChemNanoMat 2/2019)[J]. ChemNanoMat, 2019, 5(2): 138.

[184] Yun, Jie, Wang, et al. Preparation, characterization and application of ordered mesoporous sulfated zirconia [J]. Research on Chemical Intermediates, 2019, 45(3): 1073-1086.

[185] Wang H , Guo W , Jiang Z , et al. New insight into the enhanced activity of ordered mesoporous nickel oxide in formaldehyde catalytic oxidation reactions[J]. Journal of Catalysis, 2018, 361: 370-383.

[186] Fu Z , Zhang G , Tang Z , et al. Preparation and application of ordered mesoporous metal oxide catalytic materials[J]. Catalysis Surveys from Asia, 2019, 24(1): 38-58.

第 8 章　大孔材料

8.1　大孔材料

含一定数量孔洞的固体叫多孔材料，孔洞的边界或表面由支柱或平板构成。按照孔径大小的不同，多孔材料又可以分为微孔(孔径小于 2 nm)材料、介孔(孔径 2~50nm)材料和大孔(孔径大于 50nm)材料。3DOM 材料(图 8-1)具有与大孔材料相似的特性，例如大孔体积和大表面积，高孔隙率，可进一步改善传质和扩散能力，从而充分利用催化剂的活性位点和方便的负载活性成分[1]。另外，3DOM 材料还具有几个突出的特征，包括均匀可控的孔径、周期性的孔结构以及一种光子晶体所表现出的独特的光学特性，这些光子晶体源自三维长程有序结构[2]。

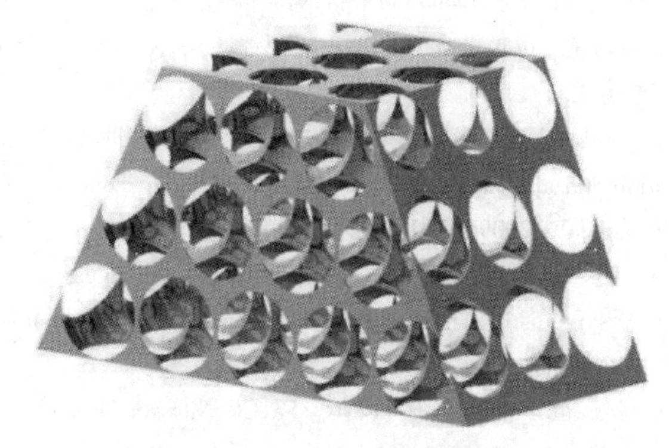

图 8-1　3DOM 的结构图

3DOM 材料的制备方法主要包括刻蚀、生物模板和胶体晶体模板(CCT)方法。其中，CCT 方法由于能够以低成本合成均匀、有序的通道而被广泛使用[3]。通常，CCT 法制备 3DOM 催化剂的步骤(图 8-2)如下：① 制备单分散胶体微球；② 单分散胶体微球通过几种特定途径自组装成 CCT；③ 使用适当的前驱物填充并固化 CCT 之间的空隙；④ 形成三维骨架，并通过煅烧或溶剂萃取法去除模板[4,5]。在上述过程中，胶体微球和模板的制备更为关键，它可以直接影响 3DOM 材料的孔径[6]。

用于组装模板的胶体微球应具有稳定性，单分散性，并且可以容易地被前体溶液渗透而不与其反应。通常，选择高分子微球[聚苯乙烯(PS)和聚甲基丙烯酸甲酯(PMMA)]和 SiO_2 胶体微球形成模板。可以通过 Stöber 控制缩合方法[7,8]制备单分散 SiO_2，该二氧化硅可以在高温下用作模板而不会变形。即便如此，SiO_2 微球只能通过具有高腐蚀性的氢氟酸溶液除去，这极大地限制了其应用。通常，乳液聚合方法可用于合成 PS 和 PMMA 微球，可通过热氧化分解或溶剂萃取将其除去[9,10]。

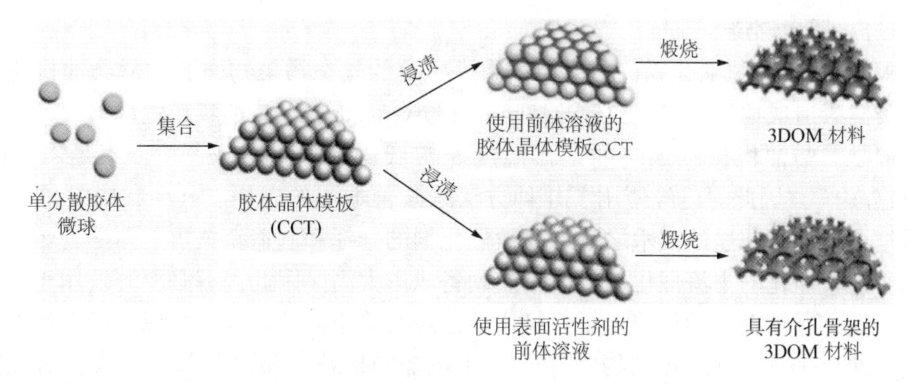

图 8-2 3DOM 制备过程的 CCT

胶体微球的自组装过程是制备过程中最关键的步骤，它将影响 3DOM 材料的成型结构。将微球排列成 CCT 的方法包括沉降(自然沉降和加速沉降)、电泳和控制干燥等[11-14]。其中，沉淀法由于其成本低廉和方便的特点而被广泛使用。

用前体填充胶体模板的空隙的目的是获得具有与模板相同的形状和布置的结构。球形模板与前体之间的强力润湿相互作用有助于渗透并形成连续的网络，这将有助于在微球周围形成膜，并且多次暴露会增加膜的厚度[15]。因此，应考虑前体和球形模板的组成和理化性质。各种材料都可以用作前体分散的纳米微晶、金属醇盐、无机盐和无机溶胶。其中，由于前驱体的缺点，因此广泛采用无机溶胶填充方法，分散的纳米微晶和无机溶胶。其中，填充方法具有简单性和适应性[16-18]。

通过删除模板来生成三维框架。通常通过煅烧除去聚合物，这也可以形成所需的固相。此外，如果前体的固化在低温下可行，例如甲苯或四氢呋喃/丙酮的混合物[19]，也可以进行溶剂萃取。此外，HF 溶液可用于去除 SiO_2模板，但是溶液的毒性限制了其应用。

8.2 3DOM 的应用

8.2.1 气态污染物去除

气态污染物主要分为初级污染物和次级污染物。初级污染物是指直接从源头排放到大气中的原始污染物，主要包括硫氧化物、氮氧化物、碳氧化物和有机化合物[20-24]。次要污染物是指主要污染物和大气中现有成分或几种主要污染物之间的一系列化学或光化学反应产生的新污染物，与初级污染物具有不同性质，主要包括硫酸烟雾和光化学烟雾[25-29]。这些气态污染物主要来自燃煤电厂，各种窑炉，机动车以及其他生产和生活过程的废气，例如一氧化碳(CO)，挥发性有机化合物(VOC)，柴油机烟尘和 NO_x 等，其中对环境构成极大威胁的主要是指最初含有二氧化硫的污染物[30-34]。催化氧化一直被认为是减少气态污染物排放的最有希望的途径之一。其中，最关键的问题是开发一种能够确保低温下的高催化性能和高温下的高稳定性的高效催化剂[35,36]。

近来，三维有序大孔(3DOM)催化剂已在许多污染物控制应用中广为人知，例如烟尘燃烧，挥发性有机化合物(VOC)催化燃烧，光催化还原 CO_2 等[37-41]。

8.2.1.1 烟尘燃烧

烟尘颗粒(PM)和氮氧化物(NO*x*)被认为是主要的气态污染物，通常从柴油机排放，对环境和人类健康造成危害[42-44]。为了处理PM和NO_x的排放，柴油颗粒过滤器(DPF)已被广泛使用。但是，柴油机排气烟气的工作温度非常低(150~500℃)[45,46]，不足以点燃烟灰(550~700℃)[47]。因此，已经使用了几种方法来改善烟灰的燃烧。其中，DPF体系和氧化催化剂的组合是最有前途的技术之一。高效催化剂的选择和制造至关重要。尽管铂基催化剂仍然是用于废气净化的主流催化剂，但是其制备成本太高。因此，有必要开发用于烟灰燃烧的有效的非贵金属材料。到目前为止，氧化铈是最有希望的催化剂，可以改善烟灰的催化燃烧并控制柴油车排放的气态污染物[48-50]。烟尘燃烧的机理主要由两部分组成：活性氧促进机理和“NO_2辅助机理”。氧交换过程中的中间物质是氧自由基，可以通过二氧化铈与含氧气体分子之间的动态平衡来形成。通常，氧自由基被认为是活性氧，具有高氧化能力，对于烟灰燃烧非常有效。NO是柴油机废气中氮氧化物污染物的主要形式，可以与O_2快速反应形成二氧化铈催化的NO_2。NO_2的氧化能力比NO和O_2高得多，与NO和O_2相比，NO_2在较低的温度下可以与烟灰颗粒迅速反应[51,52]。改善烟灰的燃烧，氧化催化剂是最有发展前景的技术之一，其中高效催化剂是最关键的。尽管铂基催化剂用于废气净化，但其制备成本高，因此，开发有效地用于烟灰组合的非贵金属材料，目前很有前途，可改善柴油车辆排放的过氧化氢污染物。

尽管二氧化铈可以生成高度的“活性氧”物质，但由于固体烟灰与催化剂颗粒之间的接触不足，因此难以完成活性氧反应。为了解决这个棘手的问题，使用具有三维有序大孔(3DOM)结构的催化剂，因为其相互连接且有序的大孔结构可以为活性位点和反应物之间的接触提供更多的通道。根据多项研究[53-56]，具有3DOM结构的二氧化铈可以极大地促进烟灰燃烧的活性，这得益于固-固接触的增加。Alcalde-Santiago等[57]。发现具有3DOM结构的CeO_2(CeO_2-3DOM)与没有3DOM结构的传统催化剂CeO_2-Ref相比，可以产生更多的活性氧。活性氧通过大孔结构更有效地转移到烟灰颗粒中，这与其较高的催化活性相对应。此外，与CeO_2-Ref相比，CeO_2-3DOM上产生的NO_2更多，并且CeO_2-3DOM的3DOM结构有利于NO_2的有效转移，因此，通过NO^{2-}辅助在CeO_2-3DOM上实现了有效的烟灰燃烧。然而，由于氧化铈的低稳定性和高温下的氧化还原特性，仅将氧化铈用作烟灰氧化燃烧的催化剂是非常不利的。同时，高温下二氧化铈的表面积和储氧能力的下降也将影响反应[58-60]。最近的研究表明，掺杂有适当阳离子(Zr^{4+}、La^{3+}、Ca^{3+}等)的二氧化铈可以弥补这些缺陷，并进一步提高其理化性质和储氧能力。Fino等[61]发现添加Co_3O_4可以改善CeO_2纳米纤维上活性氧的迁移率，从而可以增加烟灰氧化燃烧的活性。

此外，Bhargava等[62]发现Co_3O_4和CeO_2之间的强相互作用，以及对CeO_2的出色还原性，有助于提高碳烟氧化燃烧的活性。基于Co_3O_4在烟灰氧化中的优势，Zhai等[63]通过使用CCT方法制备了一系列3DOM Co_3O_4-CeO_2催化剂，他们发现3DOM Co_3O_4-CeO_2催化剂与本体Co_3O_4-CeO_2相比具有更高的催化活性。由于3DOM框架的协同促进作用，扩大了烟灰和催化剂之间的接触面积，结合了CeO_2和Co_3O_4的各自优点，从而提高了固有活性。在这些催化剂中，$Co_{50}Ce_{50}$表现出最好的催化活性，尤其是比以前的研究报道的更好。另外，还改善了NO的储存和生成NO_2的氧化能力，从而通过NO_2辅助机理优化了烟灰催化燃烧的过程。由于协同作用，大量的Co_3O_4-CeO_2显著扩大了烟灰与催化剂间的接触面积，从而提高了内在活性。随着 Co 的含量从 78%增加到几乎 100%，$Co_{50}Ce_{50}$表现出最好的催化活性。

Co_3O_4具有尖晶石结构，并且由于其出色的氧化还原性能而在氧化反应中显示出优异的活性。可以通过将氧化钴与辅助元素相配制成二元氧化物，从而调节阳离子性能并提高氧化物的氧空位密度，合理取代 Co 原子可以促进 O_2的活化能力和晶格氧的迁移性。因此，Zhao 及其同事[64]合成了一系列 3DOM $M_xCo_{3-x}O_4$(M = Zn 和 Ni)样品，以说明二元钴氧化物上活性位点在烟灰和 NO 氧化催化过程中的重要作用。结果表明，Ni 在 Co_3O_4晶格上的掺杂可形成固溶体结构，在疏松接触方式下可促进 NO_x辅助的烟灰氧化燃烧，具有更好的催化活性。根据定向金属离子置换的策略，掺杂适当的杂原子可以有效地提高氧的空位密度和 Co_3O_4中晶格氧的迁移率，从而可以进一步提高催化活性。

作为潜在的催化氧化材料，钙钛矿型复合氧化物由于其优越的催化活性，强大的稳定性和低成本而在近几年得到了广泛的应用[65]。通常，ABO_3结构用于表示这些材料，A 位通常对应于稀土金属元素，而 B 位则对应于过渡金属元素，后者是活性位点，并可能受 A 位影响。与普通氧化物相比，钙钛矿型结构取代的 A 位点和 B 位点可能导致几种元素以异常价态存在，从而产生非化学计量比的氧气或表现出混合价态的活性金属，从而赋予某些特殊的理化性质，它可以调节晶格空位和化合价的密度。Zhao 及其同事[66]对 3DOM 钙钛矿催化剂上的氧化烟尘燃烧进行了一系列实验。根据实验结果，与纳米 $LaFeO_3$相比，3DOM $LaFeO_3$显著提高了烟灰燃烧的催化活性。

8.2.1.2 VOCs 和 CO 氧化

挥发性有机化合物(VOC)通常来自工业和运输业，例如甲苯和 1，2-二氯乙烷，造成环境污染并威胁人类健康[67]。大气中的 CO 主要是由汽车发动机的不完全燃烧产生的。即使少量的一氧化碳也会损害人体健康。催化燃烧由于其在低温区域的优异性能而被认为是消除 VOC 和 CO 的一种预期方法[68,69]。与过渡金属氧化物催化剂相比，载有贵金属的催化剂在低温区域具有出色的催化活性，可用于 VOC 和 CO 的氧化去除。尽管如此，在连续高温条件下，贵金属 NP(金纳米颗粒)仍会引起烧结和结块，这可以减少表面金属原子的数量，并调节金属和金属之间的界面，进一步导致催化剂失活[70]。为了解决这些问题，应用了各种层次，例如建立了各种特殊结构(通道、核壳等)，由于其易于形成、转移和易扩散，三维有序大孔(3DOM)材料显示出更多的 VOC 和 CO 氧化[71]。

MnO_x由于其环保特性和低成本而已被用作去除 VOC 和 CO 的催化剂[72]。并且在 MnO_x上添加 Au 将极大地提高其对 VOCs 氧化的催化性能[73-75]。Xie 等[76]进行了一系列研究，将 3DOM 催化剂用于 VOC 和 CO 的氧化。使用聚甲基丙烯酸甲酯模板法和聚乙烯醇保护的方法合成 xAu/3DOM Mn_2O_3，并显示了活性结果。在这些催化剂中，5.8Au/3DOM Mn_2O_3的催化活性要比整体 5.7Au/Mn_2O_3更好。其归因于金纳米颗粒与 3DOM Mn_2O_3的强相互作用、低温下良好的还原性和高质量的 3DOM 结构所引起的协同作用。然而，在运行 40h 的测试后，由于 Au NP 的团聚，Au/3DOM Mn_2O_3催化剂失活了。众所周知，催化剂的热稳定性和耐水性在工业应用中至关重要。因此，谢的小组[77]使用负载在 3DOM Mn_2O_3上的 AuPdy 合金 NPs 作为催化剂来改善甲苯的氧化性能。实验结果表明，AuPdy-3DOM Mn_2O_3具有较大的表面积和有序的多孔结构，可以促进贵金属 NP 的分散并促进反应物分子的扩散，有利于甲苯的氧化。随着 Pd 的添加，由于 Pd，Au 和 3DOM Mn_2O_3之间的强相互作用，使 3DOM Mn_2O_3表面氧空位的密度增加，这可以进一步提高吸附氧的量。

另外，与通过常规柠檬酸盐络合工艺制备的材料相比，多孔钙钛矿氧化物材料具有更好的转化效率，这可以归因于它们的更大的表面积和表面上更多的氧缺陷。因此，3DOM 钙钛矿氧化物材料被广泛用于氧化甲苯和 CO。Dai 的小组开发了 Au/3DOM $LaCoO_3$[78]，Co_3O_4/3DOM $La_{0.6}Sr_{0.4}CoO_3$[79]，MnO_x/3DOM $LaMnO_3$等用于甲苯氧化[80]。根据他们的研究，3DOM 催化剂具有更大的表面，较低的低温还原性以及 3DOM 骨架与金属之间更强的相互作用，这可以进一步提高催化活性。

8.2.1.3　甲烷燃烧

甲烷(CH_4)是天然气的重要组成部分，是一种重要的清洁能源，含有少量的氮和硫污染物[81]。为了实现 CH_4的完全燃烧，需要高于 1400℃的高温，这将导致天然气中氮和硫的氧化，从而在空气中释放出有害的 NO_x和 SO_x。此外，未完全燃烧导致未燃烧甲烷的释放，与二氧化碳相比，导致的温室效应更显著[82]。催化燃烧作为低温甲烷燃烧的有前途的技术之一，可以有效抑制反应中 NO_x的形成。其中，最关键的问题是开发一种高效稳定的催化剂，以确保甲烷在低温范围内完全燃烧。

近年来，在甲烷催化燃烧中广泛使用了不同种类的材料[例如过渡金属氧化物，负载型贵金属(例如 Pt，Rh 和 Pd)和钙钛矿型氧化物]。其中，负载型钯(Pd)在甲烷燃烧过程中显示出优异的催化活性，并且通常用作许多催化剂的组成[83-85]。然而，即使 SO_2或 CO_2的含量非常小，负载的仅 Pd 催化剂也不能长时间与 SO_2或 CO_2接触。为了解决这些问题，可以将第二贵金属元素适当地掺杂到钯中。据报道，具有 3DOM 结构的催化剂在甲烷燃烧反应中具有较高的活性，这可以归因于均匀的大孔尺寸和较大的可及表面积[86]。徐等[87]通过 PMMA 模板化和聚乙烯醇保护的还原方法，制备了负载在 3DOM $LaMnAl_{11}O_9$(3DOM LMAO)上的大量 Pd，Pd-Pt 和 Pt 纳米颗粒催化剂。与 3DOM LMAO 相比，金属 NPs 显著增加，表明载体与贵金属合金之间存在相互作用。与 0.91Pd/Al_2O_3相比，1.14$Pd_{2.8}$Pt/3DOM LMAO 具有更好的催化性能，表明引入 Pt 可以促进甲烷的催化燃烧。根据进行中的甲烷氧化实验的结果，在 1000℃下煅烧后晶体结构趋于稳定，这意味着 3DOM LMAO 载体保持了良好的热稳定性。

8.2.1.4　光催化二氧化碳还原

环境中不断增加的二氧化碳浓度加剧了温室效应并破坏了自然碳循环，严重阻碍了可持续发展。近来，太阳能已经被用来通过使用 H_2O 作为还原剂来将 CO_2人工转化为燃料和化学品，这引起了人们越来越多的兴趣。其中，光催化剂的设计和制造是最重要的，因为它会影响二氧化碳的还原效率。光催化还原 CO_2的过程可分为三个步骤：首先，在光照射下通过带隙激发产生光生载流子(电子-空穴对)，然后在样品上分离出电子-空穴。最后，通过聚集在样品表面的大量光生电子还原 CO_2。

然而，使用 H_2O 作为还原剂来将 CO_2光催化还原的实际应用受到反应物转化效率和光化学能低的问题限制，这可能归因于反应物分子(CO_2和 H_2O)中包含的高活化能以及快速的反应。因此，适当的能带间隙以及光生电荷的有效分离和转移有助于光催化 CO_2的还原。在已报道的光催化剂中，由于其无毒、低成本、耐腐蚀和出色的光化学稳定性，TiO_2是一种使用更广泛且前景广阔的光催化剂。然而，宽带隙和高电荷复合率极大地抑制了其光催化活性[88]。最近，可以使用几种方法来纠正这些缺陷，例如金属和金属氧化物载体，减少的金属离子掺杂，与次级半导体结合以制造异质结，这些方法可以有效地增强可见光的吸收，缩小带隙和减少二氧化碳减排中的载流子复合率[89,90]。3DOM 催化剂由于其交联的三维结构而使氧化物的孔体积最大化。理论间隙比约为 74%，有助于降低分子传质阻力。具有 3DOM 结构的催化剂已被证实由于其周期性结构而禁止光通过带隙传播[91]。

为了提高 TiO_2的光捕获效率，已经广泛研究了具有 3DOM 结构的 TiO_2基异质结构。Wei 等[92]首先报道了通过 GBMR/P(鼓泡辅助膜还原沉淀)方法制备 Au@ CdS/33DOM-TiO_2催化剂。他们合成了一系列具有不同孔径的 3DOM-TiO_2材料，以探索光子带隙与大孔尺寸之间的关系。他们发现，这些相互连接的大孔的不同尺寸和形状以及孔壁厚度可以改变光子带隙并提高光散射能力，从而可以调节最终的光子带隙。在此基础上，他们进一步合成了 Au @ CdS / 3DOM-TiO_2-n 样品。与 3DOM-TiO_2相比，Au @ CdS/3DOM-TiO_2样品在可见光区域(450~650nm)的吸附更高。此外，Au@ CdS 的引入可以有效地减少光生电子-空穴对的重组，极大地提高了 CO_2还原的光催化性能。在光催化还原 CO_2的过程中，生成了两个主要产物 CO 和 CH_4，同时生成了 H_2和 O_2。Au@ CdS/3DOM-TiO_2样品在 CH_4 形成的测试中显示出更高的活性。在这些样品中，Au @ CdS/3DOM-TiO_2-1 显示出 CH_4 的最高转化率(41.6μmol/g/h)和 CO 的转化率较低(0.6μmol/g/h)，这可能归因于 3DOM 结构载体与 Au@ CdS NP 的强相互作用。同样，Wei 等[93]还制备了几种负载 3DOM TiO_2的核壳结构 Pt@ CdS 纳米颗粒催化剂作为光催化剂，有效地提高了光收集效率和光生载流子的分离。因此，与 3DOM 结构相结合的多组分异质结构的构建有望为光催化 CO_2还原带来出色的性能和强大的平台。

8.2.2 锂电池电极

当前，人们强烈希望生产出可在可穿戴设备、汽车、医疗设备和各种柔性消费产品的大功率应用中提供足够能量的存储设备[94]。锂离子电池(LIB)具有很高的能量密度。但是，它们充电/放电率较差，阻止了它们在大功率应用等方面提供能量。因此，非常需要设计一种能够同时实现高能量密度和高功率密度的柔性能量存储设备。二氧化钛(TiO_2)是一种丰富的材料，相对无毒且化学稳定，在高功率应用中显示出应用前景。

由于电极材料中锂离子的低固态扩散，导致 LIB 中的低功率密度，而纳米粒子电极[图 8-3(a)]可以解决 LIB 出现的低功率密度的问题。然而，由于纳米粒子的聚集和电极内的低质量转移，实现高功率的 LIB 性能仍然是一个挑战。所以有必要设计更多的功能性电极，以改善电池中的质量传递和电极-电解质相互作用。理想的大功率电极应具有相互连接的结构，因此研究者合成了一种具有柔性的，不含黏合剂特性的三维有序大孔(3DOM)TiO_2电极。与纳米颗粒电极相比，这种类型的电极可提供六倍的优势：第一，在 3DOM 电极[图 8-3(b)]中，电极的有序孔隙率可确保电极与电解质之间的分布均匀且表面积较大。第二，由于胶体晶体模板定义了较小的微晶尺寸，并且壁孔较薄，因此扩散路径较短，容易实现。几乎所有表面部位都完全锂化。第三，3DOM 结构可以通过其相互连接的结构允许电子导电，从而克服了与纳米粒子电极相关的界面电阻[95]。第四，碳涂层的 3DOM 结构可以就地完成，并且可以通过为电子提供替代的，更具导电性的路径来进一步提高性能。碳涂层可以在充电和放电过程中稳定活性材料，从而增加电极的循环稳定性。第五，可以使用诸如碳布之类的柔性集电器容易地制造 3DOM 电极，以形成柔性电极。第六，可以在不使用黏合剂或其他添加剂的情况下制造 3DOM 电极。

这种柔性、无黏合剂的 3DOM TiO_2电极是通过在裸碳布上沉积聚苯乙烯(PS)胶体晶体

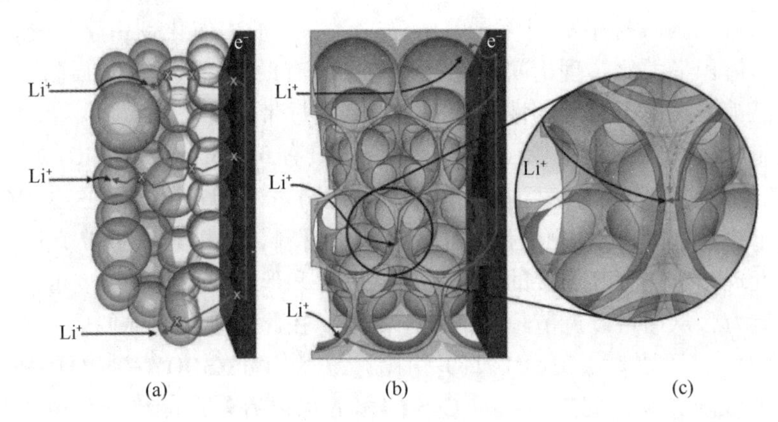

图 8-3 (a)纳米粒子电极，(b)3DOM 电极[96]

模板来实现的。使用乳液聚合合成 PS 珠，并使用简单的浸涂技术将模板沉积在碳布上，然后，将模板化的碳布用 TiO_2 溶胶凝胶溶液浸润，并进行热处理以使 TiO_2 结晶并除去模板。在空气中煅烧时，碳布上生成的 TiO_2 具有伪 3DOM 结构。当在 Ar 中进行热处理时，碳布上生成的 TiO_2 具有覆盖在碳化聚苯乙烯中的原始 3DOM 结构。

参 考 文 献

[1] Arandiyan H , Wang Y , Sun H , et al. Ordered meso- and macroporous perovskite oxide catalysts for emerging applications[J]. Chemical Communications, 2018, 54: 6484-6502.

[2] Cheng Y , Liu J , Zhao Z , et al. A new 3DOM Ce-Fe-Ti material for simultaneously catalytic removal of PM and NO_x from diesel engines[J]. Journal of Hazardous Materials, 2018, 342(jan. 15): 317-325.

[3] Kim Y N , Kim S J , Lee E K , et al. Large magnetoresistance in three dimensionally ordered macroporous perovskite manganites prepared by a colloidal templating method[J]. Journal of Materials Chemistry, 2004, 14(11): 1774-1777.

[4] Sadakane M , Takahashi C , Kato N , et al. Three-dimensionally ordered macroporous mixed iron oxide; preparation and structuralcharacterization of inverse opals with skeleton structure[J]. Chemistry Letters, 2006, 35(5): 480-481.

[5] Andreas Stein, Fan Li, et al. Morphological control in colloidal crystal templating of inverse opals, hierarchical structures, and shaped particles[J]. Chemistry of Materials, 2008, 20: 649-666.

[6] FangJ, Xuan Y, Li Q. Preparation of three-dimensionally ordered macroporous perovskite materials[J]. Chinese Science Bulletin, 2011, 56: 2156-2161.

[7] Stöber W , Fink A , Bohn E. Controlled growth of monodisperse silica spheres in the micron size range[J]. Journal of Colloid & Interface Science, 1968, 26(1): 62-69.

[8] Bogush G H , Tracy M A , Iv C F Z . Preparation of monodisperse silica particles: control of size and mass fraction[J]. Journal of Non Crystalline Solids, 1988, 104(1): 95-106.

[9] Holland B T , Blanford C F , Do T , et al. Synthesis of highly ordered, three-dimensional, macroporousstructures of amorphous or crystalline inorganic oxides, phosphates, and hybrid composites[J]. Chemistry of Materials, 1999, 11(3): 795-805.

[10] Blanco A , Chomski E , Grabtchak S , et al. Large-scale synthesis of a silicon photonic crystal with a complete three-dimensional bandgap near 1.5 micrometres[J]. Nature, 2000, 405: 437-440.

[11] Dinsmore A D , Crocker J C , Yodh A G . Self-assembly of colloidal crystals[J]. Current Opinion in Colloid &

Interface Science, 1998, 3(1): 5-11.

[12] Xia Y , Gates B , Yin Y , et al. Monodispersed colloidal spheres: old materials with new applications[J]. Advanced Materials, 2010, 12(10): 693-713.

[13] Zhu J , Li M , Rogers R , et al. Crystallization of hard-sphere colloids in microgravity[J]. Nature, 1997, 387(6636): 883-885.

[14] Burmeister F , Claudia Schäfle, Keilhofer B , et al. From mesoscopic to nanoscopic surface structures: lithography with colloid monolayers[J]. Advanced Materials, 1998, 10(6): 495-497.

[15] Mccomb D W , Treble B M , Smith C J , et al. Synthesis and characterization of photonic crystals[J]. Journal of Materials Chemistry, 2001, 11(1): 142-148.

[16] Tang F , Uchikoshi T , Sakka Y. A practical technique for the fabrication of highly ordered macroporous structures of inorganic oxides[J]. Materials Research Bulletin, 2006, 41(2): 268-273.

[17] Li S , Zheng J , Yang W , et al. Preparation of three-dimensionally ordered macroporousoxides by combining templating method with sol-gel technique[J]. Chemistry Letters, 2007, 36(4): 542-543.

[18] SadakaneM , Horiuchi T , Kato N , et al. Facile preparation of three-dimensionally ordered macroporousalumina, iron oxide, chromium oxide, manganese oxide, and their mixed-metal oxides with high porosity[J]. Chemistry of Materials, 2007, 19(23): 5779-5785.

[19] Míguez, MeseguerF , C. López, et al. Synthesis and photonic bandgap characterization of polymer inverse opals [J]. Advanced Materials, 2001, 13(6): 393-396.

[20] FiebigM , Wiartalla A , Holderbaum B , et al. Particulate emissions from diesel engines: correlation between engine technology and emissions[J]. Journal of Occupational Medicine & Toxicology, 2014, 9(1): 6.

[21] Wang Z Y , Guo R T , Shi X , et al. The superior performance of $CoMnO_x$ catalyst with ball-flowerlike structure for low-temperature selective catalytic reduction of NO_x by NH_3[J]. Chemical Engineering Journal, 2019, 381: 122753.

[22] Wang Z Y , Guo R T , Guan Z Z , et al. The promotion effect of Cr additive on $CeZr_2O_x$ catalyst for the low-temperature selective catalytic reduction of NO_x with NH_3 [J]. Applied Surface Science, 2019, 485 (AUG. 15): 133-140.

[23] Guo X , Xu L , Wang B , et al. Optimized gas and water production from water-saturated hydrate-bearing sediment through step-wise depressurization combined with thermal stimulation[J]. Applied Energy, 2020, 276: 115438.

[24] Chen Y , Shen G , Lang Y , et al. Promoting soot combustion efficiency by strengthening the adsorption of NO_x on the 3DOM mullite catalyst[J]. Journal of Catalysis, 2020, 384: 96-105.

[25] Li X , Li X , Li J , et al. Identification of the arsenic resistance on MoO_3 doped CeO_2/TiO_2 catalyst for selective catalytic reduction of NO_x with ammonia[J]. Journal of Hazardous Materials, 2016, 318(NOV. 15): 615-622.

[26] Martinovic F , Andana T , Piumetti M , et al. Simultaneous improvement of ammonia mediated NO_x SCR and soot oxidation for enhanced SCR-on-Filter application[J]. Applied Catalysis A: General, 2020, 596: 117538.

[27] Liu Y Z , Guo R T , Duan C P , et al. A highly effective urchin-like $MnCrO_x$ catalyst for the selective catalytic reduction of NO_x with NH_3[J]. Fuel, 2020, 271: 117667.

[28] Wang B, Dong H, Fan Z, et al. Numerical analysis of microwave stimulation for enhancing energy recovery from depressurized methane hydrate sediments[J]. Applied Energy, 2020, 262: 114559.

[29] Song Y , Zhao C , Chen M , et al. Pore-scale visualization study on CO_2 displacement of brine in micromodels with circular and square cross sections[J]. International Journal of Greenhouse Gas Control, 2020,

95: 102958.

[30] Guo R, Sun X, Liu J, et al. Enhancement of the NH_3-SCR catalytic activity of $MnTiO_x$ catalyst by the introduction of Sb[J]. Applied Catalysis A General An International Journal Devoted to Catalytic Science & Its Applications, 558 (2018) 1-8.

[31] Guo R, Sun P, Pan W, et al. A highly effective $MnNdO_x$ catalyst for the selective catalytic reduction of NO_x with NH_3[J]. Industrial & Engineering Chemistry Research, 2017, 56: 12566-12577.

[32] Chen J, Arandiyan H, Gao X, et al. Recent advances in catalysts for methanecombustion[J]. Catalysis Surveys from Asia, 2015, 19: 140-171.

[33] Wu X, Wang C, Wei Y, et al. Multifunctional photocatalysts of Pt-decorated 3DOM perovskite-type $SrTiO_3$ with enhanced CO_2 adsorption and photoelectron enrichment for selective CO_2 reduction with H_2O to CH_4[J]. Journal of Catalysis, 2019, 377: 309-321.

[34] Wang Y, Liu Y, Shi S. Removal of nitric oxide from flue gas using novel microwave-activated double oxidants system[J]. Chemical Engineering Journal, 2020, 393: 124754.

[35] Wang Y, Zhang C, Liu F, et al. Well-dispersed palladium supported on ordered mesoporous Co_3O_4 for catalytic oxidation of o-xylene[J]. Applied Catalysis B: Environmental, 2013, s142-143(10): 72-79.

[36] Yi J, Liao J, Xia K, et al. Integrating the merits of two-dimensional structure and heteroatom modification into semiconductor photocatalyst to boost NO removal [J]. Chemical Engineering Journal, 2019, 370: 944-951.

[37] Peng Q, Zhao H, Qian L, et al. Design of a neutral photo-electro-fenton system with 3D-ordered macroporous Fe_2O_3/carbon aerogel cathode: High activity and low energy consumption[J]. Applied Catalysis B Environmental, 2015, 174-175: 157-166.

[38] Zavala M, Brune W H, Velasco E, et al. Changes in ozone production and VOC reactivity in the atmosphere of the mexicocity metropolitan area[J]. Atmospheric Environment, 2020, 238: 117747.

[39] Yuan J, Dai H, Zhang L, et al. PMMA-templating preparation and catalytic properties of high-surface-area three-dimensional macroporous La_2CuO_4 for methane combustion[J]. Catalysis Today, 2011, 175(1): 209-215.

[40] Tan J, Wei Y, Sun Y, et al. Simultaneous removal of NO and soot particulates from diesel engine exhaust by 3DOM Fe-Mn oxide catalysts[J]. Journal of Industrial & Engineering Chemistry, 2018, 63: 84-94.

[41] Wang J, Zhang W, Zheng Z, et al. Enhanced thermal decomposition properties of ammonium perchlorate through addition of 3DOM core-shell Fe_2O_3/Co_3O_4 composite[J]. Journal of Alloys and Compounds, 2017, 724: 720-727.

[42] Li Z, Meng M, Li Q, et al. Fe-substituted nanometric $La_{0.9}K_{0.1}Co_{1-x}Fe_xO_{3-\delta}$ perovskite catalysts used for soot combustion, NO_x storage and simultaneous catalytic removal of soot and NO_x[J]. Chemical Engineering Journal Lausanne, 2010, 164: 98-105.

[43] Choi B, Lee K S. LNT/CDPF catalysts for simultaneous removal of NO_x and PM from diesel vehicle exhaust [J]. Chemical Engineering Journal, 2014, 240: 476-486.

[44] Li X, Li X, Li J, et al. Identification of the arsenic resistance on MoO_3 doped CeO_2/TiO_2 catalyst for selective catalytic reduction of NO_x with ammonia[J]. Journal of Hazardous Materials, 2016, 318(NOV. 15): 615-622.

[45] Ramdas R, Nowicka E, Jenkins R, et al. Using real particulate matter to evaluate combustion catalysts for direct regeneration of diesel soot filters[J]. Applied Catalysis B Environmental, 2015, 176-177: 436-443.

[46] Tang Q, Du J, Xie B, et al. Rare earth metal modified three dimensionally ordered macroporous MnO_x-CeO_2 catalyst for diesel soot combustion[J]. Journal of Rare Earths, 2018, 36(1): 70-77.

[47] Russo N , Fino D , Saracco G , et al. Studies on the redox properties of chromite perovskite catalysts for soot combustion[J]. Journal of Catalysis, 2005, 229(2): 459-469.

[48] A. Bueno-López, Krishna K , Makkee M , et al. Enhanced soot oxidation by lattice oxygen via La^{3+}-doped CeO_2[J]. Journal of Catalysis, 2005, 230(1): 237-248.

[49] Aneggi E , Boaro M , Leitenburg C D , et al. Insights into the redox properties of ceria-based oxides and their implications in catalysis[J]. Cheminform, 2006, 408: 1096-1102.

[50] Aneggi E , Leitenburg C D , Dolcetti G , et al. Promotional effect of rare earths and transition metals in the combustion of diesel soot over CeO_2 and CeO_2-ZrO_2[J]. Catalysis Today, 2006, 114(1): 40-47.

[51] Setiabudi A , Chen J , Mul G , et al. CeO_2catalysed soot oxidation: The role of active oxygen to accelerate the oxidation conversion[J]. Applied Catalysis B Environmental, 2004, 51(1): 9-19.

[52] Setiabudi A , Makkee M , Moulijn J A . The Role of NO_2 and O_2 in the Accelerated Combustion of Soot in Diesel Exhaust Gases[J]. Applied Catalysis B Environmental, 2004, 50(3): 185-194.

[53] Wang J, Cheng L, An W, et al. Boosting soot combustion efficiencies over CuO-CeO_2 catalysts with a 3DOM structure[J]. Catalysis science & technology, 2016, 6(19): 7342-7350.

[54] Wei Y, Liu J, Zhao Z, et al. Three-dimensionally ordered macroporous $Ce_{0.8}Zr_{0.2}O_2$-supported gold nanoparticles: synthesis with controllable size and super-catalytic performance for soot oxidation[J]. Energy & Environmental Science, 2011, 4: 2959-2970.

[55] Zhang G , Zhao Z , Liu J , et al. Three dimensionally ordered macroporous $Ce1_xZr_xO_2$ solid solutions for diesel soot combustion[J]. Chemical Communications, 2009, 46(3): 457-459.

[56] Zhang G , Zhao Z , Xu J , et al. Comparative study on the preparation, characterization and catalytic performances of 3DOM Ce-based materials for the combustion of diesel soot[J]. Applied Catalysis B Environmental, 2011, 107(3-4): 302-315.

[57] Alcalde-Santiago, Virginia, Davo-Quinonero, et al. On the soot combustion mechanism using 3DOM ceria catalysts[J]. Applied Catalysis, B. Environmental: An International Journal Devoted to Catalytic Science and Its Applications, 2018, 234: 187-197.

[58] Jin B, Wei Y, Zhao Z, et al. Sacroporous Al-Ce mixed oxide catalysts with high soot combustion[J]. Catalysis Today, 2015, 258: 487-497.

[59] Krishna K , Buenolopez A , Makkee M , et al. Potential rare earth modified CeO_2 catalysts for soot oxidationI. Characterisation and catalytic activity with O_2[J]. Applied Catalysis B Environmental, 2007, 75(3-4): 189-200.

[60] Trovarelli A. Catalytic properties of ceria and CeO_2-containing materials[J]. Catalysis Reviews, Science and Engineering, 1996, 38: 439-520.

[61] Kumar P A , Tanwar M D , Russo N , et al. Synthesis and catalytic properties of CeO_2 and Co/CeO_2nanofibres for diesel soot combustion[J]. Catalysis Today, 2012, 184(1): 279-287.

[62] Sudarsanam P, Hillary B, Deepa D K, et al. Highly efficient cerium dioxide nanocube-based catalysts for low temperaturdiesel soot oxidation: the cooperative effect of cerium and cobaltoxides[J]. Catalysis Science & Technology, 2015, 5: 3496-3500.

[63] Zhai G , Wang J , Chen Z , et al. Highly enhanced soot oxidation activity over 3DOM Co_3O_4-CeO_2 catalysts by synergistic promoting effect[J]. Journal of Hazardous Materials, 2019, 363: 214-226.

[64] Zhao M , Deng J , Liu J , et al. Roles of surface active oxygen species on 3DOM cobalt-based spinel catalysts $M_xCo_{3-x}O_4$(M=Zn and Ni) for NO_x-assisted soot oxidation[J]. ACS Catalysis, 2019, 9(8): 7548-7567.

[65] Uppara H P , Pasuparthy J S , Pradhan S , et al. The comparative experimental investigations of SrMn(Co^{3+}/Co^{2+})$O_3\pm\delta$ and SrMn(Cu^{2+})$O_3\pm\delta$ perovskites towards soot oxidation activity[J]. Molecular Catalysis, 2020,

482: 110665.

[66] Xu J, Liu J, Zhao Z, et al. Preparation and catalytic performance of three-dimensionally ordered macroporous perovskite-type $LaFeO_3$ catalyst for soot combustion[J]. Chinese Journal of Catalysis2010, 31: 236-241.

[67] Bolden A L , Kwiatkowski C F , Colborn T. New look at BTEX: are ambient levels a problem? [J]. Environmental Science & Technology, 2015, 49(9): 5261-5276.

[68] Wang Y , Zhang C , Liu F , et al. Well-dispersed palladium supported on ordered mesoporous Co_3O_4 for catalytic oxidation of o-xylene[J]. Applied Catalysis B: Environmental, 2013, s142-143(10): 72-79.

[69] Deng J , He S , Xie S , et al. Ultralow loading of silver nanoparticles on Mn_2O_3nanowires derived with molten salts: ahigh-efficiency catalyst for the oxidative removal of toluene[J]. Environmental Science & Technology, 2015, 49(18): 11089-11095.

[70] Schick L , Sanchis R , Gonzúlez-Alfaro V, et al. Size-activity relationship of iridium particles supported on silica for the total oxidation of volatile organic compounds (VOCs)[J]. Chemical Engineering Journal, 2019, 366: 100-111.

[71] Xie S, Deng J, Zang S, et al. Au-Pd/3DOM Co_3O_4: highly active and stable nanocatalysts for toluene oxidation-ScienceDirect[J]. Journal of Catalysis, 2015, 322: 38-48.

[72] Santos V P, Carabineiro S A C, Tavares P B, et al. Oxidation of CO, ethanol and toluene over TiO_2 supported noble metal catalysts[J]. Applied Catalysis B: Environmental, 2010, 99: 353-363.

[73] Wang L C , Liu Q , Huang X S , et al. Gold nanoparticles supported on manganese oxides for low-temperature CO oxidation[J]. Applied Catalysis B Environmental, 2009, 88(1-2): 204-212.

[74] Wang L C , Huang X S , Liu Q , et al. Gold nanoparticles deposited on manganese(Ⅲ) oxide as novel efficient catalyst for low temperature CO oxidation[J]. Journal of Catalysis, 2008, 259(1): 66-74.

[75] Bastos S ST , Carabineiro S A C , et al. Total oxidation of ethyl acetate, ethanol and toluene catalyzed by exo-templated manganese and cerium oxides loaded with gold[J]. Catalysis Today, 2012, 180(1): 148-154.

[76] XieS , Dai H , Deng J , et al. Preparation and high catalytic performance of Au/3DOM Mn_2O_3 for the oxidation of carbon monoxide and toluene[J]. Journal of Hazardous Materials, 2014, 279: 392-401.

[77] XieS, DengJ, LiuY, et al. Excellent catalytic performance, thermal stability, and water resistance of 3DOM Mn_2O_3-supported Au-Pd alloy nanoparticles for the complete oxidation of toluene[J]. Applied Catalysis A: General, 2015, 507: 82-90.

[78] Xinwei Li, Dai H , Deng J , et al. Arandiyan, Au/3DOM $LaCoO_3$: high-performance catalysts for the oxidation of carbon monoxide and toluene[J]. Chemical Engineering Journal, 2013, 228: 965-975.

[79] ArandiyanH , Chang H , Liu C , et al. Dextrose-aided hydrothermal preparation with large surface area on 1D single-crystalline perovskite $La_{0.5}Sr_{0.5}CoO_3$ nanowires without template: Highly catalytic activity for methane combustion[J]. Journal of Molecular Catalysis A Chemical, 2013, 378: 299-306.

[80] Liu Y , Dai H , Deng J , et al. In situ poly(methyl methacrylate)-templating generation and excellent catalytic performance of MnO_x/3DOM $LaMnO_3$ for the combustion of toluene and methanol[J]. Applied Catalysis B Environmental, 2013, 140-141(Complete): 493-505.

[81] Cargnello M , Delgado Jaen J J , Hernandez Garrido J C , et al. Exceptional activity for methane combustion over modular Pd@ CeO_2 subunits on functionalized Al_2O_3[J]. Science , 2012, 337: 713-717.

[82] Murata K, Mahara Y, Ohyama J, et al . The metal-support interaction concerning the particle size effect of Pd/Al_2O_3 on methane combustion[J]. AngewandteChemie International Edition, 2017, 56: 15993-15997.

[83] Gremminger A , Lott P , Merts M , et al. Sulfur poisoning and regeneration of bimetallic Pd-Pt methane oxidation catalysts[J]. Appl. Catal. B-Environ, 2017, 218: 833-843.

[84] Gelin P , Primet M. Complete oxidation of methane at low temperature based catalysts: a review [J].

Appl. Catal. B-Environ, 2002, 39: 1-37.

[85] Lim J B , Jo D , Hong S B . Palladium-exchanged small-pore zeolites with different cage systems as methane combustion catalysts[J]. Applied Catalysis B: Environmental, 2017, 219: 155-162.

[86] Wang Y , Arandiyan H , Scott J , et al. Recent advances in ordered meso/macroporous metal oxides for heterogeneous catalysis: a review[J]. Journal of Materials ChemistryA, 2017, 5: 8825-8846.

[87] Peng X , Xing Z , Xingtian Z , et al. Preparation, characterization, and catalytic performance of PdPt/3DOM $LaMnAl_{11}O_{19}$ for the combustion of methane[J]. Applied Catalysis A General, 2018, 562: 284-293.

[88] Habisreutinger S N , Schmidt-Mende, Lukas, Stolarczyk J K. Photokatalytischereduktion von CO_2 an TiO_2 und anderen halbleitern[J]. Angewandte Chemie, 2013, 125(29): 7516-7557.

[89] Li Y, Wu X, Li J, et al. Z-scheme g-C_3N_4@ Cs_xWO_3 heterostructure as smart window coating for UV isolating, Vis penetrating, NIR shielding and full spectrum photocatalytic decomposing VOCs [J] . Applied Catalysis, B. Environmental: An International Journal Devoted to Catalytic Science and Its Applications, 2018, 229: 218-226.

[90] Li Y , Cui W , Liu L , et al. Removal of Cr(VI) by 3D TiO_2-graphene hydrogel via adsorption enriched with photocatalytic reduction[J]. Applied Catalysis B: Environmental, 2016, 199: 412-423.

[91] Liu J , Liu R , Li R , et al. Enhancement of photochemical hydrogen evolution over Pt-loaded hierarchical titania photonic crystal[J]. Energy&Environmental Science, 2010, 3(10): 1503-1506.

[92] Wei Y, Jiao J, Zhao Z, et al. Fabrication of inverse opal TiO_2-supported Au@ CdS core-shell nanoparticles for efficient photocatalytic CO_2 conversion[J]. Applied Catalysis, B. Environmental: An International Journal Devoted to Catalytic Science and Its Applications, 2015, 179: 422-432.

[93] Wei Y , Jiao J, Zhao Z, et al. 3D ordered macroporous TiO_2-supported Pt@ CdS core-shell nanoparticles: Design, synthesis and efficient photocatalytic conversion of CO_2 with water to methane[J]. Journal of Materials Chemistry A, 2015, 3: 11074-11085.

[94] Liu Y Z , Guo R T , Duan C P , et al. Removal of gaseous pollutants by using 3DOM-based catalysts: A review[J]. Chemosphere, 2020, 262: 127886.

[95] Peter G, Bruce, Bruno, et al. Nanomaterials for Rechargeable Lithium Batteries[J]. AngewandteChemie International Edition, 2008, 47(16): 2930-2946.

[96] A G L , A G L , A X W , et al. Flexible, three-dimensional ordered macroporous TiO_2 electrode with enhanced electrode-electrolyte interaction in high-power Li-ion batteries[J]. Nano Energy, 2016, 24: 72-77.

第 9 章　碳纳米材料

碳是维持地球上所有生命的核心和基本元素之一。分子中碳原子的结构和排列对其性质有很大影响。碳是一种原子序数为 6 的轻质元素，利用它开发先进的功能材料是非常有必要的。回顾历史，新形式碳和碳氢化合物的发现和创造总是为新的科学技术打开大门。金刚石和石墨就是经典的例子，在过去的三十年里，碳的纳米同素异形体，也被称为纳米碳，已经出现并彻底改变了碳基材料的面貌。例如，球状富勒烯 C_{60} 于 1982 年被发现，柱状碳纳米管(CNTs)于 1991 年被发现。在 2004 年，一种新形式的纳米碳——石墨烯，作为单层从石墨中被分离出来，并迅速得到全世界的关注[1]。石墨烯是以 sp^2 为基础的碳基材料的基本构成单元，是一个原子厚的碳六边形平面薄片[图 9-1(a)]。通过卷起石墨烯薄片，形成了单壁碳纳米管[SWCNT，图 9-1(b)]。富勒烯[图 9-1(c)]是石墨烯薄片的球形，不仅包括碳六边形，还包括五边形[2]。

由于碳原子有三种不同的杂化方式，将不同杂化方式的碳原子结合起来，可以在理论上设计出各种新颖的全碳网络结构和碳同素异构体结构[3,4]。由于石墨烯、碳纳米管等 sp^2 杂化碳材料的兴起，目前对碳材料的研究主要集中在 sp^2-sp^3 杂化区域，而对 sp-sp^2 杂化碳材料的研究相对较少。石墨炔是 sp-sp^2 杂化碳同素异构体的代表。它是第一个含有碳-碳单键、碳-碳双键和碳-碳三键的碳同素异构体。它也是一种最有可能通过人工合成获得的非天然碳同素异构体。

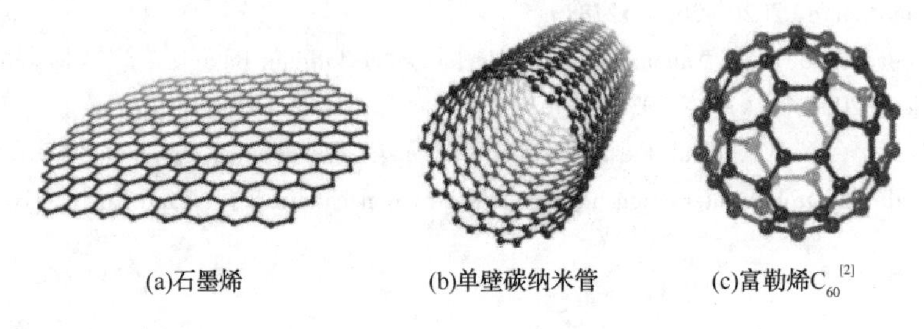

(a)石墨烯　(b)单壁碳纳米管　(c)富勒烯 C_{60} [2]

图 9-1　基于 sp^2 的碳同素异形体

随着碳纳米管(CNT)、石墨烯类材料、三维多孔纳米碳等纳米碳催化剂的问世，碳材料在催化领域的应用又有了新的发展势头。纳米碳材料一般具有较高的暴露表面，可以缩短扩散路径，有利于快速反应动力学。因此，与反应受扩散限制的传统碳相比，这些纳米碳的催化活性和选择性都得到了提高。这些碳材料在用作高温反应的催化剂或在氧气存在的情况下进行电催化时，比传统的碳具有更强的抗氧化性[5]。除此之外，纳米碳还在有机电子学和生物学等领域有潜在的应用前景。

1985 年，Kroto，Curl 和 Smalley 发现了富勒烯(这一成功导致了他们于 1996 年获得诺贝尔奖)[7]。之后，碳纳米材料发展成为一个独特的研究领域。1991~1998 年是富勒烯研究迅速兴起的时期，在首次报道了富勒烯的大量合成后，富勒烯的研究开始兴起[6]。下一个重要的里程碑是 S. Iijima 的开创性文章，他描述了石墨碳的螺旋微管[7]。在这个早期阶段，经常使用术语“富勒烯”(或其变体)来代替现在常用的“碳纳米管”。有趣的是，在第一篇关于碳纳米管的文章发表后不久，富勒烯的流行就达到了饱和，并在 1993~2003 年间的 10 年间保持不变。此后，随着富勒烯在有机太阳能电池中显示出作为电子接受层的前景，富勒烯在 2001 年通过受体层和施主层的纳米结构达到了 2.5%的效率[8]。直到 1992 年大量(克规模)生产成为可能之后，“碳纳米管”的研究才有了显著的增长[9]，单壁碳纳米管的合成为电子应用提供了新的潜力。从那时起，相关研究在过去 20 年里呈指数级增长，直到 2012 年，相关研究文章的数量首次停滞不前。这一下降可能是由于有关石墨烯的研究增加的结果，尽管石墨烯最初是在 50 多年前合成的，但直到 2004 年之后才变得流行起来，此后吸引了大量研究小组加入纳米碳研究领域。事实上，最近“石墨烯”相关文章发表的数量超过了碳纳米管相关文章的发表数量，这可能表明一些以前以碳纳米管为中心的研究小组现在正专注于基于石墨烯和氧化石墨烯(GO)的研究[10]。

1996 年、2010 年分别授予发现富勒烯和石墨烯的研究者诺贝尔奖表明了对碳结构的重要性的认可。纳米碳是未来最有前途的材料，新形式碳的发现将为先进技术打开新的大门，这一领域有望出现许多令人兴奋的发展。

9.1　C_{60}

9.1.1　C_{60}的历史概况

富勒烯因其在新兴的纳米技术领域和材料科学的广阔领域中实现梦想的潜力而被广泛吹捧。人们对其不同寻常的三角碳原子弯曲网络的内在兴趣也激发了对其他系统基本性质的大量研究[11,12]。然而，尽管世界各地的科学家和工程师进行了十多年的努力，这些迷人的“巴克球”至今仍在用鲜为人知的经验方法制造[13]。

有多种不同的富勒烯，对于 C_{60}，只有一个异构体是稳定的(即，遵守“孤立的五角形规则”)。C_{70}也是如此，但 C_{76}可能有两个稳定的异构体，计算出更大的富勒烯有更稳定的异构体：C_{78}有 5 个，C_{84}有 24 个，C_{100}有 450 个，依此类推。符合孤立五角形规则的 1000 多种不同的富勒烯可以由 100 个或更少的碳原子组装而成，当考虑到越来越大的富勒烯时，这个数字迅速攀升到数百万。

毫无疑问，Kroto 等关于 C_{60}的存在和表征的开创性报告[14]构成了富勒烯的重要里程碑。虽然最初报道的质谱分析可以确定 C_{60}的分子式，但在 20 世纪 80 年代中后期，很难将其组成与结构联系起来。

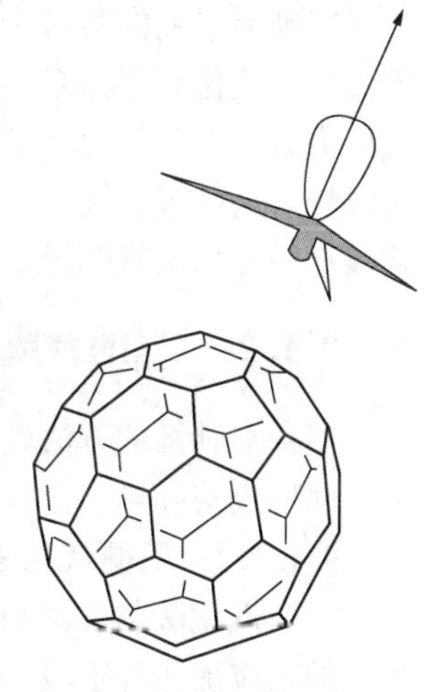
图 9-2　Kroto 等提出的 C_{60}的结构[14, 17]

富勒烯的组成所基于的基本概念是引入了五元五边形，这是曲率形成的主要原因(图 9-2)[15]。它们的作用类似于石墨结构中的缺陷，并导致 π 电子结构的非平面性。然而，只有当五边形的距离尽可能远时，应变能才会最小。这种“孤立的五边形”原则在

C_{60}中得到了最好的实现，C_{60}由规则植入的12个五元五边形和20个六元六边形组成，因此与石墨碳结构有很大的不同。作为具有12个五角形表面的直接结果，与石墨片相反，C_{60}显示出各向异性的电子分布。例如，虽然所有的60个碳原子都具有等价的对称性，但键分为两组，即六边形-五边形和六边形的边。值得注意的是，一方面，五边形和六边形的存在导致除了更常见的σ电子和π电子之外，还有6个t_{1U}带电子[16]。另一方面，石墨只由六边形组成，因此只存在σ电子和π电子[17]。

1966年，Dedalus考虑了制造大型空心碳笼的可能性，这种结构现在称为巨型富勒烯。这个建议没有引起科学界的反应。四年后的1970年，Osawa通过合成碗形的氢化邻戊二烯进行了模拟[18]，首先提出了C_{60}分子的球形I_h对称橄榄球结构。在寻找新的三维超级芳香π系统的过程中，他认识到香兰素是足球框架的一部分。随后，出现了其他小组的一些论文，其中包括Hückel对C_{60}的计算[19]。

1984年，有人观察到，通过石墨的激光汽化，可以生产出$n = 30 \sim 190$的仅碳的大型团簇[20]。这些团簇的质量分布通过飞行时间质谱法确定。在大碳簇($n \geqslant 30$)的光谱中，只能观察到具有偶数个碳原子的离子。尽管C_{60}和C_{70}属于这些簇，但它们的身份无法识别。富勒烯实验性发现的突破是在1985年，当时克罗托就读于休斯敦的莱斯大学。在这里，Smalley和他的同事们开发了一种技术[21]，用于通过质谱研究耐火材料簇，该技术是通过将脉冲激光聚焦在固体(在本例中为石墨)上在等离子体中产生的。Kroto和Smalley的最初目标是模拟红色巨星大气中碳成核的条件。确实，簇束研究表明，在太空中检测到的诸如氰基聚炔HC_7N和HC_9N之类物种的形成，可以通过实验室实验来模拟[22]。这些研究发现，在特定的聚类条件下，归因于C_{60}的720质量峰和归因于C_{70}的峰在较小程度上在光谱中表现出明显发现的正确结论。C_{60}的额外稳定性归因于其球形结构，即具有I_h对称性的截短二十面体的球形结构。这个分子以建筑师巴克敏斯特·富勒(Buckminster Fuller)的名字命名，他的测地线圆顶遵循类似的建筑原理。尽管发现了Buckminster-富勒烯(C_{60})，但仍需要一种宏观合成方法。

富勒烯研究的第二个突破是由Krätschmer和Huffman实现的[23]。他们的意图是通过在氦气氛中气化石墨棒来产生星际尘埃的实验室类似物[24]。他们观察到，在选择了正确的氦气压力后，石墨汽化产生的烟灰的红外光谱显示出四个明显强的吸收，以及常规烟灰的连续吸收峰。这些吸收接近于理论上预测的巴克敏斯特富勒烯的位置。然后通过升华或用苯萃取从煤烟中分离出富勒烯。

9.1.2 C_{60}的合成

制备富勒烯的方法较多，其中主要包括：石墨气化法制备富勒烯、燃烧合成富勒烯、烃类热解生成富勒烯、全合成方法、形成过程等。

9.1.2.1 石墨汽化法制备富勒烯

石墨汽化法制备富勒烯可分为石墨的电阻加热、石墨电弧加热、太阳能发电机、石墨等碳源的感应加热等手段。

9.1.2.1.1 *石墨的电阻加热*

宏观数量的富勒烯首先通过电阻加热石墨产生。该方法基于在真空蒸发器中生产无定形碳膜的技术[25]。Krätschmer和Fostiropoulos首次生产富勒烯时使用此方法。此方法收率约为

10%~15%。在反应开始时，这是通过尖细的石墨棒(在这个小的电阻区域中的散热)来保证的。对于直径为6mm的或更大的石墨棒，电阻层无法保持足够的电阻。这导致碳从杆的中心低效地蒸发。因此，通过电阻加热技术，只有相对较细的石墨棒可用于高效富勒烯生产。

9.1.2.1.2 石墨电弧加热

电阻加热的替代方法是石墨的电弧蒸发，这是Smalley首先开发的[26]。此方法可以使用稍厚的碳棒(例如直径为6mm)有效地蒸发碳。发现通过该技术获得的富勒烯的产率为约15%。

9.1.2.1.3 太阳能发电机

通过使用太阳能炉作为富勒烯发生器，避免了强烈的紫外线辐射问题[27]。尽管使用太阳光蒸发石墨，但是生成的富勒烯在辐射下的暴露远不及电阻加热或电弧蒸发技术那么广泛。尽管可以通过这种方式获得富勒烯，但是原型"Solar-1"发生器的效率不是很高。

9.1.2.1.4 石墨等碳源的感应加热

富勒烯也可以通过直接感应加热氮化硼载体中的碳样品来生产[28]。在氦气气氛中于2700℃蒸发，得到的是含富勒烯的烟灰，该烟灰收集在反应管的冷派热克斯玻璃上。通过将石墨样品保持在加热区中，该方法允许连续操作。蒸发1g石墨后，在10min内可获得80~120 mg的富勒烯提取物。

9.1.2.2 燃烧合成富勒烯

燃烧合成富勒烯的产率以及C_{70}：C_{60}的比例在很大程度上取决于操作模式。在不同的烟灰火焰条件下产生的C_{60}和C_{70}的量为烟灰质量的0.003%~9%。以燃料碳的百分比表示，在最佳条件下，压力为20Torr，碳氧比为0.995，浓度为10%的情况下，无烟焰的收率范围从0.0002%~0.3%。氩气和约1800K的火焰温度，C_{70}：C_{60}的比率在0.26~5.7之间变化，这比石墨气化方法所观察到的要大得多(0.02~0.18)。随着压力的增加，该比率趋于增加[29]。燃烧中富勒烯形成的进一步优化导致了高效中试工厂的发展。目前，通过这些方法每年可获得400kg富勒烯。

9.1.2.3 烃类热解合成富勒烯

富勒烯也可以通过烃类的热解获得。例如，萘在氩气流中于1000℃时热解，萘骨架是C_{60}结构的单体[30]。富勒烯通过脱氢偶联反应形成。主要反应产物是具有最多七个连接在一起的萘基的聚萘基。完全脱氢会导致C_{60}和C_{70}的收率均低于0.5%。作为副产物，也已通过质谱法观察到了氢富勒烯，例如$C_{60}H_{36}$。除萘之外，碗形的氢化露露烯和苯并[k]荧蒽也用作C_{60}的前体[31]。

9.1.2.4 全合成方法

通过石墨的气化或通过烃的燃烧产生的富勒烯是非常有效的，并且对于大量的简便生产而言无疑是无与伦比的。然而，全合成方法是有吸引力的，因为可以选择性地和排他性地制备特定的富勒烯，可以形成新的内面体富勒烯、杂富勒烯，可以使用相关的合成方案生成其他簇修饰的富勒烯[32]。

9.1.3 C_{60}的结构

富勒烯的构造原理是欧拉定理的结果，该定理说，要封闭n个六边形的每个球形网络，

除了 $n=1$ 之外，需要 12 个五边形。与较小的二维分子相比，例如平面苯，这些三维系统的结构在美学上具有吸引力。这些分子笼的美丽和空前的球形结构立即引起了许多科学家的注意。实际上，巴克敏斯特-富勒烯 C_{60} 迅速成为研究最深入的分子之一。

每个富勒烯均包含 $2(10+M)$ 个碳原子，分别对应于正好 12 个五边形和 M 个六边形。这种建立原理是欧拉定理的简单结果。因此，可以想象的最小的富勒烯是 C_{20}。从 C_{20} 开始，除 C_{22} 以外，任何偶数碳簇都可以形成至少一个富勒烯结构。随着 M 的增加，可能的富勒烯异构体数目急剧增加，从 $M=0$ 的仅 1 增加到 $M=29$ 的 2 万以上[33]。依此类推，足球状的 C_{60} 异构体[$60-I_h$]富勒烯是最小的稳定富勒烯。[$60-I_h$]富勒烯的结构在理论上和实验中确定[34](图 9-3)。这些研究证实了[$60-I_h$]富勒烯的二十面体结构。此 C_{60} 结构的两个特征特别重要：①所有十二个五边形均被六边形隔离；②两个六边形的结合处的键([6，6]键)短于结合处的六边形的键和五边形的键([5，6]键)。

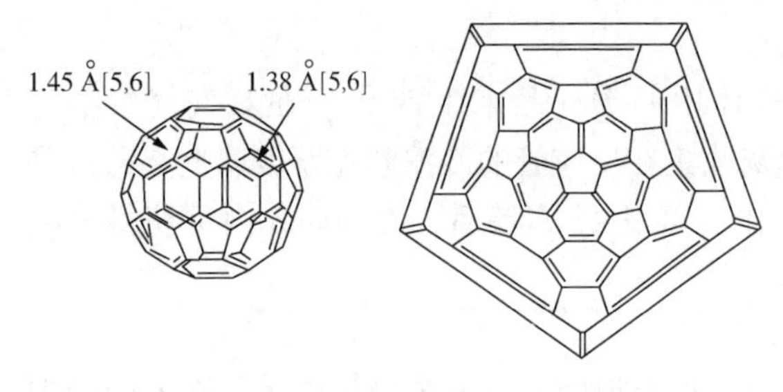

图 9-3 [$60-I_h$]富勒烯与分子中两个不同键的长度示意图以及最低能量的 Kekulé 结构的 Schlegel 图

富勒烯内的五边形需要引入曲率，因为仅由六边形组成的网络是平面的[$60-I_h$]。富勒烯是唯一的 C_{60} 异构体，同时也是最小的富勒烯，符合“孤立的五边形规则”(IPR)[35]。IPR 预测，被六边形隔离的所有五边形的富勒烯结构将相对于具有相邻五边形的结构稳定。相邻五边形引起的不稳定是由于戊烯型 8π 电子系统引起的共振不稳定和增强键角导致应变能增加。IPR 结构的形成伴随着分子球形度的增强。球形会尽可能均匀地分布应变，并使各向异性对应变能的贡献最小化。[$60-I_h$]富勒烯中的键长交替表明，在最低能量的 Kekulé 结构中，双键位于六边形的交界处([6，6]双键)，并且在五角形环。[$60-I_h$]富勒烯的直径已经通过 NMR 测量确定为 (7.10±0.07)Å。当考虑与 C 原子相关的 π 电子云的大小时，C_{60} 分子的外径可以估计为 7.10Å+3.35Å=10.34Å，其中 3.35Å 是对 C 原子厚度的估计。在 C_{60} 骨架上围绕 C 原子的 π 电子云。每个 C_{60} 分子的体积估计为 $1.87\times10^{-22}cm^3$。

下一个具有更高稳定性和 IPR 要求的富勒烯是[$70-D_{5h}$]富勒烯。计算其结构，并通过 X 射线晶体学测定(图 9-4)[36]。[$70-D_{5h}$]富勒烯在极点处的几何形状(最高曲率)与[$60-I_h$]富勒烯的极点几何形状非常相似。香兰素亚基(键 5、6、7、8)具有相同类型的键长交替。与[$60-I_h$]富勒烯相反，该富勒烯具有由熔融六边形组成的赤道带。对[$70-D_{5h}$]富勒烯的赤道亚苯基带内的键长及其本身的 D_{5h}-对称性的分析清楚地表明，每个赤道六边形需要两个等效的最低能量 Kekulé 结构来描述其结构和反应性(图 9-5)。

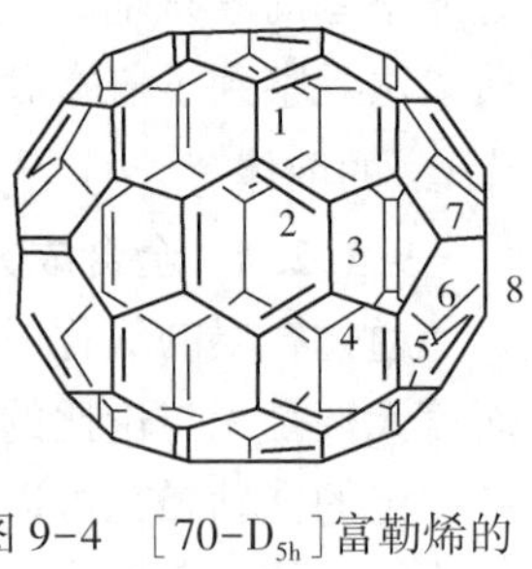

图 9-4 [$70-D_{5h}$]富勒烯的键类型[36]

对于 C_{78} 而言，最对称的 D_{3h} 异构体不受支持这一事实表明，重要的稳定因素是球形度的最大化而不是对称性。有趣的是，一些高级富勒烯是手性的，例如[$76-D_2$]富勒烯，[$80-D_2$]富勒烯，[$82-C_2$]富勒烯和[$84-D_2$]富

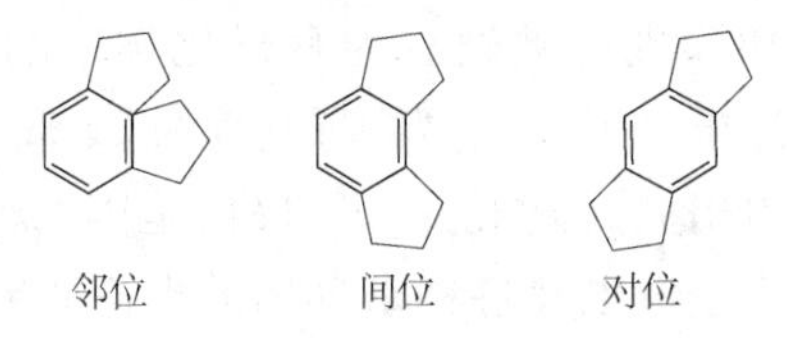

图 9-5 富勒烯中的熔融五边形的邻位、间位和对位关系[37]

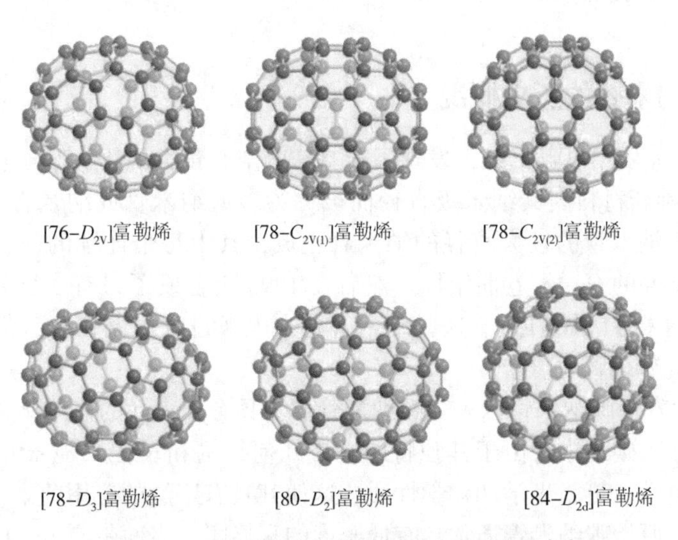

图 9-6 一系列具有结构特征的高级富勒烯[38]

勒烯(图 9-6)。[76-D_2]富勒烯的手性基于空间中 sp^2原子的螺旋排列(图 9-7)。为了描述手性富勒烯的绝对构型，Diederich 等介绍了立体描述符(^{f,s}C)和(^{f,s}A)[39]。[76-D_2]富勒烯的光学纯异构体是通过将(±)-[76-D_2]富勒烯与对映体手性加成物官能化，分离所得的非对映异构体，然后除去官能度而获得的。以相同的方式可以实现[84-D_2]富勒烯的光学拆分。将获得的圆二色性(CD)光谱与计算的光谱进行比较，可以指定[76-D_2]富勒烯的对映异构体的绝对构型。

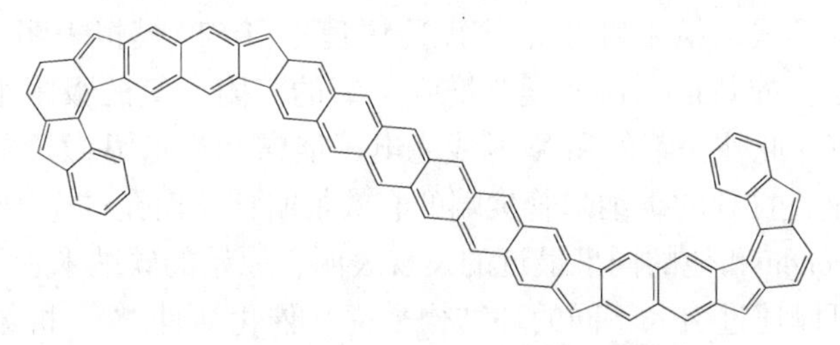

图 9-7 双螺旋[76-D_2]富勒烯中的螺旋基序[39]

9.1.4 C_{60}的应用

富勒烯在宏观上的可及性为开发球形和多官能全碳分子的丰富“三维”化学开辟了前所未有的机会。可以想象许多富勒烯衍生物，例如共价加成产物，富勒烯盐，内面体富勒烯，杂富勒烯，团簇改性富勒烯及其组合，并且已经合成了许多。因此，已发现具有出色的生物学或材料特性的新材料。富勒烯现已被确立为有机化学中的通用构建基块，引入了新的化学、几何和电子特性。迄今为止，大多数富勒烯化学邻域都是使用 C_{60}进行的，对高级富勒烯，内面富勒烯和杂富勒烯的相关研究很少。这仅仅是因为 C_{60}是最丰富的富勒烯。富勒烯的化学原理可以从化学转化的分析以及各种富勒烯的理论研究中得出。

9.2 碳纳米管

9.2.1 碳纳米管的历史概况

1991 年，Iijima 使用电弧工艺，发现了布基球的空心管类似物，其中包含多个相互连接的管或壳[40]。这种新材料因其纳米级直径而被称为多壁纳米管或纳米管(MWNT)。MWNT 由围绕较小的嵌套纳米管的较大直径的纳米管组成，其中每个连续的外壳都具有较大的直径，但保留了特征性的石墨烯卷曲结构。然后在 1993 年合成了只有一层壳的纳米管，并称为单壁纳米管或纳米管(SWNTs)。这些纳米管是在电弧过程中制得的，但前提是反应器中必须存在 Fe 或 Co 催化颗粒[41]。

自 Iijima 首次发现碳纳米管以来，碳纳米管作为具有代表性的一维结构同素异形体引起了人们极大的关注。碳纳米管由于其独特的空心几何结构和长程共轭 π 电子结构而具有许多特殊的力学、电学、热、光学和化学性质，这使其具有广泛的应用前景。然而，用化学气相沉积方法合成的原始碳纳米管通常具有低密度的官能团，表面带有 C—H 末端。此外，原始的碳纳米管很难在多种溶剂中分散和操纵。因此，功能化是提高碳纳米管催化活性的重要步骤。

传统的碳纳米管功能化方法可归纳为三类：①与碳纳米管的 π 共轭骨架反应产生的官能团的共价连接；②不同超分子的非共价吸附(如范德华力、π 堆积相互作用、静电作用力和氢键)或包裹；③碳纳米管内部空腔的面内填充[42]。

杂原子掺杂是近年来出现的一种改变碳纳米管表面化学和电子性质从而提高碳纳米管活性的有效策略[43]。N 掺杂碳纳米管可用碳氢化合物作碳源，氨气或有机胺作氮源用化学气相沉积(CVD)法合成合成碳纳米管[44]。密度冷函理论(DFT)模拟表明，N 原子的强电子亲和力导致相邻 C 原子上的高正电荷密度，增强了氧的吸附，氧的吸附很容易从阳极吸引电子来促进氧还原反应。此外，紫外和 X 射线光电子能谱和光谱显微镜的实验结果直接证实了 N 的掺杂是激活垂直排列的碳纳米管尖端的有效策略，从而允许电子性质的调节[45]。

有趣的是，Laasonen 和他的同事最近的发现表明，原始的碳纳米管并不像人们通常认为的那样是惰性的，可以通过引入不同的环结构来提高催化活性[46]。析氢反应(HER)的催化位点是由于碳纳米管末端形成不同的五环结构而引入的表面中心，而传统的六环中心的活性不会因为管的终止而发生很大的变化(图 9-8)。

碳纳米管是在宏观合成富勒烯之后立即发现的[23]，从那时起，这一激动人心的领域的研究就一直在不断地发展[47]。碳纳米管是由卷成圆柱形的石墨片组成的。碳纳米管的长度为微米级，直径可达 100nm。碳纳米管在固态状态下缠绕在一起，形成高度复杂的网络。根据六角环沿管状表面的排列，碳纳米管可以是金属的，也可以是半导体的。由于其非凡的性能，碳纳米管可以被认为是各种纳米技术应用的有吸引力的候选者，例如聚合物基质中的填充物、分子储罐、(生物)传感器和许多其他应用[8]。

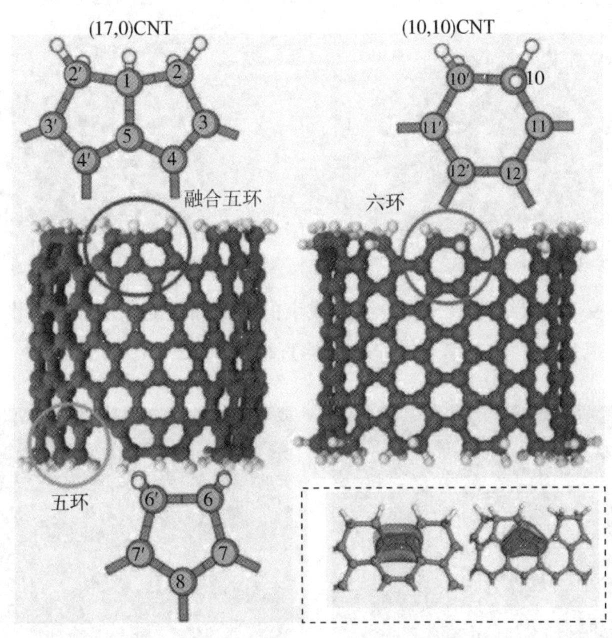

图 9-8 开放式碳纳米管的模型体系，(10, 10)和(17, 0)碳纳米管分别由六个环和碳五环和稠合五环的混合物终止[5]

9.2.2 碳纳米管的合成

三种最常用的生产 CNT 的方法是电弧、激光和化学气相沉积技术。

9.2.2.1 激光

该方法涉及在金属催化剂存在下，在石墨靶上发射激光。当用激光打靶时，碳会烧蚀并喷出。烧蚀的碳相包括金属催化剂，然后将其冷却并结晶为纳米颗粒，SWNT 将从中生长。

激光方法的优势在于，它是生产单壁碳纳米管的可靠方法，它几乎可以生产所有碳纳米管。该方法的缺点是，单壁碳纳米管以筏状结构(图 9-9)[48]或缠结结构(图 9-10 左)[49]生产，并带有过量的非晶碳材料。因此，需要通过超声辅助微滤或将纳米管在硫酸和硝酸中回流进行纯化(图 9-10 右)[50]。这些纯化步骤会吞噬除无定形碳之外的碳纳米管帽和 CNT 壁上的缺陷部位，并导致缩短的开放式纳米管结构。另一种纯化方法是在细的金颗粒和用作表面活性剂的苯扎氯铵存在下燃烧 SWNT。无定形碳和 CNT 在太接近的温度下燃烧，以致在没有合适的催化剂的情况下该方法无法生效。Au 颗粒似乎催化了无定形碳材料的氧化，因此它在比单壁碳纳米管(550~730℃)低得多的温度(300~550℃)下燃烧，而表面活性剂被认为可以制造无定形碳更均匀。

9.2.2.2 电弧

在这种方法中，大电流电弧在催化颗粒存在下穿过石墨电极，从而形成 CNT 和烟灰。以这种方式生产的多壁碳纳米管首先作为富勒烯生产的副产品而制成。因此，已经开发了许多用于 MWNT 的电弧生产的优化方法，并将其作为辅助过程。特定金属催化颗粒的存在决定了该方法产生的是 MWNT 还是 SWNT。

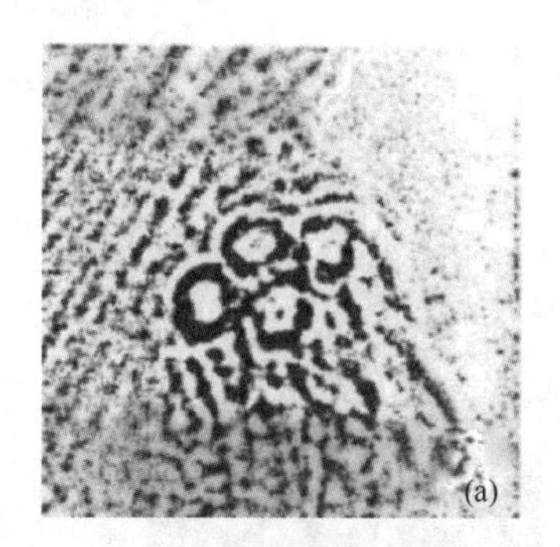
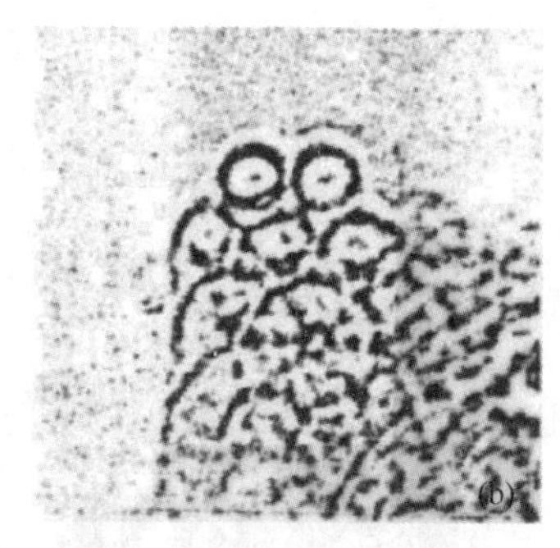

图 9-9　筏状结构中 SWNT 绳索或束的横截面透射电子显微镜图像，其中单个 SWNT 平均直径为 1.22 nm[48]

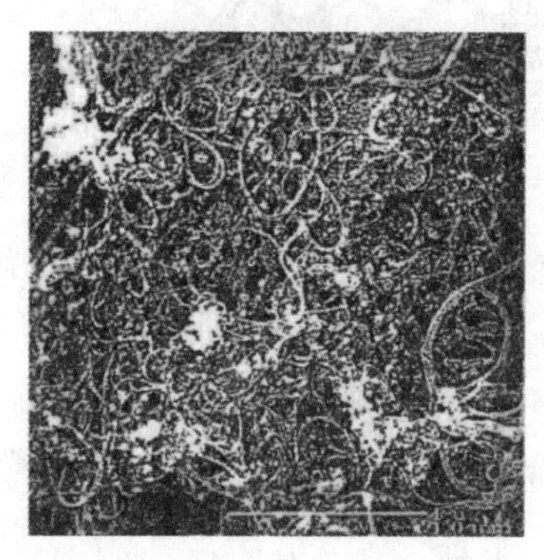

图 9-10　原始(左侧)和纯化(右侧)SWNT 的扫描电子显微镜图像[49]

增强纳米管生产的努力集中在优化该工艺中使用的催化剂上，因为已证明这对提高 CNT 的产率和分布至关重要。金属催化剂被认为可以溶解碳蒸气，然后以 CNT 的形式沉淀出多余的碳。使用 Ni-Co，Co-Y 和 Ni-Y 催化剂在各种组合中[51]，大大增加了纯金属生产的单壁碳纳米管的数量，并控制了纳米管直径广泛分布的生产。认为 Y 的作用是减少催化颗粒中活性 Ni 的总表面积，从而产生较小的纳米管分布。类似地，与仅使用纯 Co 的情况相比，向电弧中的催化 Co 颗粒中添加各种金属表明，Bi 和 Pb 导致 SWNT 的产率更高，并且直径分布更大。相反，向 Co 中添加 W 会降低单壁碳纳米管的产率，但对直径没有影响。研究还表明，电弧放电中 H_2的存在可产生更高收率的更清洁的单壁碳纳米管，其结果取决于系统中 H_2的量。

因此，已经利用氢电弧更好地阐明了催化作用的机理。研究表明，铜纳米颗粒与石墨之间相互作用的多步机制可以导致四种不同的产物：大的铜团簇，填充有铜的纳米管，包裹在炭黑中的铜纳米颗粒或在纳米管处带有小铜颗粒的中空碳纳米管。该机制已扩展以检查电弧中通过 Co，Fe 和 Ni 催化剂形成的单壁碳纳米管。预测纳米管形成的生长部位是初级金属颗粒(即镍颗粒上的 Co)内次级金属的纳米域。用于检测生长机理的电弧上的另一种变化是在 STM 尖端与石墨覆盖的样品之间生长 SWNT[52]。在 TEM 室中完成此操作后，可以将 SWNT 的形成记录在图像中。此实验说明了石墨层如何从基材上剥离并被尖端向上拉动，从而形成 SWNT 的管状结构，该结构连接尖端和衬底。当尖端吸出足够量时，最接近底物的一端折断并似乎被布基球的一部分终止。

通常情况下，纳米管的末端是富勒烯半球，其直径等于终止的壳的直径。但是，在MWNT的电弧放电形成过程中出现的局部温度梯度有时会导致五边形的形成，已表明五边形会导致在石墨烯壳上形成锥形帽，如图9-11所示[53]。石墨烯结构中的这些五边形缺陷中的一个得出的结论为：盖形成的能量是盖直径的函数，并且盖直径的不均匀性必须是电弧过程中热波动的结果。

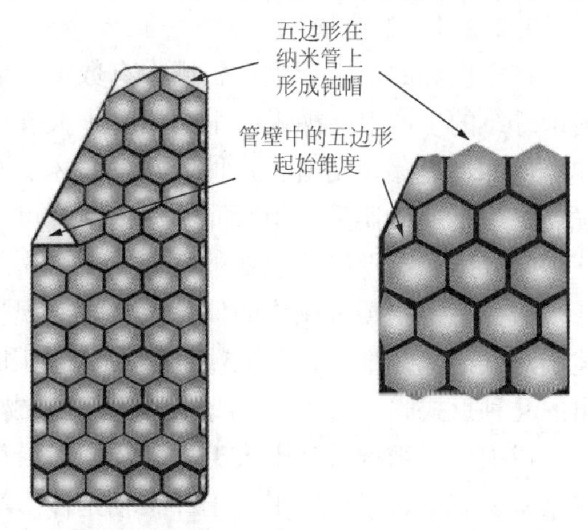

图9-11 将五边形插入壁结构会引发纳米管壁逐渐变细，随着壁间距的减小，会形成其他五边形以封闭纳米管的末端或盖[53]

电弧过程中产生的MWNT倾向于在阴极电弧炉渣的芯部内产生。完整地收集这些材料并进行精制，以得到比目前其他生产方法大得多的规模约20%~50%纯度合适的MWNT产品，其中的典型样品如图9-12所示。但是，此过程对其商业适用性有几个关键限制。首先是系统的规模化受到实际所需功率、阳极尺寸和散热的限制。另外，该过程在一个高能量域中运行，在该域中很难获得或维持精确的过程控制。最后，难以去除的污染物质(纳米离子，热解碳和无定形碳以及富勒烯)的联产会阻碍产品的纯度。与激光工艺一样，产品的纯化是电弧工艺中的关键步骤，通常会导致纳米管产品的回收率非常低。

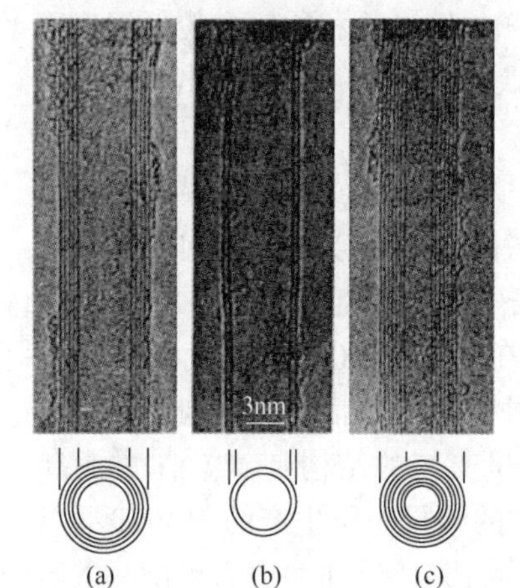

图9-12 图像是MWNT，在(a)中，MWNT具有5个壳，直径为6.7nm，在(b)中，MWNT具有2个壳，直径为5.5nm，在(c)中，MWNT具有7个壳，直径为6.5nm[40]

成功使用的一种纯化方法是通过膜的多步微滤。在此过程中，CNT，无定形碳的聚集体和纳米颗粒彼此分离。该方法还能够按长度分离CNT。其他微滤技术也应用于通过激光烧蚀生长的CNT，这些CNT使用水溶液和表面活性剂将SWNT与布基球，催化颗粒和非碳相分离[54]。

9.2.2.3 化学气相沉积

尽管电弧法能够生产大量未纯化的纳米管，但人们仍在大力改进生产工艺，以提供可控的纳米管合成途径。化学汽相淀积(CVD)是一类为获得选择性生产具有确定特性的纳米管提供可控过程的最佳工艺[55]。例如，据报道[56]，CVD技术在SiO_2负载的Fe催化剂上分解了C_2H_2，从而生产出非常长的CNT(2mm)。据报道，这些纳米管以非常高的纯度，排列良好的阵列和均匀的长度生产，尽管应该指出的是，这种结果在其他地方没有重复。CVD工艺是催化驱动的，其中金属催化剂与烃蒸气的热分解结合使用以生产纳米管。在大多数情况下，纳米管的最终生长发生在过程中的固定基板上。

虽然CVD生产方法为纳米管生产提供了相对较高纯度的途径，但与电弧或激光生产方法相比，较低的温度往往会生产出石墨烯结构不太明确的纳米管。建议采用高温热处理(石墨化)作为改善CVD纳米管细微结构的一种方法，这被证明是去除结构缺陷的有效方法。去除较小的结构缺陷的同时，将纳米管加热到 1800℃以上是去除所有残留铁催化剂的成功方法。

9.2.2.4　工业法

在全世界的纳米管生产领域中有数项工业领域的改进。当前，最大规模的工艺集中在碳纳米纤维的生产上。纳米纤维由于易于大规模生产和较低的相关成本而引起了人们的极大兴趣。例如，远藤开发出了几种成功的技术，可以用漂浮催化剂生产纳米纤维。Endo 设计的优点之一是反应器系统相对简单，该系统可以同时引入催化剂和烃源并在气相中反应，从而使纳米纤维产品得以连续地被覆盖。

研究者研究碳沉积物的催化生长时，观察到了具有各种石墨烯结构的纳米级碳结构，描述了对碳纳米纤维(直径为 5~500 nm)的精细结构的催化控制，确定了可根据催化剂形状得出的几种形式[57]。这些研究表明，可以合成平面石墨烯结构，其中石墨烯层垂直于纤维轴，并形成人字形结构，其中人工石墨烯层与沿纤维轴延伸的嵌套“V”结构相交。它们还形成管状结构，其中石墨烯层平行于纤维轴延伸。虽然所得材料看上去与具有圆形横截面的富勒烯纳米管非常相似，但该结构上刻有平行的石墨烯层，这些石墨烯层在短距离内笔直，并以固定角度偏移的方式与其他石墨烯域相交由催化剂颗粒周围的小平面数量决定。这样的结构在非圆形封闭笼中提供了 CNT 的又一新颖构造。

9.2.3　碳纳米管的结构

碳纳米管可能是石墨状卷起的，尽管实际上不是以这种方式制成的。SWNT 和 MWNT 均可以缠结结构或有序密堆积结构生长。与在较高温度下生产的纳米管相比，在较低温度下生产的单壁碳纳米管和多壁碳纳米管在壁和盖中具有更多的缺陷。因此，已生产出多种形式的纳米管：直管、竹等结构。

纳米管、纳米纤维和气相生长碳纤维(VGCF)是相似的材料，其特征在于石墨微晶在其结构内的定向排列。这些材料中最不规则的是 VGCF，其中微晶结构可以随机取向。石墨纤维可以在核芯处由几个类似于纳米管的壳组成，大部分由热解碳构成，它们之间的层间相关性较差，石墨烯和石墨烯平面仅在短距离内相对平直[58]。在低于 1000℃的温度下生产的 VGCF 通常是弯曲的(蠕形或螺旋形)。纳米纤维可表现出多种结构，包括轴向排列的，血小板或人字形结构。随着直径的减小，到达一个点时，最受能量支持的结构是 MWNT 的封闭笼形。构成壁的暗带是石墨烯纳米管壁清晰定义的(002)结构的结果。所生产的 MWNT 通常是笔直的，并表现出与纳米管轴平行的石墨烯壳的长距离有序排列。壁曲率由石墨微晶的有序性随直径的减小而产生。在某些有限的小直径下，最稳定的形式将是 SWNT 的形式。迄今为止，合成的最小的 CNT 在较大的 MWNT 内部，直径约为 0.4 nm[59]。计算结果表明，直径小于 0.4 nm 的纳米管由于高曲率而承受的应变过大，无法保持热力学稳定性。

应该强调的是，在分析报告的结果时，必须注意区分正在研究的特定类型的纳米管。从 SWNTs 到 MWNTs 再到纳米纤维的完美程度递减是了解其材料特性差异的基础。尽管存在将 SWNT 过度归类为“奇迹”材料的不幸趋势，但与结构较差的材料相比，它们在结构完善方面存在显著差异。研究人员试图描述曾经报道过的材料的结构顺序。在许多情况下，应注意的是，纳米管材料的性能通常是已知碳科学的延伸，应在被称为“碳”的材料的连续范围内进行观察。在确定体积特性时更是如此，而在分析孤立的纳米管的行为时则不那么正确。

CNT 帽通常是圆形的(布基球的 1/2)，但是有时会由于在纳米管末端附近引入五边形而看到锥形末端，如图 9-11 所示。计算用于研究包含五边形的能量学，并在 CNT 尖端找到合适的结构[60]，然后将结果与包含各种直径的 CNT 的加盖 MWNT 的显微镜图像进行比较，并通过引发盖的氧化来推导应变最大的五边形。计算和实验分析表明，如果合成条件使得在纳米管末端闭合时引入五边形，则在纳米管的末端可能会出现各种各样的锥形帽。

在纳米管壁上发现的常见缺陷是一对五边形和七边形，称为 5/7 缺陷，如图 9-13 的阴影区域所示。计算表明，两种不等价键被断裂，从而在 Z 字形和扶手椅 CNT 中形成 5/7 缺陷[61]。诸如 5/7 之类的缺陷对于两个异种 CNT 之间结的形成至关重要，这对由纳米管组成的电子器件具有重要意义。实验已被用来确定 CNT 样品中常见的壁缺陷(例如 5/7 缺陷)。例如，在高于 1200 K 的温度下加热的封闭，纯化的单壁碳纳米管会释放出 CO_2和 CO，然后使产生的缺陷部位与 O_3反应[62]。结果表明，加热后约有 5%的碳原子位于缺陷部位。但是，SWNT 和 MWNT 壁中的缺陷密度会随着它们的合成或纯化方式而显著变化。寻找一种方法来生产大量含有尽可能少缺陷的纳米管是许多研究人员的另一个目标。

9.2.4　碳纳米管的应用

碳纳米管最大的问题之一是如何控制增长，以便可以增长所需的长度和所需的手性结构。因此，了解不同反应堆的生长机理是研究的热点。另一个问题是如何以低成本制造大量的碳纳米管。只有克服了这一障碍后，它们才能在复合增强纤维等应用中找到通用的用途，而复合增强纤维的手性结构并不能真正解决问题。设备问题包括哪种类型的环境最适合在纳米级设备中使用纳米管。具体而言，应使用哪种类型的基材以及哪种类型的环境是最佳的(它将在空气中工作)。

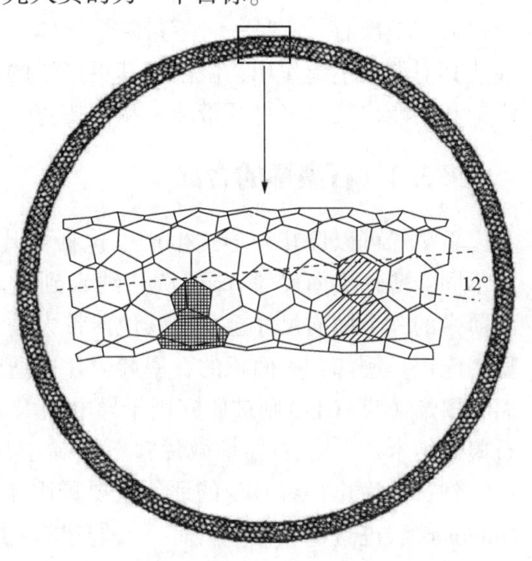

图 9-13　由(5，5)/(6，4)/(5，5)关节单元旋转 30 倍而形成的多边形花托的结构，该关节单元以 12°的角度弯曲。请注意，两对融合的 5/7 缺陷位于相对的两端[60]

碳纳米管技术的商业化目前由于缺乏可靠的，大批量的生产能力，纳米管的高价格以及控制产品性能的选择性低而受到阻碍。合成技术的最新进展，特别是 CVD 方法，显示出可规模化(t/d)，低成本(< 100 美元/kg)并能够产生高产品纯度和选择性的希望。但是，只有存在有利可图的市场，工业规模的生产才能进行。矛盾的是，直到可以以与现有材料相适应的价格大量获得纳米管后，纳米管市场才会发展。

纳米管应用所需的几种技术正在开发中。例如，已经证明了能够通过剪切场操纵将各个 MWNT 均匀地分散到聚合物基质中并控制复合材料内的纳米管排列的能力[63]. 尽管这些步骤代表了在实现复合材料中纳米管令人难以置信的机械性能方面的重要进展，但仍存在一些使用障碍。复合材料中的纳米管(SWNT 束和 MWNT)的失效模式取决于纳米管和基体之间的附着力。当界面黏合性差时，纳米管会从基质中拉出。良好的附着力会导致纳米管裂纹桥接并最终破坏纳米管。众所周知，对于 MWNT 而言，这种最终失败通常是由于“鞘中剑”失效导致的，其中纳米管的中心从对面一半的护套中抽出。控制这种失效机制，并希望将内壳固定在外壳上，将有助于获得基于碳纳米管的真正超强材料。

即使纳米管只能在有限的商业应用中使用，它们仍然是有趣的独特材料，值得进一步研究。但是，实现碳纳米管所具有的惊人性能，有望使几个领域发生革命性的变化，我们正非常接近实现这些革命性的变化。

9.3 石墨烯

9.3.1 石墨烯的历史概况

石墨烯作为单层 sp^2杂化碳原子排列在蜂窝状晶格中，于 2004 年被发现[64]，由于其独特的物理化学性质引起了人们的极大关注。最高质量的石墨烯在六方结构中没有缺陷，含氧量很低甚至没有。它是一种零带隙半导体，价带和导带在布里渊区的拐角处接触。零带隙特性使其对催化不起作用，限制了其更广泛的应用。然而，它独特的结构特性使其有可能采用修饰和功能化策略来打开带隙，从而拓宽了其在催化中的应用[3]。

9.3.2 石墨烯的合成

石墨烯可以以几种形式生产，包括薄片[65]、条带[66]和大面积薄片[67]。它们的横向尺寸不同，薄片横向尺寸有限(从几纳米到微米)，大面积薄片具有宏观和延伸的横向尺寸，而薄带的一个横向尺寸至少比其他薄带大一个数量级。这些差异使得石墨烯可以用于各种类型的应用。例如，大面积的石墨烯薄片更适合于晶片规模的薄膜类应用，如透明导电电极，而石墨烯薄膜(GFs)则被研究用于导电油墨。这种形式的石墨烯有时也被其他研究人员称为石墨烯纳米片[68]、石墨烯微片、石墨烯小片(或纳米小片)、石墨烯粉末[69]或石墨烯量子点。到目前为止，对 GFs 的评论主要局限于化学方法，如在剥落前通过 Hummers 法或改良 Hummers 法进行预氧化。然而，人们忽视的是，几种已开发的物理方法能够生产大量高质量的玻璃纤维，这将适用于要求比化学方法生产的质量更高的应用。事实上，这些化学方法生产的氧化石墨烯(GO)和还原氧化石墨烯(rGO)存在许多缺陷，它们可以被认为是一类不同的石墨烯材料，它们各自有自己的优点。以下将对球磨法、超声波法、冲击波法、液中剪切法和电化学法等几种不同的石墨合成方法进行分析和讨论。

目前，石墨剥离合成 GFs 主要是在十八胺[70]、苯基异氰酸酯、肼、聚合物和芘衍生物等化学还原剂的存在下，将石墨化学氧化成氧化石墨，然后剥离 GO，再还原成 rGO。GO 和 rGO 很容易分散在各种溶剂中，这对它们的加工应用是有利的，例如用于传热学的水性纳米流体的配方时，GO 和 rGO 很容易分散。氧化石墨的制备方法有 Brodie 法[71]、Hummers 法[72]或改良的 Hummers 法[73]，后两种方法是最常用的方法。然而，这些技术是有害的，因为它们涉及在浓硫酸中用高锰酸钾($KMnO_4$)和硝酸钠($NaNO_3$)氧化处理石墨。这种混合物和其他相关反应会产生二氧化氮(NO_2)或四氧化二氮(N_2O_4)形式的有毒气体[74]。

与石墨烯不同，通过还原 GO 制备的 rGO 不具有国际纯粹与应用化学联合会(IUPAC)定义的理想石墨烯结构，该组织将石墨烯描述为“石墨结构的单碳层”，Bianco 等[75]建议将该

rGO 命名为“经过化学、热、微波、光化学、光热还原处理的氧化石墨烯”或“使用微生物/细菌方法以减少其氧含量”。即使经过全面的还原过程，实际上也无法去除 rGO 表面上的所有氧官能团。这使其与石墨烯相比处于不同的类别，并解释了为什么使用术语 rGO 代替石墨烯的原因。氧官能团的存在是其亲水行为的原因，但它也会破坏 rGO 的电子特性，从而大大降低其物理特性。拉曼强度比(*ID/IG*)通常用于测量石墨烯结构中的缺陷程度。GO 和 rGO 的 *ID/IG* 通常给出 1.0~2.0[76]的高值。即使如此，事实证明，GO 和 rGO 在催化和复合材料中也非常有用。但是，其他应用尤其是当性能要求是必需的，例如在储能和发电设备中将要求更高的石墨烯结构质量。

9.3.2.1 球磨

球磨是粉末生产行业的常用方法，以其高生产能力和剪切破碎力著称，非常适合将石墨剥离以生产 GFs。球磨技术包括通过金属球撞击旋转空心圆柱壳中的石墨微结构的撞击和磨损，将石墨微结构分解成 GFs。圆柱壳的旋转产生了离心力，离心力将以混乱和随机的方式携带氧化锆球等研磨介质，因此撞击可以产生更大的效果。它的工作原理是粒度减小，符合 GFs 合成的自上而下路线。通常，石墨的研磨可以在干状态或湿状态下实现。干磨可以获得单层 GFs 的高成品率，但使用氩气手套箱是一个缺点，这使得过程变得更加复杂。所生产的 GFs 的平均尺寸在很大程度上取决于研磨参数，包括球墨比、石墨初始质量、研磨时间和研磨每分钟转速(r/min)。

在干法研磨中，通常在金属球旁边添加研磨剂以减少在石墨结构中产生的应力[77]。Alinejad 和 Mahmoodi 将 NaCl 盐作为磨粉机与氧化锆球一起使用[78]，并且球磨机在氩气气氛下以 350r/min 的转速运行 2h 和 5h。加入比石墨更脆和更坚硬的 NaCl 颗粒，可使石墨烯纳米薄片约为 $50\times200\ nm^2$。盐颗粒有助于氧化锆球的剪切应力降低，并防止 GFs 结块。此外，在研磨过程之后，它们可以很容易地用水冲洗掉。在另一项研究中，Lv 等[69]使用 Na_2SO_4盐生产出尺寸为数百平方纳米的石墨烯纳米片，该纳米片具有波纹状波纹，如图 9-14 所示。通过机械剥离和研磨后洗涤，GFs 的收集量很低，并有可能扩大规模。研究者还声称，只需将石墨改为 Na_2SO_4，就可以将生产的 GFs 中的层数从两层控制到几十层。在其他研究中，研究了三聚氰胺(2，4，6-三胺-1，3，5-三嗪)和氨硼烷(NH_3BH_3)在干式球磨过程中的作用。三聚氰胺和 NH_3BH_3并非起到研磨剂的作用，而是被用来削弱石墨层之间的范德华力，从而促进了石墨在研磨过程中容易剥落而产生 GFs。

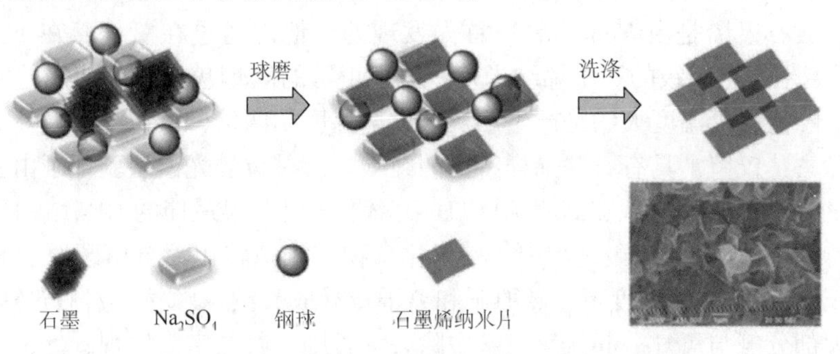

图 9-14 可溶性盐辅助(Na_2SO_4)湿法球磨合成
石墨烯纳米片状粉末的路线示意图，插图是生成的 GFS 的 SEM 图像[69]

过去已经证明，通过湿磨可以降低石墨材料的应力。Knieke 等[79]和 Yao 等[68]在湿磨过程中，即在阴离子表面活性剂十二烷基硫酸钠(SDS)中成功地从石墨粉中生产了 GFs。但是，使用 SDS 的缺点是它可以吸附在 GFS 的表面上并且很难去除。这就是为什么还要考虑使用其他溶剂，例如 *N*，*N*-二甲基甲酰胺(DMF)，萘酚聚氧乙烯醚(NPE)，草酸($C_2H_2O_4$)和 1-吡喃甲酸(1-PCA)的原因。Deng 等[80]通过在 *N*-甲基吡咯烷酮(NMP)中对石墨进行湿球磨制备了无表面活性剂的几层 GFs。根据幂定律观察到了 GFs 的产量增加，但是只有在连续研磨 10h 后才能实现。

Kim 等[81]通过行星式球磨机进行湿磨，生产出 GFs，然后将其用于纳米流体应用。已发现，与 200r/min(328nm)相比，行星式球磨机以 600r/min 的转速产生更大的颗粒 GFs(757. 5nm)。研究者将这种情况归因于氧化锆球的质量和过大的离心力，这些力最终破坏了金属球与起始材料之间的碰撞相互作用。较小尺寸的 GFs 表面积更大，传热效率更高。此外，低速球磨可以最大程度地减少强烈的冲击应力，从而可以破坏石墨面内晶体；剪应力是该过程中的主导力量。石墨颗粒的剥落和破裂通常是由球的运动产生的剪切力和压缩力引起的。刚开始时，压缩力是主要的，因为石墨的尺寸很大，而当 GFs 的横向尺寸变小时，范德华力变弱，剪切力会将石墨从其外表面劈开。重要的是要避免过大的压缩力，以免损坏石墨烯的结晶度。为了最大程度地减少对 GFs 的损坏，需要确保以剪切力为主导的机制，这就是为什么要采用低铣削速度的原因。但是，这增加了处理时间。

与干磨相反，湿磨不需要保护气体以最小化 GFs 氧化，而是需要额外的纯化步骤，以在研磨过程完成后去除用过的剥落剂和溶剂。有时，由于溶液和石墨材料之间的强烈反应以及铣削力，可能会对所得图形造成进一步的污染。似乎这两种路线都各有利弊，但就生产的 GFs 的规模、质量和数量而言，干磨法确实具有所有优势。总体而言，球磨技术具有一些优点：高质量 GFs 的生产，高度可扩展且可以通过简单地修改铣削参数来改变 GFs 的大小，但是这种方法通常涉及较长的加工周期，从而减少了 GFs 生产的产率。

9. 3. 2. 2　爆炸和冲击波

过去，富勒烯和碳纳米管是通过在有机溶剂中爆炸石墨、铁和镍丝获得的[82]。与其他方法不同，爆炸驱动的 GFs 合成的时间非常短。爆炸提供了足够的能量注入以剥落石墨，然后石墨与金属催化剂发生反应。但是，这是一个非常微妙的过程，过多的能量注入会损坏石墨烯的结晶度，并且在石墨球磨过程中有过大的压缩力时也会观察到类似的效果。

爆轰法合成石墨烯是由 Nepal 等[83]首先发现的，他们通过在氧气存在下通过乙炔(C_2H_2)的可控爆轰生产出克级的石墨烯纳米片。对于正常的碳烟灰合成，使用的实验设置是相同的。但是，峰值爆轰温度大约是产生烟灰的燃烧温度的两倍(4000K)。结果，大部分氢气从主腔室中除去，仅留下具有石墨烯样特征的纯碳。通过拉曼光谱法验证了由去离子驱动的合成后 GFs 的存在，并且发现在高 O_2到 C_2H_2比率下可以获得最佳的 GFs 结构质量。研究者认为，在仅持续约 15ms 的爆轰过程中，碳氢化合物首先被转化为自由碳原子和离子，然后将腔室冷却至 300K，在此温度下，碳原子和离子冷凝成碳纳米颗粒，然后迅速聚集成 GFs。来自乙炔的大部分氢与氧气一起从反应室中除去。否则，会在室内发现碳烟尘。

Gao 等[84]设法通过在室温下在蒸馏水中的高纯度石墨棒上通过充电电压产生的爆炸来产生单层和多层 GFs。在爆炸携带的短暂能量中，石墨被剥落并破碎成较小的 GFs。图 9-15 中的示意图表明了石墨烯合成爆炸过程的机理。能量注入或爆炸必须足够强大以克服范德华力，但又不能过于强大以至于可以完全破坏石墨烯的基本结晶度。在这种情况下，在21~25kV的充电电压下，可以获得不到10层石墨烯，而获得单层石墨烯的最佳值约为22.5~23.5kV。

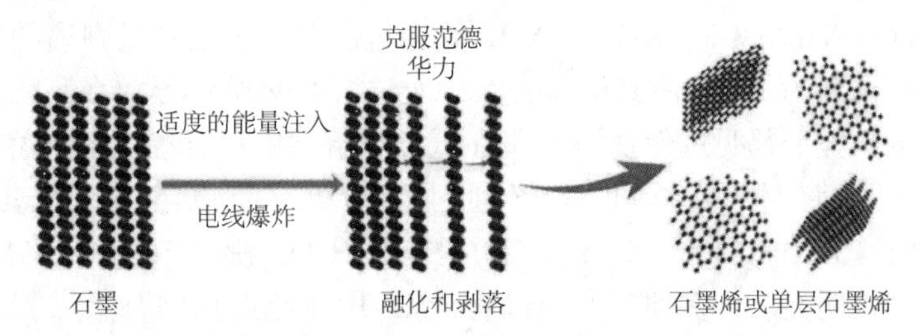

图9-15 石墨棒电爆炸形成石墨烯纳米薄片的机理图[84]

同时，Yin等[85]采用了不同的方法，他们通过一步波冲击波驱动的方法合成了GFs。在此，不仅将石墨分解成较小的GFs，还同时使用了碳酸钙($CaCO_3$)，镁(Mg)和硝酸铵(NH_4NO_3)形式的三种化合物分别作为碳源，还原剂和氮掺杂源。使用硝酸甲烷(CH_3NO_2)作为主要材料，将钢飞片推入高速状态(1~3 km/s)的不锈钢样品容器中。随后的爆炸引发了极快的冲击诱发的分解和化学反应，将碳酸盐转化为多层石墨烯和掺氮石墨烯，如图9-16所示。然后使用相同的模板合成由干冰(固态二氧化碳)与氢化钙(CaH_2)和NH_4NO_3组成的多层石墨烯(FLG)片。严格控制每个过程周期的整个操作，以在90s内完成。冲击波爆炸通常会持续很短的10^{-6}s。剩余的时间是让回收容器有时间安定下来，然后再安全地打开以取出样品。

此方法的主要优点是加工时间非常短，因此它们可以高产率生产GFs。但是，它非常危险，在进行实验研究时需要严格的安全预防措施。这可能是为什么采用这些方法进行GFs合成的研究小组数量相当少的原因，但是，如果可以对安全性有明确的标准，并且可以在所涉及的操作过程中按照标准进行，则可以进行更多的研究。这些方法通常以非常精细的方式运行，并且它们需要精确控制反应条件，因为该系统对即使很小的加工参数变化都非常敏感，这可能会对所生产的GFs的质量产生巨大影响。这证明了该方法的复杂性，这可能是由于它是GFs合成的初期产物，但它可能是将来GFs大规模生产的方法。需要通过更系统的方法进行更多研究，以通过优化GFs合成的反应条件来完善当前的爆炸驱动方法。

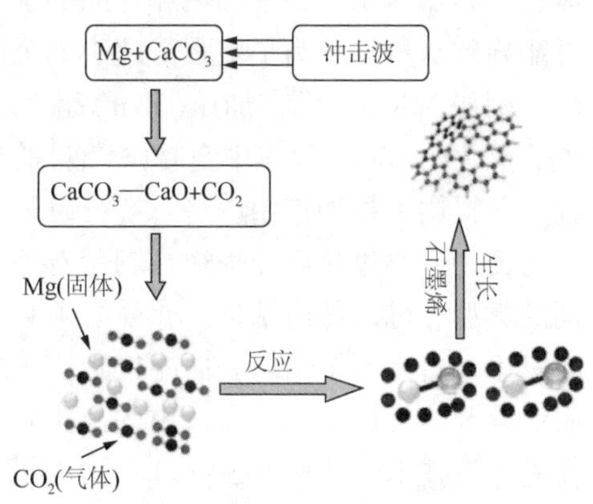

图9-16 冲击波诱导碳酸盐合成石墨烯的建议机理[85]

9.3.2.3 声波降解法

超声处理是一种从大量起始原料中提取纳米材料的有效方法[86]，它也被广泛用于抑制碳纳米材料在溶剂中的聚集。在石墨烯普及之前，有许多研究碳纳米管在溶剂中剥离的研究小组。其中一个，Bergin等[87]发现表面能接近碳纳米管的溶剂是分散它们的良好介质。石墨具有与CNT相当的表面能，因此，在用于CNT的某些溶剂中将石墨剥离成石墨烯是可能的。当使用表面能接近石墨烯的溶剂(即约 68 mJ/m^2)时，混合焓最小化，这有利于石墨剥离工艺。

Khan 等[88]演示了通过延长的超声波水浴处理长达460h 或 19d，在高达 1.2 mg/mL 浓度的 *N*-甲基吡咯烷酮(NMP)中制备 GFs。NMP 是通过超声处理使石墨剥离的良好溶剂，但不幸的是，其高沸点温度为 202℃使其难以去除。通过溶剂交换将分散在高沸点溶剂中的 GFs 转移到低沸点溶剂中显而易见的解决方案是在低沸点溶剂中将石墨直接剥落成石墨烯，这也可以提供更稳定的分散体。O´Neill 等[89]通过在低功率超声浴中以氯仿($CHCl_3$，沸点 61.2℃)，异丙醇(C_3H_7OH，沸点 82.6℃)和丙酮(C_3H_6O，沸点 56.0℃)剥落石墨。

在这一点上，很明显，许多研究小组已将 NMP 用作超声辅助石墨烯剥落的溶剂。这是由于 NMP 的表面能与石墨烯的表面能很好地匹配，从而有利于自由剥落。然而，NMP 不仅具有高沸点，而且价格也相对昂贵。水可以是一个很好的选择，但不幸的是，它具有很高的表面能，可以用作石墨烯的去角质剂。更不用说，石墨烯本质上是疏水的。考虑到这些因素，Lotya 等[90]将石墨分散在表面活性剂-水溶液中，以十二烷基苯磺酸钠(SDBS)作为表面活性剂，在低功率声波浴中浸泡 30min。剥落的 GFs 和石墨薄片由于吸附了表面活性剂而被库仑排斥所稳定，不会再聚集。较大的薄片需要大约 6 周的时间才能沉淀下来。还研究了其他类型的表面活性剂，例如胆盐胆酸钠($C_{24}H_{41}NaO_6$)，7，7，8，8-四氰基喹二甲烷(TCNQ，$C_{12}H_4N_4$)和十六烷基三甲基溴化铵(CTAB，$C_{19}H_{42}BrN$)。

超声处理驱动的石墨烯合成可以通过使用浴超声处理或尖端超声处理来完成。浴超声处理较便宜，但存在严重的重现性问题。浴超声处理中释放到样品的声能会根据水位、分散液体积、容器形状、功率输出和样品的确切位置而变化。它还倾向于花费更长的处理时间，这可能导致水蒸发。为了增强浴超声处理的性能，可以使用加压超声浴反应器来增强产生的超声。例如，Stengl[91]在加压(5bar)超声反应器中，通过高强度空化场从粉末状天然石墨合成了非氧化的 GFs。液体中空腔(气泡)的振荡和坍塌的空化场提供了能源，以增强各种化学过程，并提供了物理作用以将石墨分解为 GFs。

总而言之，通过超声处理途径剥落石墨在很大程度上取决于用于容纳石墨的溶剂和表面活性剂的类型。可以得出结论，介质必须具有与石墨相匹配的所需表面能，因此有利于剥离过程的发生。由于石墨烯的表面能接近于 CNT 的表面能，因此可以容易地确定合适的溶剂和表面活性剂的类型，因为在过去的二十年中对这些材料进行了广泛的 CNT 分散研究。这尤其促进了该技术的快速发展。基于溶剂的 GFs 合成技术的另一个优点是，剥离后的溶液易于处理，可以立即用于各种基于溶液的应用，例如纳米流体，喷涂，旋涂等。驱动的剥落过程非常低，但是可以通过延长超声处理时间来实现改善，但要以生产的 GFs 的质量为代价。在大多数情况下，由于分裂，该技术会产生质量比其他技术低的 GFs，这是超声处理引起的已知作用，可破坏石墨烯片并可能导致 GFs 的横向尺寸急剧下降。此外，利用超声波作为能源阻碍了这项技术的可扩展性。

9.3.2.4 电化学剥离

过去，已经在电解质溶液[如硫酸钠和磷酸盐缓冲盐水(PBS，K_2HPO_4/KH_2PO_4)]中对氧化石墨进行电化学剥落。但是，由于使用了氧化石墨，因此形成的 sp^3 缺陷无法有效地转化为 sp^2。在电化学剥离中使用石墨作为起始材料的最新进展能够提高所生产的 GFs 的质量和数量。

用于电化学剥离的典型实验装置通常包括工作电极和对电极，将该工作电极和对电极连接到浸没在电解质中的电源。工作电极是该过程的重点，最常见的工作电极是由石墨材料制成的，呈棒或箔的形式。施加的电势是驱动电解质和电极之间反应导致石墨剥落的临界力。阳极电势或阴极电势通常都能将离子从电解质驱入石墨中间层，然后这些离子会促进石墨的结构变形并分解为石墨烯。

电极电位的控制对于改变片状石墨烯的厚度和表面性能至关重要。Morales 等[92]发现，可通过控制电化学势能获得具有不同氧化程度的石墨烯。为了在控制施加电势方面获得更高的精度，他们认为两电极系统是不合适的。在这方面，他们提出了一种三电极系统。除了工作电极和对电极之外，三电极电池设置还具有一个附加参考电极。如果工作电极充当阴极，那么对电极将充当阳极，反之亦然。电化学惰性材料(例如铂或碳)通常用作石墨烯剥落中的反电极。这样做是为了避免在反电极上发生污染所产生的 GFs 的任何不良反应。反向电极在那里完成电路，使电流与工作电极和溶液介质一起流动。参比电极不参与电化学剥离，几乎没有电流流过参比电极。参比电极通常在不损害工艺稳定性的情况下用作参比电极。Alanyalioğlu 等[93]研究了在 SDS 溶液中使用三电极系统，其中石墨棒、Pt 箔和 Pt 丝分别用作工作电极、对电极和准参比电极。电化学过程分为两个步骤，先将 SDS 电化学嵌入石墨中，然后对 SDS 嵌入石墨电极进行电化学剥离，如图 9-17 所示。通过增加嵌入电势，循环伏安图中电势可转变为正电势，即归因于悬浮液中 GFs 的大小或浓度的增加。此外，SDS 表面活性剂的存在可防止 GFs 在溶液中重新堆积，并产生稳定的石墨烯悬浮液。

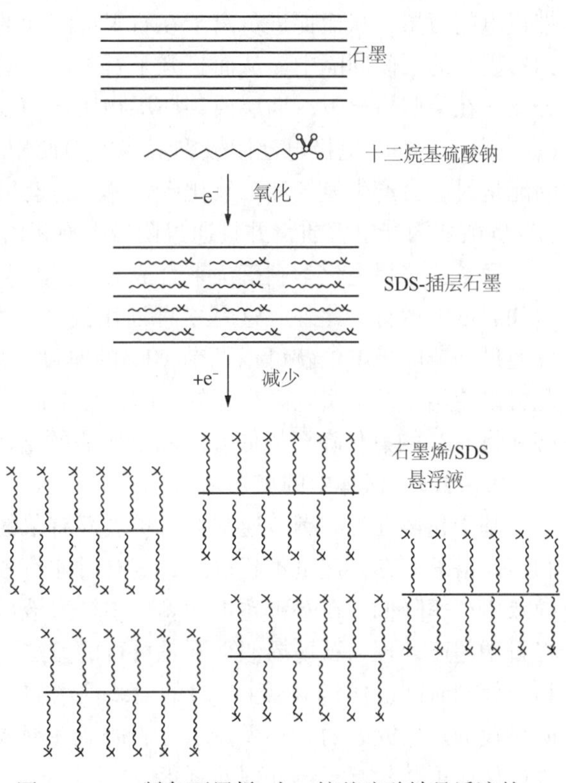

图 9-17　制备石墨烯/十二烷基硫酸钠悬浮液的电化学剥离路线示意图[93]

常用的石墨棒或箔具有相当有限的表面积，并且仅外部暴露于电解质溶液中以进行剥落。粉末状或多孔支架形式的石墨材料将提供明显更大的表面积，从而提高剥落过程的效率，进而可提高产量。Sharief 等[94]通过将炭黑颗粒与导电聚苯胺黏合剂黏合在一起，以形成比传统石墨棒和箔具有更大表面积的多孔电极，从而探索了这一途径。在较早的研究中，Alfè 等[95]还用强氧化的炭黑颗粒合成了 GFs，这些炭黑颗粒需要经过多步化学反应，包括苛刻的化学品，例如水合肼(N_2H_4)。另外，通过使用酸性电解质也可以提高 GFs 的产率，但是它可以引起石墨的过度氧化。这就是 Parvez 等[96]在工作中使用在中性 pH 下使用含水无机盐的电解质系统的原因，它们显示出所生产 GFs 的质量和数量之间的良好平衡。

如前所述，电化学剥离可在阳极和阴极电势下进行。前者由于电场而促使电解质的阴离子插入层状阳极中。同时，它还会加剧水分解成主要对石墨电极具有高氧化性的羟基自由基的分解[97]。阳极剥落通常涉及使用水性电解质，例如硫酸、苯甲酸钠、柠檬酸钠和三乙基甲基铵甲基硫酸盐(TEMAMS)导致水电解产生 HO * 自由基，这会破坏石墨结构。Yang 等[97]在抗氧化剂的存在下进行了电化学剥离，目的是抑制自由基的形成。TEMPO(2，2，6，6-四甲基哌啶-1-基)氧基辅助的电化学剥离被用于生产具有极高的碳氧比(≥25.3)的大石墨烯纳米片。同时，由于阳极剥离中使用的有机电解质与阳极剥离中使用的水溶液相反，因此在阴极剥离中含氧官能团的产生最少。因此，最好采用阴极剥落以最大程度地减少氧化石墨的形成，但是就剥落过程的持续时间而言，阳极插层更为有效[92]。根据所用电解液的 pH 值、类型和浓度，通常在阳极剥落中使用的电位为+10 V 或以下[93]。然而，阴极剥落将需要更大的电势(在一种情况下高达 30 V)产生石墨烯，因为较低的阴极电势会导致剥落过程效率低下和缓慢，如果使用较低的施加电位，阴极路线通常依赖于后续过程(如超声处理)才能完成剥离过程。

关于电化学剥离方法的机理，取决于向工作电极利用的施加电势的类型，该电势确定其是阴极还是阳极。在阴极剥落中，负电流将电子提供给石墨，从而产生带负电的石墨。负电荷条件会促进正电荷离子插入图的层间距之间。反之亦然。正电流从石墨中抽出电子，产生带正电的石墨，从而促进负离子在石墨烯层间的嵌入。石墨的剥落是由于离子的插入或插入到石墨烯的层间间隔中，从而打开了石墨层之间的范德华间隙，随后的膨胀最终会导致彼此分离。在某些情况下，插层或共插层物质会演变成气体，从而有助于石墨层的剥落。例如，Parvezetal[96]在 2 电极电池阳极剥落装置中使用了$(NH_4)_2SO_4$水溶液。当向该过程提供足够的能量时，会产生氧气和二氧化碳气体，这有助于石墨层的剥离。在另一项研究中，使用了Li^+/碳酸亚丙酯电解质，并且通过阴极上有机溶剂的分解检测到了丙烯气体。

通常，选择电化学剥落法来合成 GFs，因为它容易，经济，环保，无损并且可在环境压力和温度下运行。此外，这是一种通用技术，可以容易地控制所产生的 GFs 的特性，例如仅通过调节电极电位就可以调节 GFs 的厚度。此外，由于该技术的处理时间相对较短，因此可以使用该技术实现高产率的 GFs。对于批量生产而言，阳极剥落比阴极剥落更可取，但必须将 GFs 的氧化降至最低，以满足所需的结构质量。

9.3.2.5 液体中的剪切剥落

基于超声处理的剥落通常在可扩展性有限的超声水浴中或通过探针超声处理。声波尖端和声波浴只有在处理量不超过几百毫升时才有效。从能源到液体介质的能量传递相对较差，导致生产率降低。在基于超声的剥离中扩大液体介质的体积会削弱超声能。在制造规模上，将石墨超声处理为石墨烯似乎不是可行的方法。另外，据报道，基于超声处理的剥落具有随超声处理时间(t)GFs 浓度(C_{GF})的亚线性增加，这意味着超声处理时间在较高浓度下的影响明显较低。研究表明，石墨在水性表面活性剂或溶剂中的剪切混合作用下可导致有效剥落为 FLG 从而可替代基于声处理的剥落。

过去，剪切混合被广泛用于通过破碎弱结合的纳米颗粒团聚体在液体介质中分散和分散纳米颗粒，但它也可用于破坏石墨层中较强的范德华力，从而以较低的能量密度产生石墨烯。典型的基于剪切的剥落将涉及在溶剂[98]，表面活性剂或与石墨混合的水性介质中，使用旋转的刀片或转子。同样重要的是，可以在不进行任何预处理(例如插层)的情况下进行剪切剥离，以使扩展该技术的潜力不受插层步骤的限制。例如，在 Bjerglund 等[99]的工作中，在高剪切剥离之前，石墨薄片的额外的“无线”电化学插层被视为商业化的绊脚石，尽管获得了约 16%的显著 GFs 产率。

如图 9-18 所示，在液体中的石墨剪切剥落的早期，Chen 等[98]在倾斜 45°的快速旋转管(7000r/min)中利用剪切涡流形成流体膜。倾斜度起着至关重要的作用，因为剪切应力是由离心力和重力之间的相互作用引起的。由于石墨散装材料通过离心力保持在管壁上，因此石墨烯也会在管壁上滑动。没有倾斜，就不会有剥落，因为离心力将成为唯一的力，从而导致液体介质内的湍流减少。不幸的是，这种方法被认为是一种“能量”来源，在剥离过程中剪切应力受到很大限制，从而导致 GFs 产量低[大约 1 %(质)]。为了获得更高的产量，需要提高剪切应力的水平。提高剪切应力的一种方法是在剥离过程中利用流体动力学现象，例如湍流引起的剪切应力。

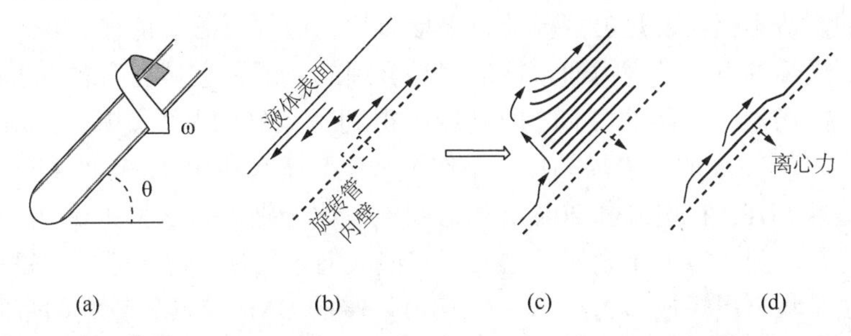

图 9-18　(a)使用 45°倾斜的涡流装置的剥离过程示意图，(b)旋转管的微流体流速，(c)离心力和重力作用下的剥离过程，(d)管内表面石墨烯层的滑移[98]

Paton 等[100]通过转子-定子系统研究了石墨在胆酸钠(NaC)和 NMP 中的高剪切混合，导致未氧化的石墨烯纳米片大规模剥落。转子-定子系统为剥离现象提供了更高的剪切应力。还开发了一个模型，表明一旦局部最小剪切速率超过 $104s^{-1}$，就会发生剥落。实验首先在 5L 高剪切混合器(转子直径 3. 2cm)中进行，然后扩展到 300L 高剪切混合器(转子直径 11cm)中。大规模试验每批生产 21g GFs，*ID/IG* 较低，生产率高达 5. 3g/h。两者都遵循相同的结垢定律，估计在 $10m^3$的体积下可以实现 100g/h 的生产率。另外，还证明了不需要用于剥落的湍流能量，因为即使在雷诺数(*Re*)小于 10000 时湍流没有完全发展的情况下，仍然可以发生剥落。这意味着只要混合器能够达到此最小剪切速率，无论是否达到湍流，均可用于生产 GFs。但是，需要注意的是，较高的 *Re* 值表示较高的剪切应力，因此与层流相比，可以生产更多的 GFs。

通常，该技术具有与超声驱动剥离技术相同的优点，例如，溶剂和表面活性剂的选择范围广泛，并且易于立即用于基于溶液的应用。但是，在产量和合成 GFs 的质量方面，剪切剥离技术优于基于超声的剥离技术。实际上，与其他技术相比，该技术已证明了最高质量的 GFs 的生产率(5. 3g/h)[100]，为大规模生产提供了可能性。

在任何一种生产过程中，安全都是最重要的考虑因素。基于爆炸的剥离将是最危险的，因为它涉及爆炸性材料的使用。这些材料需要特别的处理和安全预防措施，同时购买也比较复杂。这与在化学气相沉积过程中广泛使用的易燃气体不同，因为已详细调查了这些易燃气体对操作人员的威胁，并早已建立了处理这些易燃气体的标准操作程序。

这使得人们可以在液体中进行电化学、超声、球磨和剪切剥离。根据对每种方法的详细描述，超声和电化学剥离的有限处理量似乎限制了它们的可扩展性。相比之下，在液体和球磨中放大剪切相当容易，这是合乎逻辑的，因为它们在商业领域已经存在了很长一段时间。市场上有各种 CSTR 和球磨机可用于复制和放大实验室规模的过程。在这两种方法中，液体中的剪切剥落由于操作简单而具有更大的优势，因为干磨时存在惰性气体，而湿磨时需要加入适量纯净的水，这使得研磨过程相当复杂。此外，球磨需要更长的加工周期。液体中的剪切剥离为大规模、低成本的 GFs 合成提供了最光明的前景。

9.3.3 石墨烯的应用

石墨烯最直接的应用是在聚合物纳米复合材料中，由于石墨烯或石墨烯氧化物片层的整合，石墨烯的导电性、热稳定性、弹性模量和拉伸强度等几个重要性能都有了极大的改善。这种复合材料的制造不仅需要足够规模的石墨烯薄片，而且还需要将它们并入并均匀分布到各种基质中。石墨烯的电子学潜力通常被证明是合理的，因为它具有高载流子迁移率和低噪声，目前在高性能场效应管器件(FET)的制造中得到了很好的开发。P. Avouris 和他的同事在 2010 年 2 月宣布在 2in 的石墨烯晶片上制作了截止频率高达 100GHz 的 FET；他们还实现了双栅双层石墨烯 FET，在室温和 20K 下的通断电流比分别为 100 和 2000 左右[101]。

石墨烯是能带间隙为零的半金属，这一事实使人们未发现其电子学的关键属性。解决此问题的一种方法是将石墨烯成型为纳米带(GNR)。窄的 GNR 应具有较大的带隙，并显示出可调整的属性，该属性取决于带相对于石墨烯晶格的方向。然而，难以实现制造精确宽度和方向的 GNR 所需的原子级控制。Cai 及其同事[102]的最新报告改变了这种情况，该报告证明了由分子前体在金属基质上组装原子精确的 GNR 的方法。石墨烯的高电导率和高光学透明性使其成为在光电和光电领域具有出色回声的透明导电电极的有潜力的材料。石墨烯还因为其机械性能，在柔性、可拉伸和可折叠电子器件的制造中得到了宏观应用。饱和吸收特性与光纤激光器的锁模以及超快光子学有关。清洁能源设备的制造也可以从石墨烯基材料中受益，事实上，它们已被用作可再充电锂离子电池和超级电容器的电极。还报道了几项研究，其中石墨烯材料参与储氢和燃料电池。最后，发现具有非常有利的表面体积比，石墨烯对周围环境极为敏感，使其成为化学检测和更普遍的传感应用的极佳候选材料。

9.4 石墨炔

9.4.1 石墨炔的历史概况

石墨炔的名字来源于乙炔键和其结构中的类石墨二维单元，这是由 Baughman 等在 1987 年提出的。众所周知，石墨炔是一种全碳结构，分子中既有碳-碳单键，也有碳-碳双键，还存在碳-碳三键。实验表明，在碳六边形之间引入炔链可产生单原子厚度的层，该层像石墨烯一样平坦，并被预测具有有趣的性质，称为石墨炔。石墨炔不能直接从石墨烯制备[103]。

通过与石墨烯比较，石墨炔结构如图 9-19 所示。“石墨炔”的名称来自其化学结构，石墨烯中三分之一的碳-碳键被炔键取代。碳六边形之间的线性碳链显示由炔键(—C≡C—)组成比由双键(═C ═C ═)组成更稳定[104]。

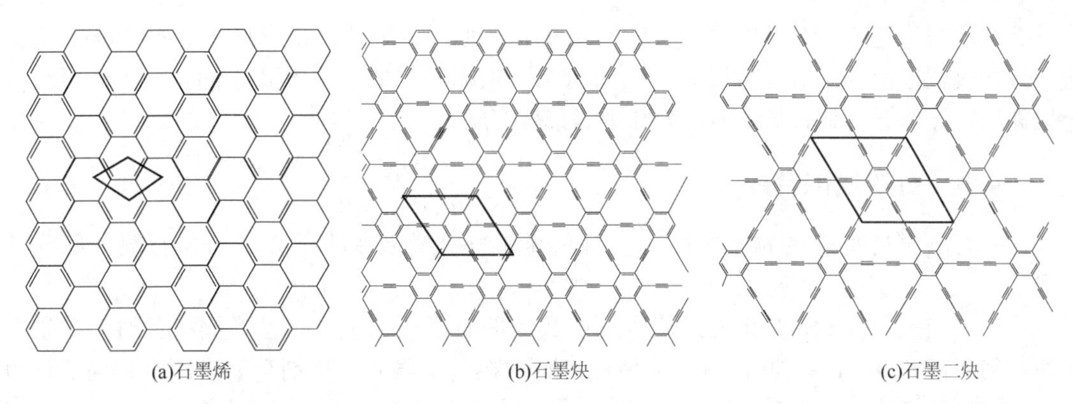

图 9-19 (a) 石墨烯、(b)石墨炔和(c)石墨二炔的结构，图中的平行四边形表示一个单元格[103]

石墨炔是含有碳-碳单键、碳-碳双键和碳-碳三键的碳同素异构体。它也是一种最有可能通过人工合成获得的非天然碳同素异构体。通过 sp 杂化形成的碳-碳三键都是线性结构，具有共轭性高、不含顺反异构体的优点。因此，人们一直渴望获得新的含碳同素异构体。有机化学家对含 sp-sp^{2}杂化碳原子的全碳分子网络结构的研究作出了巨大贡献，尤其是单体、二聚体、低聚物、结构单元等聚合前体的合成与设计。新的全碳网络结构化合物的设计应遵循以下基本原则[105]。所设计的网络结构应具有较小的张力，不易转变为稳定的碳同素异形体石墨或金刚石。新化合物应具有优异的材料性能。它应具有潜在的合成方法，单体、二聚体、聚合物的制备和表征可用于推断最终网络结构的结构和性能。石墨炔结构空间位阻小，可在室温下稳定。它具有优异的电学和光学性能。通过对其结构单元、单体和低聚物的制备和表征，可以推断出最终的结构，表明其能够满足所有碳网络化合物的设计原则。

石墨炔的首次合成已有 10 年的历史，但它的制备仍然制约着石墨炔的发展。传统的合成方法在结晶度和大面积可控合成方面存在着不可避免的缺陷。实际上，有机化学家已经合成了许多石墨炔的结构单元、前体和低聚物[106]。

9.4.2 石墨炔的性质

虽然无缺陷梯度石的实现还有很长的路要走，但理论物理学家和化学家已经对其性质进行了广泛的研究，大量有关梯度石理论研究的文献极大地促进了实验工作的开展，在石墨烯基质中引入 sp 杂化碳-碳三键给梯度石结构带来了一些特殊的性质[107]。

首先，碳-碳三键的引入使石墨炔比石墨烯具有更大的面内孔隙率，并且可以通过乙炔键的数量来调节孔的大小，从而使石墨烯有可能用于选择性分子吸附。其次，碳-碳三键的引入减少了单位面积的碳原子数，这使得石墨炔的密度低于石墨烯。石墨炔中的乙炔键越多，石墨烯的质量越轻，这意味着石墨炔比石墨更轻。第三，由于碳-碳三键的长度小于碳-碳单键和碳-碳双键的长度，并且碳-碳三键的键能最大，因此力学性能会有所不同。最后，碳-碳三键的引入增加了全碳体系中 π 键的数量，从而使石墨烯的电子结构和电子性能、声结构和热性能不同于石墨烯。

石墨炔是迄今为止最稳定的 sp-sp^{2}杂化碳均质异构体，其计算生成热为 12.4kcal/mol 碳原子[108]，而 C_{60} 和 C_{70} 的实验生成热分别为 10.16kcal/mol 碳原子和 9.65kcal/mol 碳原子[109]，富勒烯理论上是稳定的，只有在高温高压下才能转化为石墨或金刚石。因此，石墨炔具有相同的稳定性。石墨炔的结合能为 7.95 eV/原子，最佳晶格长度为 0.686 nm。石墨炔一旦合成就很稳定，结合能约为石墨的 90%。根据石墨的堆积方式不同，石墨炔可分为金属态和半导体态，具有半导体行为和中等禁带宽度。

9.4.3 石墨炔的合成

由于石墨炔具有潜在的优异性能，因此逐渐吸引了更多的研究者参与石墨炔的实验合成。

化学气相沉积(CVD)是生长缺陷少、层数大的石墨炔的最佳方法。同样，对于单层石墨炔材料，用 CVD 方法在超高真空或惰性气氛中在贵金属或催化剂金属表面沉积前驱体也是一种很好的方法。一些含有端炔的前驱体在高真空条件下通过端炔在贵金属表面的偶联反应得到了一维纳米线或聚合物。首先要根据预期的结构设计和合成新的前驱体。目前已经合成了许多石墨炔的结构单元和片段，这为前驱体的设计和合成提供了良好的数据库。其次，还应该考虑石墨炔与金属表面的相互作用，以减少化学气相沉积过程中副反应的发生，选择合适的衬底。

20 世纪 90 年代，通过环烯烃的三聚或六炔基苯的均聚反应制备石墨炔[110]。聚合过程是影响产物结构的重要因素。现在，已经解决了六炔基苯的制备，并且液-液界面和气-液界面也被用作聚合模板或底物。有机聚合反应中副反应的控制，新聚合模板或底物的选择和设计以及新前导物的设计和合成是未来需要解决的主要问题。

9.4.4 石墨炔的应用

石墨炔是稳定的，可以由热力学制造。其应用主要集中在能源、环境和生物医学领域。可以应用在以下几个方面：二氧化碳、一氧化碳、氨、二氧化硫等气体的吸附、捕获和分离[111]，聚合物链和丙烯醛等有机物的吸附[112]，水的选择性过滤和净化，海水分离和脱盐[113]，作为贵金属单原子催化底物的应用和稳定贵金属催化的应用。生物医学方面包括氨基酸检测的应用[114]，钙调素结构和性能调节的应用[115]，促进从蛋白质中提取胆固醇的应用[116]，作为高密度磁存储基质的应用[117]。此外，石墨炔材料主要用于太阳能电池[118]、锂电池[119]、光催化[120]、氧还原[121]、场发射性能[122]和 DNA 的实时检测[123]。

9.5 C_3N_4

9.5.1 C_3N_4简介

石墨化的氮化碳，通常称为 g-C_3N_4，是环境条件下各种氮化碳中最稳定的同素异形体。C_3N_4被认为是最古老的人工合成化合物之一，其历史可以追溯到 1834 年，由 Berzelius 和 Liebig 首次报道。2006 年 g-C_3N_4开始应用于多相催化领域，由福州大学王心晨教授课题组于 2009 年证实 g-C_3N_4非金属半导体可以在光照下催化水产生氢气。g-C_3N_4是一种近似石墨烯的平面二维片层结构，有两种基本单元，分别以三嗪环(C_3N_3)和 3-s-三嗪环(C_6N_7)为基本结构单元无限延伸形成网状结构，二维纳米片层间通过范德华力结合。热重分析(TGA)显示，由于其芳香 C—N 杂环，即使在高达 600℃的空气中，g-C_3N_4也能维持热稳定。由于各层之间的范德华力相互作用很强，因此 $g-C_3N_4$在大多数溶剂[例如水，醇，*N*，*N*-二甲基甲酰胺(DMF)，四氢呋喃(THF)，二乙醚和甲苯]以及冰醋酸和0.1mol/L NaOH 水溶液中都表现出良好的化学稳定性[124]。由于与石墨类似的分层结构，理想单层 $g-C_3N_4$的理论比表面积高达$2500m^2/g$[125]。更重要的是，$g-C_3N_4$的组成元素仅有碳和氮，这意味着可以通过简单的策略来调节其性质，而不会显著改变整体组成[126]。它的聚合性质不仅为分子水平的修饰提供了可能性，而且确保了该结构有足够的柔韧性，可以用作与各种无机纳米粒子都能良好相容的主体基质。

9.5.2 $g-C_3N_4$的应用

光催化反应主要经历三个步骤：①半导体被能量等于或高于其带隙的光子激发，以分别在导带和价带中产生相等数量的电子和空穴。②光致电子和空穴转移到半导体表面。③在这些表面电荷载体和目标反应物之间发生光还原和光氧化反应。因此，理想的半导体光催化剂应具有：①优良的光吸收能力，即窄的带隙和高的吸收系数。②有效的电荷分离。③长期稳定性。然而，类似于许多单组分光催化剂，光照条件下 $g-C_3N_4$中载流子的快速重组对其性能产生负面影响。因此，已经使用许多策略来修饰 $g-C_3N_4$并制造基于 $g-C_3N_4$的光催化剂，其不仅具有增强的光吸收能力，而且具有改善的载流子分离效率。

9.5.2.1 光催化析氢反应

从理论上讲，由于 $g-C_3N_4$适当的导带和价带位置，可以使用 $g-C_3N_4$作为光催化剂来完成光催化水还原和氧化反应。近年来，大量研究使用 $g-C_3N_4$作为光催化剂来制氢。但是，纯 $g-C_3N_4$的活性并不优异。因此，改性 $g-C_3N_4$光催化剂方向的研究已经受到了广泛重视。研究表明，不同的前体可得到不同产物结构的 $g-C_3N_4$而显示出不同的光催化氢释放活性。例如，尿素衍生的 $g-C_3N_4$在400 nm 处的量子产率为26.5%，远高于任何其他现有的纯 $g-C_3N_4$光催化剂。提高 $g-C_3N_4$光催化析氢性能的途径有很多[127]，例如引入氮空位[128]或表面氢键网络[129]可以改变电子结构，从而提高光催化析氢性能；降低 $g-C_3N_4$纳米片的厚度可以增加表面积，从而增加活性位点数[130]；形成多孔结构不仅可以增加表面积，而且可以提供传质扩散通道[131,132]；元素掺杂和分子掺杂可以缩小带隙或提高氧化还原能力[133]；半导体-半导体异质结的构造可以促进电荷分离[134,135]。所有这些都可以显著促进 $g-C_3N_4$的光催化氢释放活性。

9.5.2.2 光催化二氧化碳还原

除了光催化制氢，利用半导体光催化剂将 CO_2光还原为烃类燃料已被视为解决全球能源短缺的一种可选技术，这也将减少温室效应。目前的研究状况表明，半导体异质结构例如 $g-C_3N_4/In_2O_3$[136]和 $g-C_3N_4$/红色磷光体等能够通过光催化将 CO_2转化为 CH_4。但是 CO_2还原的光催化效率和选择性高度依赖于基于 $g-C_3N_4$的光催化剂和助催化剂的结构。虽然非贵金属助催化剂也已经成功地与 $g-C_3N_4$结合，以制造用于光还原 CO_2的低成本系统，但是，目前材料的效率并不高且稳定性较差，仍存在较大研究空间。

9.5.2.3 光催化去除污染物

利用半导体光催化材料降解有机污染物是目前最具有前途的污染物处理技术之一。由于其独特的电子结构和理化特性，$g-C_3N_4$已被广泛用于光催化降解各种污染物，包括甲基橙

(MO)[137]，罗丹明B(RhB)[138]，亚甲蓝(MB)[139]，芳族化合物[140]，醛等。例如，由于表面等离振子共振的协同作用以及Au或Ag的电子吸收效应，负载有Au[141]或Ag纳米颗粒[142]的g-C_3N_4对甲基橙的分解显示出优异的光催化活性。此外，g-C_3N_4/碳复合物在污染物降解方面也具有其独特优势：首先，碳材料可以用作有效的电子传输通道和受体，以改善光生电子-空穴对的分离。其次，碳材料可以充当助催化剂，为光催化降解提供足够的催化位点。此外，碳材料也可以吸收更多波长更长的光。目前关于g-C_3N_4/碳复合物在污染物降解方面的研究应用较多，例如，g-C_3N_4/有序介孔碳可用于RhB降解[143]，g-C_3N_4/石墨烯可用于罗丹明B降解，g-C_3N_4/碳纳米管用于亚甲蓝降解[144]，g-C_3N_4/氧化石墨可用于罗丹明B和2，4-二氯苯酚的降解等。

9.2.5.4 光催化有机合成

基于g-C_3N_4的光催化剂在温和条件下具有巨大的有机转化反应催化潜力。

研究表明，铁络合修饰的g-C_3N_4，即Fe/g-C_3N_4在可见光照射下表现出较高的将苯转化为苯酚的催化活性[145]。此外Fe/g-C_3N_4催化剂还可以有效催化芳族醇转化为醛[146]，芳香胺转化为亚胺等有机反应，也可使用$FeCl_3$改性的介孔氮化碳作为可见光催化剂以活化H_2O_2，实现苯转化为苯酚的有机反应达到38%的转化率和97%的选择性。介孔碳氮化物还能够在可见光下活化O_2，以高达99%的高选择性将苄醇氧化为苯甲醛，也可将胺氧化为亚胺以及将甲基苯基硫氧化为甲基苯基亚砜[147]。一些研究人员也试图将贵金属纳米颗粒引入介孔氮化碳中，开发了一种由中孔氮化碳和Pd纳米颗粒组成的Mott-Schottky光催化剂。通过g-C_3N_4到Pd的有效电子转移将芳基卤化物与不同的耦合体耦合，提高了催化剂的光催化活性和选择性。

9.2.5.5 光催化消毒

与传统的氯化或紫外线消毒相比，光催化消毒作为一种无毒无害、稳定高效的方法，越来越受到人们的广泛重视。通过光催化手段进行污水处理或空气消毒是一种操作简单、经济可行：效果稳定的新消毒方法。在光源照射下，催化剂表面产生强氧化能力的羟基自由基，从而有效杀灭藻类或者细菌，从而达到杀菌、除藻、消除异味的目标。

最近的研究表明，基于g-C_3N_4的光催化剂在可见光照射下可有效形成诸如OH·、O_2·和H_2O_2之类的反应性氧化物质，对大肠杆菌细胞表现出良好的抗菌活性。但是由于目前采用的光催化杀菌研究体系的差异性，诸如催化剂、目标微生物及检测方法和指标等，导致目前对于光催化消毒机理的研究并不透彻。相信在不远的未来，节能环保、不生成毒害副产物光催化消毒将大面积替代传统的消毒手段。

参考文献

[1] Itami K, Maekawa T. Molecular nanocarbon science: present and future[J]. Nano Letters, 2020, 20: 4718-4720.

[2] Nishiham H, Kyotani T. Templated Nanocarbons for Energy Storage[J]. Advanced Materials, 2012, 24(33): 4473-4498.

[3] Diederich F, Kivala M. All-carbon scaffolds by rational design[J]. Advanced Materials, 2010, 22: 803-812.

[4] Hirsch A. The era of carbon allotropes[J]. Nature Materials, 2010, 9: 868-871.

[5] Zhang L H, Shi Y M, Wang Y, et al Nanocarbon Catalysts: Recent Understanding Regarding the Active Sites

[J]. Advanced Science, 2020, 7(5): 1902-126.

[6] H W Kroto, et al. C_{60}: Buckminsterfullerene[J]. Chemical Reviews, 1991, 91(6): 1213-1235.

[7] Iijima S, Ichihashi T. Single-shell carbon nanotubes of 1-nm diameter[J]. Nature, 1993, 364(6430): 737-737.

[8] Hummelen J C, Shaheen S E, Brabec C J, et al. 2.5% Efficient Organic Plastic Solar Cells[J]. Applied Physics Letters, 2001, 78(6): 841-843.

[9] Ebbesen T W, Ajayan P M. Large-Scale synthesis of carbon nanotubes[J]. Nature, 1992, 358(6383): 220-222.

[10] Shearer C J, Cherevan A, Eder D. Application and future challenges of functional nanocarbon hybrids[J]. Advanced Materials, 2014, 26(15): 2295-2318.

[11] Scott L T, Bronstein H E, Preda D V, et al. Geodesic polyarenes with exposed concave surfaces[J]. Pure & Applied Chemistry, 1999, 71(2): 209-219.

[12] ThilgenC, Diederich F. The Higher Fullerenes: Covalent Chemistry and Chirality[J]. Topics in Current Chemistry, 1999, 199(1): 135-172.

[13] Scott L T. Methods for the chemical synthesis of fullerenes[J]. AngewandteChemie International Edition, 2010, 43(38): 4994-5007.

[14] Kroto H W, Heath J R, Obrien S C, et al. C_{60}: Buckminsterfullerene[J]. Nature, 1985, 318(6042): 162-163.

[15] Kroto H W. The stability of the fullerenes Cn, with n = 24, 28, 32, 36, 50, 60 and 70[J]. Nature, 1987, 329(6139): 529-531.

[16] Haddon R C. Electronic structure, conductivity and superconductivity of alkali metal doped C60[J]. Pure & Applied Chemistry, 1990, 65(3): 127-133.

[17] Kirner S, Sekita M, Guldi D M. 25th anniversary article: 25 years of fullerene research in electron transfer chemistry[J]. Advanced Materials, 2014, 26(10): 1482-1493.

[18] Barth W E, Lawton R G. Dibenzo[ghi, mno]fluoranthene[J]. Journal of the American Chemical Society, 1966, 88(2): 380-381.

[19] Haymet A D J. $C_{120}$and C_{60}: Archimedean solids constructed from sp 2 hybridized carbon atoms[J]. Chemical Physics Letters, 1985, 122(5): 421-424.

[20] Rohlfing E A, Cox D M, Kaldor A. Production and characterization of supersonic carbon cluster beams[J]. Journal of Chemical Physics, 1984, 81(7): 3322-3330.

[21] Dietz T G, Duncan M A, Powers D E, et al. Laser production of supersonic metal cluster beams[J]. Journal of Chemical Physics, 1981, 74(11): 6511-6512.

[22] Avery L W, Broten N W, Macleod J M, et al. Detection of the heavy interstellar molecule cyanodiacetylene [J]. Astrophysical Journal, 1976, 205: L173-L175.

[23] KrätschmerW, Lamb L D, Fostiropoulos K, et al. Solid C_{60}: a new form of carbon[J]. Nature, 1990, 347 (6291): 354-358.

[24] Huffman, Donald R. Interstellar grains the interaction of light with a small-particle system[J]. Advances in Physics, 1977, 26(2): 129-230.

[25] Bradley, D E. An evaporated carbon replica technique for use with the electron microscope and its application to the study of photographic grains[J]. British Journal of Applied Physics, 1954, 5(3): 96.

[26] R E Haufler, J Conceicao, L P F Chibante, et al. ChemInform Abstract: Efficient Production of C_{60}(Buckminsterfullerene), $C_{60}H_{36}$, and the Solvated Buckide Ion[J]. Journal of Physical Chemistry, 1990, 94: 8634.

[27] Chibante L P F, Thess A, Alford J M, et al. Solar generation of the fullerenes[J]. Journal of Physical Chemis-

try, 1993, 97(34): 8696-8700.

[28] Peters G, Jansen M, et al. A New Fullerene Synthesis[J]. Angewandte Chemie International Edition in English, 1992, 104: 240.

[29] Howard J B, Mckinnon J T, Makarovsky Y, et al. Fullerenes C_{60} and C_{70} in flames[J]. Nature, 1991, 352(6331): 139.

[30] Taylor R, Langley G J, Kroto H W, et al. Formation of C_{60} by pyrolysis of naphthalene[J]. Nature, 1993, 366(6457): 728-731.

[31] Crowley C, Taylor R, Kroto H W, et al. Pyrolytic production of fullerenes[J]. Synthetic Metals, 1996, 77(1-3):17-22.

[32] Tobe Y, Nakanishi H, Sonoda M, et al. Pyridine analogue of macrocyclic polyyne $C_{58}H_4N_2$ as a precursor to diazafullerene $C_{58}N_2$[J]. Chemical Communications, 1999(17): 1625-1626.

[33] Manolopoulos D E, May J C, Down S E. Theoretical studies of the fullerenes: C_{34} to C_{70}[J]. Chemical Physics Letters, 1991, 181(2-3): 105-111.

[34] Schulman J M, Disch R L, Miller M A, et al. Symmetrical clusters of carbon atoms: The C_{24} and C_{60} molecules[J]. Chemical Physics Letters, 1987, 141(1-2): 45-48.

[35] T G , Schmalz, WA Seitz, D J Klein, et al. C_{60} carbon cages[J]. Chemical Physics Letters, 1986.

[36] Balch A L, Catalano V J, Lee J W, et al. (. eta. 2-C_{70})Ir(CO)Cl(PPh_3)$_2$: the synthesis and structure of an iridium organometallic derivative of a higher fullerene[J]. Journal of the American Chemical Society, 1991, 113: 8953.

[37] Taylor R, Hare J P, Abdul-Sada A , et al. Isolation, separation and characterisation of the fullerenes C_{60} and C_{70}: the third form of carbon[J]. ChemInform, 1990, 22(14): 29-29.

[38] Dennis T J S, Kai T, Tomiyama T, et al. Isolation and characterisation of the two major isomers of fullerene (C_{84})[J]. ChemInform, 1998, 29(23): 619-620.

[39] Thilgen C, Herrmann A, Diederich, et al. Configurational description of chiral fullerenes and fullerene derivatives with a chiral functionalization pattern[J]. Cheminform, 2010, 28(18): 183-199.

[40] Ajayan P M, Ebbesen T W, Ichihashi T, et al. Opening carbon nanotubes with oxygen and implications for filling[J]. Nature, 1993, 362(6420): 522-525: 183-199.

[41] Avouris P. Carbon Nanotubes: Synthesis, Properties and Applications[J]. Critical Reviews in Solid State and Materials Sciences, 2011, 26(3): 145-249.

[42] TasisD, Tagmatarchis N, Bianco A, et al. Chemistry of carbon nanotubes[J]. Chemical Reviews, 2006, 106(3): 1105-1136.

[43] Yu D, Zhang Q, Dai L. Highly efficient metal-free growth of nitrogen-doped single-walled carbon nanotubes on plasma-etched substrates for oxygen reduction[J]. Journal of the American Chemical Society, 2010, 132(43): 15127-15129.

[44] O Breuer, Uttandaraman, et al. Big returns from small fibers: A review of polymer/carbon nanotube composites[J]. Polymer Composites, 2004, 25(6): 630-645.

[45] Scardamaglia M, Struzzi C, Rebollo F J A, et al. Tuning electronic properties of carbon nanotubes by nitrogen grafting: Chemistry and chemical stability[J]. Carbon, 2015, 83: 118.

[46] Holmberg N, Laasonen K. Theoretical insight into the hydrogen evolution activity of open-ended carbon nanotubes[J]. Journal of Physical Chemistry Letters, 2015: 3956-3960.

[47] Bethune D S, Klang C H, De Vries M S, et al. Cobalt-catalysed growth of carbon nanotubes with single-atomic-layer walls[J]. Nature, 1993, 363(6430): 605-607.

[48] Qin L C, Iijima S. Structure and formation of raft-like bundles of single-walled helical carbon nanotubes pro-

duced by laser evaporation[J]. Chemical Physics Letters, 1997, 269(1-2): 65-71.

[49] Shelimov K B, Esenaliev R O, Rinzler A G, et al. Purification of single-wall carbon nanotubes by ultrasonically assisted filtration[J]. Chemical Physics Letters, 1998, 282(5-6): 429-434.

[50] Liu J. Fullerene pipes[J]. Science, 1998, 280(5367): 1253-1256.

[51] Journet C W, Maser W K, Bernier P, et al. Large-scale production of single-walled carbon nanotubes by the electric-arc technique[J]. Nature, 1997, 388(6644): 756-758.

[52] Yamashita J, Hirayama H, Ohshima Y, et al. Growth of a single-wall carbon nanotube in the gap of scanning tunneling microscope[J]. Applied Physics Letters, 1999, 74(17): 2450-2452.

[53] Crespi V H. Local temperature during the growth of multiwalled carbon nanotubes[J]. Physical Review Letters, 1999, 82(14): 2908-2910.

[54] Bandow S, Rao A M, Williams K A, et al. Purification of Single-Wall Carbon Nanotubes by Microfiltration [J]. The Journal of Physical Chemistry B, 1997, 101(44): 8839-8842.

[55] RohmundF, Falk L K L, Campbell E E B. A simple method for the production of large arrays of aligned carbon nanotubes[J]. Chemical Physics Letters, 2000, 328(4-6): 369-373.

[56] Pan Z W, Xie S S, Chang B H, et al. Very long carbon nanotubes [J]. Nature, 1998, 394 (6694): 631-632.

[57] Rodriguez N M. A review of catalytically grown carbon nanofibers[J]. Journal of Materials Research, 1993, 8 (12): 3233-3250.

[58] Endo M, Nishimura K, Kim Y A, et al. Raman spectroscopic characterization of submicron vapor-grown carbon fibers and carbon nanofibers obtained by pyrolyzing hydrocarbons[J]. Journal of Materials Research, 1999, 14(12): 4474-4477.

[59] Peng L M, Zhang Z L, Xue Z Q, et al. Stability of Carbon Nanotubes: How Small Can They Be? [J]. Physical Review Letters, 2000, 85(15): 3249-3252.

[60] Han J. Energetics and structures of fullerene crop circles[J]. Chemical Physics Letters, 1998, 282(2): 187-191.

[61] Pan B C, Yang W S, Yang J. Formation energies of topological defects in carbon nanotubes[J]. Physical Review B, 2000, 62(19): 12652-12655.

[62] Mawhinney D B, Naumenko V, Kuznetsova A, et al. Surface defect site density on single walled carbon nanotubes by titration[J]. Chemical Physics Letters, 2000, 324: 213-216.

[63] Qian D, E C D A, Andrews R, et al. Load transfer and deformation mechanisms in carbon nanotube-polystyrene composites[J]. Applied Physics Letters, 2000, 76(20): 2868-2870.

[64] Novoselov K S, Geim A K, Morozov S V, et al. Electric field effect in atomically thin carbon films[J]. Science (New York, N. Y.), 2007, 306 (5696): 666-669.

[65] Nizam M K, Dayou S, Khairi I, et al. Synthesis of graphene flakes over recovered copper etched in ammonium persulfate solution[J]. SainsMalaysiana, 2017, 46(7): 1039-1045.

[66] An H, Lee W G, Jung J. Synthesis of graphene ribbons using selective chemical vapor deposition[J]. Current Applied Physics, 2012, 12(4): 1113-1117.

[67] Bhaviripudi S, Jia X, Dresselhaus M S, et al. Role of kinetic factors in chemical vapor deposition synthesis of uniform large area graphene using copper catalyst[J]. Nano Letters, 2010, 10(10): 4128-4133.

[68] Yao Y, Lin Z, Li Z, et al. Large-scale production of two-dimensional nanosheets[J]. Journal of Materials Chemistry, 2012, 22(27): 13494-13499.

[69] Lv Y, Yu L, Jiang C, et al. Synthesis of graphene nanosheet powder with layer number control via a soluble salt-assistedroute[J]. RSC Adv, 2014, 4(26): 13350.

[70] Wang S, Chia P J, Chua L L, et al. Band-like transport in surface-functionalized highly solution-processable graphene nanosheets[J]. Advanced Materials, 2008, 20(18): 3440-3446.

[71] Brodie B C. On the Atomic Weight of Graphite[J]. Philosophical Transactions of the Royal Society of London, 1859, 149: 249-259.

[72] Hummers W S, Offeman R E. Preparation of Graphitic Oxide[J]. Journal of the American Chemical Society, 1958, 80(6): 1339.

[73] Marcano D C, Kosynkin D V, Berlin J M, et al. Improved synthesis of graphene oxide[J]. ACS Nano, 2010, 4(8): 4806-4814.

[74] Izhar K M, Sebastian D, Izni K N, et al. Toward high production of graphene flakes-a review on recent developments in their synthesis methods and scalability [J] . Journal of Materials Chemistry A, 2018, 6: 15010-15026.

[75] Bianco A, Cheng H M, Enoki T, et al. All in the graphene family-A recommended nomenclature for two-dimensional carbon materials[J]. Carbon, 2013, 65(Complete): 1-6.

[76] Wang G, Yang J, Park J, et al. Facile synthesis and characterization of graphene nanosheets[J]. Journal of Physical Chemistry C, 2008, 112(22): 8192-8195.

[77] PierardN, Fonseca A, Colomer J F, et al. Ball Milling Effect on the Structure of Single Walled Carbon Nanotubes[J]. Carbon, 2004, 42(8-9): 1691-1697.

[78] Alinejad B, Mahmoodi K. Synthesis of graphene nanoflakes by grinding natural graphite together with NaCl in a planetary ball mill[J]. Functional Materials Letters, 2017, 10(4): 1750047.

[79] KniekeC, Berger A, Voigt M, et al. Scalable production of graphene sheets by mechanical delamination[J]. Carbon, 2010, 48(11): 3196-3204.

[80] Deng S, Dong Qi X, Ling Zhu Y, et al. A facile way to large-scale production of few-layered graphene via planetary ball mill[J]. Chinese Journal of Polymer Science, 2016, 34(10): 1270-1280.

[81] Gwi-Nam K, Ji-Hye K, Bo-Sung K, et al. Study on the Thermal Conductivity Characteristics of Graphene Prepared by the Planetary Ball Mill[J]. Metals-Open Access Metallurgy Journal, 2016, 6(10): 234.

[82] Rud A D, Perekos A E, Ogenko V M, et al. Different states of carbon produced by high-energy plasmochemistry synthesis[J]. Journal of Non-Crystalline Solids, 2007, 353(32-40): 3650-3654.

[83] Nepal A, Singh G P, Flanders B N, et al. One-step synthesis of graphene via catalyst-free gas-phase hydrocarbon detonation[J]. Nanotechnology, 2013, 24(24): 245602.

[84] Gao X, Xu C, Yin H, et al. Preparation of graphene by electrical explosion of graphite sticks[J]. Nanoscale, 2017, 9(30): 10639-10646.

[85] Yin H, Chen P, Xu C, et al. Shock-wave synthesis of multilayer graphene and nitrogen-doped graphene materials from carbonate[J]. Carbon, 2015, 94: 928-935.

[86] Choucair M, Thordarson P, Stride J A. Gram-scale production of graphene based on solvothermal synthesis and sonication[J]. Nature Nanotechnology, 2009, 4(1): 30-33.

[87] Bergin S D, Nicolosi V, Streich P V, et al. Towards Solutions of Single-Walled Carbon Nanotubes in Common Solvents[J]. Advanced Materials, 2008, 20(10): 1876-1881.

[88] Khan U, O"Neill A, Lotya M, et al. High-concentration solvent exfoliation of graphene[J]. Small, 2010, 6(7): 864-871.

[89] O′Neill A, Khan U, Nirmalraj P N, et al. Graphene Dispersion and Exfoliation in Low Boiling Point Solvents [J]. Journal of Physical Chemistry C, 2011, 115(13): 5422-5428.

[90] Lotya M, Hernandez Y, King P J, et al. Liquid phase production of graphene by exfoliation of graphite in surfactant/water solutions[J]. Journal of the American Chemical Society, 2009, 131(10): 3611-3620.

[91] Václav Štengl. Preparation of Graphene by Using an Intense Cavitation Field in a Pressurized Ultrasonic Reactor [J]. Chemistry-A European Journal, 2012, 18 (44): 14047-14054.

[92] Morales G M, Schifani P, Ellis G, et al. High-quality few layer graphene produced by electrochemical intercalation and microwave-assisted expansion of graphite[J]. Carbon, 2011, 49(8): 2809-2816.

[93] Murat, Alanyahoglu, Juan, et al. The synthesis of graphene sheets with controlled thickness and order using surfactant-assisted electrochemical processes[J]. Carbon, 2012, 50(1): 142-152.

[94] Sharief S A, Susantyoko R A, Alhashem M, et al. Synthesis of few-layer graphene-like sheets from carbon-based powders via electrochemical exfoliation, using carbon black as an example[J]. Journal of Materials Science, 2017, 52(18): 11004-11013.

[95] AlfeM , Valentina Gargiulo, Roberto Di Capua, et al. Wet chemical method for making graphene-like films from carbon black[J]. Acs Appl Mater Interfaces, 2012, 4(9): 4491-4498.

[96] Parvez K, Wu Z S, Li R, et al. Exfoliation of graphite into graphene in aqueous solutions of inorganic salts[J]. Journal of the American Chemical Society, 2014, 136(16): 6083-6091.

[97] Yang S, Sebastian Brüller, Wu Z S, et al. Organic Radical-Assisted Electrochemical Exfoliation for the Scalable Production of High-Quality Graphene[J]. Journal of the American Chemical Society, 2015, 137(43): 13927-13932.

[98] Chen X, Dobson J F, Raston C L. Vortex fluidic exfoliation of graphite and boron nitride[J]. Chemical Communications, 2012, 48(31): 3703-3705.

[99] Bjerglund E T, Kristensen M E P, Stambula S, et al. Efficient Graphene Production by Combined Bipolar Electrochemical Intercalation and High-Shear Exfoliation[J]. ACS Omega, 2017, 2(10): 6492-6499.

[100] Paton K R, Varrla E, Backes C, et al. Scalable production of large quantities of defect-free few-layer graphene by shear exfoliation in liquids[J]. Nature Materials, 2014, 13(6): 624-630.

[101] Polichetti T, Miglietta M L, Francia G D. Overview on graphene: Properties, fabrication and applications[J]. Chimicaoggi, 2010, 28(6): 6-9.

[102] Cai, Jinming, Ruffieux, et al. Atomically precise bottom-up fabrication of graphene nanoribbons[J]. Nature, 2010, 466: 470-473.

[103] Inagaki M , Kang F. Graphene derivatives: graphane, fluorographene, graphene oxide, graphyne and graphdiyne[J]. Journal of Materials Chemistry A, 2014, 2(33): 13193.

[104] Narita N, Nagai S, Suzuki S, et al. Optimized geometries and electronic structures of graphyne and its family [J]. Physical Review B, 1998, 58(16): 11009-11014.

[105] Hwee, Ling, Poh, et al. Graphane electrochemistry: Electron transfer at hydrogenated graphenes[J]. Electrochemistry Communications, 2012, 25: 58.

[106] Zhou J, Wu M M, Zhou X, et al. Tuning electronic and magnetic properties of graphene by surface modification[J]. Applied Physics Letters, 2009, 95(10): 103108-103108-3.

[107] Li X, Li B H, He Y B, et al. A review of graphynes: Properties, applications and synthesis[J]. New Carbon Materials, 2020, 35(6): 619-629.

[108] Baughman R H, Eckhardt H, Kertesz M. Structure-property predictions for new planar forms of carbon: Layered phases containing sp_2 and sp atoms[J]. Journal of Chemical Physics, 1987, 87(11): 6687-6699.

[109] Diederich F. Carbon scaffolding: Building acetylenic all-carbon and carbon-rich compounds[J]. Nature, 1994, 369: 199-207.

[110] Diederich F, Rubin Y. Synthetic approaches toward molecular and polymeric carbon allotropes[J]. Angewandte Chemie International Edition, 1992, 31: 1101-1123.

[111] Daff T D, Collins S P, Dureckova H, et al. Evaluation of carbon nanscroll materials for post-combustion

CO_2 capture[J]. Carbon, 2016, 101: 218-225.

[112] Mehran S , Rouhi S, Salmalian K. Molecular dynamics simulations of the adsorption of polymer chains on graphyne and its family[J]. Physica B: Condensed Matter, 2015, 456: 41-49.

[113] Qiu H, Xue M, Shen C, et al. Graphynes for water desalination and gas separation[J]. Advanced Materials, 2019, 31: 1803772.

[114] Chen X, Gao P, Guo L, et al. Graphdiyne as a promising material for detecting amino acids[J]. Scientific Reports, 2015, 5: 16720.

[115] Feng M, Bell D R , Luo J, et al. Impact of graphyne on structural and dynamic properties of calmodulin[J]. Physical Chemistry Chemical Physics, 2017, 19(15) : 10187-10195.

[116] Zhang L, Wang X. Mechanisms of graphyne-enabled cholesterol extraction from protein clusters[J]. RSC Advances, 2015, 5: 11776-11785.

[117] Zhang Y, Zhu G, Lu J, et al. Graphyne as a promising substrate for high density magnetic storage bits[J]. RSC Advances, 2015, 5: 87841-87846.

[118] Du H, Deng Z, Lv Z, et al. The effect of graphdiyne doping on the performance of polymer solar cells[J]. Synthetic Metals, 2011, 161: 2055-2057.

[119] Huang C, Zhang S, Liu H, et al. Graphdiyne for high capacity and long-life lithium storage[J]. Nano Energy, 2015, 11: 481-489.

[120] Zhang X, Zhu M, Chen P, et al. Pristine graphdiyne-hybridized photocatalysts using graphene oxide as a dual-functional coupling reagent[J]. Physical Chemistry Chemical Physics, 2015, 17: 1217-1225.

[121] Liu R , Liu H, Li Y, et al. Nitrogen-doped graphdiyne as a metal-free catalyst for high-performance oxygen reduction reactions[J]. Nanoscale, 2014, 6: 11336-11343.

[122] Li G, Li Y, Qian X, et al. Construction of tubular molecule aggregations of graphdiyne for highly efficient field emission[J]. The Journal of Physical Chemistry C, 2011, 115: 2611-2615.

[123] Parvin N, Jin Q, Wei Y, et al. Few-layer graphdiyne nanosheets applied for multiplexed real-time DNA detection[J]. Advanced Materials, 2017, 29(18): 1606755.

[124] Wang X C, Blechert S, Antonietti M. Polymeric graphitic carbon nitride for heterogeneous photocatalysis [J]. Acs Catalysis, 2012, 2(8): 1596-1606.

[125] Sano T, Tsutsui S, Koike K, et al. Activation of graphitic carbon nitride ($g-C_3N_4$) by alkaline hydrothermal treatment for photocatalytic NO oxidation in gas phase[J]. Journal of Materials Chemistry A, 2013, 1(21): 6489-6496.

[126] Wang Y, Wang X C, Antonietti M. Polymeric graphitic carbon nitride as a heterogeneous organocatalyst: from photochemistry to multipurpose catalysis to sustainable chemistry [J]. AngewandteChemie - International Edition, 2012, 51(1): 68-89.

[127] Martin D J, Qiu K P, Shevlin S A, et al. Highly efficient photocatalytic H-2 evolution from water using visible light and structure-controlled graphitic carbon nitride [J]. AngewandteChemie-International Edition, 2014, 53(35): 9240-9245.

[128] Niu P, Liu G, Cheng H M. Nitrogen vacancy-promoted photocatalytic activity of graphitic carbon nitride[J]. Journal of Physical Chemistry C, 2012, 116(20): 11013-11018.

[129] Wang X L, Fang W Q, Wang H F, et al. Surface hydrogen bonding can enhance photocatalytic H-2 evolution efficiency[J]. Journal of Materials Chemistry A, 2013, 1(45): 14089-14096.

[130] Yuan Y P, Xu W T, Yin L S, et al. Large impact of heating time on physical properties and photocatalytic H-2 production of $g-C_3N_4$ nanosheets synthesized through urea polymerization in Ar atmosphere[J]. International Journal of Hydrogen Energy, 2013, 38(30): 13159-13163.

[131] Wang X C, Maeda K, Chen X F, et al. Polymer semiconductors for artificial photosynthesis: hydrogen evolution by mesoporous graphitic carbon nitride with visible light[J]. Journal of the American Chemical Society, 2009, 131(5): 1680.

[132] Chen X F, Jun Y S, Takanabe K , et al. Ordered mesoporous SBA-15 type graphitic carbon nitride: a semiconductor host structure for photocatalytic hydrogen evolution with visible light[J]. Chemistry of Materials, 2009, 21(18): 4093-4095.

[133] Ge L, Han C C, Xiao X L, et al. Enhanced visible light photocatalytic hydrogen evolution of sulfur-doped polymeric g-C_3N_4 photocatalysts[J]. Materials Research Bulletin, 2013, 48(10): 3919-3925.

[134] Yan H J, Yang H X. TiO_2-g-C_3N_4 composite materials for photocatalytic H-2 evolution under visible light irradiation[J]. Journal of Alloys and Compounds, 2011, 509(4): L26-L29.

[135] Chai B, Peng T Y, Mao J, et al. Graphitic carbon nitride (g-C_3N_4)-Pt-TiO_2 nanocomposite as an efficient photocatalyst for hydrogen production under visible light irradiation[J]. Physical Chemistry Chemical Physics, 2012, 14(48): 16745-16752.

[136] Cao S W, Liu X F, Yuan Y P, et al. Solar-to-fuels conversion over In_2O_3/g-C_3N_4 hybrid photocatalysts[J]. Applied Catalysis B-Environmental, 2014, 147: 940-946.

[137] Yan S C, Li Z S, Zou Z G. Photodegradation performance of g-C_3N_4 fabricated by directly heating melamine[J]. Langmuir, 2009, 25(17): 10397-10401.

[138] Yan S C, Lv S B, Li Z S, et al. Organic-inorganic composite photocatalyst of g-C_3N_4 and TaON with improved visible light photocatalytic activities[J]. Dalton Trans, 2010, 39(6): 1488-1491.

[139] LiuJ H, Zhang T K, Wang Z C, et al. Simple pyrolysis of urea into graphitic carbon nitride with recyclable adsorption and photocatalytic activity[J]. Journal of Materials Chemistry, 2011, 21(38): 14398-14401.

[140] Ji H H, Chang F, Hu X F, et al. Photocatalytic degradation of 2, 4, 6-trichlorophenol over g-C_3N_4 under visible light irradiation[J]. Chemical Engineering Journal, 2013, 218: 183-190.

[141] Cheng N Y, Tian J Q, Liu Q, et al. Au-nanoparticle-loaded graphitic carbon nitride nanosheets: green photocatalytic synthesis and application toward the degradation of organic pollutants[J]. Acs Applied Materials & Interfaces, 2013, 5(15): 6815-6819.

[142] Yang Y X, Guo Y N, Liu F Y, et al. Preparation and enhanced visible-light photocatalytic activity of silver deposited graphitic carbon nitride plasmonic photocatalyst[J]. Applied Catalysis B-Environmental, 2013, 142: 828-837.

[143] Shi L, Liang L, Ma J, et al. Remarkably enhanced photocatalytic activity of ordered mesoporous carbon/g-C_3N_4 composite photocatalysts under visible light dagger[J]. Dalton Trans, 2014, 43(19): 7236-7244.

[144] Xu Y G, Xu H, Wang L, et al. The CNT modified white C_3N_4 composite photocatalyst with enhanced visible-light response photoactivity[J]. Dalton Trans, 2013, 42(21): 7604-7613.

[145] Chen X F, Zhang J S, Fu X Z, et al. Fe-g-C_3N_4-Catalyzed Oxidation of Benzene to Phenol Using Hydrogen Peroxide and Visible Light[J]. Journal of the American Chemical Society, 2009, 131(33): 11658.

[146] Su F Z, Mathew S C, Lipner G, et al. MPG-C_3N_4-Catalyzed Selective Oxidation of Alcohols Using O-2 and Visible Light[J]. Journal of the American Chemical Society, 2010, 132(46): 16299-16301.

[147] Zhang P F, Wang Y, Li H R, et al. Metal-free oxidation of sulfides by carbon nitride with visible light illumination at room temperature[J]. Green Chemistry, 2012, 14(7): 1904-1908.